[사출가공과 금형]

[사출가공과 금형]

임무생 지음

INJECTION MOULDING PROCESSING AND INJECTION MOLD

사출성형의 문제점과 대책, 사출성형기 선정기준,
금형구조설계의 Slide split, Ejector system,
금형온도 Control 및 온도조정과 냉각, Runner system,
수지별 Gating, 방전가공기술
이론의 Base로 한 경험치를 기술하였다.

KSI 한국학술정보㈜

머리말

　합성수지의 경이적인 성장과정에서 안전한 가격의 수지선택, 가공이 용이한 수지, 고성능의 수지, 생산성이 높은 가공방법 등 제반 사출성형에 관계된 기술적인 이론과 경험이 복합된 성형재료의 선택기준과 수지별 사출성형의 문제점과 그 대책, 수지별 사출성형의 실례, Plastic 도금법, Labor Saving 대책과 Equipment 등이 기술되었다.

　또한 사출성형의 문제점과 대책, 사출성형기 선정기준, 금형구조설계의 Slide split, Ejector system, 금형온도 Control 및 온도조정과 냉각, Runner system, 수지별 Gating, 방전가공기술 이론의 Base로 한 경험치를 기술하였다.

　사출성형 Engineer, 사출금형 Engineer 또는 초보기술자가 참고하여 보다 소신 있게 창의력을 발휘할 수 있는 힘과 사출에 대한 성형 및 금형지침이 되었으면 한다.

임무생

차 례

제1부 금 형

제2부 방전가공기술

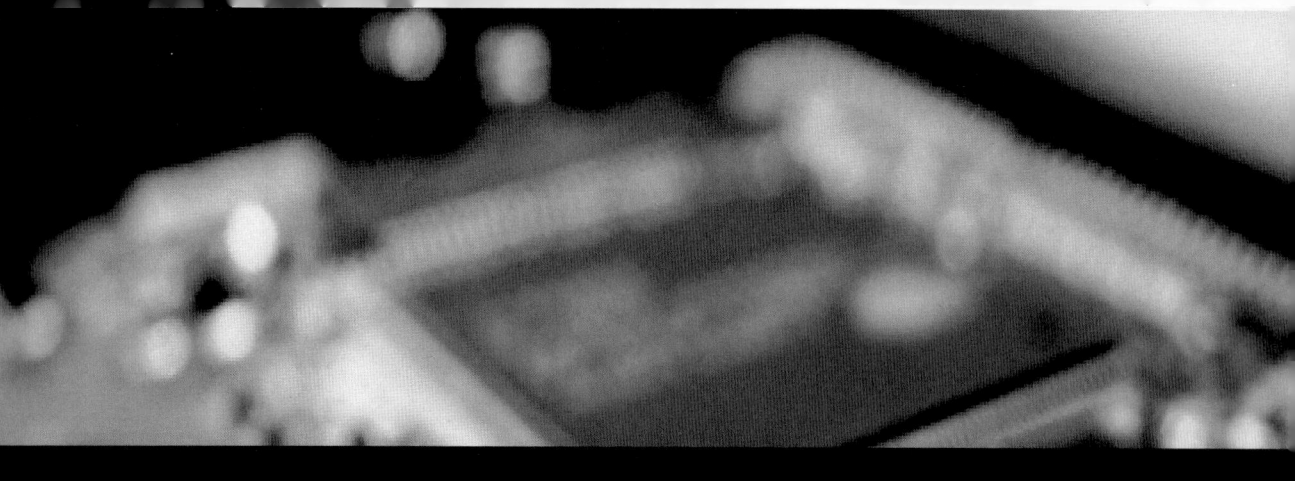

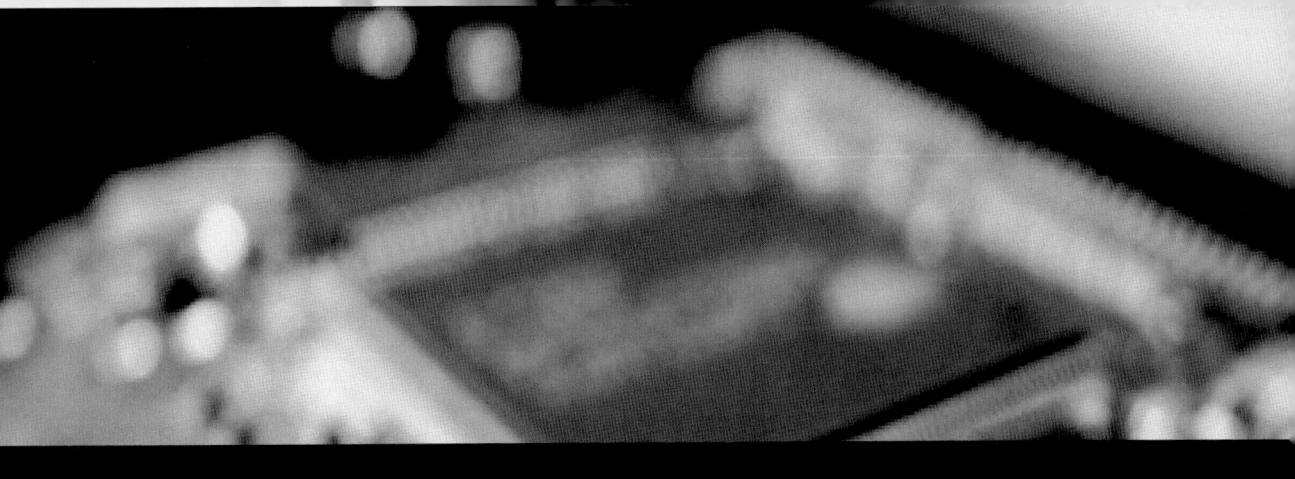

제1부 금 형

제1장 금형의 구조

1. 금형의 필요조건

금형은 소정의 성형품을 얻기 위한 도구이며, 필요한 성형품을 능률 좋은 제품으로 생산하기 위한 것이다.

금형에 필요한 조건은 다음과 같다.

- 성형품에 알맞은 형상과 치수 정밀도를 줄 수 있는 금형 구조일 것.
- 성형품의 2차가공이 적을 것.
- 성형 능률이 좋은 금형 구조일 것.
- 내구성이 있는 구조일 것.
- 제작기간이 짧고, 제작비가 싼 구조일 것.

2. 금형에 필요한 기능

금형의 기본적 구조는 다음과 같다.

- Cavity 부
- 유동기구
- 이젝터 기구
- 온도 조절부
- 성형기에 붙이는 부착부
- MOLD BASE

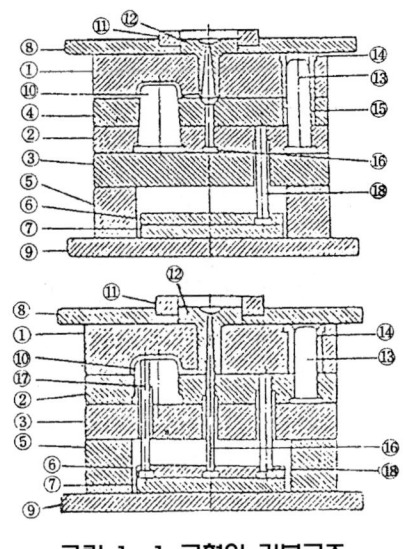

그림 1-1 금형의 기본구조

① 상원판	② 하원판
③ 받침판	④ 스트리퍼판
⑤ 스페이서 블록	⑥ 밀판상
⑦ 밀핀하	⑧ 고정측 부착판
⑨ 가동측 부착판	⑩ CORE
⑪ 로케이트 링	⑫ 스프루우 부시
⑬ Guide 핀	⑭ Guide 핀 부시
⑮ Guide 핀 부시	⑯ 스프루우 로크핀
⑰ 밀핀	⑱ 리터언 핀

1) MOLDS

mould의 기능은 특정한 치수의 공차 안에서 원하는 plastic 모양을 만드는 것이다. 사출물은 물리적인 정확도와 만족할만한 표면처리가 되어야 한다.

mould의 요구 사항은 구조에 맞는 재질을 선택하는 데 있다. 실질적으로 모든 종류의 강은 금형으로 사용된다. 저탄소강과 Nickel 합금저탄소강은 Cavity로 사용된다. 많은 종류의 합금강은 기계 가공된 Cavity로 사용된다.

많은 비철금속은 견본 또는 적은 양의 Cavity에 사용된다.

금형의 구조에서 중요한 점은 아래와 같다.

  sprue 설계, Cavity 설계

  runner 설계, 구조

  gate 설계, 이형 system

INJECTION MOLD(사출금형)

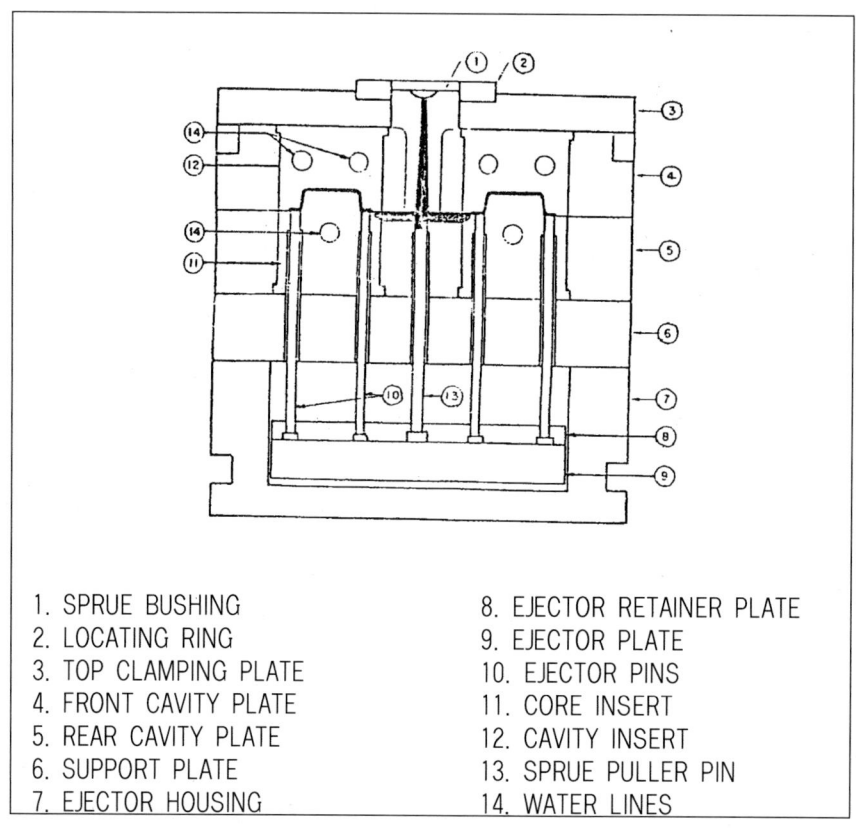

1. SPRUE BUSHING	8. EJECTOR RETAINER PLATE
2. LOCATING RING	9. EJECTOR PLATE
3. TOP CLAMPING PLATE	10. EJECTOR PINS
4. FRONT CAVITY PLATE	11. CORE INSERT
5. REAR CAVITY PLATE	12. CAVITY INSERT
6. SUPPORT PLATE	13. SPRUE PULLER PIN
7. EJECTOR HOUSING	14. WATER LINES

① Sprues

Sprue는 nozzle과 runner 사이를 통한다. Sprue는 실질적으로 작고 짧게 유지된다. 대부분의 경우 단위 305㎜(foot)당 12.2㎜(1 / 2 inch), 4㎜(5 / 32 inch)에서 5.6㎜(7 / 32 inch)의 지름의 sprue, 3.2㎜(1 / 8 inch)에서 4.8㎜(3 / 16 inch)의 nozzle의 orifice 지름이 적당하다.

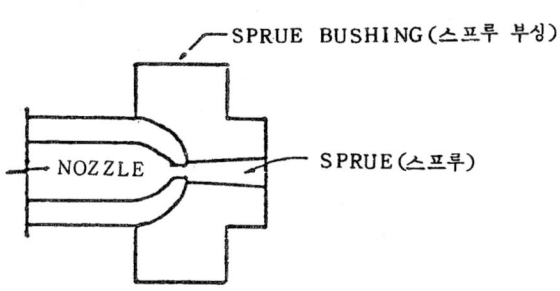

② runners

runner system은 sprue로부터 Cavities의 gate까지의 plastic 통과 길이다. 4.8㎜(3 / 16 inch)에서 6.4㎜(1 / 4 inch)의 지름을 갖은 runner가 일반적으로 적당하다. 사다리꼴 모양의 runner는 runner system이 단지 금형의 한판 안에서 끝나면 성공적으로 쓰인다.

③ gate에 의한 runner의 접근방법

● 추천하는 형상

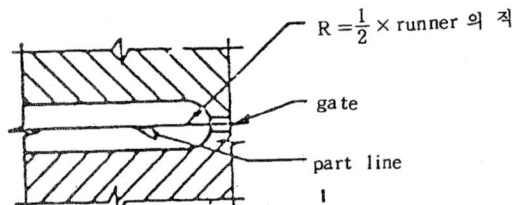

※ gate에 주입 전에 고속충진의 수지흐름

● 추천되지 않는 형상

　a. A type

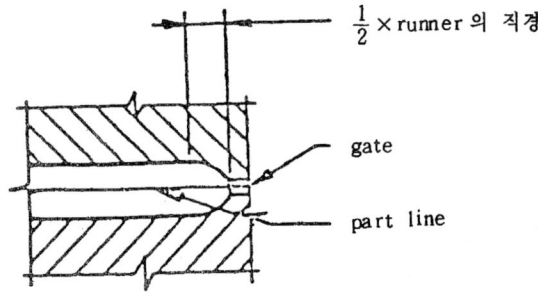

※ 특별한 사출기에 적용되고 급격한 수지의 흐름으로

　b. B type

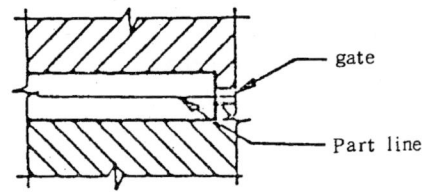

2) RUNNER 설계

① 원형 runner

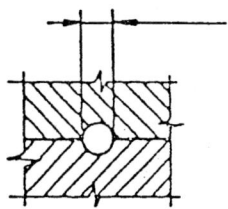

최소 Φ4.8㎜
최적 Φ6.4㎜
일반 Φ7.9㎜

- runner의 형상 중 일반적으로 가장 좋은 형상이 원형이다. 그러나 runner의 경이 Φ9.5㎜ 이상은 아래와 같은 이유로 설계 시 고려해야 한다.
  a. 너무 큰 runner는 plastic의 loss이다.
  b. 서랭으로 인한 성형 cycle time이 길어진다.
  c. 금형의 size가 커진다.

② 반형 runner

a. 극심한 냉각의 runner

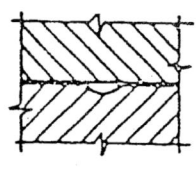

HALE OVAL
Very Poor

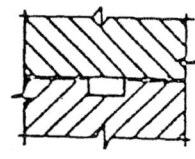

HALF SQUARE
Very Poor

b. 반원형

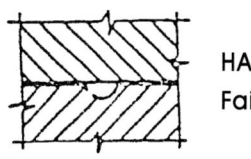

HALF ROUND
Fair

c. 사다리꼴 runner

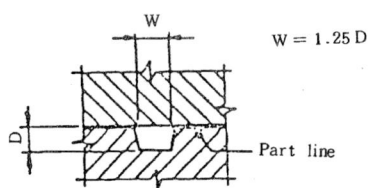

W = 1.25 D

3) gates

gate는 runner와 금형 Cavity 사이의 제한된 통로이다. gate의 면적치수는 폭과 두께 그리고 길이 치수는 land라고 부른다.

gate의 폭은 runner 폭의 75~100%가 일반적이다. gate의 두께는 일반적으로 gate가 접해 있는 부품의 부분두께의 40~60%로 설치된다. 최소 gate land 길이는 gate의 두께와 같아야 한다.

① Cavity에 따른 gate의 접근방법

a. 추천되는 type

b. 안전한 type

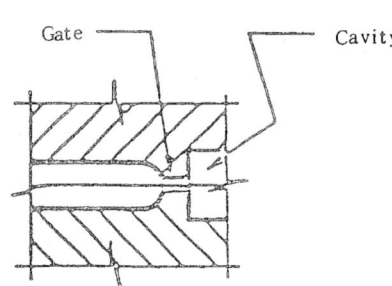

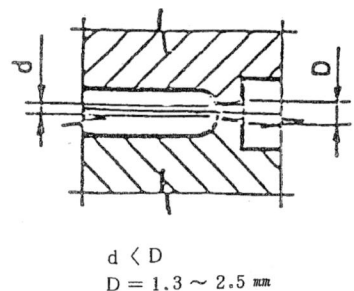

d < D
D = 1.3 ~ 2.5 mm

c. 나쁜 type

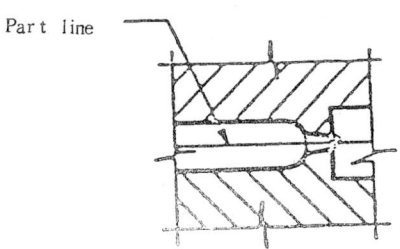

※ 자칫하면 수지의 흐름을 중지시키고 거친 면을 가져온다.

② gate의 형상

a. 직사각형 type

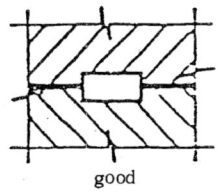

good

b. 원형과 사각형 type

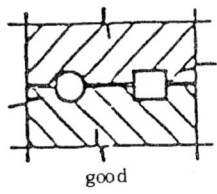

good

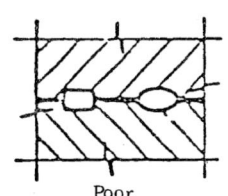

Poor

c. 반원형 type

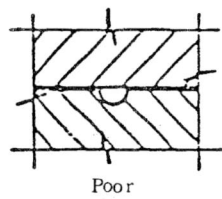

Poor

③ gate 설계

a. 두께

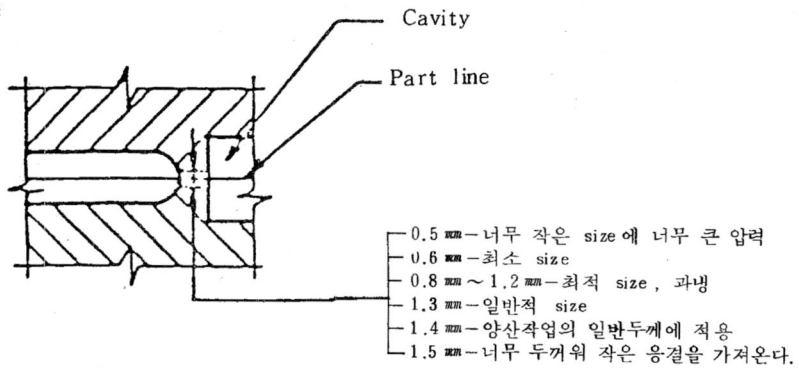

Cavity

Part line

- 0.5 ㎜ — 너무 작은 size 에 너무 큰 압력
- 0.6 ㎜ — 최소 size
- 0.8 ㎜ ~ 1.2 ㎜ — 최적 size , 과냉
- 1.3 ㎜ — 일반적 size
- 1.4 ㎜ — 양산작업의 일반두께에 적용
- 1.5 ㎜ — 너무 두꺼워 작은 응결을 가져온다.

b. 폭

● 최적치수

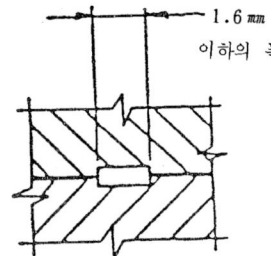

1.6 ㎜
이하의 폭

● 최대치수

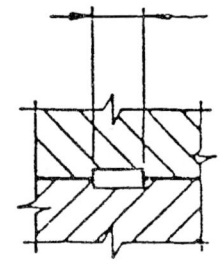

다소 흐름을
증가시키지
않는 runner
보다 큰 폭

4) mould cavities

압력하에서 연한 plastic은 흘러들어가 금형 cavity의 모양을 만든다. cavity의 치수는 최종부품보다 약간 커야 한다. 왜냐하면 가열된 수지는 냉각되는 동안 약간 수축하기 때문이다. cavity는 부품의 이형이 쉽게 이루어지도록 구배가 져야 한다. cavity는 hobb 또는 기계 가공되며 동일한 cavity, 구조물의 재질과 경제성에 의존된다.

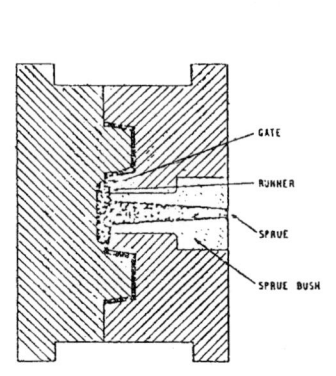

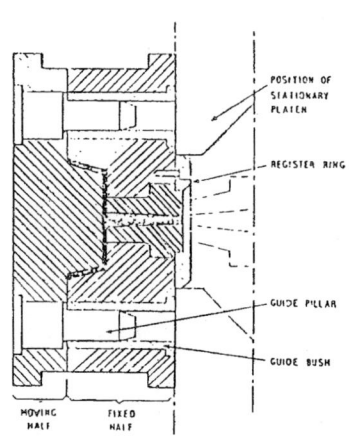

Basic mould incorporating
sprue brush, register ring,
guide pillars, guide bushes.

5) Ejector systems

이형 system은 금형으로부터 사출물이 자유로워야 한다. 이것은 금형의 integral parts이고 압축판이 열리는 동안 행하여진다.

가장 보편적으로 사용되는 이형 system은 ejector pin, stripper ring 또는 plates 그리고 압축공기 금형과 사출물 사이로 poppet valve를 통해 가해주는 방법이다.

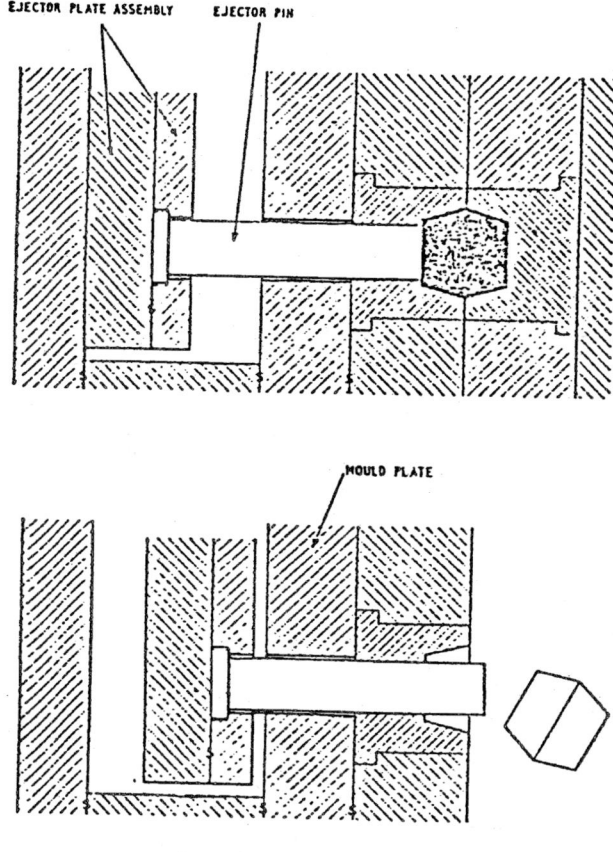

Pin ejection

6) Auxiliary equipment(사출기의 보조기구)

사출기의 보조기구는 효용성을 넓혀준다.

금형기계에 표준기구로서 보충된 기본 Control은 사출물이 작고 간단할 때 적합하다. 적은 오차, stress－free 부품과 큰 면적을 요구하는 복잡한 적용이 증가하면 Control 부유의 증진이 필요하다.

7) mold temperature regualators(금형온도 감지기)

금형온도 감지기는 금형에 온도를 가하거나 조절하는 데 사용한다. 가장 이상적으로 일정한 온도를 유지시키는 방법은 금형을 통해 많은 양의 물을 순환시키는 것이다.

12.7~19㎜(1／2~3／4 inch) 지름의 물의 통로는 금형 plate의 적당한 공간에 위치하게 뚫어야 한다. 평균금형온도 감지기는 pump, 저장 tank, emersion type의 가열기, 열정력학적 조정기, 금형온도 조절을 위한 Valve와 위치한다.

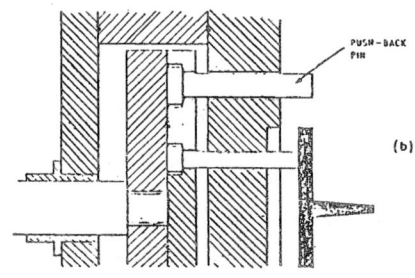

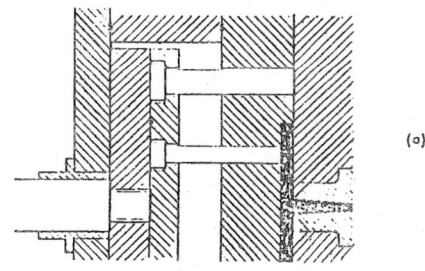

"Push back" ejector
plate return system.

8) Weight feeders(공급장치)

Weight feeder는 예견된 입자의 양을 자동적 균형을 맞추고 각순환하는 동안에 가열 cylinder로 공급한다.

입자의 양은 Weight feeder를 사용하면 형태 및 분할의 변화에 영향을 받지 않는다. 그리고 좀더 의존적인 공급을 얻는다.

Weight feeder는 입자가 항상 가열 cylinder로 적당한 시간에 공급하기 위해 plunger에 의해 행해진다. 또한 cylinder에 규칙적으로 재질을 가해주는 자기 보증치를 가지고 있다. Weight feeder를 사용할 때 각 사출시 ram이 최대 speed로 움직이거나 행정의 기계적 한계에 의해 정지하게 하기 위해 가열 cylinder안에 공급을 적게 할 수 있다.

따라서 plunger는 gate가 굳을 때까지 앞쪽으로 유지할 수 있다.

이것은 Cavity로부터 역류하는 것을 방지한다.

바른 사출 speed는 냉각으로 인한 변형을 감소시켜 주는데 도움이 된다.

Cavity가 빨리 채워지고 냉각으로 인한 영향이 심각하지 않기 때문이다.

9) Hopper loader(적하기)

Hopper loader는 기본적으로 재료를 편리하게 다루는 것이다. 이것은 오염을 최소화하고 흐르는 것을 감소시키고 손으로 Hopper에 힘을 가하는 불안전을 제거하는데 효과적이다.

대부분의 Hopper loader carton으로부터 Hopper로 입자를 전달하기 위해 tube와 Venturifet를 사용하는 air conveyor 이론에 의해 작용된다.

Hopper만의 plastic 입자의 level은 자동적으로 유지된다. 따라서 operator의 관찰의 필요성을 제거시켰다.

10) DRIER(건조기)

① Hopper drier(건조기)

사출성형 안에서 사용되는 수지는 공기 중의 수분을 흡수하거나 영향을 받는다. 수지 내의 저수분응축이라도 사출물에 Streaking의 원인일 수 있다. 그러므로 사출하기 전에 재질을 건조하는 것은 중요하다.

Hopper drier는 연속적으로 건조시키고 예열시키는 잇점을 제공한다. 공기는 먼지 제거 Filter를 통하여 들어와 77~88℃(170~190℉)까지 가열시키고 blower에 의해 Hopper 바닥에 힘을 가한다.

plastic 입자를 통한 뜨거운 공기는 효율적으로 모두 건조시킨다. 예열은 생산비율을 높여 주고 기계의 가열능력을 증가시킨다. 여러 type의 Hopper drier를 상업적으로 가능하다.

11) drying over(건조)

제작하기 전에 수지입자를 건조하는 다른 방법은 drying over이다. 건조는 over tray 가 3/4 inch보다 깊게 차 있지 않으면 대부분 만족한다. 170℉~190℉의 온도와 0~5%의 상대습도가 일반적으로 뜨거운 air oven을 순환하는데 요구된다. oven에 고려되는 맑은 공기는 신중하게 규정되어야 한다.

tray surface 위로 단위시간당 5입방 feed의 공기흐름이 수분을 제거하는데 적당하다. 빠른 공기흐름은 oven의 효율적인 건조시간을 감소시킨다. 공기 filter는 성공적인 조정을 위하여 필요한 모든 공기흡입구에 설치된다.

12) PROPORTIONING HEATER CONTROL(가열제어장치)

ON OFF 고온조절이 보편적으로 사출기에 사용되고 있다. 가열제어는 가열 cylinder 온도조절의 개선된 정밀도를 제공한다. close 조절이 불가피한 곳에서 자동적 조정에 특히 좋다.

사람에 의한 반자동의 순환에서 비례 type의 가열조절은 필요 이상의 정밀도를 제공할 수 있다. 그럼에도 불구하고 이 장치는 새 기계를 살 때 추천한다. 임의 type의 조절회로는 기구의 제조업자 의도에 의해 사용된다.

13) EXTRA HEATING CYLINDER(보조가열 실린더)

많은 경우에 균열이 생긴 cylinder 또는 torpedo 때문에 생기는 자본낭비를 피하기 위해서 보조가열 cylinder를 갖는 것이 바람직하다. 새로운 cylinder의 인수기관과 더불어 생산에 생기는 손해 본 여분의 cylinder 보다 더 비쌀 것이다.

여분의 cylinder는 종종 PVC, Nylon, crystal clear polystyrene 또는 methyl methacrylate와 같은 특별한 재질의 mould에 사용된다.

14) NOZZLE VALVE(노즐벨브)

nozzle valve의 기능은 Cavity를 채우는 데 적절한 시간에 nozzle을 열고 닫는 것이다. 수지의 흐름을 제어하기 위해 nozzle valve를 사용할 때 입자에 예압을 가해 사출기의 power에 효율적이다. 이런 작동에서 valve는 injection plunger가 행정의 끝까지 움직이거나 입력을 가할 때까지 닫힌 위치에 있다.

nozzle valve가 열리고 가열 cylinder로부터 수지가 나온다. cylinder는 예압과 valve가 열린 후 다시 자유롭게 압으로 움직일 수 있는 plunger의 연속적인 힘 아래 nozzle valve는 약간 복잡하고 작은 부품으로 높은 힘 아래 작동된다. 장치하는 사람이나 조정자가 적합한 교육을 받지 않으면 쉽게 피해를 줄 수 있다.

15) NOZZLE PRESSURE REGULATOR(노즐압력조절)

nozzle pressure regulator는 nozzle의 신호압으로 plunger압을 조절한다. 어떤 regulator는 압력이 증가할 때 nozzle의 팽창을 측정한다.

nozzle에서 압력이 최대가 되면 수력 system의 relief valve가 수압이 감소되면서 열린다. 그래서 특별한 packing 없이 금형 안의 수지가 유지된다.

기계작동자는 만족할만한 부품을 얻게 될 때 결정할 수 있고, 최대수력압 변수가 서로 다른 금형과 금형조건에 대하여 압력을 만들 필요가 있을 때를 정할 수 있다. nozzle 압조절기는 아직 사출기에서 널리 사용되고 있지는 않다. 왜냐하면 그들의 효율적인 작동에 대한 새로운 점과 문제점 때문이다.

16) MULTIPLE NOZZLE(다각노즐)

multiple nozzle의 사용이 새로운 것이 아닐지라도 자동사출과 수준 높은 생산물에 대해 다양한 multiple nozzle의 적용이 강조되었다.

multiple nozzle은 압력 pattern의 변화하는 위치에 수지를 동시에 공급한다. 이것은 수지가 금형의 runner system을 통해 이동할 때 생기는 압력의 손실을 제거하는 이로운 점이 있다.

multiple nozzle은 10% 정도 되는 runner scrap을 감소시킨다. 어떤 nozzle은 가열 cylinder에 부착된 지류를 통하여 직접 공급되기도 하고 각 nozzle은 압력판 안에 구멍을 가지고 있다. 다른 것은 상판에 뜨거운 다양한 판에 정렬되어 있고 하나의 구멍은 plate를 통하여 공급되기 위해 필요하다.

이것은 실제로 뜨거운 runner mould의 조정이다. multiple nozzle은 각각의 Cavity 또는 많은 Cavity에 공급한다. 때로 multiple nozzle은 몇몇 장소의 같은 Cavity에 공급하기 위해 쓰인다.

그러나 이것은 air trapping과 flow mark를 피하기 위해 신중하게 사용되어야 한다. 보편적으로 이런 배열은 기존금형에 만들어지고 다른 금형에는 널리 적용되지 않는다. 각각의 nozzle에 valve는 다양한 금형의 부분을 연속적으로 채우는 데 사용되는 수도 있다.

17) AUTOMATIC MOULDING(자동성형)

사출금형은 언급한 기구와 기계로부터 사출물을 제거할 조작자가 요구된다. 조작자는 정돈, 검사와 제품의 포장과 같은 다른 일도 할 수 있다.

그러나 많은 성형범위에 경쟁적인 위치는 자동성형을 고려하는 원인이 되었다. 이 공정은 성형기, 금형, 보조기구, 양성부품 이형과 금형범위에서 먼 금형부품의 이동방법을 포함한다. 단지 한 조정자가 4~6개의 기계를 위해 필요하다.

금형설계자, 제작자, 기계 가공자와 수지공급자에 의한 기술향상은 많은 경우에 자동성형이 가능하다. 새로운 기계의 사용은 이로운 점이 된다.

기계가 빨리 금형 cavity 안으로 적당한 온도와 수지를 공급하면 할수록 좀더 많은 생산의 가능성이 있다.

제2장 금형설계

1. 금형설계의 조건

성형 가공상, 치수 정도상, 금형설계는 매우 중요하다.

- 자동금형이 가능한 금형인가?

  성형품의 자동낙하와 성형품과 Runner, Sprue의 분리 등이 자동적으로 행(行)해지는 것이 바람직하다.

- 이형에 대해 고려되어 있는가?

  살두께, 돌출량, 돌출핀의 자취마무리 작업 등을 고려해 발구배를 결정하여야 한다. 보통의 경우 빼기구배는 1 / 30~1 / 60(1°~2°)가 적당하지만, 최소한도는 1 / 120 (1 / 2°)가 된다.

- Gas뺌은 충분한가?

  Cavity 내(內)의 공기와 사출 Cylinder에서 사출 시에 Cavity 내에 든 Gas 배출이 되지 않으므로 외관불량, 치수정도 저하, 성형품의 강도 저하 등을 일으킨다.

  금형에는 Gas 길 막힘이 없도록 Gas 배출구멍을 필히 만들어야 한다. 간격은 통상 0.03㎜ 정도를 표준으로 한다.

- Runner, Sprue, Gate의 배치 및 크기는 적당한가?

  용용한 수지의 통로인 Runner, Sprue, Gate의 설계는 성형성, 성형품의 품질에 미치는 영향이 매우 커 아주 중요하다.

- 금형의 온도조절은 양호한가?

  금형온도를 80℃ 부근으로 조정하여 행(行)한다.

  성형품을 균일하게 냉각할 수 있는 것이 가장 좋고, 성형품의 두께에 따라 냉각구를 설치한다.

※ 금형설계의 중요점

금형구조는 열가소성수지나 열경화성수지나 별로 차이가 없다.

열경화성 재료의 사출금형에서 Sprue, Runner, Gate설계는 매우 중요하다.

만일 재료 통로의 저항이 크다면 사출압이 커지게 되고 다음과 같은 결과가 일어난다.

① Shot당 성형제품 수(사출된 지역)의 감소를 야기한 Clamping 압력의 증가.

② 비틀림의 증가(휨, 엉킴)

③ 정밀상태의 열약함

④ 깨짐

⑤ Mould, Nozzle, Screw의 마모.

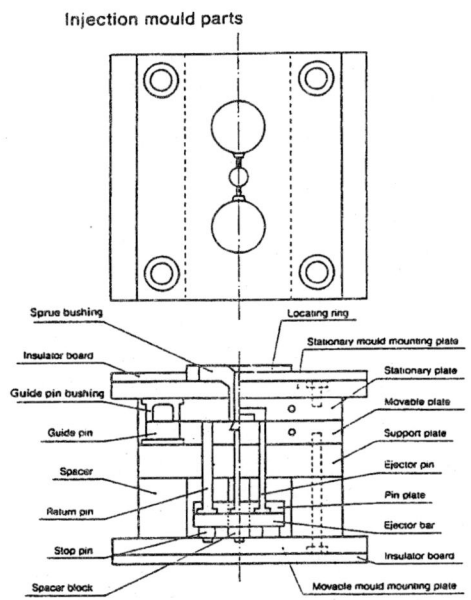

Injection mould parts

⑥ 실린더 내의 역류에 기인한 부분적인 경화.

⑦ 증가되는 냉각수량에 수반되는 전력비의 증가.

정밀한 전기부분품이나 기계부분품에서 이러한 결점들을 방지하기 위하여 상대적으로 낮은 사출압력(400~800kg/㎠)이 사용된다. 그러므로 재료의 성형성은 좋아야 되고 Nozzle, Sprue, Runner와 Gate에서의 저항은 가능한 한 낮아야 한다.

2. 금형 형태

사전 고려할 사항은 금형제작과 Shot 중량, 금형열림거리, Clamping Force, Fitting, Locating Dimension 등과 3단금형, 2단금형 등이 고려되어야 한다.

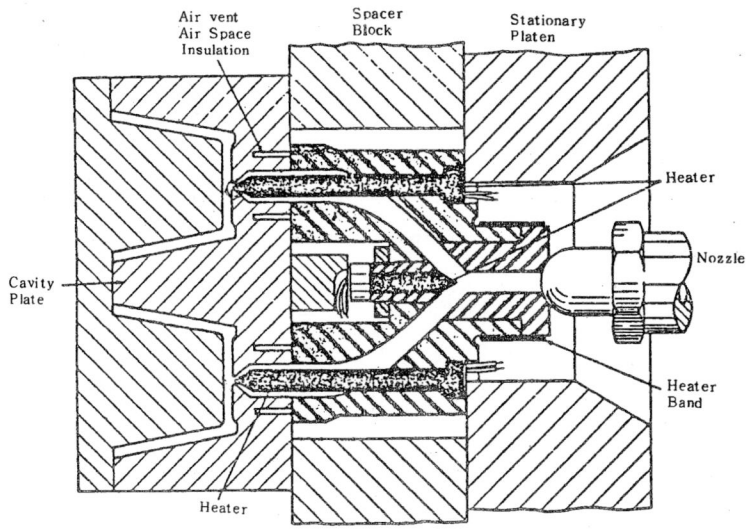

3. 수지의 흐름

점성에 따라 흐름이 다르다. 설계자는 일반 사출조건에서의 수지에 대해 흐름을 파악하여야 한다.

* 일반조건에서의 수지의 흐름과 두께의 비

Materials	수지최대 흐름과 두께 비	Materials	수지최대 흐름과 두께 비
ABS	175 : 1	Polypropylene	250 − 275 : 1
Acetal	140 : 1	Polystyrene	200 − 250 : 1
Acrylic(PMMA)	130 − 150 : 1		
Nylon	150 : 1		
Polycarbonate	100 : 1	PVC**(rigid)**	100 : 1
Polyethylene,			
Low density	275 − 300 : 1		
High density	225 − 250 : 1		

4. 사출기의 선택

사출기의 선택은 사출기의 Clamping Force가 중요하다.

금형을 설계하기 전에 사출기를 선택하는 데 있어 아래의 사항을 먼저 고려해야 한다.

- Locating Ring의 지름.   ● Nozzle 직경
- Ejector 직경   ● Plate 치수

Sprue의 직경은 사출기 Nozzle Hole의 직경보다 크거나 같아야 한다. 그렇지 않으면 Sprue Bushing 내의 균열로 작업이 정지된다.

1) Locating Ring

직경은 Locating 직경의 0.1% 정도의 공차를 가지고 있어야 한다.

$$
\begin{aligned}
\text{Register Ring의 직경} \quad Dr &= P - \frac{P}{1000} \\
&= 152.4 - 152.4 / 1000 \\
&= 152.25 \text{mm}
\end{aligned}
$$

2) Clamping

Direct Long Stud로 직접 Clamping하는 방법과 Dog and Set Screw로 Clamping하는 방법의 2종류가 있다.

전자의 방법은 확실하고 현실적인 반면 후자는 편리한 잇점이 있다.

또한 Direct Long Stud 결합이 Dog and Set Screw 결합보다 약 2배정도의 힘을 견딜 수 있다.

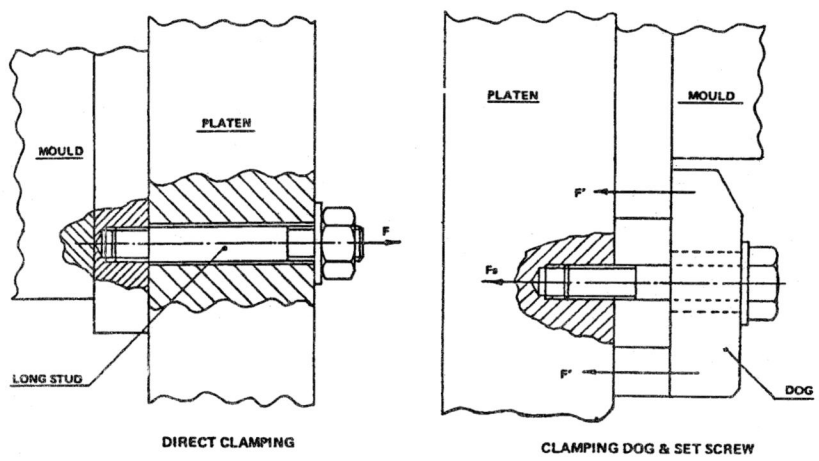

DIRECT CLAMPING   CLAMPING DOG & SET SCREW

3) 금형 Stroke

Mould Opening Stroke는 제품의 높이와 깊이에 의해 제한된다.

금형설계는 수지공정에 따른 기계를 선택하기 전에 사출기 특성에 따르는 Opening Stroke를 참조해야 한다.

최대의 제품길이 ≤ 1 / 2 금형열림 Stroke

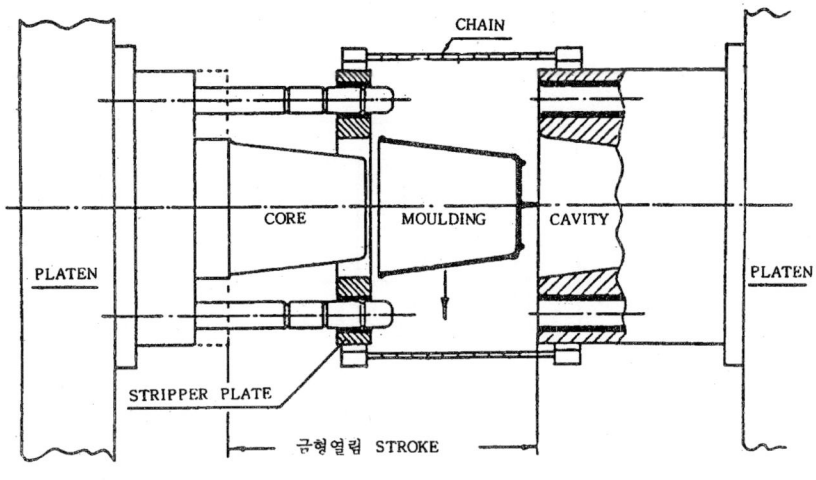

금형열림 STROKE

5. 금형의 강도계산

1) 사출압에 의한 PLATE의 변형과 처짐

① 받침대가 없는 CORE 판과 CAVITY 판의 처짐

    P = 사출압

    B = Mould 힘에 의한 Bending에 대한 Mould 판의 넓이

    L = Mould 판의 길이

    I = Impression 사출의 길이

    b = Impression 사출의 너비

    E = 탄성계수

    I = Mould 판의 2차 Moment = $\dfrac{Bh^3}{12}$

    h = Mould 판의 두께

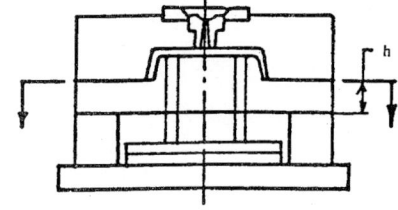

$$\delta_1 = \frac{PbIL^3}{384\,EI}$$

최대 변형이 0.2㎜(0.008″)를 넘으면 안 된다

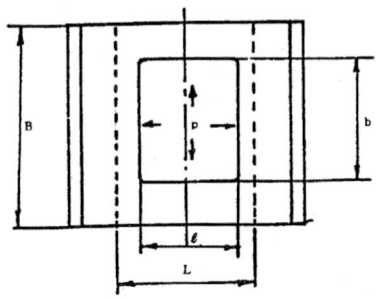

② 받침대가 있는 CORE 판과 CAVITY 판의 처짐

$$\delta = \delta_2 - \delta_1 = \frac{SL^3}{192\,EI} - \frac{PbIL^3}{384\,EI}$$

S = Support Pillar에 받는 하중

2) CAVITY 받침대의 강도

① 단일 Block이 아닌 구조

    h = 측벽의 두께

    P = 사출압

    L = 오목한 부분의 길이

    a = 버팅압에 대한 부분의 높이

    δ = 처침여유

    E = 강의 탄성계수

    b = Cavity 깊이

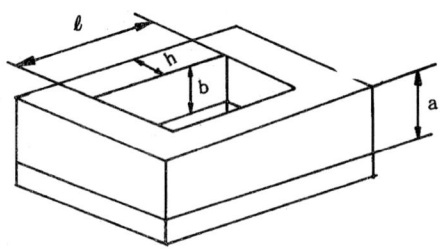

$$h = \sqrt[3]{\frac{12p\,l\,a}{384\,Eb \cdot \delta}}$$

② 단일 Block 구조

 h＝측벽두께

 P＝압력

 a＝Cavity의 깊이

 L＝Cavity의 길이

 E＝강의 탄성계수

 δ＝처짐여유

  ＝0.125㎜(일반), 0.025(NYLON)

 $c = \dfrac{1}{a}$ 의 상수

$$h = \sqrt[3]{\frac{CPa^4}{E\delta}}$$

1 / a	c	1 / a	c	1 / a	c
1.0	0.044	1.7	0.096	4.0	0.140
1.1	0.053	1.9	0.106	5.0	0.142
1.3	0.070	2.0	0.111		
1.5	0.084	3.0	0.134		

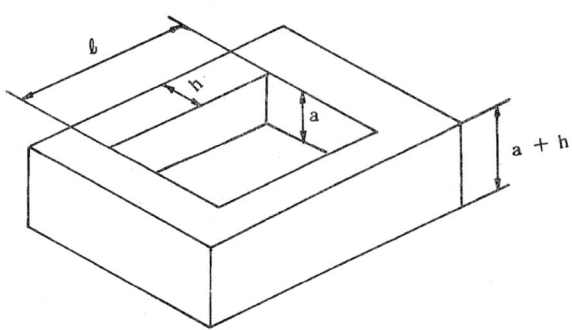

예제 1.

　사출압에 의한 PLATE의 변형과 처짐을 참고로 허용 변위가 0.1㎜가 되도록 CORE PLATE의 최소두께를 구하라. 조건은 아래와 같다.

　　　P＝사출압＝34.5MN / ㎡

L＝Spacer Block 사이의 Mould 판 너비＝150㎜

B＝금형판의 길이＝254㎜

L＝오목한 부분의 너비＝100㎜

b＝오목한 부분의 길이＝180㎜

E＝금형판 재질의 탄성계수＝208GN / ㎡

$$d_1 = \frac{Pb1L^3}{384EI}$$

$$1 \times 10_4\, m = \frac{34.5 \times 0.18 \times 0.1 \times 0.15^3}{384 \times 208 \times 10^3 \times 0.254h^3 / 12}$$

$$\therefore \quad h^3 = 12.397 \times 10^{-6}$$

$$h = 2.314 \times 10^{-2}\, m$$

$$= 23.14\, mm$$

예제 2.

아래의 주어진 조건하에 Cavity Plate의 두께를 구하라.

P＝34.5MN / ㎡,   l＝200㎜,   a＝100㎜,

b＝80㎜,   δ＝0.125㎜   E＝208GN / ㎡

$$h = \sqrt[3]{\frac{12Pl^4 \cdot a}{384 . Eb \cdot \delta}}$$

$$= \sqrt[3]{\frac{12 \times 34.5 \times 0.2^4 \times 0.1}{384 \times 208 \times 10^3 \times 0.08 \times 0.125 \times 10^{-3}}} = 0.043\, m = 43mm$$

제3장 사출금형의 문제점에 대한 대책(Ⅰ)

사출금형의 기술은 숙련도와 기교를 필요로 한다. 기술을 배운다는 것은 어떻게 높은 불량률 없이 좋은 제품을 생산하는가를 배우는 것을 의미한다. 생산과정 중이나 새로운 금형이 시험되고 있을 때 불량의 원인일 수 있는 것이 몇 가지가 있다. 이 문제점이 이해되고 제어되지 않으면 불완전한 제품이 나오게 된다.

1. 문제점

1) 기계의 결점

생산 CYCLE에 영향을 줄 하나의 범위이다. 가열 BAND는 닳아서 사용하지 못하게 된다. 전기접촉부분이 느슨해지거나 탈 수 있다. 수력 SYSTEM이 새어나올 수 있다. VALVE가 닳거나 막힐 수 있다. 기름이 과열되고 분류될 수 있다. TOGGLE PIN이 닳을 수 있다. 공급 SYSTEM이 막히거나 엉뚱하게 작동할 수 있다. 물의 공급이 녹이나 SCALE(때) 때문에 달라질 수 있다.

2) 금 형

그것은 닳거나 손상될 수 있다. 이형 SYSTEM이 적절히 작동하지 않을지도 모른다.

3) 재 질

바른 유형의 재질인가, 바른 등급을 가지고 있는지 확실히 해야 한다. BLEND 속에 순 물질에 따라 REGRINDS의 특정량을 가지고 있는지 확인해야 한다.

상당량의 PLASTIC 먼지 없이 올바른 입자 크기를 위해 REGRINDS의 질을 점검해야 한다.

4) 조정부분

이것은 공장과 관계된다. 공장에서의 높은 습도는 문제를 발생시킨다.

심지어 방안의 온도도 사출에 영향을 준다. POWER SUPPLY도 사출에 영향을 줄 수 있다. 기계에 공급되는 전기는 적절하고 균일해야 한다.

5) 조정자와의 관계

조정자의 리듬은 어떻게 기계를 작동하는가에 많은 관련을 갖는다. 지체 없이 금형이 열리자마자 안전문을 열고 닫는 것이 매우 중요하다.

결점이 많은 제품을 만들어 낼 수 있는 다섯 가지 문제점을 살펴보았다. 이 다섯 가지 점은 전기적, 기계적이나 수력 SYSTEM이 문제를 발생시킬 수 있는 기계 그 자체가 된다. 금형은 닳거나 손상되고 적절히 SETTING 되지 않을 수 있다.

재질은 부적절한 등급, 유형이거나 오염물일지 모른다. 조정부분은 변화하는 POWER의 습도와 온도 때문에 문제가 될 수 있다. 문제를 조사하기 위한 다섯째 사항은 조정자의 리듬에 의한다.

2. 결 점

이제 특정한 결점을 살펴보고 그것들을 어떻게 인식하는가를 배워서 그것을 피하거나 고치는 방법을 결정한다.

1) FLASH

제품에서의 FLASH이다. FLASH는 재질이 금형에서 빠져나올 때 발생한다.

FLASH가 나타날 때 원인을 찾기 위한 첫 번째 장소는 기계 속에 있다. CLAMP를 점검하고, 느슨한 체결이 FLASH의 원인이 된다. 대처방법은 체결압을 증가시키는 것이다. FLASH의 또 다른 원인은 사출압이 너무 높은 데 있다. 그것을 줄이도록 해야 한다. 아마 압력이 적절하더라도 너무 길어서 발생할 것이다. LOOSTER의 시간을 줄이고 사출속도를 점검하여 그것을 낮추도록 해야 한다. FLASH의 또 다른 원인은 너무 높은 온도에서 녹는 것이다. 녹는 온도의 열을 줄이도록 해야 한다. NOZZLE에서 시작하여 후면으로 작동을 시키면서 SCREW CONTROL을 점검하여 SPEED와 TORQUE를 돌아가며 압력을 바꾸도록 해야 된다. 규칙적으로 균일한 공급을 위해 조사해야 한다.

그것이 변하면 SURGING의 원인이 된다. 이것은 흐름에 영향을 주어 FLASH를 일으킬 것이다. 균일한 FEED를 조절하여야 한다.

FLASH가 발생할 때 점검해야 할 또 다른 범위는 금형이다. 만약 금형이 너무 뜨거우면 수지는 너무 오랫동안 높은 온도에서 유지되어 새어나갈 수 있다.

손상에 대해 마모와 부적절한 설비는 금형을 조사해야 된다. 재질 자체가 FLASH의 원인이 될 수 있다. HOPPER 속에 나쁜 등급을 갖고 있는지 모른다. REGRIND의 양과 입자의 크기가 CYCLE에 영향을 준다. 소립자와 미세한 입자는 거친 조각들보다 빨리 열을 낸다. 만약 여전히 FLASH의 원인을 찾지 못했다면 방 온도에서의 변화를 점검한다. 방온도가 높으면 기름의 온도와 금형온도 그리고 HOPPER의 가열기에 영향을 줄 수 있다.

조정자의 리듬은 FLASH를 피하는데 매우 중요하다. 안전문을 열고 닫는데 지체하면 녹는 점을 증가시키게 된다. 그 결과 사출이 너무 빨라진다.

FLASH는 결점 중 하나에 불과하다. 다른 조절을 하기 전에 단 하나의 변화로 10SHOTS를 만들어야 한다.

2) 금형에 달라붙는 부품

몇 가지 가능한 원인이 있는데 그 중 하나는 각각의 SHOT에 너무 많은 수지가 있는 것이다. 우리는 그것을 PACKING THE CAVITY라 부른다. 그 용어를 생각해 보자. 우리는 이것을 가끔 사용한다. 이것은 문제가 될 수 있고, 때로는 문제점을 해결할 수도 있다. FLASH에 대한 수정은 PACKING 문제를 푸는데 도움을 줄 수 있다. 그것들이 무엇인가 생각하면,

- 사출압의 감소
- 높은 압을 끊기 위한 BOOSTER TIME의 감소
- 사출속도의 감소
- 낮은 용융 온도
- SCREW MACHINE에서 가능하면 공급 감소
- 금형의 보다 많은 냉각
- 조정자 리듬의 성취

이와 같은 모든 범위는 주의 깊고, 끈기 있게 조사되어야 한다. PACKING을 수정하기 위해서, 그러나 금형에서 부품이 달라붙는 이유가 있는데 다른 해결 방안이 있다. 만약 부품이 움직이는 부분이나 금형의 이형부에 붙어있다면 이형 PLATE의 이동에 이상이 있나 점검하고, 또한 금형에 부품이 달라붙는 원인이 되어 FLASH가 발생하게 하는 부러지거나 마모된 EJECTOR PIN을 검사한다.

STICKING(달라붙음)은 또한 금형손상의 원인이 된다. 만약 원인이 부러진 EJECTOR PIN이나 손상된 금형이라면, 대체 또는 수리가 필요하다.

3) BURN MARK

BURN MARK는 금형이 닫혀있을 때 공기가 흐르는 것이 원인이 된다. 공기는 수지가 CAVITY에 차면 빠져나가야 한다. 빠져나가지 못한 공기는 뜨겁게 흐르는 수지에 압력을 가한다. 압축은 공기를 가열하고 수지를 태운다. 많은 금형은 공기를 빼어낼 수 있도록 구멍을 뚫는다. 이런 구멍은 CAVITY EDGE에서 금형 EDGE 또는 EJECTOR PIN을 따라 기계 가공한다. 이런 구멍이 먼지나 수지로 막혀있지 않나 조사해야 한다. BURN MARK에 대한 또 하나의 가능한 이유는 금형이 너무 꽉 물려 있는 것이다. 약간 느슨하게 주의를 기울여 풀어야 한다. FLASH의 원인이 되지 않는 범위에서 느슨하게 하고, 사출정도를 늦게 하여 BURN MARK를 수정할 수도 있다. 사

출속도를 늦추거나, 사출압을 낮추거나, BOOSTER TIME을 늦춤으로서 수정할 수도 있다.

BURN MARK에 대한 또 다른 수정방법은 용융온도를 감소하면서 흐름을 감소시킬 수 있다. 또 다른 해결책은 금형을 냉각하면서 천천히 채워나가는 것이다. 또한 조정자의 리듬을 검사해야 된다. 만약 조정자가 CYCLE을 지연하면 재질을 과다 가열시킬 수 있다.

4) SHORTR SHOT

SHORTS는 CAVITY를 완전히 채우기 위한 실패에 기인한다. SHORT SHOTS는 많은 원인이 있다. 그러므로 고려해야 할 가능한 많은 수정사항이 있다. 그것들을 열거할 수 있다. 그러나 암기하려고 할 필요는 없고, 이해하면 된다.

- 사출압의 증가
- 사출속도의 증가
- BOOSTER TIME의 증가
- 사출시간의 증가
- 용융온도의 증가
- HOPPER의 검사(비었는지, 차있는지)
- 공급의 증가
- 재질검사, 잘못된 것을 가지고 있을 수 있다.
- 금형온도의 증가
- NOZZLE 검사, 너무 작거나 파손됐을 우려가 있다. NOZZLE을 정확하게 위치시키고, SPRUE BUSHING에 견고히 체결한다.

  다시 리듬이 중요하다. 조정자가 GATE를 JUMP 시키면 즉 CYCLE이 끝나기 전에 안전 GATE를 열면, 필요한 가열시간 외로 가열 CYLINDER 안에서 수지를 빼게 되고, 수지가 잘 흐르지 않는다.

  이것들은 SHORT SHOT의 원인이었고 그것에 대한 해결책은 비록 문제점이라 할지라도, 어렵고 빠르게 유지할 법칙이 있다.

- 끈기 있게 진행하라. 한 번에 한 번 변화시켜라. 다른 수정이 있기 전에 10 SHOT를 진행한다.
- 조심성 있게 진행한다. 작은 부분에 수정을 가한다.
- 조직적이어야 한다. 다른 사람이 당신이 무엇을 했는지 이해할 수 있게 변화의 기록을 보존한다. 이런 경우 당신의 다른 경우에 계속 적용할 수 있고 다른 사람

또한 문제점을 발견해 낼 수 있다.

- 영구적으로 알고 있어야 한다. 당신이 수정을 위한 어떤 조정은 다른 종류의 피해의 원인일 수 있다.

사출금형은 예술이지만, 용융, 흐름, 냉각의 과학적인 원리에 기초된다. 수지의 흐름은 용융온도에 관계된다. 비교적 냉각되었을 때 흐름이 느리고 반대도 또한 같다.

우리는 다섯 가지의 내재된 문제점을 보았다. 이 문제점들은 기계, 금형, 재질, 조정조건, 조정자이다. 다음 SECTION에서는 같은 범위와 그들이 다른 문제점에 어떻게 영향을 미치는지 논의할 것이다. 또한 문제점을 피하거나 수정하기 위해 변화시킬 때 따라야 할 7가지 기본규칙에 대해 언급할 것이다.

제4장 사출금형의 문제점에 대한 대책(Ⅱ)

일반적인 문제점과 어떻게 그것들을 인식하는가에 대해 논의할 것이다. 또한 어떻게 그것을 피하고, 그것이 발생할 때 어떻게 수정하는가를 지적할 것이다. 논의해 나갈 문제점(결점)들은; (1) 표면흠(SURFACE BLEMISHES), (2) SINK MARKS, (3) 휨(WARPED PARTS), (4) WEAK WELD LINES, 또한 오염에 의해 발생될 수 있는 결점(문제점)도 조사할 것이다.

1. 제품 표면

이것은 SURFACE BLEMISHES(표면흠)이라 부른다. 그것은 PLASTIC 제품에서 은과 같은 줄이나 반점으로 나타난다. SURFACE BLEMISHES는 많은 이유의 결과이다. 과열이 원인일 수 있다. 지나치게 나태한 취급자가 요인일 수도 있다. 그러나 아마도 가장 보편적인 요인은 수분이다. 만약 요인이 수분이라면, 가장 쉬운 수정은 HOT－AIR HOPPER DRYER의 사용 또는 OVEN에서의 재료의 예비건조이다. 그러나 건조재질이라 해도, 수분은 만약 높은 습도에서 운행된다면 찬 금형으로부터 얻어낼 수 있다. 이런 경우, 금형이 열릴 때 금형에서의 수분의 응축은 마치 찬 날씨에 자동차 창문에 생기는 것과 같다. SURFACE BLEMISHES의 경우 수분의 응축에 대해 금형을 검사하라. 만약 습기가 차 있으면 닫기 전에 닦는다.

2. SINK MARK

SINK MARK는 보조개나 주름 같은 표면의 불완전성이다. 좀더 견실하게 CAVITY를 PACKING 함으로써 SINK MARK를 수정하라. 이것은 BOOSTER TIME의 증가, 사출압의 증가 또는 사출속도의 증가에 의해 행해질 수도 있다. 그러면 수축감소를 위한 용융점의 감소, 마지막으로 사출 시간과 CYCLE STARTING의 증가이다.

주의로는 한 번에 한 STEP씩 확실히 수정한다. 그리고 수정이 문제 해결이 되었는지 또 다른 원인이 되지 않나 보기 위해 적어도 10제품을 만든다. 이상의 두 결점, SURFACE BLEMISHES와 SINK MARK는 눈에 보인다.

3. WARPED PART

육안으로 발견할 수 있는 결점은 휜 부분(WARPED PART)이다. WARPED PART는 모양을 유지하지 못하는 것이다. CYCLE을 바꾸는 수정을 하기 전에 이형 범위를 조사한다. 이형이 평평하지 못한 PLATE의 진행으로 인해 잘못된 것인가 조사한다. 이형이 너무 심하게 일어나면 늦출 필요가 있다. 제품이 금형의 손상 또는 과실로 부품이 달라붙는 부분이 있을 수 있다.

CAVITY의 PACKING 또한 휨의 원인일 수 있다. PACKING CAVITY가 원인이라면 CYCLE을 바꾸어야 한다. 아래 단계로 한다.
- 사출압 또는 BOOSTER TIME의 감소
- 냉각시간의 증가
- 금형온도의 감소
- 용융온도의 감소

이와 같은 CYCLE은 시간을 필요로 하고, 금형과 사출방법의 휨 원인에 대한 시험을 한 후에 행해져야 한다.

4. WEAK WELD LINE

항상 육안으로 볼 수 없는 것이 아닌 결점이 WEAK WELD LINE이다. WEAK WELD LINE은 수지의 흐름이 CAVITY로 들어간 후 나누어질 때 발생한다. 다시 함께 흐르거나, 합쳐질 때 WELD가 형성된다. 이 WELD를 항시 보지는 않는다 해도 그것을 시험할 수 있다. WELD는 구부리거나 HAMMER로 때리면 부서진다.

WELD는 CAVITY가 하나의 GATE를 가졌다면 일반적으로 CAVITY GATE의 반대편에 일어날 것이다. CAVITY 안에 하나 이상의 GATE가 있다면 WELD는 그들 사이의 중간에 생성할 것이다. CYCLE의 변함없이 할 수 있는 WEAK WELD LINE 의 두 가지 가능한 원인이 있다. 첫째 공기구멍이 막혔을 수 있다. 공기구멍을 깨끗이 한다. 두 번째, 너무 많은 이형제가 사용되어지고 WELD LINE이 약하게 되면서 수지가 흐르기 전에 밀어내는 것이다.

공기구멍이 막히지 않고, 많은 이형제가 WEAK WELD LINE의 원인이 아니라면 수지가 되돌아와 합해지기 전에 냉각된 것이다. 이것에 대한 해결은 금형에 빨리 그리고 뜨거운 수지를 넣는 것이다. 여기 어떻게 해야 하는지 다시 한번 언급한다. 한번에 한 단계씩 행한다.

- 사출압 또는 BOOSTER TIME의 증가
- 사출시간의 증가
- 용융온도의 증가
- 금형온도의 증가

WEAK WELD LINE이 위 변화의 한 가지로 강하게 될 것이다.

5. 두 종류의 오염된 물질

첫 번째는 우연히 한 수지가 다른 수지와 섞일 때 생긴다. 두 번째 오염의 형태는 수지에 이 물질이 섞이는 것이다. 첫 번째 종류의 오염한 수지에 우연히 다른 수지가 섞이는 것으로 제품은 낮은 강도를 갖고 층이 지거나 조각으로 찢기고, 즉 제품이 얇게 될 것이다. SPRUE가 종종 SPRUE BUSHING에 달라붙는데 약하고 제품으로부터 찢겨지기 때문이다. 단지 오염에 대한 수정은 시작할 때 피하기 위한 것이다. 더러운 HOPPER는 오염의 원인이 될 수 있고, 각 재질 또는 색변화 때 깨끗이 청소해야 한다. 공기바람 보다는 진공청소기를 이용한다. 또는 완전히 닦아낸다.

SCRAP 분쇄기도 같은 방법으로 깨끗이 한다. 깨끗한 통속에 모든 REGRIND를 분리하고 각각의 DRUM에 STICKER로 LABEL을 표시한다. 오염된 제품이나 SCRAP를 재사용하지 않는다. 모든 통과 기계의 HOPPER는 항시 닫아둔다. 기계나 FLOOR를 공기바람으로 청소하지 않는다. 진공청소기를 사용한다.

오염의 두 번째 형태는 이 물질에 의한다. 먼지, 기름, 구리스는 기계 주위에 있기 때문에 보편적인 것이다. 담배, 종이 또는 다른 물질도 HOPPER에 떨어질 수 있다. 금속은 PLUNGER, SPREALER SCREW CYLINDER, NOZZLE에 피해를 줄 수 있으므로 가장 심각한 오염이다. HOPPER MAGENT는 어떤 금속으로 싸여질 수 있다. 전부는 아니다. 금속은 보통 REGRIND에 들어간다. 그러나 직접 HOPPER 안으로 들어갈 수 있다.

오염을 수정하기 위한 유일한 방법은 피하는 것임을 기억해야 한다. 오염된 수지는 어떤 형태로든 다시 사용하면 안 된다. 그것은 문제점을 확산시키고, 다른 결점을 야기할 뿐이다. 알맞은 LABELING과 좋은 저장장소가 재질의 섞임을 피하는데 도움을 줄 것이다.

좋은 저장장소는 두 번째 형태의 오염, 즉 이 물질을 피하는데 또한 중요하다. 우리는 일반적인 결점의 주된 문제점의 범위에 대해서 논의하였다. 수정하거나 결점들을 피하는 데는 아래의 7가지 기본 RULE을 요구한다.

> RULE #1 – 계획을 세운다. 어떻게 각각의 결점과 원인이 인식되는지 안다. 기계, 금형, 재질, PLANT의 문제점 영역을 안다. 처음에 어떻게 해야 하나 결정한다.
>
> RULE #2 – 한 번에 한 가지만 변화시킨다. 그렇지 않으면 변화가 문제를 해결했는지 아닌지 알 수 없고, 혼란을 일으킬 여지가 있다.
>
> RULE #3 – 성급하지 말아야 한다. 금형 가열 CYLINDER와 수압오일은 변화할 때 안정되기 위한 시간이 필요하다. 큰 기계일수록 더 많은 시간을 소모한다.
>
> RULE #4 – 시간, 온도, 압력을 변화시키는 동안 기계의 CYCLE을 유지한다. 리

듬을 유지한다.

RULE #5 - 이것 또한 매우 중요하다. 모든 변화와 결과의 성적서를 만들어라. 당신의 기억을 신뢰하지 말아라. 당신은 몇 시간 또는 며칠간만 기억할 것이다.

RULE #6 - 문제점을 해결할 때 어떻게 진행됐는지 영구적인 기록을 남겨라. 제조특성의 일부를 만든다. 다음번 금형을 사용할 때 확실한 시작점을 잡을 것이다.

RULE #7 - 유능한 기능공은 RULE #7 또한 따를 것이다. 문제점을 해결하기 위한 공구나 ACCESSORY는 지체 없이 모두 준비한다.

우리는 변화하는 결점들이 일어날 수 있고 그들이 생겼을 때 빨리 그것들을 알아내고 적절한 방법으로 대응하는 것에 대하여 요약하였다. 우리가 언급했던 몇몇의 결점은 표면흠, SINK MARK, 휨(WARPED PART), WEAK WELD LINE 들이다.

오염과 필요한 방지책을 논했다. 결점을 피하거나 수정하는데 도움을 줄 7가지 RULE도 언급하였다. 사출성형은 숙달되고 지식 있는 사람에 의해 완벽하게 행해지는 예술이다. 수지가 공업적으로 팽창되면, 새로운 재질과 기계가 개발될 것이다. 사출성형은 꾸준히 배우는 것이고 새로운 IDEA가 필요하다.

제5장 사출성형기 TYPE별 차이

사출성형은 수지로 물건을 만들어내는 빠른 수단이다. 사출성형의 공정은 우선 열가소성수지(Thermo Plastic)를 만드는 데 사용된다. Thermo Plastic은 Candle Wax와 비교할 수 있다. Candle Wax처럼 Thermo Plastic은 녹여서 만들어 굳힐 수 있고 필요하다면 다시 녹여 다른 모양을 만들어 굳힐 수도 있다. 사출성형기는 두 가지가 있다. 즉 Plunger형 사출기와 Screw형 사출기가 있다.

먼저 Plunger형 사출기에서 수지는 Pellet 형태로 공장에 도착한다. 이 Pellet를 Plunger형 사출기의 Hopper 속에 넣으면 중력에 의해 Feed System 속으로 떨어지게 된다. 번갈아서 Feed Mechanism이 좁은 통로를 통하여 Electrical Heating Bands에 의해 가열되는 Heating Cylinder 속으로 떨군다. Cylinder 속에서 열이 수지를 Solid Pellet에서 용액 모양으로 바꾸게 된다. 수지는 열도체로 불충분하기 때문에 그것들이 녹을 수 있는 시간을 부여하기 위해 몇 가지 Cycle을 통하여 그것들을 Heating Cylinder를 통과시키게 된다. 그래서 실제로 사출에 앞서 수지를 가열하고 있다. 수지가 Cylinder를 통과하여 금형을 향해 움직인다. 녹은 수지는 액체가 아니라 Melt라 불린다. 수지를 조정하는 요인과 녹는점은 사출성형에 있어서 아주 중요한 부분이다. 아마 사출성형의 가장 중요한 부분은 적절한 온도에서 수지를 유지하는 것이다. 너무 뜨겁거나 너무 차가우면 문제점과 결점을 발생시킨다. Hopper에서부터 Feed Mechanism을 통과하여 가열 Cylinder에 이르는 수지를 추적해야 한다. 수지가 Cylinder의 앞쪽 끝 부분에 도달, Nozzle을 통과하여 금형 속으로 사출될 준비가 된다. 용용된 재료를 움직이는 데는 거대한 사출압이 요구된다.

Plunger형 사출기는 압력을 20,000 Psi(1.4 ton)까지 오르게 한다. 이런 종류의 압력은 Good Fechnicion을 요구한다.

금형이 제품을 제조해 내는 것을 볼 때 Plunger Type와 Screw Type 사이의 별다른 차이가 없음을 볼 수 있다. 차이는 다른 데 있으며 Screw Type 사출기는 Pellet를 녹이고 Mold로 가져가는 방법으로 초기단계에 시작된다. Screw Type에 있어서 Plunger Type에서처럼 Pellet는 Hopper 속에서 출발한다. Feed Mechanism은 없다. Pellet는 Screw의 뒤쪽 끝으로 떨어진다.

동시에 Screw는 회전하며 Pump처럼 Pellet를 Feeding end에서 전면까지 운반한다. 수지는 Cylinder의 뜨거운 벽과 Screw의 날개에 달라붙는 경향이 있기 때문에 Heating과 Shearing를 통해서 녹기 시작한다. Screw는 Pellet가 날개를 따라 앞으로 움직일 때 모든 Pellet를 압축할 수 있도록 고안되어 있다. 정착과 압착의 융합은 수지가 정확히 조이고 회전하는 작용에서 스스로 떨어져 나갈 때 수지 내에서 열기와 마찰을 발생시킨다. 이 과정을 Screw Plastication이나 Screw Melt Principle이라 부른다. 많은 열이 발생되므로 Shearing Action이 잘 제어되지 않으면 재질을 과열시키거나 붕괴시키기 쉽다. Screw는 Pellet가 계속해서 앞으로 움직이도록 고안되었다. 그들이 Nozzle에 도달하기까지 그것들을 균등하게 가열하여 녹인다. Plunger Type에 사용된 것 같은 Spreader 장치는 필요 없다. Screw는 또한 Melt를 Mold로 집어넣는 Injection Plunger로 작용한다. Screw Type 사출기 속에서 수지는 또한 Plunger Type에서 보다 낮은 녹는점에서 화학적으로 가공처리 된다. 이것은 재질이 그 속에서 적은 열을 가지고 있음을 의미하여 결과적으로 냉각시간이 적게 들며 Cycle이 보다 빨라진다.

금형과 그 기능에 대해 모든 사출기의 유형이 같은 금형을 사용하기 때문에 Screw와 Plunger Type을 모두 다루게 된다. Heating Cylinder로부터 Plastic은 Nozzle에서 Sprue Bushing을 통과하여 금형 속으로 투입된다. 모든 금형은 두 부분으로 나누어져 있다. 한쪽 반은 움직이는 Plate 위에 설치된 Ejection Half라 불린다. 그것은 대게 Male Portion이나 Core를 포함하고 만들어지는 생산물의 표면을 형성한다. 다른 반쪽은 반대편을 형성한다.

이 부분은 Stationary Side라 불리며 정지하고 있는 Plate 위에 설치된다. 만약 금형이 단 하나의 Cavity만을 포함한다면 그것을 Single Cavity Mold라 부른다. 금형이 두 개나 그 이상의 Cavity를 포함한다면 Multi-Cavity나 Family Mold라 부른다. Multi-Cavity Mold에서 각각의 Cavity는 Sprue Bushing에서 이끄는 Runner에 의하여 공급된다. Single Cavity Mold 속에서 Sprue Bushing은 곧 Cavity 속으로 유도되거나 Cavity까지 이끄는 Runner를 갖고 있다.

Sprue Bushing에서부터 그것은 Single Cavity나 Runner System 속으로 흘러들어간다. 냉각은 열기가 Mould Steel Mold에 의해 뜨거운 재질에서 빠져나가게 될 때 재빨리 발생한다. 부품들이 비틀리지 않고 이형 되기에 충분한 강도를 갖고 있을 때, 금형은 열려서 여전히 Sprue나 Runner에 부착되어 있는 사출물은 Ejector Pin에 의해 금형으로부터 밀려나온다. Toggle이라 불리는 Hydro-Mechanical System이나 Straight Hydraulic Ram 혹은 이 두 System의 융합에 의해 열리고 닫힌다. 그들은 죄이는 힘의 5백만 1bs(2,268ton)까지 증가된다. 이 대단한 압력은 죄어는 힘으로부터 Free 조정자를 방어할 뿐 아니라 금형으로부터 빠져나오게 될 용융수지에 대해, 보호하는 Safety Gate의 이유가 된다. 보통의 환경하에서 Cycle은 Safety Gate가 적절히 닫히지 않으면 작동이 시작되지 않는다.

사출기의 두 가지 유형과 그들이 어떻게 재질을 녹이고 움직이는가, 금형과 Clamping System에 대하여, 모든 기계 System은 금형 Cycle을 만드는 데 함께 작용된다. Cycle은 모든 기능들(금형을 닫고 수지를 사출하고 금형을 열고 부품들을 이형시키는 것)을 완성시키는 데 필요로 하는 모든 시간이 된다. 전자 Timer는 Cycle의 모든 단계를 제어한다. Plunger Timer는 사출압력이 재료에 공급되는 시간의 길이를 제어한다. Mold Close Timer는 재료가 굳을 때의 시간을 제어한다. Mold Open Timer는 재료를 이형하여 자동적으로 가열하는 것이 안전할 때만 위험이 따르지 않는 작용을 위한 것이다. Process 중 가장 중요한 요소에 대하여 조정자는 금형으로부터 부품을 제거하여 Safety Gate를 닫음으로서 다음의 Cycle을 시작한다. 조정자는 몇 가지 의무를 실행한다. 시간이 허용될 때 Runner를 정리하고 Scrap을 갈고 제품을 포장한다. 몇 가지 일하는 사이에 부품들은 조립하거나 뜨거운 Color Stamping에 의해 장식하고 Decal을 부착한다.

이러한 의무들은 기계 Cycle 동안이나 부품들이 성형되고 있을 때 실행된다. 훌륭한 조정자들은 기계 Cycle 동안 다른 의무를 수행할 수 있는 사람들이다. 이러한 능력을 Rhythm(리듬) 즉, Gate를 열고 부품을 제거하고 지체 없이 다른 Cycle을 시작하는 Rhythm이라 부른다.

조정자가 Rhythm을 잃고 한 시간 동안 각 Cycle 마다 4초를 잃게 되는 몇 가지 이유를 가정해 보면 15초의 Cycle에 이 부분을 작용하고 있는 것이다.(즉, 1분당 4Shot나 1시간에 240Shots) 그러나 만약 각 Cycle마다 4초를 놓치면 생산율은 단지 190Shot이고 시간당 50Shot의 손실과 거의 25%의 효율이 떨어지게 된다. 수지의 실제사출에 앞서 몇 가지 Cycle을 위해 Heating Cylinder 속에 있는 것을 Residence Time이라 부른다. 만약 45초의 지연이 생기면 그때는 각각 사출된 Shot가 의도했던 것보다 상당히 많은 예가 드러나게 된다. 수지의 과열은 많은 사출 문제를 발생시킨다. 금형이 뜨겁고 부품이 휘고 부품이 Mold에 달라붙거나 Light Box에서 관찰될 때만 Stress라 불리는 결점을 가진다. 비록 Cycle이 자동적이라 해도 조정자는 여전히 활동해야 한다. 지식과 효과적 작동은 생산품의 질과 생산율에 영향을 미친다.

제6장 사출성형기 선정기준

특별한 조건하에 기계의 크기를 선택하는데 도움을 줄 수 있는 8가지 Rule이 있다. 이것은 금형과 제품설계에 도움을 준다. 그리고 성형기술도 기계의 크기와 Cycle의 조건에 영향을 줄 수 있다.

1. 기준1) 투영면적과 CLAMPING힘

기계의 Clamping힘은 완전히 사출된 상태에서 Runner와 Mold 부품의 투영면적에 3~5배가 되어야 한다. 이것은 얇은 벽, 깊은 곳의 뽑아냄 또는 두꺼운 Boss를 가진 부품에서 투영면적의 단위 평방 in 당 3ton을 허용한다.

또한 두꺼운 벽, 얇은 곳의 뽑아냄과 두껍지 않은 Boss를 갖는 부품에서 투영면적의 단위평방 in당 2ton을 허용하기 위해 총 투영면적의 2~3배가 되어야 한다.

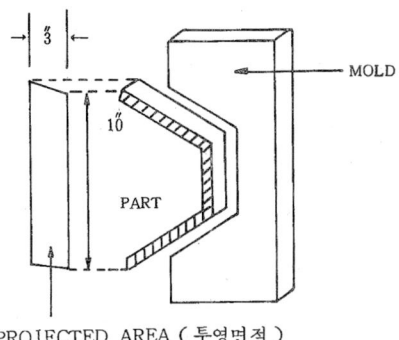

PROJECTED AREA (투영면적)

2. 기준2) 사출물의 무게와 기계의 분사용적

사출된 상태의 사출물 Sprue와 Runner의 총 무게는 특정 재질에서 기계의 최대분
사용적의 90%를 넘으면 안 된다. 용융점이 높은 온도에서 요구사항은 사출크기를 최
대의 75%까지 감소시키는 것이다. 기계는 Styrene의 OZ로 평가되기 때문에 사출용적
은 대략의 값에 의해 다른 재질도 조정되어야 한다.

Styrene과의 비교 OZ		Styrene과의 비교 OZ	
HDPE	0.90	NYLON	1.08
POLYPROPYLENE	0.85	PVC	1.23
ABS	0.99		

3. 기준3) 금형크기와 원판크기

금형은 Tie rod 사이의 가능한 금
형장치면에 맞아야 한다.

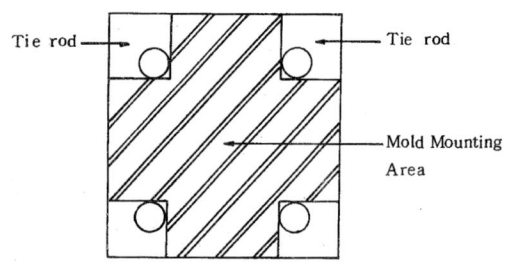

4. 기준4) 금형두께와 닫힘여유

금형을 닫았을 때 금형두께는 기계의 최소여유(Daylight)보다 커야만 한다. 단지 기
계적 Clamp에서는 금형두께가 Clamp Tonnage를 세우기 위하여 최대 닫힘 Daylight
보다 작아야 한다.

5. 기준5) 사출물의 깊이와 열림여유

사출물 제거 시에 열림 Daylight는 사출물의 깊이의 2배 더하기 닫힘 금형의 두께보다 커야만 한다.

Open Daylight > 2 × (Part 깊이) + (금형두께)

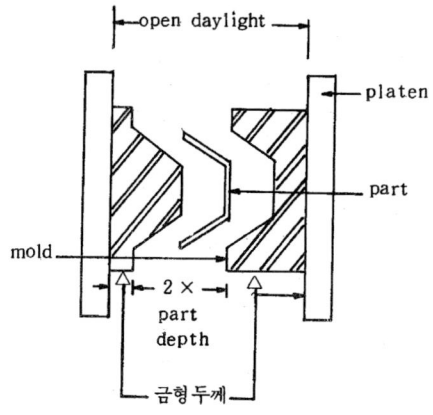

6. 기준6) 사출물의 깊이와 CLAMP 행정거리

수압 Clamp 기계에서는 Clamp 행정거리는 열림 Daylight 배기 금형두께보다 크거나 같고 사출물의 깊이의 2배보다 커야 한다.

- Clamp Stroke ≥ (Open Daylight) − (금형 두께)
- Clamp Stroke > 2 × (Part 깊이)

기계식 Clamp 기계에서는 Clamp 행정거리는 열림 Daylight 빼기 금형두께와 같아야 하고 사출물의 깊이의 2배보다 커야 한다.

- Clamp Stroke = (Open Daylight) − (금형 두께)
- Clamp Stroke > 2 × (Part 깊이)

7. 기준7) 순환시간(CYCLE TIME)

순환시간은 기계시간 더하기 냉각시간이다. 금형을 목적으로 하는 Plastic은 알맞은 냉각능력과 일정한 두께를 갖는 부분을 갖고 있어야 한다.

기계 Size(tons)	성형시간	두께(inches)	냉각시간
75 – 200	4 sec.	0.030	3 sec.
300 – 500	8 sec.	0.045	5 sec.
700 – 1000	10 sec.	0.095	12 sec.
1500 – 2500	15 sec.	0.1875	20 sec.

순환시간＝기계시간＋냉각시간＋손으로 부품을 제거하는데 5～10초.

例: Plastic 부품 0.045″의 균일한 두께를 갖고 있고 기계는 375톤 용량이다.

순환시간은

> 8초 기계시간
> ＋5초 냉각시간
> 13초 자동작동에 대한 총 순환 시간

8. 기준8) SCREW 회복과 순환시간

최소순환시간에 대해 Screw 회복시간은 냉각시간보다 크거나 같아야 한다.

$$\text{Screw회복} = \frac{\text{사출물중량(OZ)}}{\text{회복비율(OZ/Sec)}} \leq \text{냉각시간}$$

제7장 금형재료

1. 재료선정의 일반적인 요인

다음과 같은 요인을 생각해야 한다.

- 내마모성
- 가격
- 경면 끝손질 작업성
- 내부식성
- 기계가공의 용이성

- 도금의 용이성
- 열처리 정도
- 열전도성
- 강도

2. 금형 재료 선택

1) 금형부품별 재료

Item No.	금형부품의 이름	추천과 이유	열처리
1	Back plate	M.S.(0.25%)	필요 없음
2	Spacer block	〃	〃
3	Register ring	〃	〃
4	Bolster	M.S 또는 ASSAB 760이 더 좋다.	〃
5	Ejector plate와 ejector retainer	〃	〃
6	Sprue bush	ASSAB DF-2 또는 8407	단단하거나 부드러운 Oil

Item No.	금형부품의 이름	추천과 이유	열처리
7	Cavity insert	ASSA 718 또는 8407 – 끝마무리 광택을 위하여	불꽃경화
		ASSAB 709 – 내후성을 위하여	전소화 또는 유도경화
		ASSAB DF – 2, 705 – 열가소성의 사출을 위하여	단단하거나 부드러운 Oil
		ASSAB 760, K100 – 작은 규모의 제품과 큰 mould의 경제적 구조를 위하여	필요하다면 냉각하거나 단련한다.
8	Core insert	〃	질소화 또는 유도경화
9	Guide pin	DF – 2, 709	
10	Guide bush	〃	〃
11	Return pin, ejector pin과 sprue puller	DF – 2, 709	질소화 또는 유도경화
12	Support pillar	K100	냉각하거나 단련한다.
13	Water junction	Brass 또는 M.S.	필요 없음
14	Long reached nozzle	8407 또는 HWT11	단단하거나 부드러운 Oil

2) 각국 maker 別 金型用鋼 성분표

Maker	상품명	C	Mn	Si	Cr	Mo	V	W	Ni	S	P	Cu	Al
JMS	NAK – 55	0.15	1.70	0.50	0.30	0.40			3.50	0.15	0.010		1.10
	N3M	0.30	0.80	0.40	1.60	0.30			3.70	0.010	0.010		1.40
	PDS – 5	0.55	0.90	0.25	1.30	0.30	0.15		1.50				
	PDS – 3	0.40	0.90	0.25	1.00	0.30							
	PDS – 1	0.60	0.80	0.40	〈0.50				〈0.50				
	PDS – 1h	0.60	0.80										
JIS SKD – 61	DKA.HWD – 2	0.40	0.40	1.00	5.00	1.50	1.00		0.40				
JIS SKD – 61F	DKA – FHWD – 2FG	0.40	0.40	1.00	5.00	1.50	1.00		0.40	0.15			
JIS SKD – 11	NR – 1	1.50	0.45	0.25	1.00	1.00	0.30						
JIS SKS – 3	EOS.GSS – 1												
	CH – 1	〈0.08	0.25	0.15									
	CH – 2	〈0.08	0.30	0.25	5.00	0.80	0.25						

Maker	상품명	C	Mn	Si	Cr	Mo	V	W	Ni	S	P	Cu	Al
D－M－E	No. 1Steel	0.30	0.80										
	No. 2H Steel	0.55	1.15	0.25	0.75	0.20				〈0.08			
	No. 3Steel	0.35	0.80	0.25	1.00	0.50	0.20						
	No. 5Steel	0.35	0.40	1.00	5.00	1.50	1.00						
CRUCIBLE	MAXEL $3\frac{1}{2}$	0.50	1.25		0.65	0.18				〈0.08			
	CSM－2	0.30	0.80	0.50	1.65	0.40							
	NU－DIE V	0.40	0.40	1.10	5.00	1.35	1.10						
	AIR KOOL	1.00	0.60	0.30	5.25	1.10	0.25						
LATROBE	SUPER MO－LD DIE & MOLD STEEL	0.30	0.70	0.50	1.70	0.40							
	VDC	0.40	0.40	1.00	5.25	1.20	1.00						
	"Cascade"	0.20	0.30	0.30	0.25				4.10				1.20
MARATHON	A－M－S	0.55	0.70	0.20	1.10	0.50			1.70				
	CNK－2	0.45	0.50	0.30	1.30			0.50	4.00				
ALLEGHENY LUDLUM	ALMOLD 20	0.30	0.70	0.50	1.70	0.40							
	POTMAC M	0.40	0.35	1.00	5.00	1.00	1.00						
VANADIUM－ALLOYS	MC	0.35	0.85	0.45	0.85	0.40							
	HOTFORM V	0.37	0.35	1.00	5.25	1.25	1.05						
TRUMOLD	"R"	0.45	0.80	1.00	0.20								
	"N"	0.37	0.80	0.80	0.80	0.20			1.80				
AJAX		0.40	0.85	0.25	1.00	0.15							
FINKL	FINKL－HB	0.52	1.20	0.27	0.65	0.20			0.09				
PENINSULAR	PENCOHOLDER BLOCK	0.50	1.00	1.00	0.20				0.15～0.25				
BETHLEHEM	LUSTRE－DIE	0.50	1.00	0.30	1.10	0.25							
HEPPENSTALL	Hardtem "C"	0.50	0.50	0.30	1.30	0.30	0.20						
CAPPENTER	No.883	0.40	0.35	5.00	5.00	1.35	0.90						

3) PLASTIC용 금형재

CHEMICAL COMPOSITION

No.	MAKER	GRADE	C	Si	Mn	Cr	Mo	Ni
1		S45C	0.42 − 0.48	0.15 − 0.35	0.60 − 0.90	−	−	−
2		S55C	0.52 − 0.58	0.15 − 0.35	0.60 − 0.90	−	−	−
3		KP − 1	0.50 − 0.55	0.20 − 0.35	0.70 − 0.90	−	−	−
4	한국중공업(한국)	KP − 4	0.39 − 0.44	0.25 − 0.35	0.90 − 1.10	0.90 − 1.10	0.25 − 0.30	−
5		KP − 4M	0.35 − 0.40	0.20 − 0.30	0.60 − 1.40	1.60 − 1.80	0.30 − 0.40	INCLUDED
6	대동특수강공업(일본)	NAK − 55	0.12	0.30	2.3	0.11	0.27	INCLUDED
7	ASSAB(스웨덴)	IMPAX718	0.35	0.3	0.7	1.8	0.3	0.7
8		STAVAX	0.38	0.8	0.5	13.6	−	−

※ 참고: $1N / mm^2 = 0.102 kg\, f / mm^2$

MECHANCAL PROPERTIES

CLASS		MATERIAL	YIELD POINT kg f / mm²	TENSILE STRENGTH kg f / mm²	ELONGATION %	REDUCTION of AREA %	HARDNESS Hs
기계구조용		S45C	35 − 50	58 − 70	17 − 20	45	21 − 41
		S55C	40 − 60	66 − 80	14 − 15	35	24 − 42
PLASTIC용	저 급	KP − 1	28 − 30	65 − 70	22 − 26	35 − 42	28 − 33
	중 급	KP − 4	70 − 85	90 − 100	12	35	38 − 42
	고 급	KP − 4M	90 − 95	105 − 115	13 − 16	35 − 40	40 − 44
	고 급	NAK − 55	103	128	15.6	39.8	55
	최고급	ASSAB718	750N / mm²	950N / mm²	60	20	41 − 46
	최고급	STAVAX	165	220	27	8	74

※ 참고: ① NAK − 55 GRADE의 材質은 合金工具鋼
　　　　② ASSAB 718 GRADE의 材質은 Cr − Mo − Ni 合金鋼
　　　　③ STAVAX GRADE의 材質은 Cr 合金 STAINLESS 工具鋼
　　　　④ BOSS부위의 재질은 냉각수로가 있는 Be − Cu로 한다.

4) 금형용 재료의 특성

명칭	기호	공급상태	HB 또는 HRC	Hs	특성	용도	사용방식
일반구조용 압연강재	SS41			26~35	센 값으로 입수하기 쉽고 가공이 용이하다. 일반적으로 부드러운 편·붙이가 많다.	강도, 경도를 그다지 필요로 하지 않는 부분에 이용된다. 型板에는 적당치 않다.	특히 열처리를 하지 않고 압연한 그대로 이용하는 것이 좋다.
	SS50			31~40			
기계구조용탄소강	S25C	비	167~235	(28~35)	가장 대표적인 기계구조용강으로서 입수가 쉽고 가공성도 좋다. 구조용강 중에서는 가장 싼 값이다.	금형 일반의 부속부품과 型板 例: 型板, 受板, 로케트 링, 스프루 부시, 스톨호울드, 쎄포트 등	S30C 이상은 원칙으로 하여 담금질, 再담금질하여 사용하는 것이 좋은데 壓延 그대로 사용해도 좋다. 캐비티 블록 코어에 사용하는 편이 좋고 내 정도의 경도가 것을 이용한다.
	S35C		201~269	32~41			
	S45C	리	(183~235)	(28~35)			
	S50C		212~277	34~42		표준적인 型板으로 가장 많이 이용된다.	
	S55C	넬	(183~235)	19~27			
	S9CK	HB	229~285	22~35	탄소량이 극히 적고 부드럽다. 표면의 渗炭 담금질하여 사용하는 것이 보통이다.	주로 호暗용의 소재(브랙材)로이 사용	가공 후 표면을 渗炭담금질해 사용하는 경우의 경도 Hv460~480(H₅60~80)
	S15CK		121~179 143~235	(36~42)			
니켈-크롬강	SNC2	압연 그대로의 경우와 담금질의 경우가 있다.	(238~234)	37~45	탄소강에 Ni과 Cr을 첨가하여 인성과 담금질을 보강한 구조용 합금이다. 담금질, 再담금질 후의 가공성이 좋다.		
	SNC3	비	248~302 (256~284)	(38~42)			
니켈-크롬-몰리브덴강	SNCM2	리	269~321 (256~284)	40~47 (38~42)	우수한 구조용강으로 강도인성도 우수하고 담금질, 네비모성도 좋다.	특히 강도, 인성을 필요로 할 캐비티 블록, 코어와 그 밖의 부품	일반으로 담금질을 행하여 사용한다. 캐비티 블록, 코어에 사용하는 경우는 담금질, 再담금질 후 가공하는 것이 보통이다. 괄호내의 값도는 이 사용법의 때 표준을 나타낸다.
크롬-몰리브덴강	SCM3	넬 HB	269~321 (256~284)	40~47 (38~42)	탄소강에 Cr과 Mo를 첨가한 구조용강으로 강도, 인성에 있어서 탄소강보다 우수하다. SNC, SNCM보다 싼 값이다.		
	SCM4		285~341	42~50			

명 칭	기호	공급상태	H$_B$ 또는 H$_R$C	H$_S$	특성	용도	사용방식
알루미늄 - 크롬몰 리브덴강 (질화강)	SACM1		229~285	34~42	질화에 의해 표면을 경화하여 사용하는 재료로 경화 후의 내마모성은 대단히 높다.	활동(滑動)하는 부분으로 경도와 내마모성을 필요로 하는 부품(에제타 핀)	질화의 경우 질화층의 경도 H$_V$900(H$_S$ 95) 이상
스텐레스강	SUS23		201 이상	31 이상	다량의 Cr을 함유해 내마모성을 높인 것에 의해 녹이 슬지 않는 것	PVC 등의 부식을 일으키기 쉬운 재료를 성형하는 금형에 이용	담금질을 행해 경도를 높이는 것이 가능하다. H$_R$C55(H$_S$74)
탄소공구강	SK3	비	55~60	74~81	C량 0.6% 이상의 고탄소강으로 일반적으로는 공구재료로 사용된다. 담금질 경도가 높고, 내마모성이 좋다. 공구강 중에서는 가장 싼 값이다.	활동(滑動)하는 부분, 그밖에 경도와 내마모성을 필요로 하는 부품에 사용한다. 예 : 가이드핀, 가이드핀부쉬, 에제타 핀 - 리 - 턴핀 등	담금질, 再담금질을 하여 사용하는 것이 원칙이다.
	SK5		55~60	74~81			
	SK7	리	50~55	67~74			
합금공구강	SKS2	냉	55~60	74~81	탄소공구강에 Cr, W를 첨가하여 담금질을 좋게 해 내마모성을 높인 공구강이다. 탄소공구강보다 담금질이 용이하다.	특히 경도와 내마모성을 필요로 하는 캐버티-블록, 코아와 부품	
	SKS3	H B	55~60	74~81	담금질, 내마모성이 특히 우수하고 담금질 에 의한 변형이 극히 적다.		
	SKD11		55~60	74~81	담금질에 의한 해모나 극히 작고 내마모성,	강과 같은 용도 경도와 내마모성을 필요로 하는 캐버티-블록, 코아 등	
	SKD61		45~51	60~68	내발성, 인성이 우수하다.		
고탄소크롬축수강	SUJ2		55~60	74~81	주로 축수강으로 사용되는 것으로 내마모성, 담금질이 좋다.	활동(滑動)하는 부분으로 경도를 필요로 하는 부품, SK, SKS와 같은 용도	

제8장 표준MOLD BASE

1. 미국 DESIGN

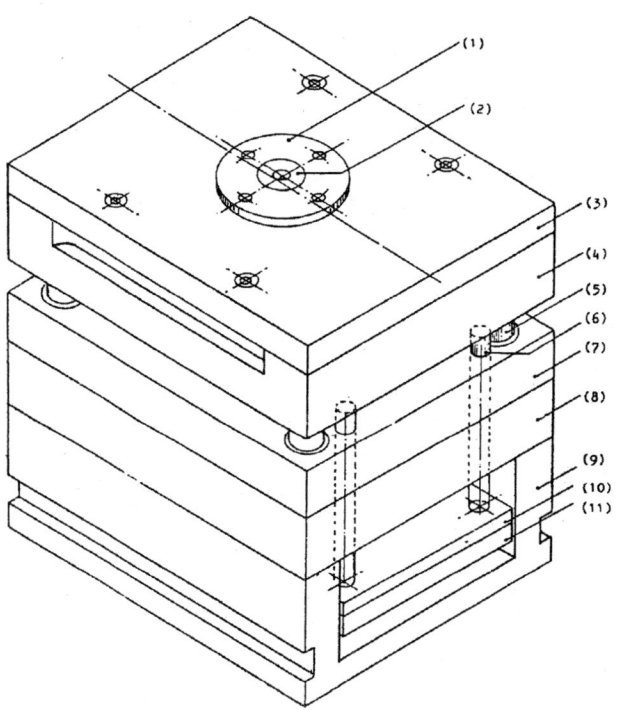

(1) Locating Ring
(2) Sprue Bush
(3) Back Plate
(4) Cavity Plate
(5) Guide Pin & Guide Bush
(6) Return Pin
(7) Core Plate
(8) Core Retainer Plate
(9) Spacer Block / Back Plate
(10) Ejector Plate
(11) Ejector Retainer Plate

2. 독일 DESIGN

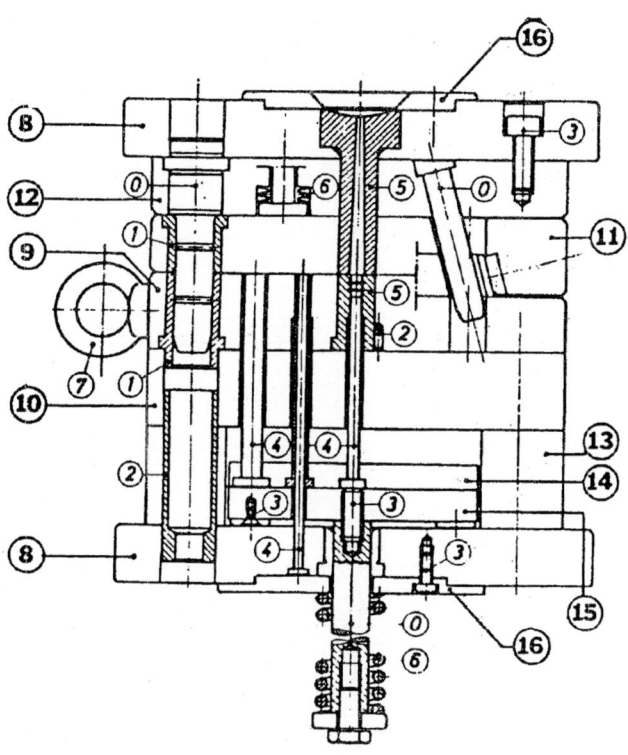

⓪ Guide Pin
① Guide Bush (Bushing)
② Dowel Pin
③ Socket Screw
④ Return / Ejector Pin
⑤ Sprue Bush(Bushing)
⑥ Spring
⑦ Eye Bolt
⑧ Back Plate
⑨ Core Plate
⑩ Core Retainer Plate
⑪ Cavity Plate
⑫ Cavity Retainer Plate
⑬ Spacer Block
⑭ Ejector Retainer Plate
⑮ Ejector Plate
⑯ Registor(Locating) Ring

3. 일본 DESIGN

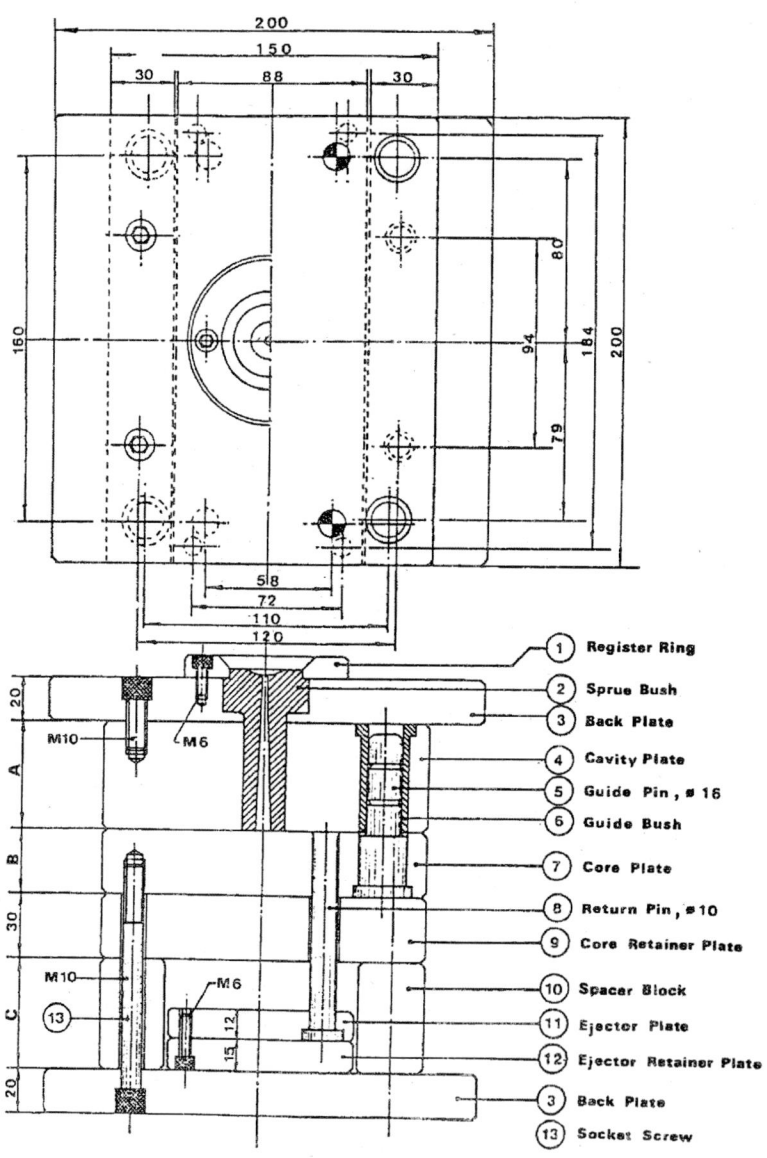

1. Register Ring
2. Sprue Bush
3. Back Plate
4. Cavity Plate
5. Guide Pin, ø 16
6. Guide Bush
7. Core Plate
8. Return Pin, ø 10
9. Core Retainer Plate
10. Spacer Block
11. Ejector Plate
12. Ejector Retainer Plate
3. Back Plate
13. Socket Screw

4. 영국 DESIGN

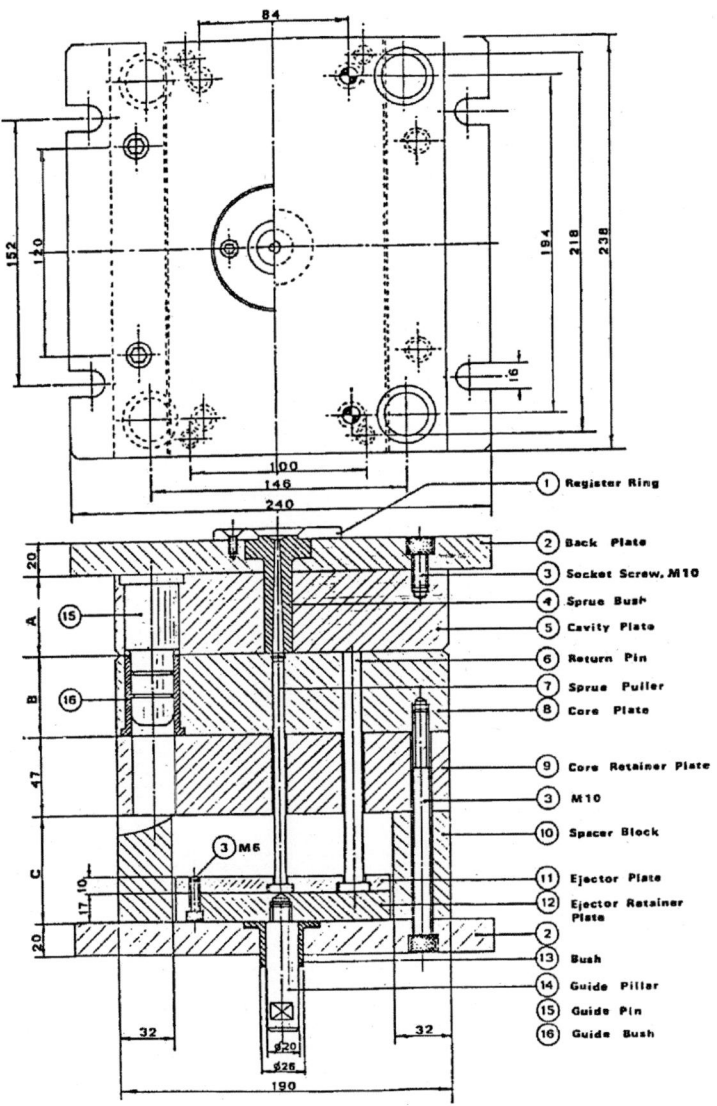

1	Register Ring
2	Back Plate
3	Socket Screw, M10
4	Sprue Bush
5	Cavity Plate
6	Return Pin
7	Sprue Puller
8	Core Plate
9	Core Retainer Plate
3	M10
10	Spacer Block
11	Ejector Plate
12	Ejector Retainer Plate
2	
13	Bush
14	Guide Pillar
15	Guide Pin
16	Guide Bush

제9장 MOLD PARTS

1. GUIDE PIN 종류

① 단순 직선안내 PIN과 BUSH

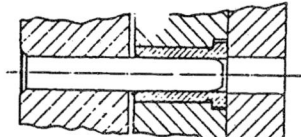

② 표준 직선안내 PIN과 BUSH

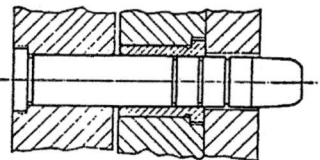

③ 표준 STEP 혹은 SHOULDER
   안내 PIN과 BUSH

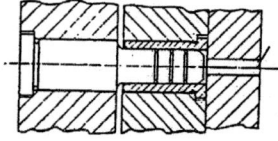

④ 독일 DESIGN STEP
   안내 PIN과 BUSH

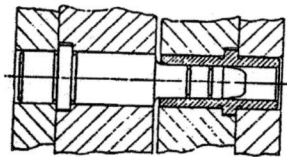

⑤ BALL-SLEEVE 안내 BUSH

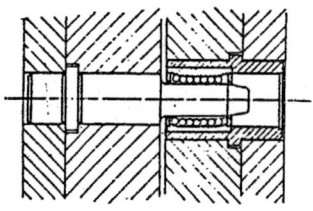

⑥ CORE-CAVITY의 위치

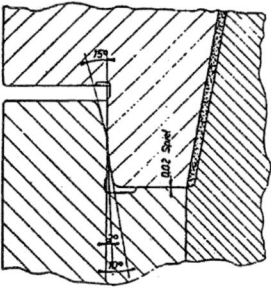

⑦ 정확한 위치의 삽입

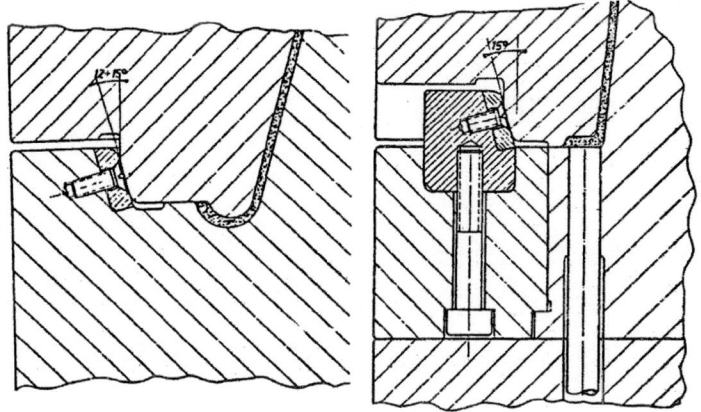

2. SPRUE BUSHING 종류

1) Sprue bushing

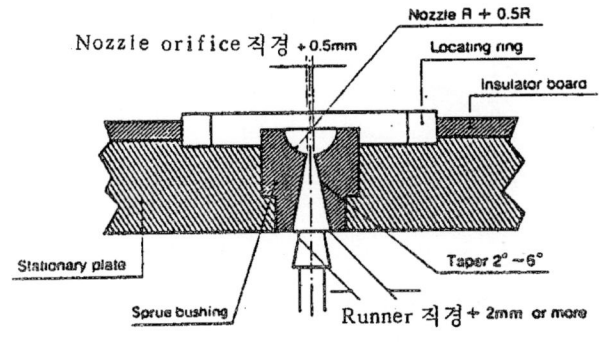

1. 길이: 가능한 한 짧게
2. Taper: 2 − 6°
3. Sprue R: Nozzle R + 0.5
4. Orifice 직경: Nozzle 편에 Nozzle Orifice 직경에 + 0.5㎜(Nozzle Orifice 직경은 4 ~

6㎜) runner 편에는 runner 직경보다 2㎜ 또는 더 크게 한다.

5. 내부는 잘 닦아져야 되고 크롬으로 도금되어야 한다. 또한 교체될 수 있어야 한다.

2) Sprue puller(cold slug)

1. 직경: Sprue 기본 직경보다 0.5~1㎜ 크게

2. 깊이: Sprue 기본보다 1~2㎜ 깊게

3. 모양: 쉽게 제거하기 위해 가역 Taper가 추천된다.

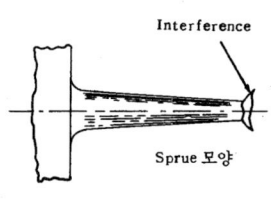

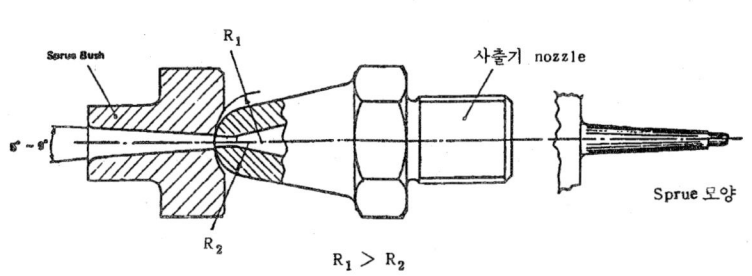

(a) SPRUE BUSH의 정확한 설계

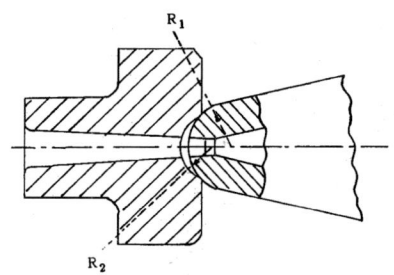

(b) SPRUE BUSH의 나쁜 설계(R₁<R₂ 때문에)

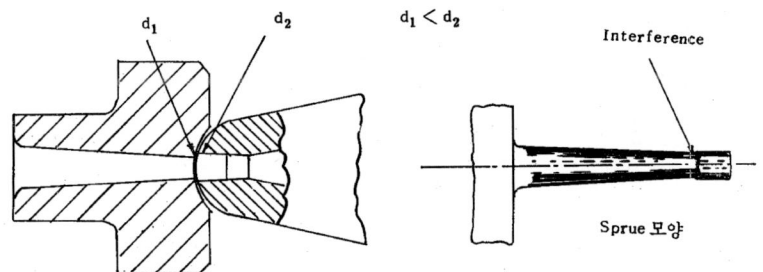

(c) SPRUE BUSH의 나쁜 설계(d₁ < d₂ 때문에)

3. 스프루우(SPRUE)

성형 재료의 유로(流路)의 일부로서 원뿔형의 부분, 또는 이 부분에 고화(固化)된 재료를 말한다.

가는 쪽은 성형기의 nozzle과 연결되며, 다른 쪽은 runner에 연결된다.

- 매우 작은 금형일 경우를 제외하고는 통상직경 9 / 32″ 이상의 "O"형이 좋다.
- Sprue 하단직경 ≧ 연결되는 runner의 직경
- runner와 연결되는 Sprue 하단에는 곡률을 주는 것이 좋다.

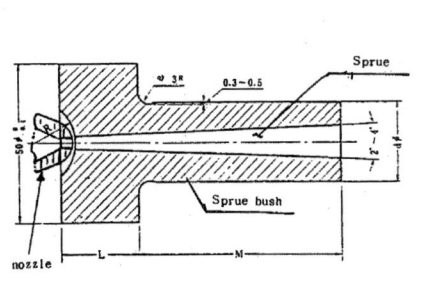

Sprue와 nozzle부 구조

단위 mm

호칭 치수	d	
	치수	치수차
20	20	+0.013 −0.008
25	25	+0.013 −0.008
35	35	+0.015 −0.010

(호칭치수 × M × L × R에 의한다)

4. SLIDE SPLIT

1) 금형판 설계

① RARIOUS DESIGN

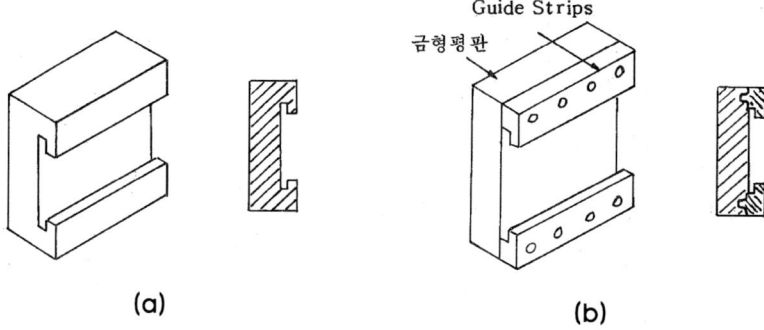

(a)   (b)

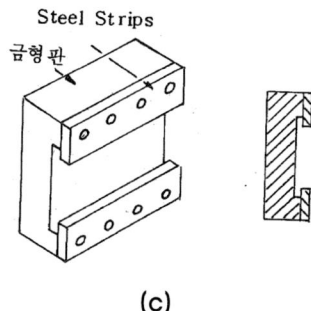

(c)

② FITTING DETAIL

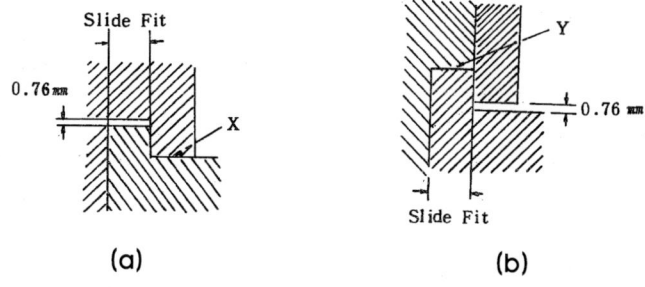

(a)   (b)

2) SPLIT CAVITY판 설계

① 기본 SPLIT 설계

(a)   (b)

② SPLIT 설계

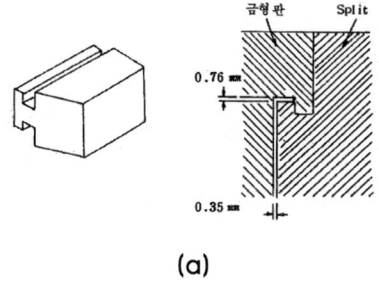

(a)

3) CAM TRACK ACTUATION

직각의 SPLIT, CAM TRACK의 길이, 지연주기에 의한 횡단거리 계산의 공식

$$M = L_a \tan \varnothing - C$$

$$L_a = \frac{M + C}{\tan \varnothing}$$

$$D = L_s + \frac{C}{\tan \varnothing} + \gamma \left(\frac{\gamma}{\tan \varnothing} - \frac{\gamma}{\sin \varnothing} \right)$$

M = 직각의 SPLIT의 이송

L_a = CAM TRACK의 각 길이

L_s = CAM TRACK의 직선길이

$\varnothing$ = CAM TRACK 각

C = 여유

D = 지연

ɤ=boss의 반지름

① 대표적 CAM TRACK 판

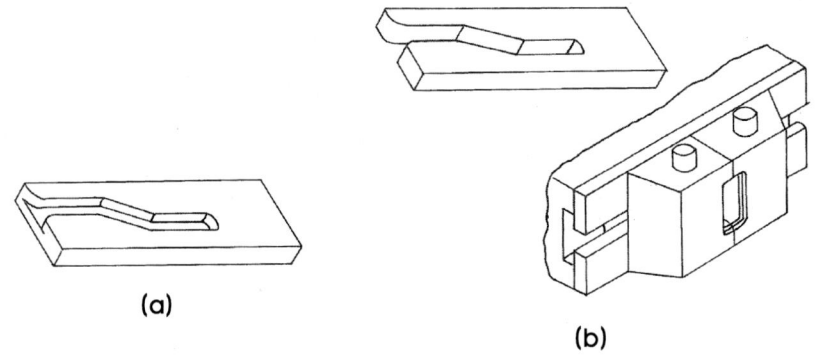

(a)

(b)

4) FINGER CAM ACTUATION

MOULD 판의 면을 지나 직각의 SPLIT의 이송거리는 FINGER CAM의 길이와 각으로 정해진다.

$$M = (L\sin \phi) - (\frac{C}{\cos \phi})$$

$$L = (\frac{M}{\sin \phi}) + (\frac{2C}{\sin 2\phi})$$

M =SPLIT 이송

Φ=FINGER CAM의 각도

L =FINGER CAM의 실행거리

C =여유

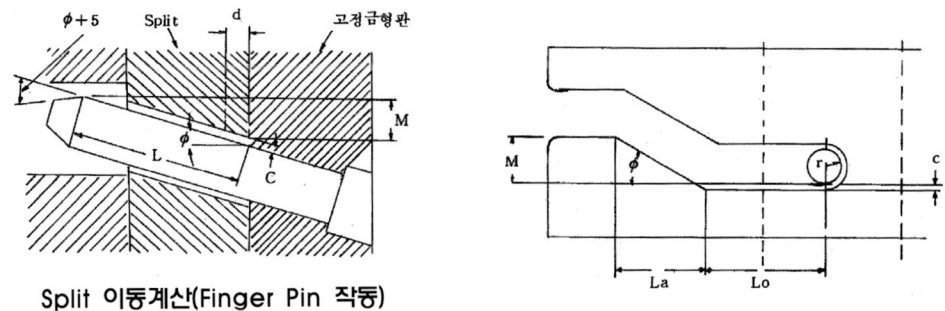

Split 이동계산(Finger Pin 작동)

Split 이동계산(Cam Track 작동)

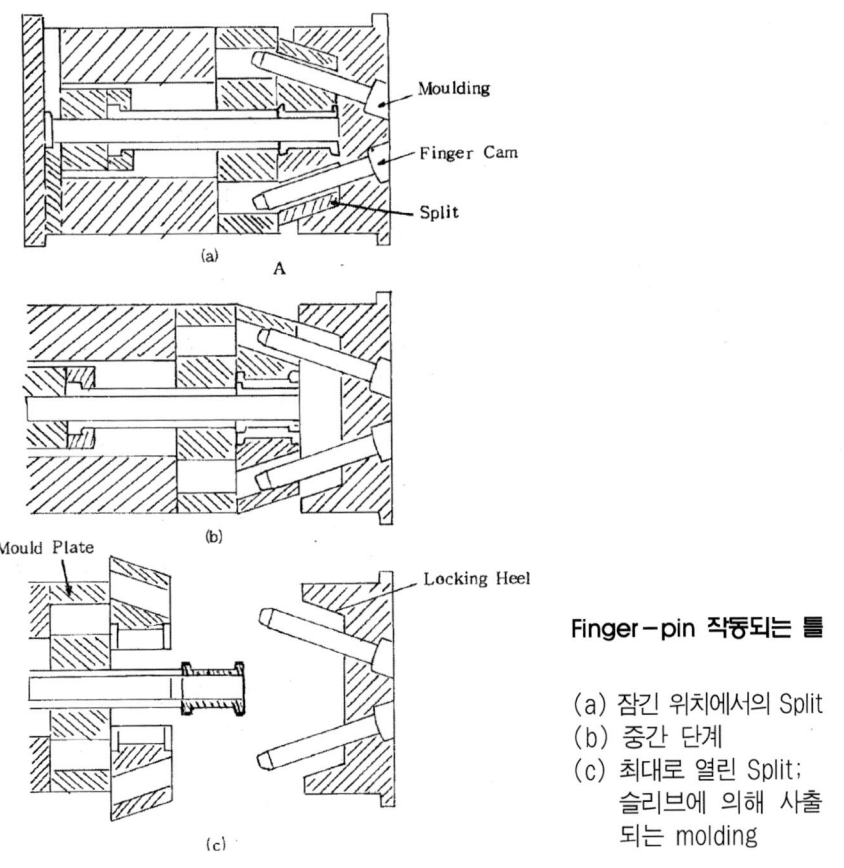

Finger-pin 작동되는 틀

(a) 잠긴 위치에서의 Split
(b) 중간 단계
(c) 최대로 열린 Split;
　　슬리브에 의해 사출
　　되는 molding

5) SPRING ACTUATION

이 같은 배열에 대한 계산은 열림이송에 대해 한정된다.

$$M = \frac{1}{2} H \tan \varnothing)$$

     M = 각 SPLIT의 이송

     H = Locking Heel의 높이

     Φ = Locking Heel의 각

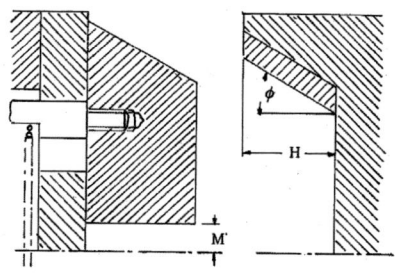

Split 이동계산(스프링 작동)

적당한 Locking Heel의 각도는 20°와 25° 사이이다.

따라서 약 M = 0.2H,

Spring의 파괴는 이형 System에 Split의 피해의 결과가 된다.

그러므로 주의 깊은 Spring의 선택과 금형의 유지가 중요하다.

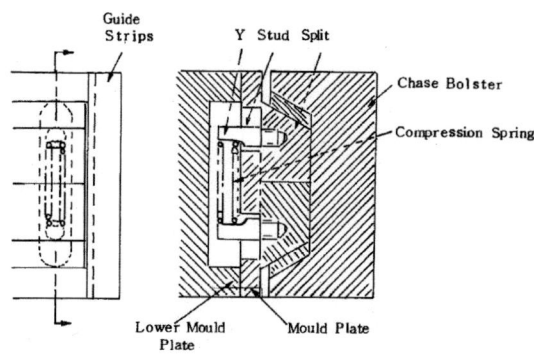

스프링 작동

제10장 사출금형 종류

1. 2단 금형

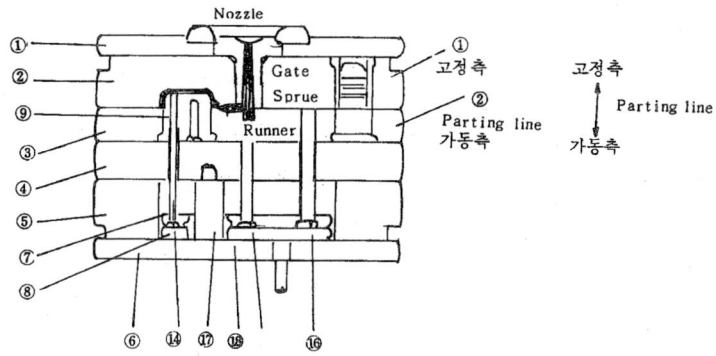

2. 3단 금형

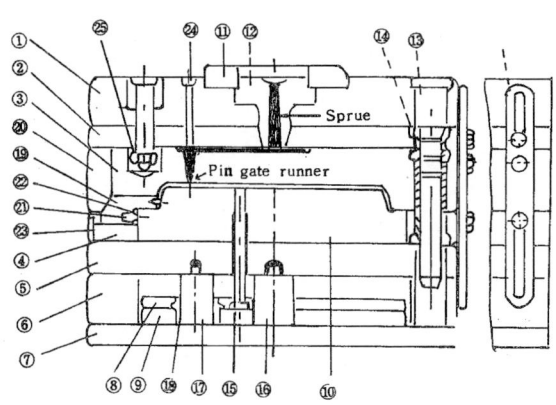

3. 분할 금형

① Dog Leg Cam을 갖고 있는 미끄럼 분할 금형

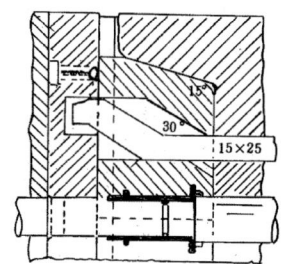

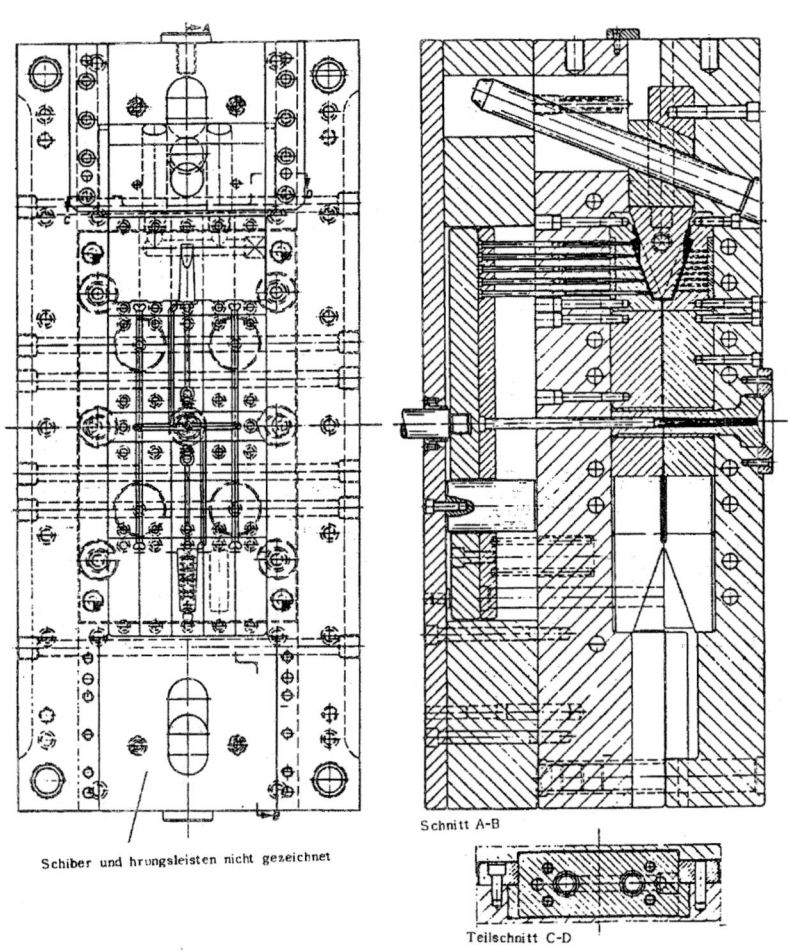

Schiber und hrungsleisten nicht gezeichnet

Schnitt A-B

Teilschnitt C-D

Angle Pin 작동을 갖는 Slid split 금형의 예

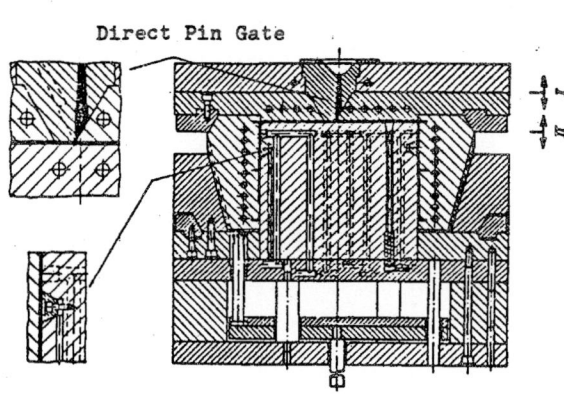

Direct Pin Gate

Roller Ejector 작동을 갖는 Wedge Split 금형의 예

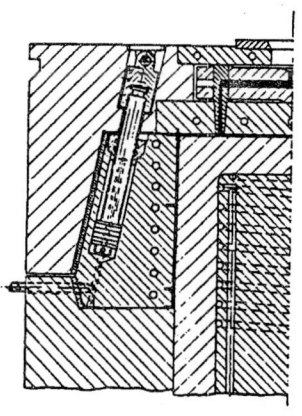

수압 Cylinder 작동을 갖는
Wedge Split 금형의 예

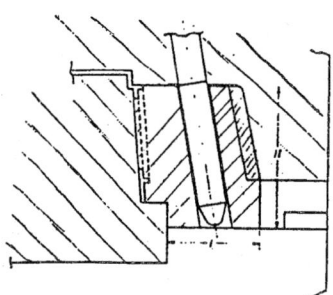

Wedge Split 설계에 의한
Angular Pin

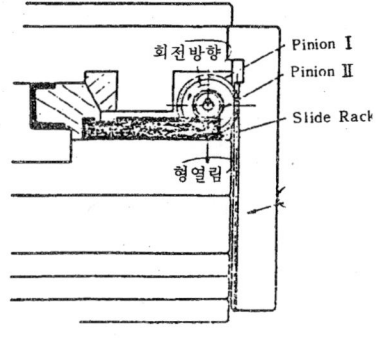

회전방향   Pinion I
Pinion II
Slide Rack
형 열림

Side Core에 의한 Rack과 Pinion

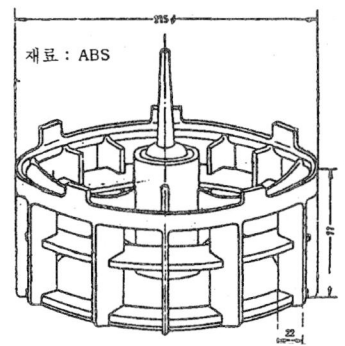

재료 : ABS

플라스틱 제품의 같은 크기의 보기

Item No.	Description	Quen.	Material	Remarks
1	Back Plate	1	SS41	
2	Heat Insulation Plate	1	Asbestos	
3	Cavity Plate	1	S45C2	
4	Core Plate	1	S45C2	
5	Core Retainer Plate	1	SS41	
6	Spacer Block	2	〃	
7	Ejector Retainer Pla e	1	〃	
8	Ejector Plate	1	〃	
9	Back Plate	1	〃	
10	Guide Bush	4	S45C2	H / T & G HRc 58
11	Guide Pin	4	SK2	〃
12	Register Ring	1	SS41	
13	Sprue Bush	1	SKe	H / T & G HRc 58
14	Cavity Insert	12	S45C2	
15	Angle Pin	12	SK2	H / T & G HRc 58
16	Core Pin With Cooling Channel	1	SK45c2	
17	Sleeve Ejector	1	SK2	H / T & G HRc 58
18	Spring Loaded Stop Pin	12	SK2	
19	Stopper	12	S45c2	
20	Ejector Pin	4	SK2	H / T & G HRc 58
21	Return Pin	4	SK2	
22	Support Pillar	4	SK2	〃
23	Guide Bush, Support Pillar	4	FC25	

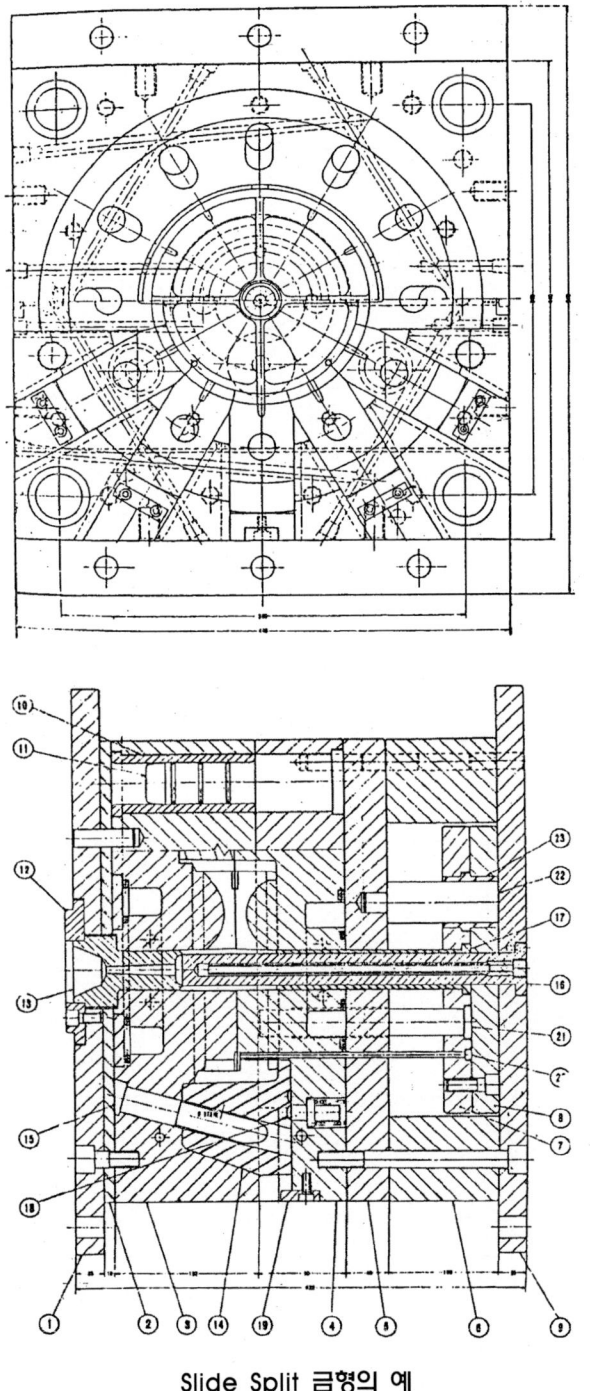

Slide Split 금형의 예

② FINGER CAM을 갖는 Slide 분할금형   ③ Ejector를 갖고 있는 쐐기분할금형

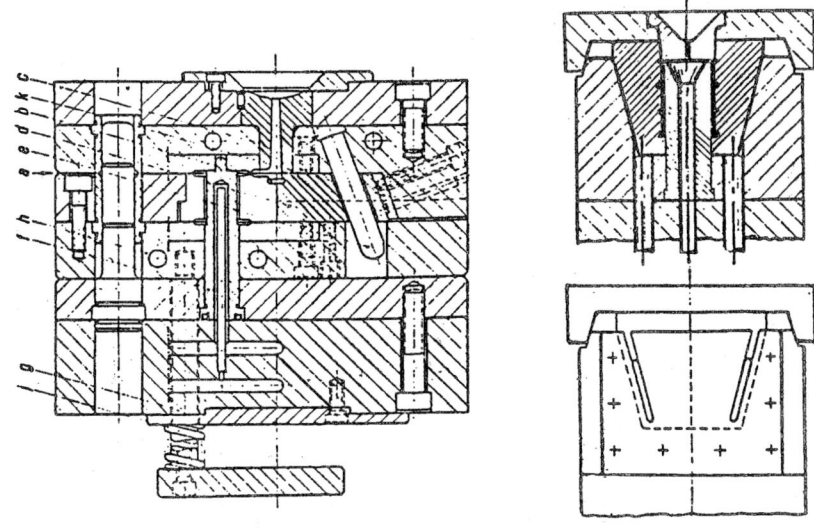

4. HOT RUNNER 금형

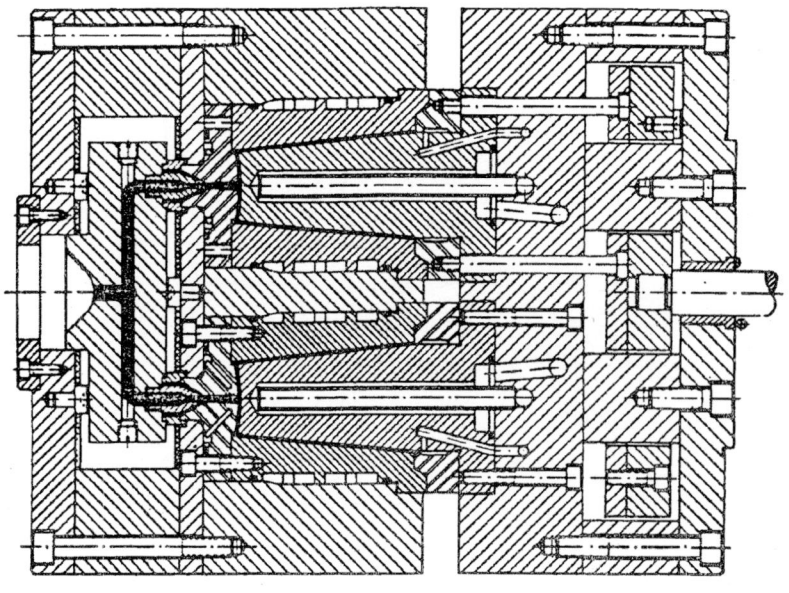

5. 내부 Slide CORE 금형

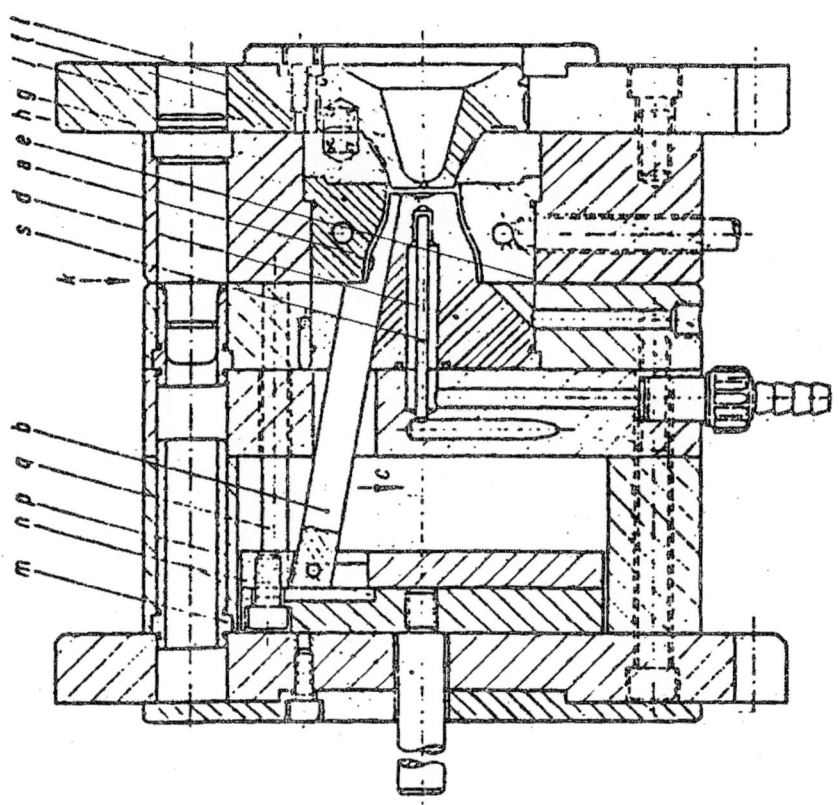

6. 내부 Screw 나선형 금형

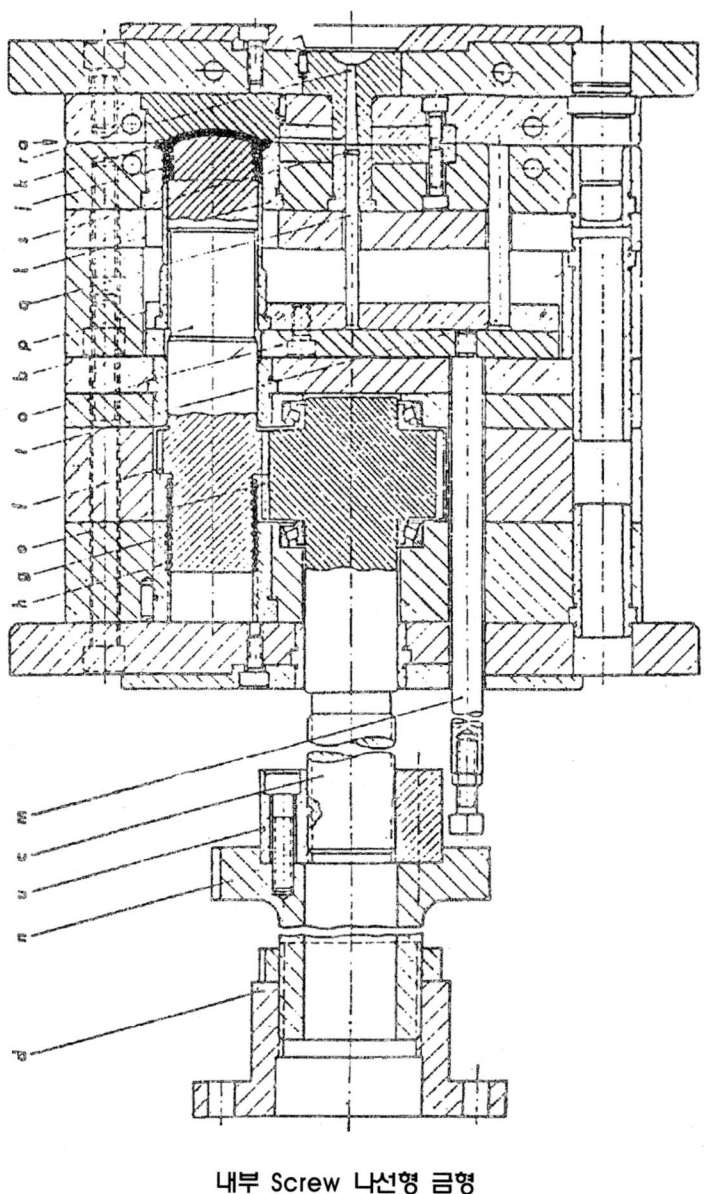

내부 Screw 나선형 금형

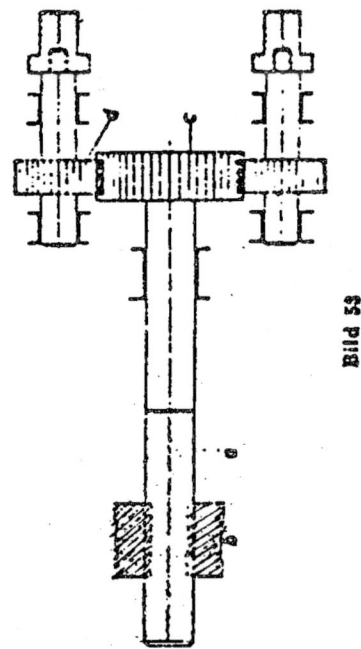

Bild 53

Sun, Planetary 기어에 의해 나사가 빠지는 장치

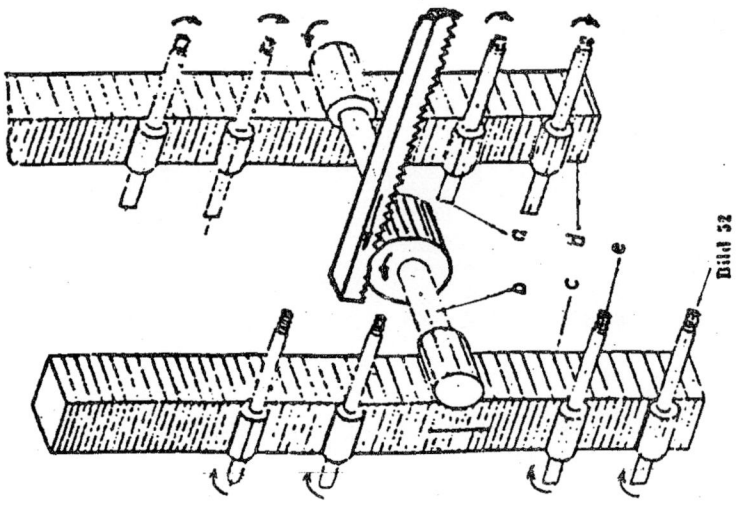

Bild 52

Rack과 Pinion에 의해 나사가 빠지는 장치

제11장 EJECTOR SYSTEM

1. Ejection 방법

Ejection Pin 위치는 이형을 원활하게 하기 위해 충분한 검토가 필요하다. 이형 시에 변형이나 비틀림 방지를 위해 Pin 위치는 Balance 있게 Ejection Pin의 흔적이 성형품에 영향을 주지 않는 위치에 설치한다.

Pin 선단의 연마가 충분하며 이형하기에 쉽게 해야 한다. Sprue Ejection Pin 형태는 그림을 참조하면 된다.

성형품의 Ejection 방법 중에 Ejection Pin에 의한 방법은 그림 11-1에, Striper Plate에 의한 방법은 그림 11-2에, Sleeve에 의한 방법은 그림 11-3에 나타냈다.

이런 것은 성형품의 형태에 따라 선정해야 한다.

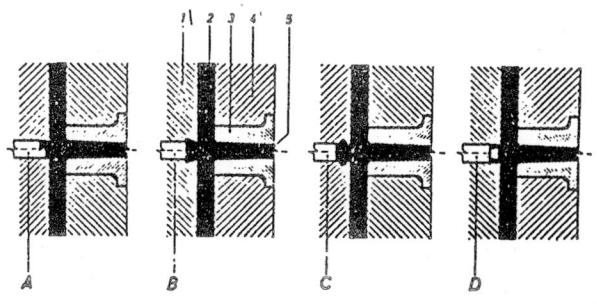

그림 11-1 스플 Ejection Pin 작동방법

A: Z형   1. 가동형판
B: 역 Taper   2. Runner
C: 흠 부착   3. Sprue · BUSH
D: 원추   4. 고정형판
             5. Sprue 구멍

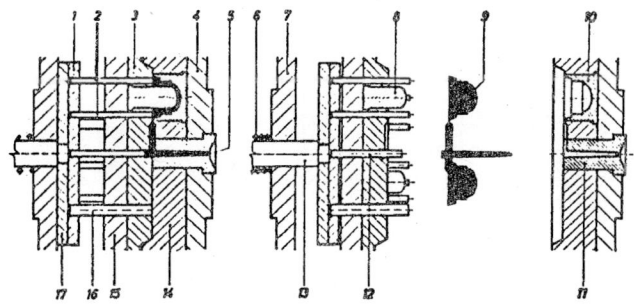

그림 11-2 EJECTION PIN

1. Ejection 판(상)   7. 가동측판 취부판   13. Ejection 봉
2. Ejection Pin   8. CORD   14. 고정형판
3. 가동형판   9. 성형품   15. 받침판
4. 고정형 취부판   10. 형입자   16. Return Pin
5. Sprue   11. Sprue BUSH   17. Ejection 판(하)
6. 스프링   12. Sprue Ejection Pin

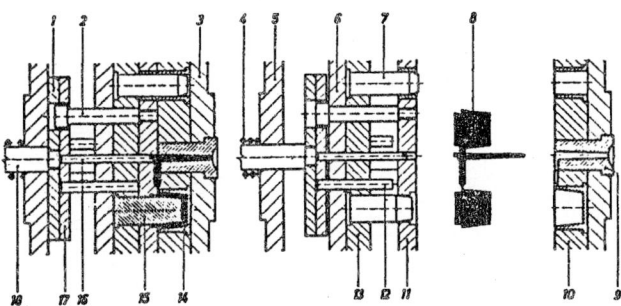

그림 11-3 Ejection Striper Plate

1. Ejection 판(하)   7. Guide Pin   13. 가동형판
2. 고정 Bolt   8. 성형품   14. 형입자
3. 고정형판 취부판   9. Sprue BUSH   15. CORE
4. 스프링   10. 고정 형판   16. Sprue Ejection
5. 가동형 취부판   11. Sterper Plate   17. Ejection Bolt
6. 받침판   12. Return Pin

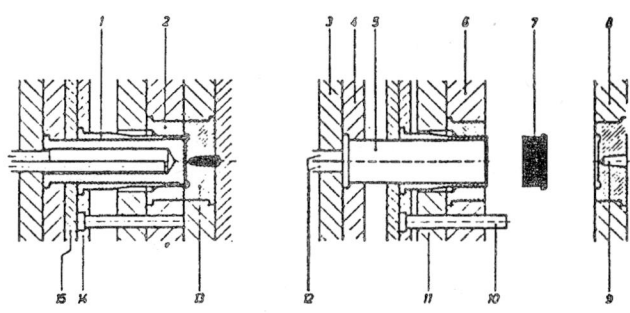

그림 11-4 Ejection Sleeve

1. Ejection Sleeve	6. 가동형판	11. 전진가동형판
2. 형입자	7. 성형품	12. 냉각 Pipe
3. 가동형 취부판	8. 고정형판	13. 형입자
4. 가동측 고정판	9. Sprue	14. Ejection 판(상)
5. CORE	10. Runner Pin	15. Ejection 판(하)

2. PIN EJECTOR SYSTEM

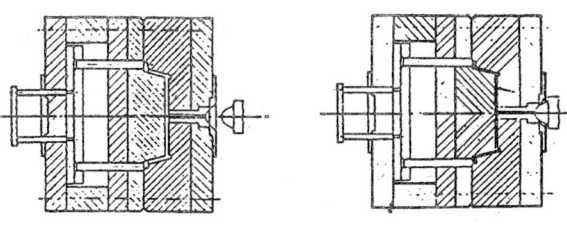

1. Moulding Closed   2. Injection

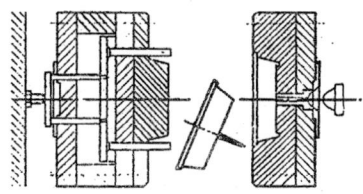

3. Ejection

3. EJECTOR SYSTEM

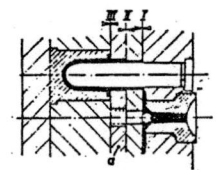

① Stripper Ejector

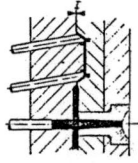

② Angular Ejector Pins

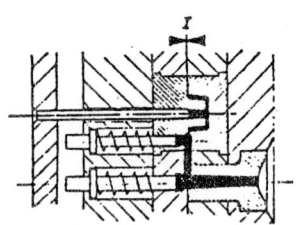

③ Two-stage Ejector Pin

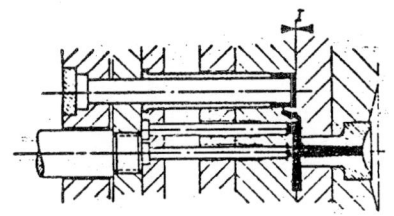

④ Sleeve Ejector

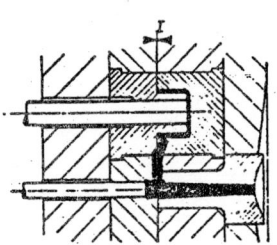

⑤ Central Pin Ejector

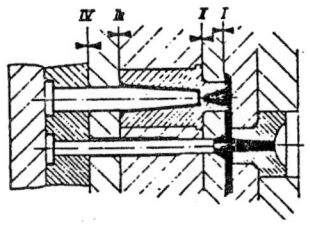

⑥ Pin-point Gate &
Stripper Ejector

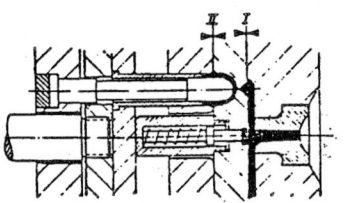

⑦ Pin-point Gate &
Sleeve Ejector

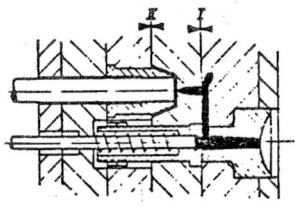

⑧ Pin-point Gate &
Two-stage Pin-Ejectors

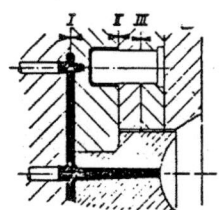

⑨ Pin−point Gate &
Stripper

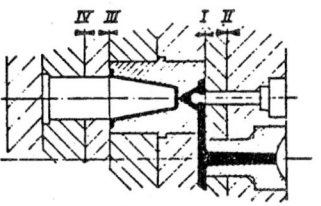

⑩ Pin−point Gate &
Stripper(second design)

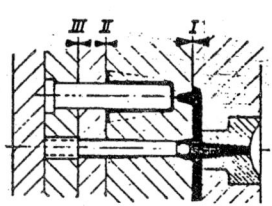

⑪ Pin−point Gate &
Stripper(third design)

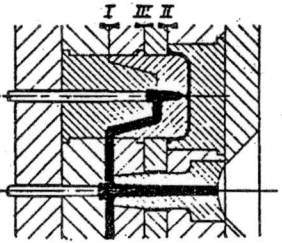

⑫ Pin−point Gate &
Stripper(fourth design)

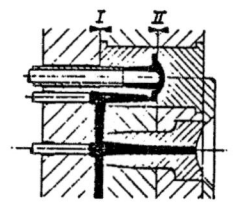

⑬ Pin−point Gate &
Sleeve Ejector

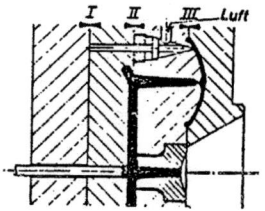

⑭ Pin−point Gate &
Air Ejector

4. VALVE EJECTOR SYSTEM

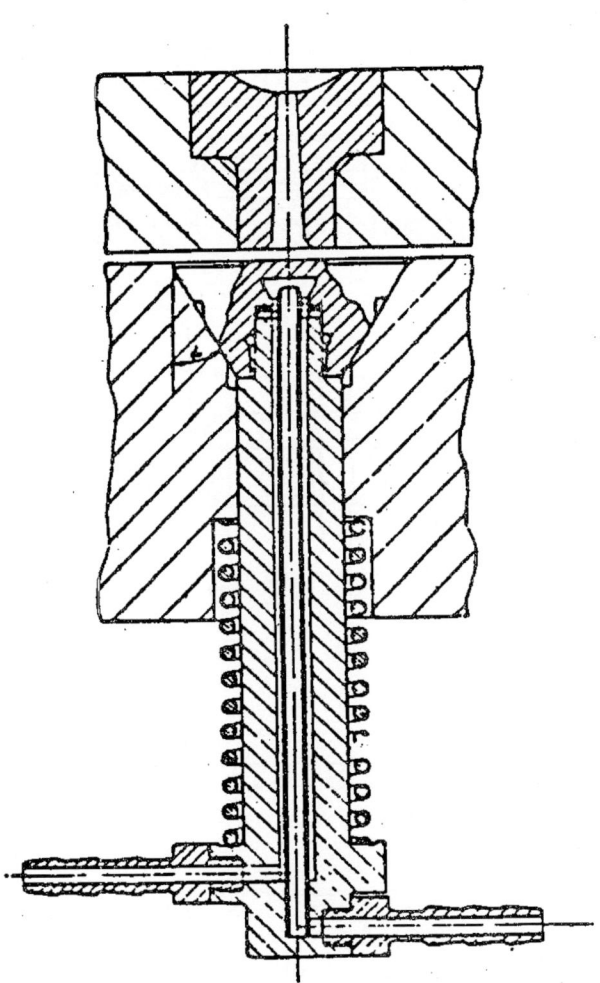

5. SLEEVE EJECTOR SYSTEM

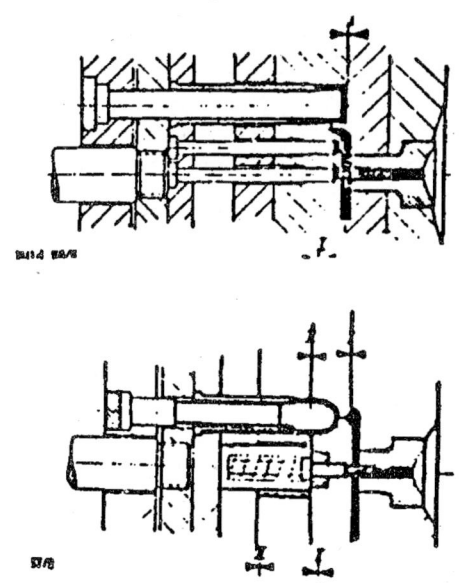

6. STRIPPER PLATE SYSTEM

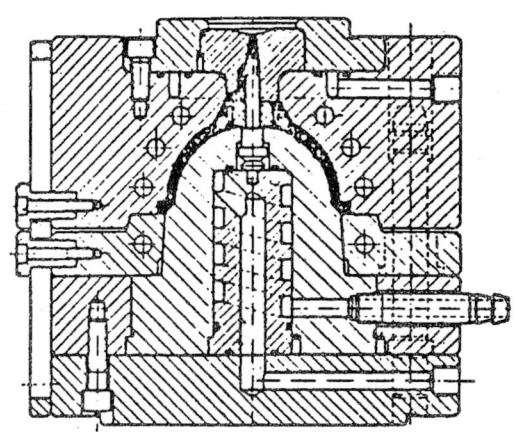

7. AIR EJECTOR SYSTEM

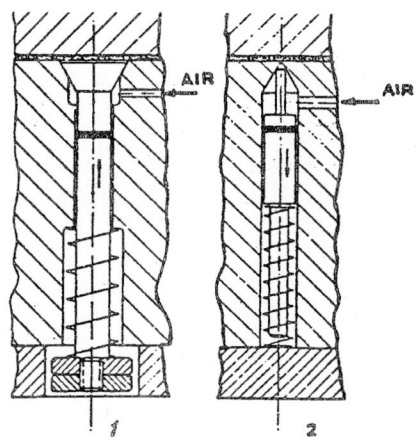

8. EJECTOR PIN 종류

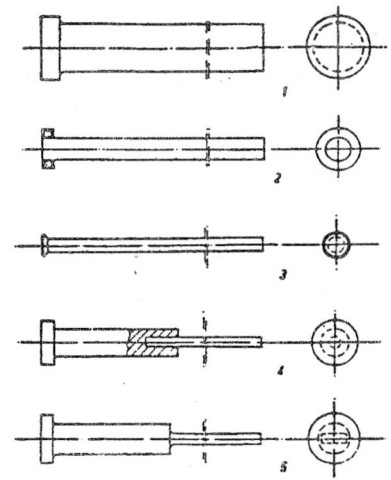

9. MULTI-PIN GATE INJECTION 설계

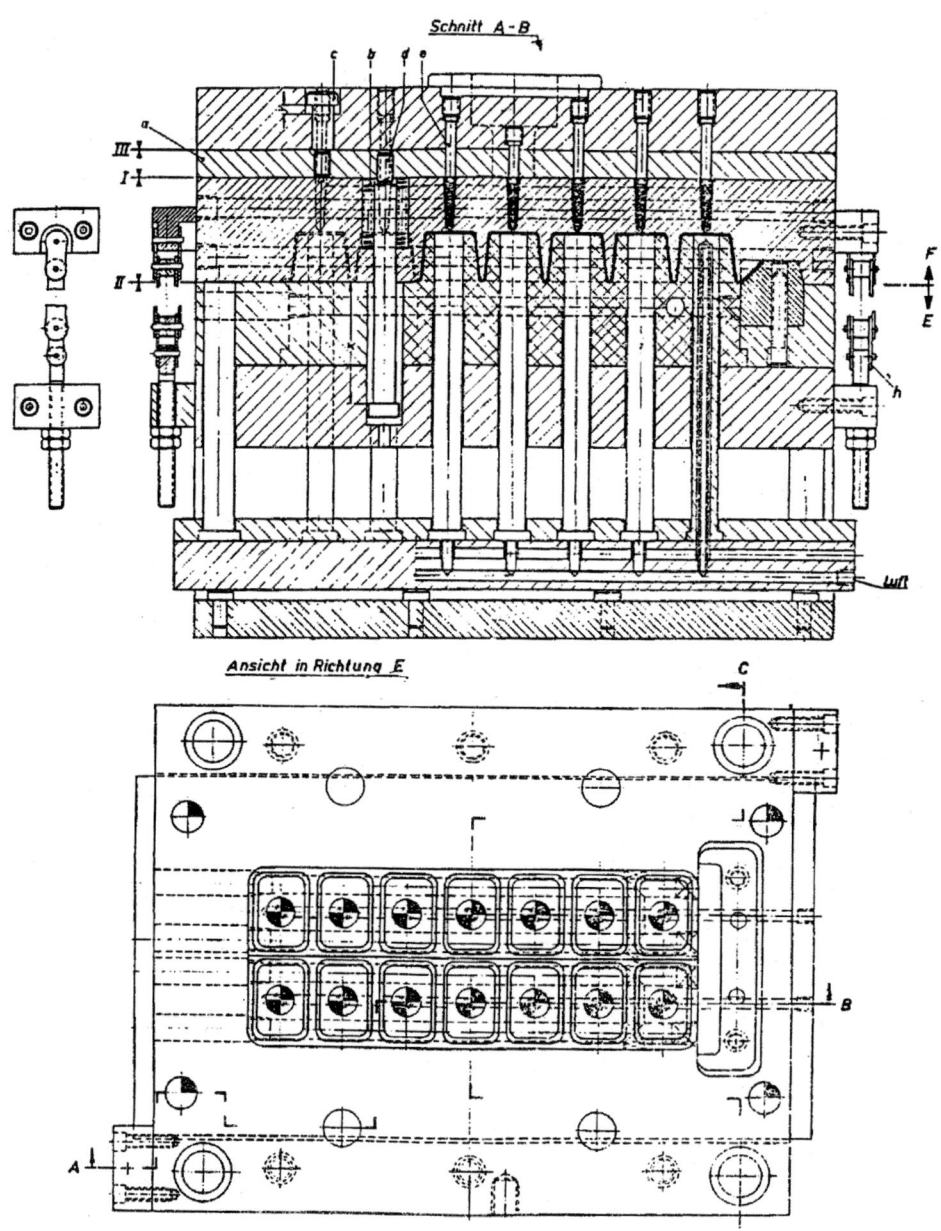

Multi-Pin Gate Injection 설계인 Single-Impression 금형의 예

제12장 금형온도 CONTROL

1. CONTROL의 중요성

성형품의 성능향상, 성형의 능률향상을 위해서는 금형온도 조절기나 카트리지 Heater, Band Heater 등을 이용해 금형온도를 필히 조정해 줄 것

Nylon은 결정성 고분자이다. 성형조건 중에서 이 결정화 정도를 좌우하는 최대의 인자가 금형온도인 것이다.

2. 기계적 성질

아래 표는 금형온도에 의한 기계적 성질의 변화를 나타낸 표다. 이 표에서 Nylon 성형품을 강성이 높게, 인장이나 굽힘강도를 크게 하고 싶을 때, 그러나 다소는 약해지지만 그 경우에는 금형온도를 높게 조정하는 것이 좋다.

요구상태가 반대일 경우에는 금형온도를 낮춘다.

표. 금형온도에 의한 기계적 성질의 변화(측정조건: 상온 20℃)

성 질	단 위	금형온도	NYLON 6	NYLON 66	NYLON 610
인장항복강도	kg / ㎠	20	700~750	800	600
		120	800	850	670
파단시신율	%	20	100	40	230
		120	60~80	25	40
굽힘탄성율	kg / ㎠	20	25000	27500	19000
		120	27000	28800	21500

성 질	단 위	금형온도	NYLON 6	NYLON 66	NYLON 610
굽힘강도	kg / cm²	20	940	1100	720
		120	1200	1300	950
충격강도	kg · cm / cm²	20	9.0	9.0	9.6
		120	6.5	3.0	–

3. 성형품의 외관

　투명성을 증가시키기 위해서는 금형온도를 낮게 유지해야 한다. 표면 광택을 좋게 하는 데는 금형온도를 30℃ 이하로 하거나, 80℃ 이상 고온으로 유지해야 한다.
　바둑판 무늬자국(곰보자국이라고도 함)은 금형표면이 잘 연마해 있음에도 불구하고 성형품의 표면이 무수히 작은 凸凹이 발생하는 성형불량 현상을 말하는데, 금형온도를 30℃ 이하의 저온으로 하거나 80℃ 이상의 고온으로 유지하면 해결할 수 있다.

4. 성형수축률과 밀도

　그림은 금형온도에 의한 성형수축률의 변화의 예이다. 성형조건 중에서 성형수축률을 좌우하는 최대의 인자가 금형온도이다.

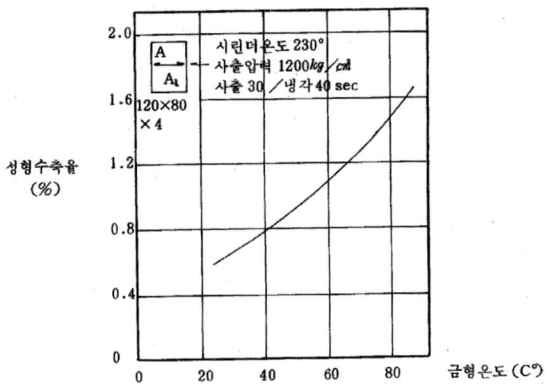

그림 12-1 금형온도에 의한 성형수축의 변화

5. 성형성

용융수지의 유동성은 금형온도가 높은 만큼 좋아진다. 또 성형 Cycle에 따라서는 금형온도를 낮추어 Cycle을 올릴 경우와 온도를 높여 용융수지의 충전을 쉽게 하여 Cycle을 올릴 경우 등이 있다.

이 어느 것을 취할 것인가는 성형품의 형태, 금형의 구조, 성형품의 두께에 따라 달라진다.

금형온도를 낮게 하면 Cycle이 빨라지게 되는 것은 아니다. 실제로 미결정 Nylon 6 은 금형온도가 높은 만큼 이형성이 양호하고, 유동성이 좋고, 냉각시간이 단축된다.(그림 12-2 참조)

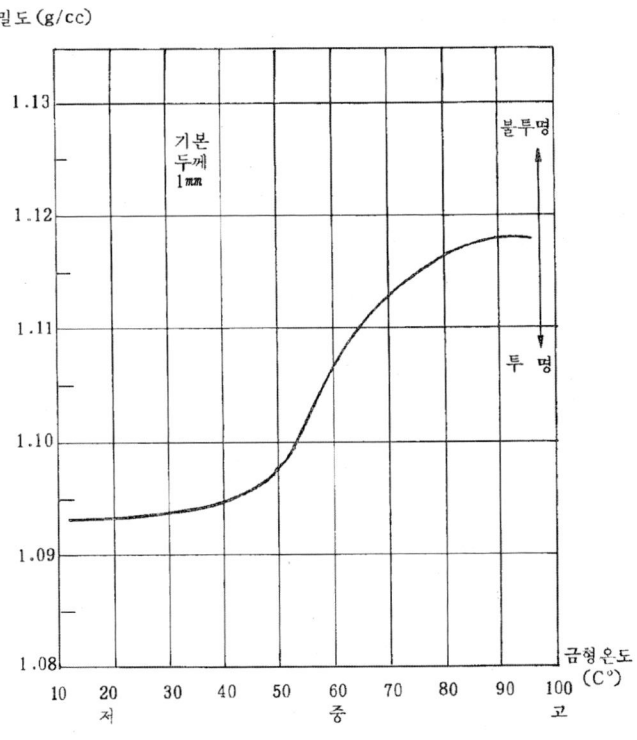

그림 12-2 금형직후의 밀도와 금형온도

6. 금형의 예비가열

금형은 용융수지로부터 열을 받아 냉각수나 금형표면으로 방열시키는 일종의 열 교환기이다.

그런데 안전한 연속성형 가능한 금형온도, 즉 용융수지로부터 섭취열량과 냉각수 등에 의한 열량이 Balance 잡힌 정상상태의 일정 금형온도가 있지만, 온도 조절되지 않는 금형에서는 그 금형온도에 도달할 때까지 성형 Shot는 모두 불량품으로서 버려야 한다.

즉, 그 사이 성형품은 치수가 일정하지 않고 양호한 성형품이 얻어지지 않는다.

이런 문제를 없애기 위해서는 금형온도 조절은 필요하다. 금형의 예열에 Gas 버너나 토치, 버너를 사용하여 제한된 부분에 가열하는 경우가 가끔 있지만 변형이 생겨 바람직하지 않다.

7. 냉각 비틀림 변형 방지

성형품의 각부는 균일하게 냉각하도록 하여야 한다. 성형품의 각부를 불균일하게 냉각하면 불균일한 수축에 의한 비틀림이 생긴다.

물론 분자 배향과 성형압력으로 비틀림을 적게 하는 것은 불가능하지만, 이 비틀림은 금형온도의 적절한 조정에 의해 없앨 수가 있다.

실제의 금형설계에 있어 Slide Core, 압출 Pin, 입자, Be−Cu 주입 Cavity, Block 등이 있고, Cavity가 균일하게 냉각되도록 냉각구조를 계산되어도 해결되지 않는 경우가 종종 있다.

이런 경우에는 빠르게 냉각 경화하는 부분은 온수로서 가열해 Brake를 걸어 전부위에 냉각속도를 균일하게 한다.

이런 부분적인 가열에 의해 용융수지의 Cavity 속에 유동을 좋게 해 성형성도 향상할 수 있다.

8. 냉각온도차에 의한 변형

① 금형온도차

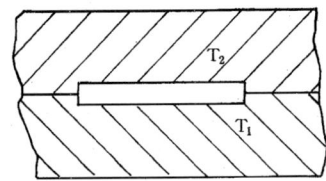 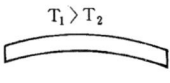

② Parting 형상의 금형 열전도율의 차

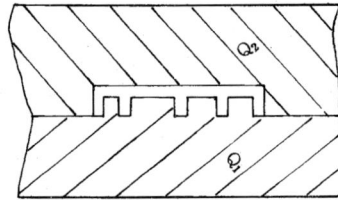 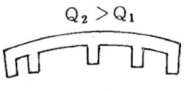

9. MOLD COOLING

　　수지가 Cavity에 충전을 끝낸 후 짧은 성형 Cycle 시간에 고화되려면 냉각시키는 것이 중요하다.

　　냉각은 균일하게 해야 한다.

　　균일하지 않은 경우는

- 부분적인 휨 현상이 생긴다.
- 성형 Cycle 시간이 길어진다.

10. 금형온도 CONTROL의 설계

1) 설계상의 원칙

"냉각구조는 압출 핀에 우선한다." 이것이 설계 원칙이다.

일반적으로 Cavity는 복잡한 형태이므로 압출핀 설계 후 금형구조상 허용되는 범위 내에서 냉각 구멍을 뚫어 적당한 냉매유량과 온도를 힘들여 설정하므로 금형온도의 정확한 조절은 불가능하다고 생각하는 것은 큰 잘못이다.

먼저 제1차로 금형온도 조정으로부터 금형설계를 착수하는 것이다.

2) 금형의 전열면적

금형온도 조정을 한 뒤에 필요한 냉각구멍의 전열면적은 차식으로 나타낼 수 있다. (외부 기온으로의 방열, 형판, Nozzle touch의 전열을 무시한 경우)

$$A = \frac{WNC_p}{h} \circ \frac{(t_1 - t_0)}{\triangle T}$$

$$h = \frac{\lambda}{d} \left(\frac{du\rho}{\mu} \right)^{0.8} \left(\frac{C_p\mu}{\lambda} \right)^{0.3}$$

단, A: m^2 전열면적

   W: kg   성형품의 중량

   N: 1 / hr   Shot 수

   C_p: kcal / kg℃   수지의 비열(0.5~0.8)

   t_1: ℃   수지의 온도

   t_0: ℃   성형품의 취출(取出)

   $\triangle T$: ℃   금형과 냉각수의 평균 온도 차

   h: kcal / m^2 · hr ℃ 냉각구멍측의 경막 전열전도계수(80~120)

   λ: kcal / m · hr ℃   냉각수의 열전도율(500~600)

   d: m   관경

   u: m / sec   유속

   ρ: kg / m^2 밀도

μ: kg / m · sec   점도(1.0～1.3)

상기식의 수식을 어느 정도 판정하여 얻은 Graph가 아래 표이다. 여기서 얻어진 전열면적을 최소식으로 참고하면 된다.

문) Shot 중량 70g, Shot 수 60 shot / 시간으로 할 때 금형의 냉각구멍 열 면적을 선정하다.

해답) Graph상에서 W =70g의 점과 N =60 shot / hr의 점을 연결해, A점 상에 교차하는 점, A =400㎠가 구하는 소요 전열 면적이다.

표 금형의 소요전열면적

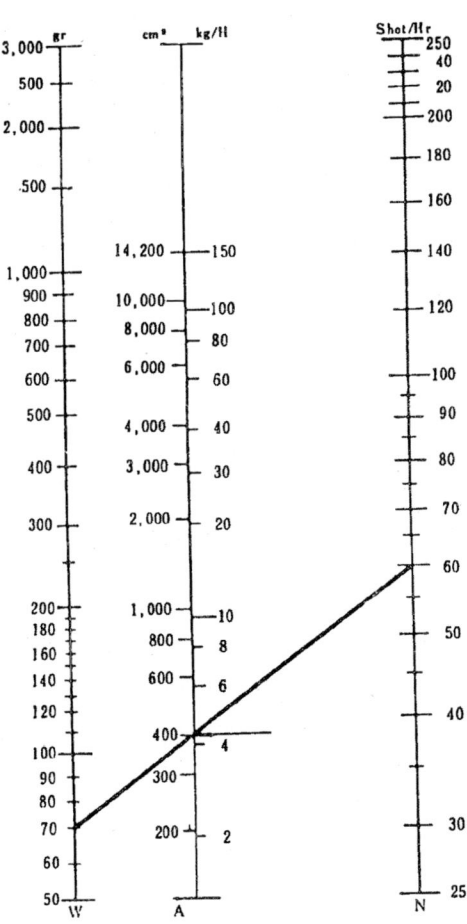

문) 금형의 냉각구멍의 크기를 Φ 12.7로 하면, 상기 문제의 경우 냉각구멍 길이를 선정하라. 금형의 크기가 30㎝ × 30㎝라 하면, 직선 구멍을 몇 개 뚫으면 좋겠는가?

해답) $\pi D\,L = A$ ∴ $l = \dfrac{A}{\pi D} = \dfrac{400}{\pi \times 1.27} \fallingdotseq 100\,cm$ 이다.

적어도 100㎝ 이상의 냉각구멍의 길이가 필요하다.

3) 냉각구멍의 분포와 크기

이론적으로 용융수지가 Cavity 내측에 축적된 Entalpy분포 혹은 중량분포와 같다.

이 냉각분포가 적정한가 어떤가를 Test하는 데는 소요의 냉각시간을 단축시켜 성형할 때 변화 상태와 금형의 냉각구멍 위치를 Check한다.

냉각구멍의 크기는 Φ9.5 ~ Φ12.7㎜가 적당하다. 그리고 Cavity 면으로부터 25 ~ 40㎜의 거리가 필요하다. 너무 가까우면 불균일한 냉각을 일으켜 성형품에 냉각효과를 볼 수 없는 현상이 발생되고 너무 멀면 그 효과에 시간이 걸린다. 냉각수의 흐름의 방향은 Runner에 대해서 먼 쪽의 Cavity로부터 가까운 방향으로 향해 냉각이 진행되며, 동일 Cavity 내에서는 수지의 흐름 방향으로 흐르게 되어 있는 것이 바람직하다.

4) CORE 및 금형 각부의 냉각방법

금형의 Cavity Block은 일반적으로 열용량도 크고, 온도 상승도 크고, 온도의 상승이 어려운데, 일단 온도가 오르면 잘 냉각되지 않는다. 그러나 치수는 넓게 열려 있으므로 구멍은 뚫기 쉽다.

그러나 CORE 등의 열용량이 작은 Block은 온도가 빨리 올라 성형 Cycle에 큰 Brake가 되어, 성형 비틀림의 문제도 일으킨다. 그래서 냉각구멍을 많이 뚫고 싶지만, 일반적으로 치수가 적은 것이 많으므로 뚫기 어려운 것이 보통이다.

그래서 금형 설계상도 이런 문제에 대처해온 실례를 그림에 나타냈다.

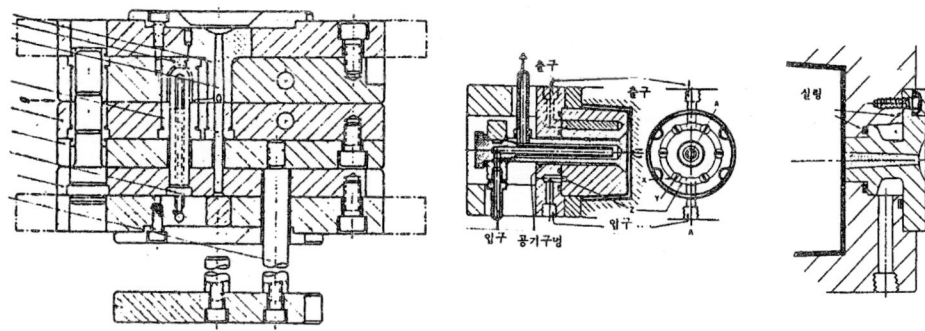

11. 금형온도와 수지온도와의 관계

1) 금형의 열량 계산식

$$Q_H = \lambda A \, \frac{\triangle t}{\triangle d}$$

    QH = 금형의 열량 kcal / hr

    λ = 금형재질의 열전도율 cal / cm. Sec ℃

    A = 접촉전 표면적 cm²

    $\triangle t$ = 금형의 형온이 평균온도차(수지의 열 변

        형온도보다 10~20℃ 낮아야 됨) ℃

    $\triangle d$ = 금형표면과 통수공의 평균 거리 cm

표 1. λ의 값

금형재질	λ
S55C	0.125　cal / cm.sec ℃
SCM4	0.220　〃

2) 사출성형품의 열량 계산식

$Q_R = 60g \times Cu \times Ct \times (t_2 - t_1)$

$\quad Q_R =$ 성형품의 열량 kcal / hr

$\quad 60 =$ hr

$\quad g =$ 유량 gr / min

$\quad C_t =$ 유열 gr / min

$\quad C_u =$ 비중

$\quad t_2 =$ 수지의 출구온도 ℃

$P = \dfrac{W \times S \times T}{100t \times a} + \dfrac{2A}{1000}$

$\quad P =$ Power(KW)

$\quad W =$ Moldweight(pounds)

$\quad S =$ 비중

$\quad T =$ Rise in temp in deques(F)

$\quad a =$ BTU / watthour

$\quad A =$ total mold surface in square inches.(last tern to accout for loosed)

표 2. 수지별 비열 및 비중값

수지명	비열 cal / gr ℃	비중
P.P	0.46	0.90
MMA(MS)	0.35	1.12
PS(HIPS)	0.33	1.06
AS	0.33	1.12
NYAON66	0.40	1.14
NYAON6	0.38	1.14
PPHOX(1005)	0.32	1.06
P. C	0.27	1.20
ABS	0.33	1.05
ABS(AF - 303)	0.33	1.20
ABS(KJT)	0.33	1.20

3) 금형의 열량과 사출 성형품의 열량 관계식

$QH = Q_R$ 즉, $\lambda A \dfrac{\triangle t}{\triangle d} = 60g \times C_t \times C_u \times (t_2 - t_1)$ 이 가장 이상적인 관계이다.

4) 예 제

14″ TV의 FRONT MASK의 금형이 사출 성형품에 미치는 영향을 조사하라.

단, (1) 일반 ABS로 사출한다.

   (2) 금형재질은 S55C

   (3) 접촉전 표면적은 10307.44 ㎠

   (4) 금형의 평균 온도차 2℃(48℃~50℃)

   (5) 금형표면과 용수공의 평균거리 2㎝

   (6) 유량 56100 gr / min

   (7) 수지의 출구 온도 190℃

   (8) 수지의 입구 온도 170℃

(풀이)

(ㄱ) 표면적

(상)	48.8 × 48	= 2,342.40 ㎠
(전)	9.6 × 22.4	= 215.04 ㎠
(하족)	43.6 × 4.3	= 187.48 ㎠
(지)	44.5 × 16.0	= 712.00 ㎠
(좌우측)	31.0 × 18.8 × 2	= 1,165.60 ㎠
(좌우측)	16.0 × 16.0 × 2	= 531.20 ㎠

                       ....

                계 5,153.72 ㎠

(ㄴ) 접촉전 표면적

     5,153.72 × 2 = 10,307.44 ㎠

(ㄷ) λ = 0.125 cal / cm. sec. ℃

      = 3600 × 0.000125

      = 0.45 ㎉ / cm hr℃

(ㄹ) $60g = 60 \times \dfrac{1870gr}{20\,sec}$

          $= 60 \times \dfrac{\dfrac{1870}{20}}{60}$

$$= 60 \times \frac{1870 \times 60}{20}$$

$$= 3366000 \, gr \, / \, hr$$

(ㅁ) $C_t = 0.33 \ cal \, / \, gr\,℃ = 0.00033 kcal \, / \, gr\,℃$

(ㅂ) $Q_H = 3600 \times 0.000125 \times 5153.72 \times 2 \times \frac{2}{2}$

$$= 2319.174 Kcal \, / \, hr$$

(ㅅ) $Q_R = 60 \times \frac{1870}{20} \times 0.00033 \times 1.05 \times 20$

$$= 2332.638 Kcal \, / \, hr$$

(ㅇ) $Q_R = 1.0058055 \ Q_H$

$$= Q_H$$

(ㅈ) 금형의 평균 온도·금형표면과 통수공의 평균거리에 대한 유량수지의 입출구 온도가 상기 조건으로 사출하면 가장 이상적인 성형법이다.

● 수지의 입구와 출구의 온도차를 20℃로 하고

● 유량 56100 gr / min에 맞추어(사출로 해결이 불가 시 GATE, RUNNER, SPRUE 대등)

● 금형의 평균 온도차는 2℃ 범위로 한다.

● 금형 제작 시 고려가 필요하다.

제13장 온도조정과 냉각

　사출성형에 대해서는 금형 내에 사출된 200℃ 전후의 수지가 고화하여 60℃ 정도의 금형에서 성형품으로 취출되는 것이다. 이 온도차는 수지에서 금형에 전달된 열의 냉각수에 따라서 운동하여 가기 때문에 일어나는 것이다. 이 경우 금형각부의 온도는 같지는 않다. Cavity 각부의 온도도 같지 않으며 Cavity 내의 수지의 온도가 같지 않으면 반드시 열로 인해 응력이 발생하여 이것이 비틀어짐의 원인을 일으켜 변형과 Crack을 일으키게 된다.

　또 금형 내의 수지를 보다 빨리 고화되게 성형품으로 취출하는 것은 성형 Cycle을 단축하여 생산성에 공헌하는 것이다.

　이상과 같이 금형의 온도 조정은 성형품의 품질, 생산성의 양면에서 필요한 것이며 실제는 용융한 수지가 충전하므로 금형에 열을 전하는 냉각고화하는 상태를 정확히 파악하는 것은 비상 시에 곤란하다. 복잡한 인자가 너무 많아서 이론적인 해명은 어려우므로 개념에 따라서 서술하면 먼저 Gate에서의 유동거리와 열전도의 관계에 대하여는,

　(a) 용융수지의 사출압력과 온도

　(b) 수지의 특성

　(c) 금형의 구조 및 온도

　등의 3가지 요소가 생각되어지며 (b)의 수지는 결정되어 있기 때문에 (a) (c)의 수지의 압력과 온도 배열에 금형의 구조와 온도에 대하여 고찰한다.

　충전속도와 냉각속도는 이것의 온도를 조정하는 것에 따라서 좌우되는 것이므로 냉각속도와 열림 시기는 중점의 하나라고 알려져 있다.

　냉각속도를 빨리, 열림을 빠르게 하는 것은 성형능률을 좋게 하는 것이며 상당히 빨리하면 비뚤어짐을 일으키거나 변형을 일으키는 경우가 있다. 성형성을 향상되게 하기 위해서는 최적의 금형온도와 그 분포가 필요하다.

또 성형할 때에 일어나는 수축은 반드시 균일하지는 않다. 그로 인하여 비뚤어짐을 일으키는 원인이 되므로 고화 중 금형의 온도는 앞에 서술한 것과 같이 균일온도가 되도록 냉각효과를 고려하지 않으면 안 된다.

결정성의 수지, Nylon, Acetal, 포리프로피렌 등의 경우는 고화할 때의 금형온도를 높게 유지하도록 결정화를 조절하여 기계적 성질을 개량하는 등, 금형의 온도조정에는 목적이 있다.

1. 성형능률을 목적으로 하는 온도조정

금형의 온도에 따라서 영향을 받는 것의 가운데에서 그의 주된 것을 들면 수지유로의 저항 성형품의 외관, 성형품의 품질, 성형Cycle 등이 있다.

성형 Cycle을 올리기 위해서는 금형의 온도를 낮게 유지할 경우와 사용수지의 열변형온도보다 낮게 온도를 유지할 경우의 2가지의 방법이 있다.

그 어느 것을 선택함은 사용할 수지의 특성과 금형의 구조에 따라서 결정되는 것이 있으며 Cavity에 충전이 어려운 수지와 금형구조의 경우는 후자의 방법을 취하는 것이 일반적이다.

금형의 온도를 낮게 하면 성형 Cycle은 빠르게 되나 이상적인 경우는 아니다.

지금 1시간 사이에 수지에서 Cavity에 전달하는 열량을 Qkcal로 하면

$$Q = \frac{AHTt}{3600}$$

  A: 전열면적 m^2

  H: Cavity와 수지와의 경계의 전열계수 kcal / m^2.hr ℃(약 100±20kcal / m^2 hr℃정도)

  T: Cavity와 수지와의 평균온도차 ℃

  t: 냉각시간 Sec

식에 따라서 A 및 H는 Cavity와 수지가 정해지면 결정되는 것이므로 다음의 식에서 가능하다.

$$\frac{Q}{T} \propto \frac{t}{3600}$$

즉 냉각시간은 Q / T에 비례한다. 냉각시간을 작게 하기 위해서는 수지에서 금형에 전달하는 열량을 작게 하든지 또는 수지나 금형의 온도차를 크게 하면 좋은 것이 된다. 혹은 수지가 충전된 Cavity(금형)의 온도는 균일한 것이 아닌 높은 부위와 낮은 부위가 있으므로 이 온도분포가 낮은 부위에는 온수를 높은 부위는 냉수가 통하는 것에 따라 균일하게 되도록 조정하여 수지의 온도를 그 수지의 변태점 부근에서 성형가능한 높은 온도까지 내리게 함에 따라 Q / T의 값을 작게 하는 것이 가능하다.

성형 Cycle 시간을 작게 하는 것은 이 냉각시간(고화시간)을 작게 하는 것이다.

이것이 성형능률을 높이는 목적의 금형의 온도조정이다.

실제에 따르면 수지가 금형에 운동하여 들어간 열량의 5%정도가 복사 대류에 따라서 대기 중에 없어지며 남은 95%는 수지보다 금형, 냉매에도 전도에 따라 전달되어 그 냉매(보통경우의 물)에 따라서 금형의 밖으로 운동하여 가는 것이다.

금형의 소재는 강의 전달속도는 대개 1000 ㎉ / ㎡hr℃ 정도로 되기 때문에 비상시에 열을 바르고 좋게 전달하므로 문제가 안 된다.

다음에 생각되어야 할 것은 금형에서 수관에의 열의 전달이다.

이것은 후술하며 냉매의 유량이 문제가 되는 금형과 냉매의 온도차는 작게 되어 대량의 냉매를 흐르게 함이 원칙이다. 이렇게 하면 성형성도 좋게 된다.

이상의 것에 비해 수지에서 냉매까지 열의 흐름에 대해서는 금형 내의 거리는 생각하지 않는 것이 좋다.

총괄 전달계수는 경막전달 계수에 따라서 지배되는 것을 의미한다.

단지 금형소재가 Stainless 또는 소입강의 경우는 열전도율이 강보다 작으므로(약 절반) Cavity에서 냉각까지의 거리를 고려하지 않으면 안 된다. 다음에 주의할 것은 수지에서 금형에 전달된 열이 냉매에 따라서 운동하여 나가는 것이 작으면 금형의 온도는 상승하여 열의 Full이 되어 수지의 고화시간을 길게 하는 것이다. 금형에는 수지의 종류에 따라서 적성의 온도가 필요하는 것은 전에도 서술한 적이 있으며 성형개시시에 따라 형의 예열의 열량을 무시할 수 없다.

예를 들어 계산하여 보면

중량 1ton의 금형을 대기온도 20℃에서 50℃까지에 승온하기 위해서는 형의 비열을

0.1kcal / kg을 하면

$$Q = 0.1 \times 1000(kg) \times (50\,℃ - 20\,℃) = 3000kcal$$

만일 이 3000kcal의 열량을 예열하여 유입하는 수지에 따라서 결정하려면 비열 0.4의 수지를 매시 20kg 성형하면 되고 그 수지의 온도가 200℃에서 70℃까지에 냉각할 즈음에 방출하는 열량은(용융잠열을 무시)

$$Q = 0.4 \times 20(kg) \times (200\,℃ - 70\,℃) = 1040kcal$$

$$Q_1 ≒ 3\ Q_2$$

따라서 3시간분의 성형에 상당하는 열량이 금형의 예열에 필요하는 것이 된다.

이것은 막간의 조업, 형교체 등의 적성의 예열이 필요하다.

2. 비틀림을 방지할 목적의 온도조정

지금 30초를 고화하는 성형품을 20초로 열림을 할 때의 것을 생각한다. 이 성형품은 일부는 고화하여 있어도 다른 부분은 연한 상태로 있어 수축은 불균일하게 되어 비틀림이 발생하는 것은 잊어서는 안 된다. 물론 이 비틀림은 분자 배향과 사출압에 따라서도 발생하는 것이므로 전연 비틀림이 없도록 하는 것은 불가능하므로 적어도 냉각에 따른 비틀림은 금형의 온도를 조정하는 것에 따라서 개량 가능한 성질의 것이다.

수지에서 Cavity에의 전열속도를 조정하기 위해서는 어떻게 하면 좋은가 이것이 검토할 문제이다. 이 검토사항 중에 품질과 생산성을 향상될 수 있는지가 존재한다.

1) 성형품의 품질

일반적인 성형품의 질적인 문제로서 생각되어야 할 것에는

   (a) 최소의 수축률
   (b) 최소의 비틀림
   (c) 최양의 치수안정성
   (d) 최고의 충격강도

(e) 최양의 내Stress Cracking성

(f) 최양의 표면상태

의 6항이 있다. 이것은 전부 성형조건에 따라서 영향을 받는 것이다.

예로서 고밀도의 Polyethylene의 실험결과에 대하여 설명하면

(a) 수축에 관계하는 것에 대해서는

용융한 수지가 고체에의 응고 냉각하는 사이에 일어날 체적의 변화와 흐름의 방향과 이것에 직각인 방향과에 따른 비등방성 수축에 따른 것이라고 생각한다.

실험의 결과로서는 성형조건을 변화시켜 수축률을 계측한 결과는 Gate의 치수 및 재료조건은 수축에 상당히 중대한 영향을 준다.

일반적인 성형수축을 작게 하기 위해서는

① 수지의 온도를 낮게, 낮은 온도에서 긴 Plunger 정지시간, 늦은 충전속도의 조건에서 성형할 것

(b) 성형품의 비틀림, 변형은 성형품의 설계에서 보강 rib, Corner부에 Round, 살두께의 형상을 변화, 바닥부의 보강의 세부설계에 비해 강성을 증가하거나 응력의 경감을 행하는 것에 비해 변화를 적게 할 수 있으므로 성형조건에 비해 먼저 작게 할 수 있는 것이 있다. 실험의 결과는 성형품의 형상에 따라서 다르며

② 낮은 수지온도에서 균일한 형온, 최소 Plunger 정지시간(형설계에 따라서는 긴 편이 좋은 경우가 있다) 빠른 충전속도의 조건하에서 성형을 할 것

(c) 성형품의 치수를 성형수축에 따라서 차이가 나므로 설계 시에 어느 정도의 안정성을 고려하여 새겨 넣은 치수는 만들어져 있으며 결정성수지의 사출성형에 대해서는 비틀림에 따른 치수의 변화는 피해볼 필요가 없는 것이다.

비틀림의 원인은 결정화가 진행됨에 따른 부가수축과 성형품의 내부응력의 완화에 따른 부가 비틀림이다.

전자는 금형온도를 낮게 유지 Cycle시간을 길게 할 것

즉 성형품을 금형에서 취출하는 온도를 낮게 하여 놓으면 결정화를 촉진하여 수축은 작게 된다. 후자의 내부응력의 영향은 수지온도의 상승, Plunger 정지시간의 단축 충전속도의 증가, 부족충전을 행하는 것에 따라 행해진다.

따라서 치수의 안정성을 얻기 위하여 성형조건으로는

③ 높은 수지의 온도, 낮은 형온, 최소 Plunger 정지시간, 불충진, 급충진을 유지하는 것이 된다.

(d) **각종 성형품**에서 Gate 부근과 Gate에서 분리된 시험편에 대하여 인장시험을 하면 그 강도에 따라서 결과를 결정하면 Gate에서 먼 시험편의 강도의 변화는 성형조건에 중요한 영향을 주지 않으며 Gate 부근의 시험편의 충격치에 큰 영향을 주고있는 것이 판명된다.

즉 조건 중의 충진속도가 큰 영향력을 가지고 있을 것, 최대의 충진속도와 최소 충진속도에 비해 충격강도는 1 / 4로 저하한다. Gate에서 먼 시험편도 기타의 조건변화에는 그다지 변화를 보이지 않으며 충진속도의 변화에는 전자일수록 아니지만 분명히 서로 분리된 변화를 표시하고 있다. 또한 형온의 상승은 충격강도의 증가경향을 표시하고 있는 것을 측정치는 말하고 있으며 그 변화량은 충진속도의 것보다는 상당히 적다.

④ 많은 경우에 최고의 충격강도를 얻기 위해서는 수지의 온도는 높은 곳에서 낮을 때까지 (45℃ - 54℃)에서 Plunger 정지시간을 짧고 빠른 충진속도의 조건하에서 성형할 것

(e) Stress Cracking과는 Polyethylene 등에 가정용품 또는 식료용기를 성형한 경우 성형품이 청정제, 용제 또는 극성물질에 비해 파괴가 일어나는 것이 있다.

이것이 Stress Cracking성 이라하는 말로 들 수 있다.

통상 성형품의 최고 약한 부분, Gate 부근에 일어난다. 외력이 가해지면 이 물성은 먼저 촉진된다. 이 물성은 실험의 결과, 결정도, 내부응력 및 분자배향에 따라서 영향을 받는 것을 알 수 있다. 결정도는 수지의 냉각속도가 빠르면 낮게 되고 결정도가 낮은 것은 밀도가 낮게 된다. 성형품의 Gate 부근의 밀도는 형온에 따라서 지배되는 것이 실험적으로 명확히 되어있다. 형온이 상승하면 밀도가 높게 되어 내 Stress Cracking성은 저하하는 것이다. 성형품의 내부응력 및 분자배향에 큰 관계가 있는 성형조건은 수지의 온도 Plunger의 정지시간, 충진속도이다.

성형품의 내부응력 및 분자배향을 최소로 하기 위하여 고온의 수지를 낮은 level로 바르게 넣어서 해야 한다. 이와 같이 성형조건은 내 Stress Cracking성에 영향을 주는

것이며, 많은 경우 수지의 본질이 성형조건보다도 상당히 큰 영향을 준다.

⑤ 높은 수지의 온도에서 낮은 온도, 최소의 Plunger 정지시간, 급속충진이 목적에 달하는 성형조건이다.

(f) Polyethylene의 성형품에는 Cavity의 사상 면이 좋으면 매우 높은 광택의 표면이 얻어지는 것이 있으며 유입되어 직각으로 파상의 채터 마크가 생기는 것이다.

이것은 용융물의 분열현상에 따라서 이루어져 있는 것이며 수지가 Cavity에서는 되돌아오게 되는 원인이다. 이 채터 마크가 나타나면 수지의 온도를 올림에 따라서 마크를 없앤 표면은 먼저 온도를 높여도 상태는 개량되지 않는 것이 실험적으로 알고 있다. 먼저 실험에 따라서 성형품의 표면상태를 잘하기 위하여 Plunger 정지시간, 충진속도, 수지의 공급상태를 종종 변혁하여 보면 점점 영향이 안 미친다.

그래서 성형 가능 최저 수지온도 부근에서 성형이 행해지고 있는 경우는 형온을 올리면 표면상태는 개량되는 것을 안다. 따라서

⑥ 좋은 표면의 성형품을 얻기 위해서는 수지의 온도와 형온 양방을 올리는 것에 따라서 목적을 행한다.

이상 고밀도 PE의 성형품의 품질에 따라서 그 항목 (a)~(f) 것에 최적의 성형조건 (1)~(6)을 실험치를 해석하여 품질의 항목에 따라서는 상반하는 조건을 필요로 하는 것이 명백하다.

따라서 성형품의 용도에 따라서 품질상 올리는 정도의 특성은 각오하지 않으면 안 되는 것을 알고 있다.

따라서 최적의 전체 품질을 얻기 위해서는 수지는 중정도인 온도(205℃~235℃)에서 낮은 형온(45~54℃) 최소 Plunger 정지시간, 급속충진(높은 사출압)의 조건에서 성형을 행하는 것이다.

이 실험의 결과는 고밀도 PE수지의 본래의 성질에 따른 조건은 있으며 기타의 수지에 대하여서 최소의 비틀림을 얻는 성형조건에 따라서는 정도의 차이는 있으며 전체 동일 조건에 있으면 먼저 생각해볼 필요가 없다고 생각한다.

2) 최소 비틀림을 얻기 위한 온도조정

전자의 실험결과를 보아도 최소 비틀림을 얻기 위하여 성형조건으로 균일한 형온이

요구된다. 이것은 일반적인 사출성형품의 비틀림을 일으키는 원인으로서 불균일한 수축 분자배향, 사출압력 등이 생각되어지며 적어도 불균일한 수축은 냉각속도의 Balance를 얻도록 조정하는 것에 따라서 금형의 온도분포를 liner로 하는 것이 가능하면 개량된다.

즉 냉각에 따른 비틀림은 적절한 온도조정에 따라서 최소가 되는 것이 가능한 것을 의미하고 있다.

사출된 수지의 냉각속도를 조정하는 방법을 검토하면 좋게 된다.

먼저 기본이 되는 Cavity 내의 Entalpy의 분포는 유로의 온도강하를 무시하면 Cavity 내의 수지의 중량분포가 상이하다.

따라서 상기의 목적을 위하여 수지의 중량분포에 연결된 냉각하면 좋게 되며 실제의 금형설계의 경우는 Slide core, ejector pin, 각종 Insert block을 위해 Eutalpy에 연결된 냉각홀이 취해지지 않는 것이 많다.

이와 같은 경우는 빠른 냉각 경화하는 부분은 온수로 가열하여 수지전역의 냉각(수축) 속도를 조정할 필요가 있다.

빨리 경화되는 곳은 break를 걸어서 냉각의 느린 부분에 합치면 부분적인 가열에 따라서 Cavity의 유동을 좋게 성형성을 향상한다.

이것이 비틀림을 최소한으로 억제하는 금형의 온도조정의 개념이다.

일반적으로 불규칙한 형상을 가진 Cavity의 온도조정을 정확히 행하는 것은 곤란하다고 생각하기 쉽다. 그것에 Ejector 기구가공 후, 즉 가공의 최후의 공정으로 허용범위에서 냉각가공하는 것이 현재의 순서이다.

즉 이것으로 먼저 곤란히 예상된다.

이러한 것들은 냉각홀의 위치와 크기가 비 이론적으로 가공되고 있기 때문에 흐르는 냉매의 온도와 양으로 온도조정을 하는 것으로 되어 있다.

이 정도가 심한 경우는 냉각홀을 가능한 많게 가공하여 놓고 냉각수의 온도와 유량에서 금형의 온도조정을 하도록 하는 방법의 것이 있다. 이와 같은 안이한 획일적 방법에는 금형의 질적인 문제를 구명, 개선, 해결하는 것이 불가능하다.

금형을 냉각하더라도 필요한 전열면적과 냉각홀의 분포는 합리적인 설계, 돌출기구에 선행하여 가공되어야 한다.

3. 온도조정을 위한 이론적 요소

금형의 온도조정은 전절에도 서술한 것과 같이 성형품의 품질 및 그 생산능률에도 크게 영향을 주는 것이 있지만 냉각의 크기와 그 분포가 설계사항으로서 취급되지 않으면 안 된다.

열은 공기 중에도 주로 복사와 대류, 고체 또는 액체의 중에는 주로 전도라고 하는 종류의 전파방법을 취하는 것은 주지의 것이다. 고체의 전도에 따라서도 물질에 비해 그 전도율은 다르고 그래도 이 물질의 경우에도 경막전열 계수가 있고 액체에 대하여 열의 전도는 관의 크기, 유속, 밀도점도 등에 따라서 차이가 나는 것이 있기 때문에 열 계산의 식이 복잡하여 많은 가정을 요하므로 해석이 어려운 것은 사실이다. 그러나 최근은 Computor 등으로 용이하게 계산 가능하므로 이론적인 해석이 행해진다.

1) 금형의 온도조정에 요하는 전열면적

용융한 수지가 가지고 있는 열량은 복사, 대류에 의해 약 5%가 공기 중에 손실되며, 95%는 금형에 전도에 따라서 전달되는 것에 대해서 서술한 바와 같다.

만일 수지에 비해 운동열량의 전부가 금형에 전파된다고 가정하면 그 열량은

$$Q = S \times g \times Cp(t_1 - t_0) \ (kcal)$$

S: 매시의 Shot수

g: 1 Shot의 수지의 중량 gr

Cp: 사용수지의 비열 $kcal/kg℃$

t_1: 수지의 온도 ℃

t_0: 취출하여 나올 때의 성형품의 온도 ℃

실제는 이 열량이외에 용융잠열이 있다. 이것에 대하여 후술한다.

이 열량 Q가 금형에서 냉매(냉각수)에 전파하여 움직인다고 생각된다.

이때에 냉각수관의 전열면적 A는

$$A = \frac{Q}{hw \cdot T} \ (m^2)$$

hw: 냉각의 경막전열계수 $kcal/m^2hr℃$

T: 금형과 냉매(냉각수)의 평균온도차

또 냉각 hole의 경막전열계수 hw와 M·Fishenden과 O·A·Saundera의 An introduction to heat transfer에 따라 냉각수류의 경우에는

$$hw = \frac{\lambda}{d} \left(\frac{dvq}{\mu}\right)^{0.8} \left(\frac{Cp\mu}{\lambda}\right)^{0.3} (kcal / m^2 hr\,^{\circ}C)$$

d: 관경 m   v: 유속 m / hr   q: 밀도 kg / m²

μ: 점도 kg / m bar   λ: 냉각수의 열전달율 kcal / m² · hr℃

Cp: 비열 kcal / kg℃

상기의 식에 따라 전열면적을 계산하여 관경, 수로의 길이 본수를 계산하여 결정이 가능하다.

2) 금형의 냉각과 가열

보통 금형은 상온의 물을 흘려 냉각을 한다. 금형의 온도는 물의 유량에 따라서 조절된다. 유동이 쉬운 저융점 수지는 거의 이 방법으로 성형된다.

그러나 물의 온도는 상온보다 강하하지 않기 때문에 먼저 Cycle을 단축하기 위해서 이 냉각수의 냉각이 필요하다. 小物의 성형은 사출시간, 보압시간, 등에 짧고 성형 Cycle은 냉각시간에 따라서 좌우되는 것이기 때문에 이와 같은 성형에서 능률을 높이기 위하여 냉각한 냉수로 냉각할 필요가 있다.

냉각수를 냉수로 하여 사용하는 경우 대기 중의 수분이 Cavity 표면에 응축하여 불량성형품을 만드는 것이 있으므로 주의를 요한다.

고용융수지와 두께에 비례하여 유동거리가 긴 성형품에는 충진부족과 비틀림방지를 위해 역으로 수관에 온수를 흐르게 하는 것이다.

저용용 수지에도 Nylon, Polyacetal 등의 면적이 큰 대물성형품의 성형의 경우에 금형을 가열하는 것이다. 이와 같은 경우 열수와 열유를 사용하던지, 케드리지히터를 사용한다. Heater는 구조가 간단하여 제어가 쉽고 온도도 100℃ 이상에서 가열하는 것이 가능한 잇점이 있다. 가열의 경우는 금형이 고온이 되고 팽창하기 때문에 가동 부분의 Clearance를 크게 하지 않으면 움직이지 않게 되는 것이 있으므로 주의를 요한다.

Polypropylene, Acrylic 수지 등의 중 융점 수지는 보통 냉각금형에서 성형되며 성형품의 품질과 유동성에서 가열금형을 사용하는 경우도 있다.

수지고화의 최종 온도를 균일하게 하기 위해 부분가열 방식을 사용하는 것은 잔유

비틀림 방지를 위하여 좋게 사용되는 수단이다.

고융점 수지를 성형하는 경우 물의 순환만으로는 금형의 온도 변화에 시간이 걸리고 유량이 작은 때도 금형의 온도분포는 불균일하게 되는 등의 결점이 있기 때문에 온수조절장치를 사용하는 편이 좋다. 어느 방법을 사용하여도 좋으며 금형의 온도조정이 가능하고 임의의 온도에 조절가능 금형의 제작이 바람직하다.

또한 이와 같이 설계된 금형은 성형개시 전에 예열하여 소정의 온도에 상승된 것을 성형 중 적시냉각 가열하여 사용하는 것이 가능하고 성형개시 시간 및 수지의 loss를 작게 하는 잇점을 가지고 있는 것이다.

3) 냉각홀의 분포

냉각능률을 올리고 비틀림이 적은 성형품을 얻기 위하여 Cavity의 형상과 두께에 대응한 균일하거나 고능률의 냉각이 행해짐과 같은 금형구조가 생각되지 않으면 안 된다.

금형에 냉각수로를 가공하는 경우에 수로의 수와 크기, 배치의 선정이 중요하다. 그 개요를 실험치를 기준하여 해설하면 그림 a, b와 같이 같은 Cavity에 큰 냉각홀을 접근하여 가공한 경우와 작은 홀을 멀리 떨어져 가공한 경우의 열의 전도경로를 상상한 것이다.

큰 냉각홀에 59.83℃의 물을 작은 홀에 45℃의 물을 흘린 경우의 온도구배를 구하여 등온 곡선에서 연결한 그림 c, d와 같이 된다.

이 그림에서 알 수 있듯이 금형의 Cavity면의 온도분포는 Cycle에 60~60.05℃의 온도변화를 표시함에 따라서 냉각된 물에 작은 홀의 쪽이 53.33−60℃의 온도변화를 일으킨다.

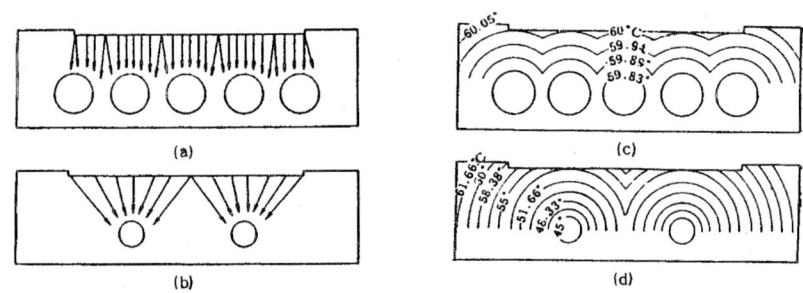

그림 1 열전달 경로와 온도구배

이와 같이 금형 Cavity 표면에 오는 온도분포는 수관의 크기, 배치, 수온에 따라 차이가 난다. 상기와 같이 6.67℃ 온도의 차이는 어느 성형조건의 경우는 충분하다고 생각할지 모르지만 치수정도의 까다로운 성형품에는 잔유 내부응력이 잔존하여 성형비틀림 또는 시효비틀림을 일으킬 우려가 있고 금형의 온도조정으로서 불가능한 것이다.

열전도율이 높을수록 전도효율이 좋고 열을 없애버리는 제어가 좋게 된다.

즉 열전도율이 높을수록 금형 Cavity의 표면온도의 변동은 작고 전도율이 낮을수록 표면온도 변화는 크다. 보통은 용용된 수지가 Cavity에 충진 되는 때는 Gate 부근에 고온으로 이것에서 멀수록 온도는 낮게 되고 있다.

성형품을 얼마인가의 부분에 분할하면 그 부분에서 갖고 있는 열량은 체적에 비례하는 것은 전술한 것과 같다. 이상의 2가지 사례에서 일반적으로 냉각 System에는 하나의 원칙이라고도 하는 것이 있다.

(a) 유수로의 경, 유로간격 Cavity 면에서의 거리는 금형의 온도에 중대한 관계를 가진다.

그림에서 이것의 관계비의 최대를 표시한다. 즉 수로경 1에 대하여 수로간격의 최대는 5로 Cavity까지의 거리는 최대 3이라고 하는 것을 의미한다.

그림 b는 두께부는 얇은 부에 비교하여 축소한 Cavity에 가깝게 하는 것을 표시하고 있다.

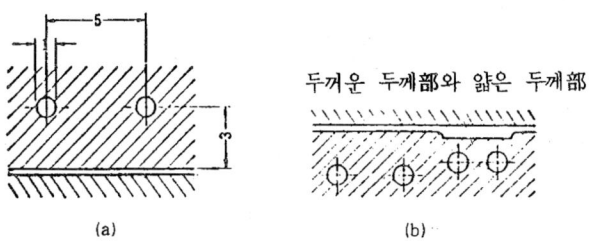

(a)   (b)

그림 2 수로의 지름, 간격, Cavity의 거리관계

(b) 용용수지 온도의 높은 곳은 낮게, 낮은 곳은 높은 온도 분포가 된다. Sprue, Gate부근은 수지의 온도는 높아서 냉각한 물을 통하고 온도가 낮은 외측에는 열교환

된 온수를 순환되도록 고려한다. 많은 경우는 이 순환계통의 접속은 금형에 관통홀을 가공하여 금형의 외부에서 홀과 홀을 연결하는 방법이 잡혀지고 있다. 그림은 direct gate 부근의 고정, 가동 측의 냉각홀의 분포를 나타낸다.

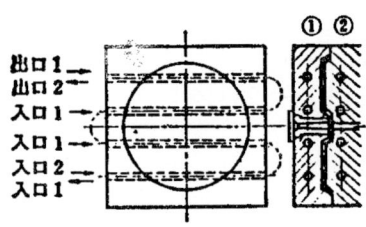

記號 1. 固定型水路入口, 出口
　　　2. 可動型水路入口, 出口

그림 3. 관통홀수로(direct gate)

記號 1. 固定型水路入口, 出口
　　　2. 可動型水路入口, 出口

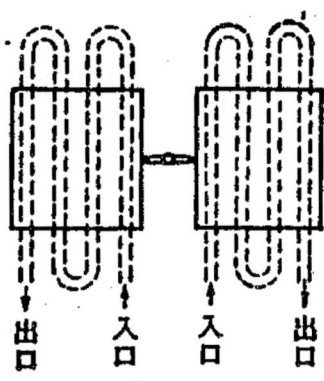

**그림 4. Side gate의
순환냉각수로(2-Cavity)**

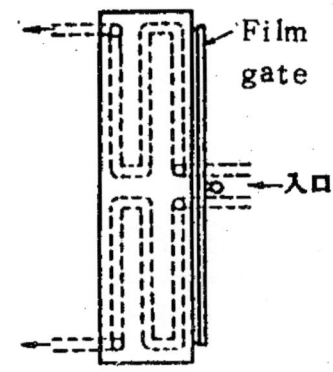

**그림 5. Film gate의 순환냉각수로 대물성형품의
다점 gate 부근의 냉각수로 분포이다.**

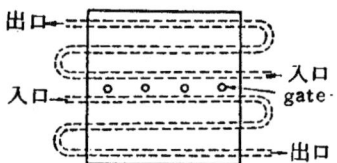

**그림 6. 다점 gate의
순환냉각수로**

(c) Poly ethylene 수지와 같이 수축이 큰 재료를 성형하는 경우는 그 수축의 방향에 가까운 냉각홀을 가진다. 그림에 표시한 것과 같이 4각의 성형품의 Center direct의 경우는 수축을 Gate에서 방사선상, 이것에 직각의 방향에 수축은 일어나므로 이것에

적합한 중심에 냉각수를 외측에 권상열교환된 온수가 흐르도록 적당히 고려한다.

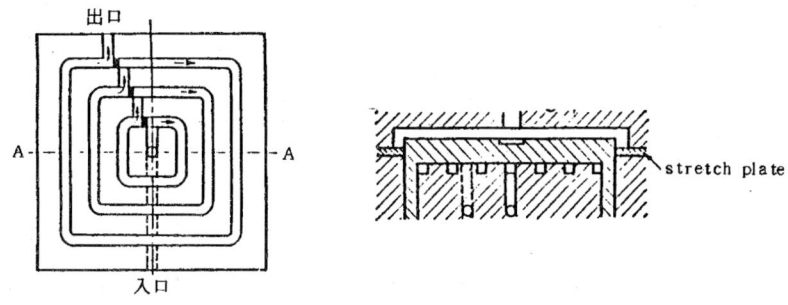

ⓐ 성형품과 냉각 hole의 관계   ⓑ A-A 단면도

그림 7 Center direct gat의 성형품 가동 측 냉각 hole 배치도

(d) 냉각 hole의 배치는 가능한 한 Cavity의 형상에 연하여 적당히 고려한다.

냉각수로의 단면형상도 원형의 drill hole과 각형의 hole이 있고 이것을 성형품의 형상크기에 따라서 사용을 구별, 조합하면 안 된다.

(i) 얇고 얕은 성형품의 냉각수로

Side gate의 경우에는 고정, 가동형으로도 Cavity보다 등거리의 드릴 hole로 그림에 표시한 것과 같이 냉각 hole을 배치한다.

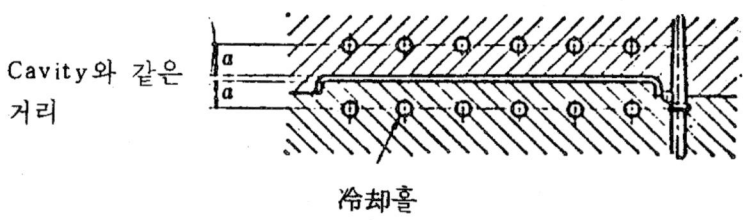

그림 8 얇고 얕은 성형품에 대한 냉각수로

(ii) 중간정도의 깊이의 성형품의 냉각수로

Side gate경우 고정형은 Drill hole, 가동형은 냉각 Hole을 그림과 같이 배치하여 냉각수로를 가공한다.

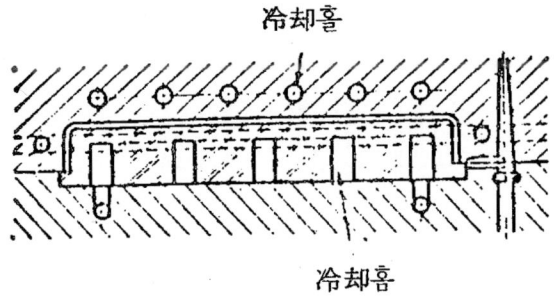

冷却홀

冷却홈

그림 9 중간정도의 깊이의 성형품의 냉각수로

(iii) 깊은 성형품에 대한 냉각수로

깊은 성형품으로 최고 곤란한 문제는 Core의 냉각수로이다. 고정형의 편은 성형품 형상에 연한 냉각수로의 가공은 어렵지는 않지만 Core의 형상에 연한 수로계획은 그림과 같이 깊이가 얕은 경우는 관통 Hole과 Pluger 형상과 유사의 회로를 얻고 있으며 깊이가 깊게 되는 대형의 성형품이 되면 간단하지 않다.

그림에 표시한바와 같이 고정형은 Sprue 부근으로 입수하여 주위를 회전하여 외측의 Drill hole에 출수하는 방식을 취하고 있다. Core는 저부에 A－A 단면이 표시됨과 같은 Coil상에 Hole을 만들고 Hole의 적당한 위치에서 Core 내부에 Hole을 그림과 같이 넣어 Core의 형상에 연한 냉각수로를 설계한 것이다.

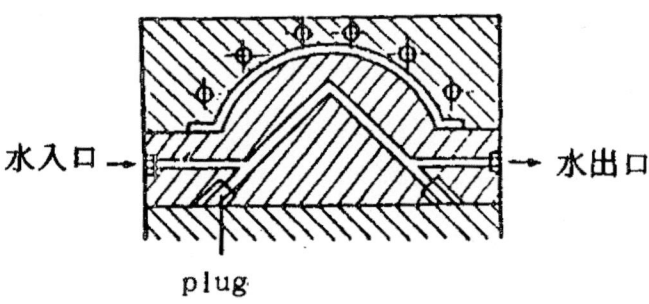

水入口 →

→ 水出口

plug

그림 10 관통 Hole이 있는 Core의 냉각수로

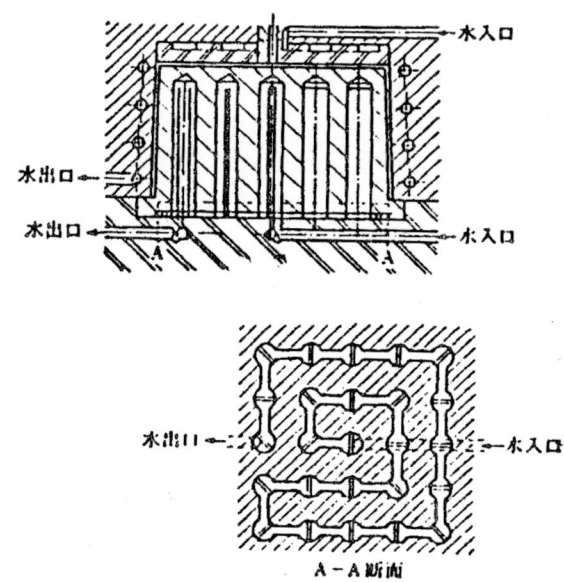

그림 11 깊이가 깊게 되는 성형품의 냉각수로(1)

아래의 그림은 Core의 온도조절을 보다 좋게 하기 위해 Core의 중심부에서 들어간 Gate 부분에서 순차 Cavity의 선단까지 Coil 상에 절삭된 Hole을 통하도록 설계되어 있다. 고정형도 동일 형상이다.

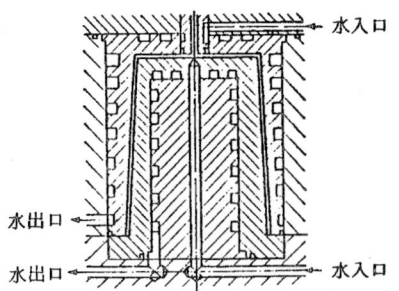

그림 12 깊이가 깊게 되는 성형품의 냉각수로(2)

(ⅳ) 얇은 Core의 냉각수로

얇은 소물의 성형품 경우는 Core가 가늘기 위하여 Core의 중심에 Hole을 설치 중앙부에 Pipe을 넣어 그 Pipe보다 입수 Gate 부근을 분사냉각 하고 Pipe의 외

측과 Hole벽의 사이를 통하여 출구수에 향하는 전형적인 분수관의 예를 그림에
표시한다.

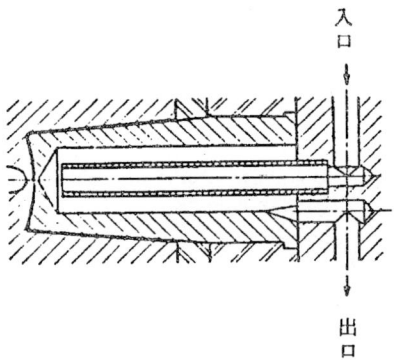

그림 13 얇은 Core의 냉각수로(1)

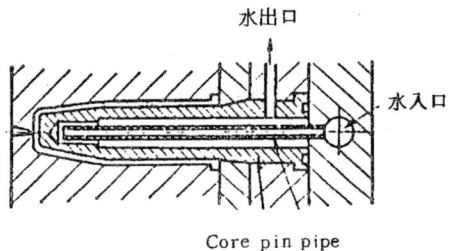

그림 14 얇은 Core의 냉각수로(2)

다음의 그림은 분수관과 공기냉각을 병용한 예이다.

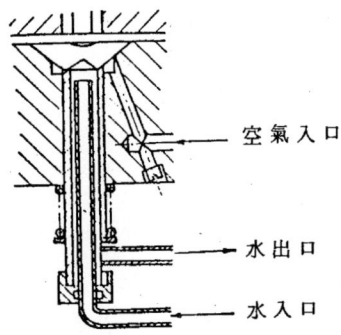

그림 15 얇은 Core에 물과 공기를 병용한 냉각로

(ⅴ) 상당히 가는 Core의 냉각방법

Core가 상당히 가는 분수관을 넣는 것을 할 수 없는 경우는 이 Core를 열전도 율이 좋은 Be-Cu으로 가공하고 분수관에서 냉각한다.

소위 간접냉각의 예를 아래 그림에 표시한다.

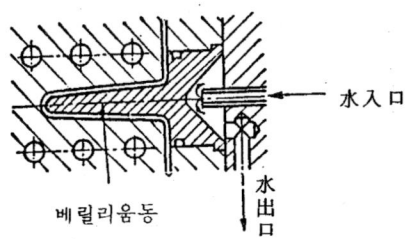

그림 16 상당히 얇은 Core의 냉각방법(1)

성형품이 小物로 두께가 불균일할 때에 대한 Be-Cu의 전열면적을 넓게 냉각 을 도울 수 있도록 고려한 것을 아래 그림에 표시한다.

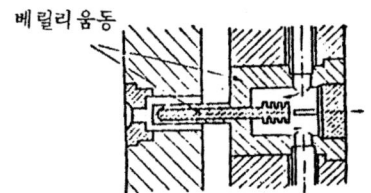

그림 17 상당히 얇은 Core의 냉각방법(2)

여기에 서술한 것은 대개 일예이고 실제의 금형은 보다 복잡하게 되어 있다.

4) 냉각용수량

금형 내에 적당한 냉각수로의 설계가 가능하거나 입수온도, 출수온도, 냉각수량 등 에 대한 고려가 요구된다. 금형으로 출수한 온수의 이용방법, 재순환을 하기 때문에 입수온도에 까지 내린 냉각수온도 조절기 또는 열교환기의 선정을 필요로 한다.

또한 금형에의 입수온도와 출수온도와의 차가 상당히 있으면 금형의 온도분포상

Merit가 없어진다. 냉각수는 금형 내에서 수지가 가지고 있는 열량을 받아서 온도가 상승한다. 이 온도상승을 상당히 크게 하면 입수, 출수의 온도차가 크게 되므로 흐름의 속도를 증가되게 하는 것에 따라 상기의 것을 방지하도록 한다. 냉각 Hole경에 대한 수량의 한도는 표에 표시한다.

표 냉각수로의 한계순환수량

유로의경(mmΦ)	유량(㎥/min)	유량(ℓ/min)	유로의경(mmΦ)	유량(㎥/min)	유량(ℓ/min)
8	0.0038	3.8	19	0.038	38
11	0.0095	9.5	24	0.076	76

금형의 열량은 냉각수에 따라서 형외에 들어가는 물의 중량은 하기와 같이 계산된다.

$Q = Km_2(T_1 - T_2)$

　Q: 1시간에 금형에서 나오는 열량 kcal

　K: 열전달효율　　　　m_2: 1시간에 유출한 물의 중량 kg

　T_1: 물의 출구의 온도℃　　T_2: 물의 입구의 온도℃

$$m_2 = \frac{Q}{K(T_1 - T_2)}$$

따라서 Q는 $S \times g \times Cp(t_1 - t_0)$의 외에 용융잠열을 가산한 것

$Q = m\{Cp(T_1 - T_2) + L\}$, $Q = m \times a$를 사용하는 편이 좋다.

식 $Q = ma$을 대입하면

$$m_2 = \frac{ma}{K(T_1 - T_2)}$$

　m: 1시간에 금형에 유입하는 수지의 중량 kg

　a: 용융수지가 성형될 때까지의 방출된 전열량

　k: Cavity, Core에 유입되는 냉각수로의 경우 0.64

Back plate에 유입되는 냉각수로의 경우 0.50

동 Pipe를 사용한 냉각수로의 경우 0.10

표 각 수지의 성형온도 조건에 대한 전열량 kcal / kg

수지명	a (kcal / kg)	수지명	a (kcal / kg)
PE(저밀도)	138.9~166.7	ABS	77.8~94.4
PE(고밀도)	166.7~194.4	AS	66.7~83.3
PP	138.9~166.7	POM	100
PS	66.7~83.3	PVC	50
PA	166.7~194.4	셀루로즈아세테이트	68.9
MMA	68.3	셀루로즈부치레이트	61.7

5) 각종 냉각회로의 실례

3)에 따라서 냉각홀의 분포에 대하여 기본적인 회로의 작동방법에 대하여 서술하며 성형품이 다종다양이기 때문에 Cavity 내의 온도분포, Gate의 위치 등에 따라 각종각양에 배치를 고려하지 않으면 안 된다.

가공방법에서 분류하면 Drill에 대한 방법, 홀을 가공하는 방법 이 2가지를 조합하는 방법으로 알 수 있다. Dill hole에 대한 방법이 가장 일반적인 방법이고 가공이 간단하여 값이 싸며 배치에 곤란성이 있는 경우는 냉각효율은 그다지 좋지 않다. 각종 Cavity Core의 냉각회로 수종을 소개한다.

(a) Drill hole 냉각

Drill hole에 대한 방법 중 가장 일반적인 것으로는 그림에 표시한 것 같이 통공을 설계하여 금형의 외부에 Rubber hose 등을 사용하여 Hole과 Hole과의 연결을 한다.

Hole은 Plug를 사용하여 그림과 같이 Sprue에 가까운 곳에 냉각한 물을 통하도록 고려한 것이며 성형품이 4각의 경우에 적당하다.

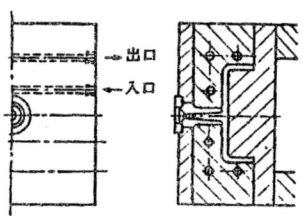

그림 18

성형품의 형상에 연하도록 Drill hole을 합쳐 불요부분을 Plug에 두는 예도 냉각효
과가 좋다. 각물 또는 변형물의 성형품에 적당하다.

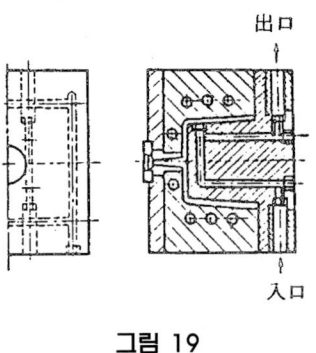

그림 19

원통형의 성형품, 외주 냉각방식의 일례이다.

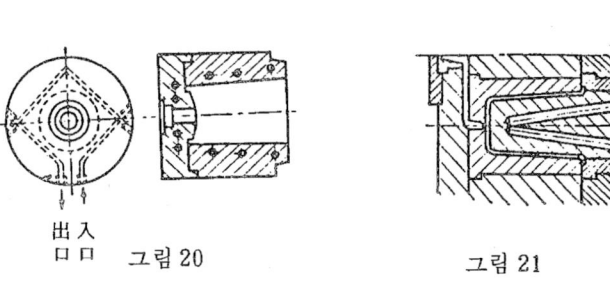

그림 20   그림 21

(b) Core의 냉각

Core의 냉각은 성형품의 깊이, 폭의 크기에 따라서 차이
가 있으며 형상에 연한 Hole에 따른 방법 이외에 분사식의
순환로를 사용한다. 또한 냉각수와 압착공기를 병용하는 경
우도 있는 성형품이 얇더라도 폭이 넓기 때문에 주로 가동
형 Gate 부근의 냉각을 고려한 것이므로 고정측을 Ring 상
회로를 가공하여 사용한 예이다.

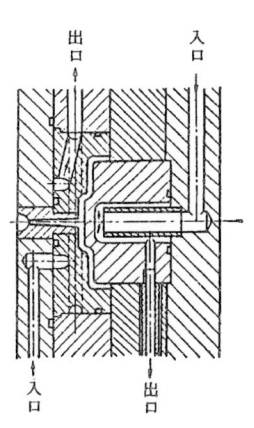

그림 22

얇고 바닥면적이 넓은 Side gate를 사용한 간곡형의 냉
각수로의 일례이다. 이 회로는 냉각수의 입구, 출구의 온
도차가 큰 경우 등은 출입구의 수를 증가하여 온도조정이
가능한 편리한 방법이다. 그러나 가공에 공수를 요하는
것이 결점이다.

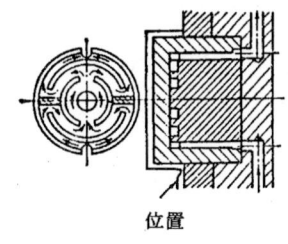

그림 23

Center gate의 고정, 가동 어느 측도와 권형에 홀을 가공
하여 그중에 동 Pipe를 넣어 저용합금에서 충전되는 방법
이며 앞 그림과 비교하면 공수는 작게 된다. 동Pipe경과
각 hole과의 관계치수는 도시하여 놓은 것과 같다.

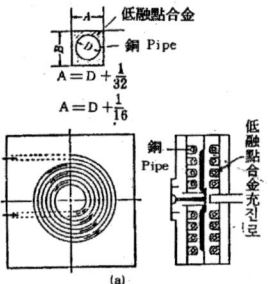

그림 24 (a)

큰 공통의 중간에 Coil 형상에 한 Pipe을 넣어 저융
점합금으로 형성된 냉각수로이다.

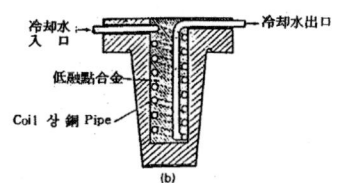

그림 24 (b)

원통형에 중정도의 깊이의 성형품의 경우 Cavity부
Bush 구조로 하여 외주를 Ring상 회로로 하여 냉각하고
Core 분수식을 이용하여 Gate부근을 냉각하는 예이다.

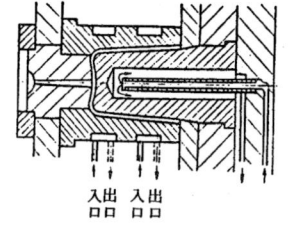

그림 25

각진부품의 성형품에 외측은 Drill에 따른 냉각,
Core는 특별히 gate부를 냉각하기 때문에 Core를 설계
하여 돌출하고 Rot의 외측에서 냉각하면 함께 돌출하
는 핀 내부에 분수식 순환수로를 설치한 공수병용형의
예이다.

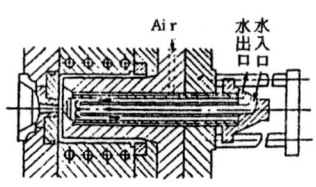

그림 26

Core 냉각의 일예이며 Sprue에 가까운 부분의 분수식을 사
용하고 기타의 부분은 일반 냉각방식을 병용한 것이다.

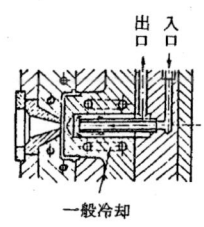

그림 27

Core의 상면을 넓게 냉각하기 때문에 아래와 같이
주위에 냉각수의 통과홀을 설계한 특수판을 사용한 예
이다.

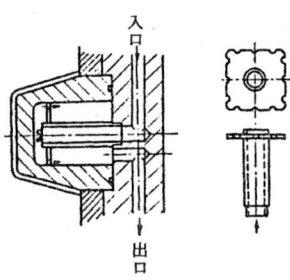

그림 28

이상 Core가 비교적 넓은 경우의 냉각수로 배치에
대하여 서술하였으며 가는 Core 또는 Sleeve pin과 같은
경우의 예이다.

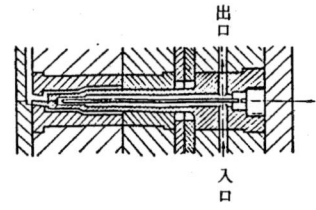

Core pin의 냉각에 선단이 가는 경우 부침홀을 가공
하여 이홀에 판을 취부하여 냉각수의 입구·출구를 경
계한 것이다. Sleeve pin의 경우도 이것과 동일형상의

그림 29

Core pin중 경계판을 넣은 홀을 가공하여 냉각수로 하는 예도 많다.
  Core가 가늘고 수로를 가공 못할 경우는 13.3.3과 같이 Be-Cu를 사용한 예도 있
으며

(c) 부분냉각, 부분가열
  금형의 온도제어상 어떻게 하여도 부분적 냉각과 가열이 필요한 경우에 냉각 Unit
와 카트리지 하터를 삽입한 기렬 Unit를 사용한다.
  다음은 Be-Cu와 A1과 같은 구조의 것을 사용하면 좋다.

그림 30 냉각 unit   **그림 31 가열 unit**

황동관 중에 카트리지 히-타를 넣은 부분가열기이다. 이 부분 냉각기와 가열기를 사용한 경우는 삽입홀과 벽이 합쳐진 부분에 간격이 없도록 밀착도를 좋게 하는 것에 따라 그 효과를 올리는 것이 좋다.

(d) 화네스 브레이징

성형품의 형상에 연한 냉각수회로를 만드는 것이 보통 방법이며 Drill 가공에서 행하면 Cost적으로 실용적이 아니며 또 불가능한 것도 있고 경우 등에 따라 노중합금 방법으로 냉각수로를 만드는 것이다.

동 pipe를 hole의 중간에 넣어 저융금속으로 Packing한 것이며 Cost도 높고 공수도 상당히 많이 된다. 또 도 22도 12는 물이세어 부식된다.

이것의 결점을 보충하기 위한 방법은 노중이다. 이 방법은 도 32에 표시한 것과 같이 Cavity 혹은 Core는 선반 또는 Milling에 따라서 가공된 냉각 Hole을 갖는다. 각각 내외접면에서 작동되고 이 2가지의 접면이 열처리되는 합금부착되는 것이 특징이다. 이렇게 하는 것에 따라서 Cavity 혹은 Core는 표면가까이 냉각 Hole을 설계하는 것이 가능하며 보다 좋은 균일한 열 이동이 얻어진다.

요청은 합금부착 온도와 열처리온도가 같은 것이 필요하다. 금형소재의 열처리온도가 다르기 때문에 이 열처리온도에 적당한 합금의 재료를 생각하지 않으면 안 된다.

표는 다른 열처리온도에 사용되고 합금재료를 표시한다.

표 열처리온도와 사용된 재료

열처리온도($°F$)	AISI 규격	합금재료	경도(H_RC)
1500~1600	A_4 A_5 A_6 재	은합금	54 – 60
1600~1900	D_1 D_2 D_3 D_4 D_5	동합금＋8%기타	54 – 61

물론 이 경우 접면의 사상정도는 Cavity 또는 Core의 사상정도와 어느 정도 같이 하여 놓는다. 이외에 주의를 요하는 것의 하나로서는 접합된 중량, 벽 두께에 따라서 이다.

상접한 다른 2개의 금속부분은 가열, 냉각의 반조정에 따라서 높은 Stress가 발생하고 Crack을 일으키게 하는 것이다.

이 점에서도 합금재료의 선정은 중요하다. 합금부착하는 부분의 조립에서 유지를 하는 고정치구의 설계, 표면의 평행도, Clearance의 문제, 분위기소의 Control 등 문제가 있지만 발전과정에 있는 것으로서 주의를 요하는 것만으로는 안 되고 냉각회로 가공상 상당히 가치가 있는 것으로 생각되어진다. 이 방법의 성공은 열처리공장 또는 합금재 공장과 밀접한 관계를 유지하는 것에 따라 얻을 수 있는 것이다.

4. 사출성형용 금형의 열해석

열계산에 따라서 냉각 Hole의 필요전열면적은 산출이 가능하며 그 위치에 대하여는 그다지 시행착오의 범위를 벗어나지 못한 것이다.

즉 금형의 설계자는 경험에 비해 냉각관의 위치를 추측에 따라서 결정하고 있다.

이 추측이 정확하지 않는 경우는 품질이나 생산성 중 어느 것인가 또는 그 양자를 조금씩 특성이 있는 것에 기가 흐려지며 놓쳐버리고 있다.

유입열량의 약 95%가까이 금형을 통하여 열전도에 따라서 냉각수관의 크기, 위치는 당연 이론적인 기초의 것에 결정되는 것은 당연하다. 그러니까 성형품의 형상은 수식에 나타나는 복잡한 것이기 때문에 순수학적인 방법에는 해석이 불가하다.

그곳에 이 방법은 열에 다른 성질을 가진 전기에 시뮬레이트하여 그 위치를 정할 수 있으면 시험하여 알 수 있다. 금형의 열해석은 다음 4단계에서 성립되어 있다.

(a) 기초적인 간단한 수학과 전열의 기본적인 방정식에 따라서 금형에서 제거하지 않으면 안 되는 열량을 계산하여 그 열량을 상이한 전장에 놓을 전압치에 바꿔 놓는다.

(b) 통전성이 있는 종이(테레데루트스 페이프)를 사용하여 금형의 온도장에 상이한 전장을 만든다. 성형품에 상당하는 부분은 은 Paint에 따라서 도표하고 각 부분

의 온도에 상당하는 전압을 건다.

(c) 수관을 표현하는 전극을 이 종이의 위에 놓고 이곳에 수온에 상당하는 전압을 건다. 이 전극은 종이의 위에 움직이는 것이 가능하도록 하여 놓고 (a)항에서 계산한 전압치(온도구배)에 일치할 때까지 수관전극을 움직인다.

(d) 최적수관의 위치가 결정되면 이것을 금형의 도면에 옮긴다.

이것은 금형설계에 불가결의 공정이 된다.

1) 열과 전기의 관계

전기는 전위차가 있는 곳에 전류가 흐르면 동상에 온도차가 있는 곳에 열은 전달되어 간다. 그 부분에 전위차 즉 전압이 높으면 높을수록 유로의 저항이 작으며 전류가 큰 것은 Ω의 법칙에 의하여

$$I = \frac{V}{R} \qquad I: 전류(A) \qquad V: 전압(V) \qquad R: 저항(\Omega)$$

열도 동상의 관계가 있다. 즉 이동하는 열량은 온도차가 클수록 열 저항이 적을수록 좋게 이동한다.

$$Q = \frac{\triangle T}{R_t}$$

Q: 이동하는 열량(열유) kcal / hr · m²

$\triangle$T: 온도차 ℃

R_t: 열저항 m² hr℃ / kcal

또 전기저항 R은 전위차가 있는 두 점 간의 길이에 비례하며 유로단면적에는 역비례한다.

$$R = \rho \frac{L}{A}$$

ρ: 저항율(단위길이당 단위면적의 전기저항) Ωm

L: 길이 m

A: 단면적 m²

열에 대하여도 동상의 것이 있다. 그리고 열을 전달하는 방법이 전도만으로 생각하면 열저항 R_t는 다음식과 같이 2점간의 거리에 비례하여 열전도율과 전열면적의 합에 역비례하는 것을 안다.

$$R_t = \frac{d}{K \cdot A_S}$$

    d: 2점간의 거리 m,

    A_s: 전열면적 ㎡,

    K: 열전도율 kcal / m hr℃

상식을 대입하면

$$Q = \frac{K \cdot A_S \cdot \triangle T}{d}$$

온도구배 $\frac{\triangle T}{d}$ 를 나타내보면 다음과 같다.

$$\frac{\triangle T}{d} = \frac{Q}{K \cdot A_S}$$

$\frac{Q}{A_S}$ 는 단위전열 면적을 통하여 이동하는 열량을 표시하는 것이며 이것이 온도구배에 비례하는 것을 의미하고 있는 것을 알 수 있다. 이동하는 열량은 온도구배를 측정하는 것에 따라서 얻을 수 있는 것을 알 수 있다. 그곳에서 온도강하를 측정하는 것은 전압강하를 측정하는 것에 위치를 바꾸어 놓을 수 있음을 알 수 있다.

어느 성형품의 시간당 생산량이 금형에 가지고 들어가 있는 열량을 계산하여 이 총열량이 어느 성형품의 부분에 분할된다고 생각하고 이 분할된 열량을 냉각에 따라 고화되기 때문에 어느 정도의 온도차가 필요하다고 말하는 것이 된다.

2) 용융한 수지가 금형에 움직여가는 열량과 온도구배

사출성형에 따라서는 성형기의 용해실에서 용융된 수지는 어느 높은 온도에서 금형의 Cavity 중에 충전되고 그것보다도 낮은 어느 온도의 성형품이 되어 Cavity에서 취출된다. 수지가 Cavity에 있는 사이에 열은 금형의 전도에 따라서 얻을 수 있는 수지가 움직여가는 열량에는 3가지의 형이 있다. 제1의 형은 금형이 충전되어 용융된 수지의 온도는 강하한다. 이것을 기초로 열량에 센서불히－터로 부르며 수지의 중량과 비열, 수지의 온도변화의 상승적에서 표시된 것이다.

센서블히－터＝중량× 비열× 온도변화

제3의 것은 수지의 상변화에 따라서 발생하는 열량이다. 즉 수지가 용체에서 완전 고체로 변화하는 사이에 수지가 방출하는 열량에서 융해잠열이라 불리고 있는 것으로 단위중량당에 표시되어 있다. 따라서 전용해열은 단위당의 잠열과 중량의 상승적에서 산출된 것이다.

제1의 충전과정에서의 열량은 성형품의 각 부분 및 유로에 따라서는 충전시의 온도를 할진하고 각 부분의 체적이 손실되는 열량은 산출가능하며 이것은 성형품의 형상과 금형에 대하여도 구체적인 형상, 수치가 필요하고 충전 최종단에 따라서는 벌써 흐름은 없으므로 계산이 복잡한 열량은 작은 것이므로 무시할 것으로 한다. 따라서 열량 Q는

$Q = m\{Cp(T_1 - T_2) + L\}$ kcal

   m: 1시간에 금형에 유입하는 수지의 중량 kg

   Cp: 수지의 비열 kcal/kg℃

   T_1: 수지유입온도 ℃

   T_2: 금형의 온도 ℃

   L: 수지의 잠열 kcal/kg

따라서 $Cp(T_1 - T_2) + L = a$로 되면

   Q: 수지 1kg의 전열량

   m: 1시간당의 금형에 사출된 수지의 중량

표는 각 수지의 성형온도조건의 수지 1kg의 전열량을 표시한 것이므로 상식의 a에 상당하는 것이다.

표 각 수지의 성형온도 조건의 전열량(단위 kcal / kg)

수지명	a	수지명	a
P.E (저밀도)	138.9 – 166.7	ABS	77.8 – 94.4
〃 (고밀도)	166.7 – 194.4	AS	66.7 – 83.3
PP	138.9 – 166.7	POM	100
PS	66.7 – 83.3	PVC	50
Nylon	166.7 – 194.4	Celloulose acetate	68.9
Ms	68.3	부치레이트	61.7

사용하는 수지와 성형품의 중량이 판명되면 1회 Shot분의 수지가 금형에 운동하여 들어간 열량은 표와 식에서 산정가능하다.

따라서 시간당 생산량 즉 1시간당의 Shot수를 곱하면 1시간 중에 금형에 운동하여 들어간 전열량은 계산가능하다. 예를 들면 고밀도의 PE의 성형품의 중량 1kg의 대물을 매시 60 Shot 하는 경우 금형 전도되는 전열량은 매시간

$$1(kg) \times 194.4(kcal) \times 60(Shot) = 11,664 \ kcal / hr$$

금형의 열전도율을 50kcal / m℃로 하고 전열면적을 0.75㎡로 하면 온도구배의 식에 따르면

$$\frac{\triangle T}{d} = \frac{Q}{K \cdot A_S} = 11.664 \times \frac{1}{50} \times \frac{1}{0.75} = 3.11 \ ℃ / m$$

온도구배가 이같이 큰 수치가 되는 것은 생각하고 있는 문제에 대하여 단위가 너무 큰 것이 되어 실제 치수의 수십배의 상이모형이 필요로 하여 어닐라이쟈의 용량도 크게 되므로 단위를 더욱 편리한 크기로 한다. 온도구배를 1m에 대하여 1cm간의 구배에 표시한 것에 따라서 311℃ / m을 3.11℃ / cm이라 하는 수자에 변환한다.

만일 상이모형을 1 / 1에서 만들면 필요온도 구배는 3.11℃로 하는 것이 된다.

상이모형을 Scale로 만들면 이것을 만든 Scale에 1 / 1에 Scale의 필요온도 구배를 분할하면 좋은 것이 된다.

예를 들면 2배의 Scale에서 상이모형을 만들면 필요온도 구배는

$$3.11℃ \times \frac{1}{2} = 1.56℃ / cm \ 가 된다.$$

3) 성형품의 분할과 금형평균 온도를 구하는 방법

온도구배의 식 $\dfrac{\triangle T}{d} = \dfrac{Q}{K \cdot A_S}$ 을 보면 온도구배는 열의 유량을 열전도율과 전열면적을 제외한 것이다. 사출성형에 경험이 있는 사람은 누구라도 두꺼운 부분이 얇은 부분보다 여분에 냉각을 필요로 하는 것을 알고 있다. 이것은 상식을 생각하면 너무 당연하다.

열의 흐름의 량은 3가지의 형을 생각하여도 전부 체적에 비례하는 것이다.

그곳에서 온도구배는 수지와 금형의 재료가 결정되면 총합 전열계수는 일정하게 되므로 성형품의 각 부분의 체적과 금형에 접하는 면적의 비에 비례하는 것이 된다.

성형품을 이 체적과 면적과의 비를 사용하여 각각의 부분에 분할하면 그곳에서 측정한 온도구배는 같게 됨을 알 수 있으므로 적합성이 좋다.

각 부분 등에 정확히 판단을 하고 극히 간단하고 지나침이 없도록 적당한 크기로 분할할 필요가 있다. 결국은 냉각을 고려하는 것에 충분한 정도를 갖고 얻을 수 있도록 분할되어 있다면 좋다.

성형품의 일부에 도와 같이 길이, 높이 y의 평면을 금형접하는 면에 놓고 반대 측의 금형에 접하는 면이 동일 치수의 지형을 놓고 이 양평면의 거리가 일정 t로 하는 6면 입방체를 생각한다. 금형에 접하는 면 이외의 4면은 모두 성형품에 연결되어 있는 것이므로 금형에 접하는 면으로는 하지 않는다. 그를 위하여 체적 V와 접촉면적 A와의 관계는

$V = xyt$ $A = 2xy$. 따라서 양자의 비는 $\dfrac{V}{A} = \dfrac{xyt}{2xy} = \dfrac{t}{2}$

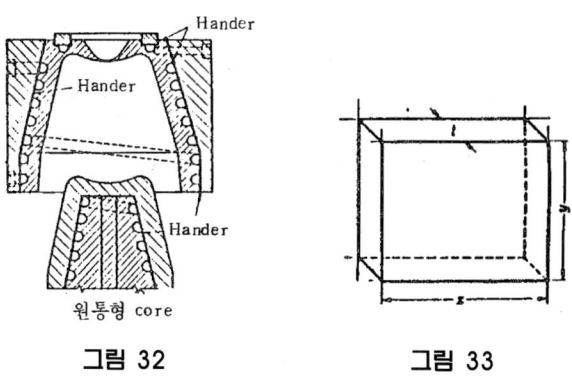

그림 32   그림 33

가 된다. 즉 다종인 형의 부분의 V / A비를 2배하면 그 부분의 평판에 상당하는 두께가 얻어질 수 있다. 물론 평면상에서 얻어진다고 하는 생각방식은 어떤 형상에도 적용 가능하다고 하는 이론에서 얻어진 결과이다.

이 생각방식은 초기의 계산 Check에도 적용 가능한 것이다.

예를 들면 V / A의 비의 2배가 그것에 상당하는 평판에 비하여 상당히 크던지 작은 값을 표시하던지 계산차이가 있는 것으로서 생각을 바로 할 필요가 있기 때문이다. 상이 모형상에 시뮬레이트된 금형의 온도는 실제에는 시간이 더욱이 변화하는 것이다.

이것을 모형상에 시뮬레이트하는 것은 불가능하다. 그러나 시간이 변화하는 온도를 평균하여 대표온도를 선택하는 것은 가능하다.

사출금형의 표면온도가 1 Cycle의 사이에 어떻게 변화하는 지를 조사하기 위해 금형에 서모커플을 달아 측정한다. 그 결과를 도에 표시한다.

이것에 따르면 용융수지가 충전될 때에는 금형의 온도는 급속히 상승한다.

남은 Cycle의 사이는 일정의 합으로 온도는 강하가 계속하는 것이 판명된다.

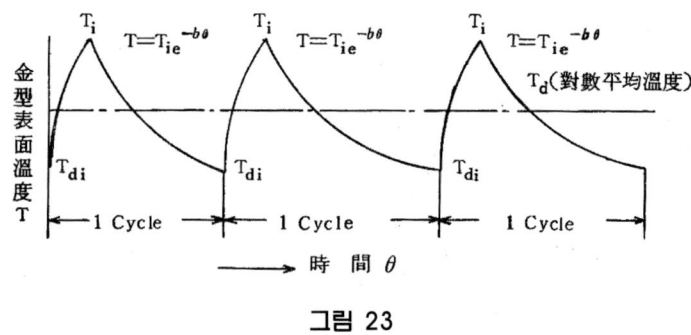

그림 23

즉 냉각과정에 따른 금형의 온도강하는 도에 표시함과 같이 지수감쇄곡선이 된다.

이 결과 금형에서 빼낀 열량에 따라서 온도 level에 따라서 이 치상의 온도변화가 따라서 변한다. 금형의 냉각시간은 가열시간에 비례하여 시간적으로 길기 때문에 금형의 평균온도는 이 냉각과정에 적용 가능한 것으로 한다.

이것을 수식으로 표현하면 지수감쇄 곡선에 있어서

$$T = T_{ie}^{b\theta}$$

T: 금형의 표면온도 T_i: 용융수지의 사출온도

b: 정수 θ: 시간

이 곡선을 적분하여 시간에 따라서의 평균을 취한다.

$$T_d = \frac{T_i - T_{di}}{oge\dfrac{T_i}{T_{di}}}$$

T_d: 대수평균온도, T_i: 용융수지의 사출온도

T_{di}: 사출직전의 금형표면온도

4) 상이 모형의 준비와 수관 표면온도 시뮬레이트

균질한 전기저항을 가지는 테레터 루트스페이퍼에 따르면 통전지가 금형을 시뮬레이트함에도 불구하고 사용된다. 도전성의 은 Paint가 Cavity 표면을 표시함에도 불구하고 사용된다. 그래서 만일 온도에 비례한 전압을 걸면 모형상의 어느 전압에도 측정 가능하다. 이것을 온도와 관련시킴이 가능하다. 성형품의 형상을 은 Paint로 도장, 면적과 체적의 개소에서 서술한다.

계산한 온도구배와 금형의 대수평균온도의 수치도 이 모형상의 각 부분에 따라서 기록한다. 성형품 도형에서 1cm 떨어진 개소에 색연필로 측정위치를 표시한 선을 다음의 각 부분 등에 1cm씩 늘려서 이것을 측정점으로 한다. 이것은 Annealized로 측정할 때 온도구배의 평균치를 얻기 위한 것이다.

상이 모형은 고정형과 가동형에 분리되지 않으면 안 되므로 이것은 Parting line에 연하여 1.6mm폭의 홈을 넣은 것에 따라 실현된다.

은도료는 성형품 부분 외에 diplate가 금형에 접하는 부분에도 도장한다. 필요온도구배의 계산 외에 수관의 표면온도를 시뮬레이트하는 방법을 고려하지 않으면 안 된다. 수관의 표면온도는 그 수관 내를 흐르고 있는 물의 온도보다 높게 되고 있다.

다음 식은 수관의 표면온도와 수온과 연류와의 관계를 표시한다.

$Q = hw, Awe(Twe - Tw)$

Q: 이동하는 열량 kcal / hr

Awe: 수관표면적 m²

Twe: 수관의 표면온도 ℃

Tw: 수관 중의 물의온도 ℃

hw: 원관 내의 수류의 열전도율 kcal/ ㎡, hr℃

이 식은 Twe에 따라서 생각하면,

$$Twe = \frac{Q}{hw \; Awe} + Tw$$

수관의 표면온도는 수관의 크기 즉 표면적과 물의 유속, 점도, 밀도 등에 따라서 결정하며 정상열이동의 일반적인

$$Q = \frac{\triangle T}{Rt}$$

로 되므로 이것에 상식을 비교하면 Rt=1/(hw. Awe)이 된다. 이 열 저항은 전장에는 수관에 상당하는 단자에 그것에 상당하는 저항을 넣는 것에 시뮬레이트된다. 이와 같이 하여 상이모형은 금형의 Cavity 표면에서 수관에 상당하는 전극에의 전기 energy 의 흐름을 결정하고 따라서 자동적으로 상응하는 전압 즉 수관 표면온도를 주는 것이 된다.

5) 상이 전장의 측정

전형적인 사출성형용 금형의 아날로그 해석은 다음과 같은 순서에 결정된 것이 가능하다.

1) 성형품의 형은 은 Paint에서 대표된다.
2) 수관의 시뮬레이트는 수관에 상당하는 단자에 상당하는 저항을 넣는 것에 따라 된다.
3) 성형품의 표면에서 1㎝ 떨어진 곳에 측정점을 표시한 선을 남긴다.
4) 어날라이저를 사용하여 상이모형과 수관 시뮬레이트 간에 전압을 건다.
5) 어날라이저 침을 사용하여 Cavity 표면의 온도구배를 측정 가능하고 또 계산한 온도구배가 얻어질 때까지 수관의 시뮬레이트를 가동하여 측정할 수 있다.
6) 수관의 위치가 결정되면 상이모형의 표시를 하고 이것을 금형도면에 치수를 측정하여 기록한다.

결론으로서 열 해석법의 실적은 생산량의 증대, 생산성의 향상 등이 열 해석된 금형에서 얻어지는 것이기 때문에 명확하다.

제14장 RUNNER SYSTEM

1. RUNNER 설계

1) BUS BAR 또는 PARALLEL

2) RADIAL

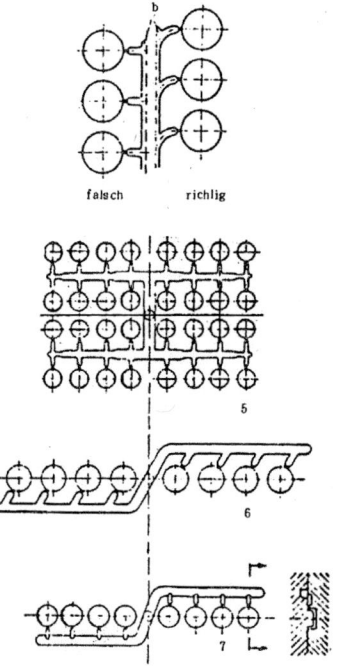

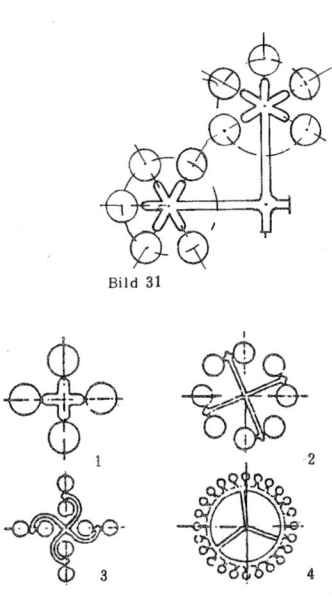

Bild 31

2. RUNNER TYPES

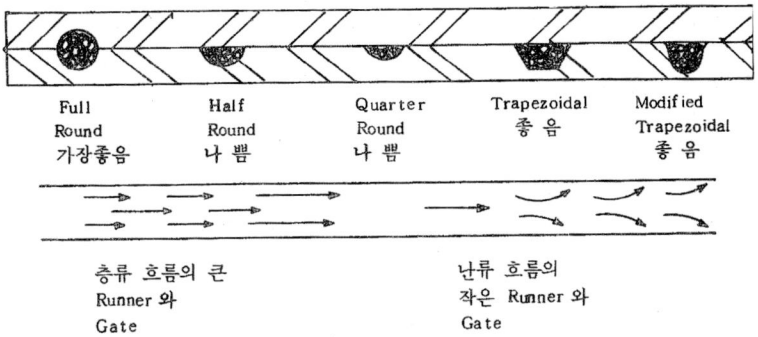

| Full Round 가장좋음 | Half Round 나쁨 | Quarter Round 나쁨 | Trapezoidal 좋음 | Modified Trapezoidal 좋음 |

층류 흐름의 큰 Runner 와 Gate

난류 흐름의 작은 Runner 와 Gate

재료별 사출성형 시 추천 Runner Size

재 료	직경 (in)	METRIC MM	재 료	직경 (in)	METRIC MM
ABS, SAN	0.187 − 0.375	4.7 − 9.5	POLYESTER	0.187 − 0.375	4.7 − 9.5
ACETAL	0.125 − 0.375	3.1 − 9.5	POLYETHYLENE	0.062 − 0.375	1.5 − 9.5
ACRYLIC	0.312 − 0.375	7.5 − 9.5	POLYPROPYLENE	0.187 − 0.375	4.7 − 9.5
CELLULOSICS	0.187 − 0.375	4.7 − 9.5	PPO	0.250 − 0.375	6.3 − 9.5
IONOMER	0.093 − 0.375	2.3 − 9.5	POLYSULFONE	0.250 − 0.375	6.3 − 9.5
NYLON	0.062 − 0.375	1.5 − 9.5	POLYSTYRENE	0.125 − 0.375	3.1 − 9.5
POLYCARBONATE	0.187 − 0.375	4.7 − 9.5	PVC	0.125 − 0.375	3.1 − 9.5

사출성형시 재료의 Runner는 round runner와 층류흐름이 좋다.

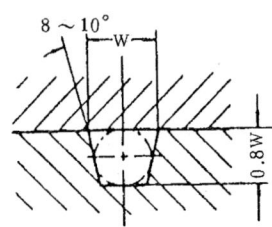

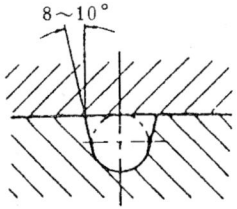

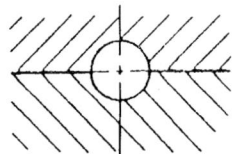

3. RUNNER 크기

RUNNER계의 기본 원칙:

1) 재생 수지를 줄이고 냉각 시간을 줄이기 위해 최소한의 길이로 한다.

2) 압력 강화를 막고 열 손실을 줄이기 위해 수지 흐름 방향 전환을 되도록 줄인다.

3) 모든 Cavity가 같은 속도로 동시에 채워질 수 있도록 수지 흐름의 균형을 잡는다.

추천 RUNNER 크기

성형두께 in.	Runner 길이 (in)	최소원형 Runner 직경 (in)
0.020 – 0.060	2 up to 2	0.060
0.020 – 0.060	2 이상	0.125
0.060 – 0.150	4 up to 4	0.125
0.060 – 0.150	4 이상	0.185
0.150 – 0.250	4 up to 4	0.250
0.150 – 0.250	4 이상	0.310

4. Runner System

1) 원l형이나 사다리꼴의 Runner가 바람직하다(단면적을 줄이기 위해). 원형 Runner의 최소 지름은 4㎜이다. 반원의 경우에서는 위의 단면적은 원형 Runner와 똑같아야 한다.

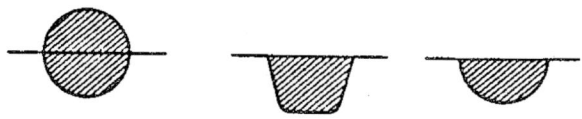

2) Runner형태와 flow저항 사이에서의 관계

같은 단면적을 가진 다른 형태의 Runner들은 다른 흐름 용량을 가진다.

	원형	반원형	정방형	직각형(1:5)
사출수량	100%	80%	90%	40%

원형 Runner와 비교해 볼 때 반원 Runner는 흐름에서 20%가 작다. 정밀한 제품의 성형에서는 이것이 낮은 수준의 밀도로써 성형되는 제품의 물리적 성상에 큰 영향을 미친다.

3) Runner bend는 직각이어서는 안 되고 10-20 R이어야 한다.

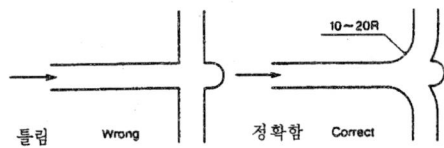

4) 다공 성형에서는, 공기 배출구가 있어야 한다.

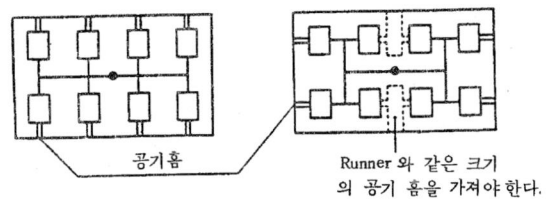

5. Runnerless System

1) Runnerless 성형의 잇점.

1) 성형의 자동화가 도모된다.
2) 성형품의 품질 향상
3) 생산성 향상(용이한 생산, 짧은 성형 Cycle)

4) 용융 수지가 직접 Cavity에 채워짐

5) 수지 온도의 균일성

6) 감압으로 에너지 절약

7) Gate를 어느 곳에나 낼 수 있다.(Thinner Section)

8) Flow가 먼 곳까지 채울 수 있다.

9) Short Shot에 의한 불량 감소

10) 재생할 Scrap이 거의 발생하지 않음.

11) 성형 Cost 절약

12) Sprue, Runner의 분쇄 재생 작업이 없어진다.

13) 금형 부속 설비의 보수 유지비가 준다.

2) Runnerlss금형의 결점

1) 금형이 다소 고가

2) 특수한 전기 금형 온도 조절장치 필요

3) 금형의 온도 분포가 정상 상태로 되기까지는 (Debugging Tine)불량품이 나오기 쉬운 것으로 대량 생산 제품에 응용하지 않으면 그 효과는 그다지 크지 않다.

3) Runnerless 성형 시 요구되는 재료특성

1) 성형 온도 범위가 넓다.

2) 비열이 작다.

3) 열 전도도가 높다.

4) 압력에 대한 감도가 민감하다.

5) 열 변형 온도가 높다.

4) Runnerless System

① Well Type Nozzle

② Hot Nozzle 또는 Long Reached Nozzle

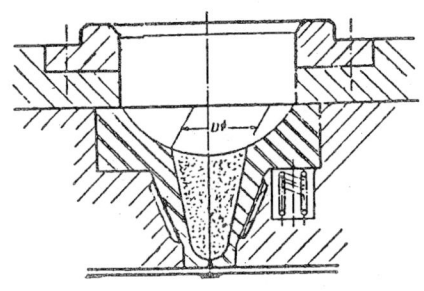

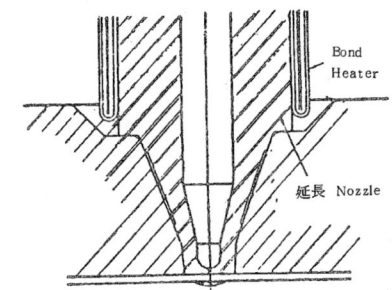

③ Hot Runner Type

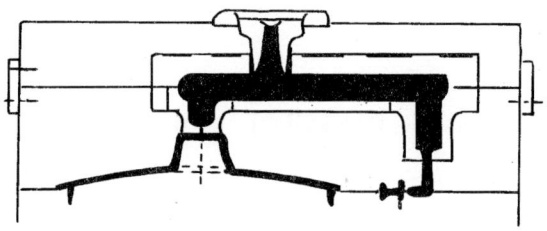

그림 Insulated Hot Runner

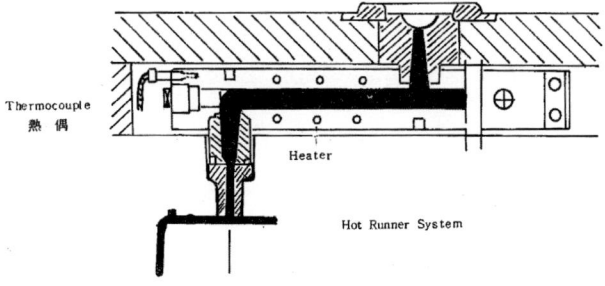

제15장 GATING

- 성형품 가장자리에 Gate를 낼 경우는 치수조절이나 Balancing이 쉬운 Rectangular Gate가 가장 좋다.
- 성형품 가장자리에 내는 Gate의 길이는 0.030 - 0.060in이어야 한다.
- 금형의 Part Line밑으로 파는 Gate(Submarine Gate)나 직경이 매우 작은 Gate(Pinpoint Gate)가 2단 Sprue에서 나왔을 경우 그 직경은 0.030 - 0.090in. 이어야 한다.

1. GATE위치선정의 일반적인 사항

- Cavity를 적당히 채울 수 있는 Size
- 성형품에 배향(Orientation)이 필요한 곳.
- 휨, Sink Mark 방지

  Gate부가 고화되면 성형 압력이 Cavcity에 미치지 못해 자유 수축하므로 잔류 응력이 없는 상태에서 굳어 휨을 방지할 수 있으나 Sink Mark발생이 증대한다.

  휨 방지……Gate 두께↓

  Sink Mark 방지……Gate두께↑

- 성형품의 기능, 외관을 손상치 않는 곳.
- Weld Line 방지

  (가능한 한 중요하지 않은 부분으로 Weld Line를 이동시킬 것).

- 선팽창 계수에 의한 성형품 치수 조절.
- Insert 등의 장해물을 피하는 곳.

1) Gate의 위치 선정 기준 標準

- 살두께가 균일하지 않은 성형품의 경우에는 가능한 살이 두꺼운 부분에 Gate를 만든다.
- 가능한 용융수지의 흐름이 공기를 끌어들이지 않는 위치에 Gate를 만든다.
- Rib를 설치하는 경우에는 그 부근을 충분히 충진하여 끓힘을 적게 하기 위해 Rib 가깝게 Gate를 만든다.
- 직접 충격이 가해지지 않는 부분에 Gate를 만든다.
- 가능한 Cavity가 균일하게 충전되도록 Gate를 만든다.

2) Gate 위치의 선정

① 부품 성능에서 볼 때

    설계: 외관상 Gate자취, 사상자취, 남아 있어도 상관없는 위치

    치수정도: 진원도가 중요시되는 것은 중심에서 주입.

    강도: Weld Line발생 위치 선정해 문제될시 위치 변경.

② 금형 취수에서

    Cavity 1개, 다수 개.

    Runner, Cavity 위치.

    Polymer의 사출 후에 의한 <u>금형의 열림 압력</u> Balance.

                   └▶가 집중되면 Burr, 금형 비틀림

③ 마무리 작업의 경제성.

    Pin point, Submarine, 보통.

④ 재료의 성형성

    유동, 내열변색, 성형비틀림.

2. GATE SYSTEM

- Standard Gate: 가장 흔히 사용되는 것으로서 Gate 절단 후 가공이 쉽다.
- Ring Gate: 원통형 성형품과 같이 대칭형의 Cavity를 채울 때 Runner를 Ring 모 양으로 하여 수지 흐름을 원활하게 함으로써 Weld Mark, 굽힘 등을 방지할 목적으로 쓰인다.
- Submarine Gate: Part Line밑으로 Gate가 난 것으로 금형이 열림과 동시에 Gate 가 자동 절단된다. 보통 작은 성형품에만 사용한다.
- Tab Gate: 성형품에 직접 Gate를 붙일 수 없는 경우나 Gate부에 변형이 생 기기 쉬운 수지를 성형할 때는 성형품에 여분의 Tab을 내서 여 기에 Gate를 붙인다.
- Disc Gate: 구멍이 있는 성형품의 구멍부위를 박판상으로 해서 Sprue를 연결 하는 방법으로 Side Gate의 변형이다.
- Film Gate: 얇고 넓은 성형품에 넓은 부분으로부터 재료를 원활하게 충전시 킬 경우 사용된다.
- Fan Gate: Cavity를 향해 부채꼴로 펼쳐진 Gate이다. Gate 부근 결점을 최 소로 하는데 효과가 있다. 넓으면 두께가 얇은 Cavity에 원활하 게 충전 시킬 수 있다.
- Spoke, Spider, or Leg Gate: 이 Gate는 많은 Weld Line을 생성시켜서 다른 Gate 들에 의해 생기는 것보다 강한 Weld Line을 생성한다.
- Hot-Probe Gate: 단열 Runner Gate로 주로 Runnerless 성형에 사용한다. Scrap 발생을 방지할 수 있다.
- Sprue or Direct Gate: 큰 성형품에 주로 사용한다.
Sprue가 그대로 Gate가 되는 것이며, 성형성이 좋고, Sink Mark도 적으나 Gate의 절단 및 후 가공이 필요하며, Gate부근의 균열, 휨, Strain 등이 발생하기 쉽다.
- Pinpoint Tab Gate: Pinpoint Gate에 Tab을 부착시킨 것이다.

COMMON GATE TYPES

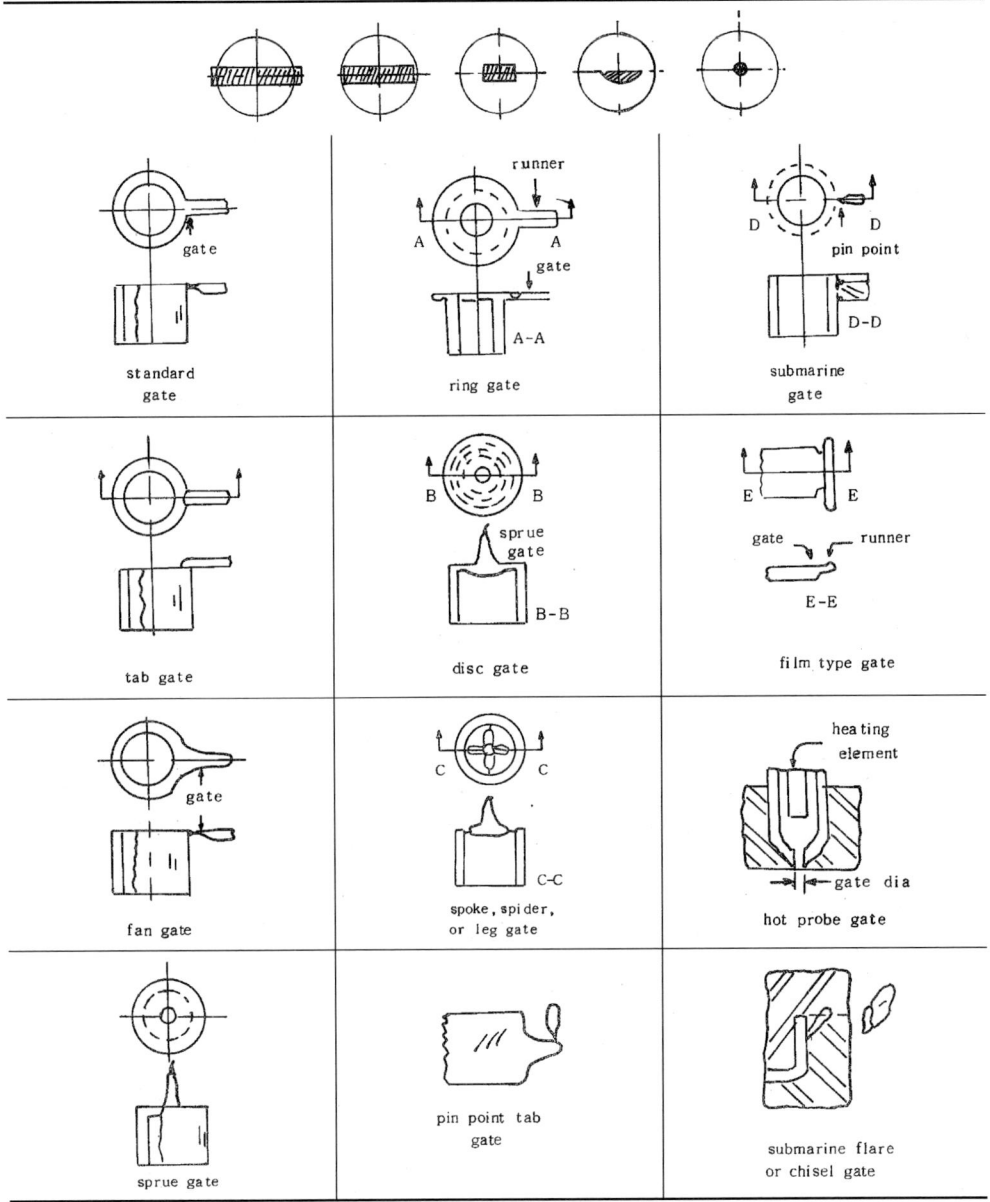

- Submarine Flare Gate: Gate가 크고 조각칼 모양을 한 것 이외에는 Pinpoint, 또는 Chisel Gate Submarine Gate와 유사하다. 큰 성형품에 적합하며 자동화 할 수 있다.

3. Gate종류에 따른 특징

Gate의 종류

Gate의 모양	Gate의 종류	특 징
P.L	• Direct Gate	• 성형품 측면에 직접 설치한 Gate를 말함. • Gate절단 흔적이 크게 남
P.L	• Fan Gate	• 주로 대형 성형품에 부채모양으로 붙인 Gate를 말함. • 성형재료 충전이 용이하며 변형이 적다.
P.L	• Top Gate	• 성형품의 선단 또는 면에 설치함. • 측면이 중요한 부품에 적합함.
P.L	• Fan Top Gate	• 대형 성형품에서 측면이 중요한 성형품에 적합함.
배기용 pin 잘라버림 P.L	• Ring Gate	• 원통형 성형품과 같이 대칭형의 Canvty를 채울 때 Runner를 Ring모양으로 하여 수지흐름을 원활하게 함으로써 Weld Mark 굽힘 등을 방지할 목적으로 쓰인다.
잘라버림 Sprue P.L	• Disk Gate	• 재료는 중심으로부터 외주로 향해 흐른다. 중심성을 갖은 성형품에 적합하다. • 사상에 난해가 있다.
L runner의 경사 절단부	• Collar Gate	• 원통형의 성형품에 적합하다. • Weld mark가 생기지 않으나 사상이 난해하다.
P.L	• Submarine Gate	• P.L밑으로 Gate가 난 것으로 금형이 열림과 동시에 Gate가 자동 절단됨 • 소형 성형품에 용이함
P.L P.L	• Pin Point Gate	• 금형의 단면적을 아주 적게 한 Gate를 말하며, 주로 판형구조 금형에 사용된다. • Gate 흔적이 남지 않음 • 마무리작업이 불필요하다.
	• Tab Gate	• 성형품에 직접 Gate를 붙일 수 없는 경우나 Gate부에 변형이 생기기 쉬운 수지를 성형할 때는 성형품에 여분의 tab을 내서 여기에 Gate를 붙인다. • 사상이 복잡하다.

4. GATE 설계

1) Gate 설계의 Type

	A	B	C
	GOOD	FAIR	POOR
1			
2			
3			
4			
5			
6			
7			
8			
9			

	A GOOD	B FAIR	C POOR
10			
11			
12			

2) 각종 Gate설계

① DIRECT

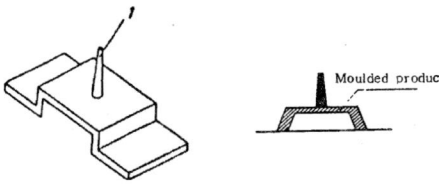

Moulded product

② PINPOINT

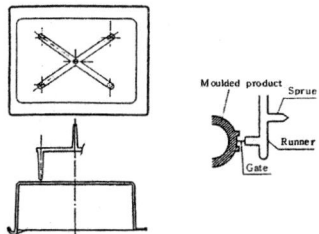

Moulded product   Sprue
Runner
Gate

③ SIDE

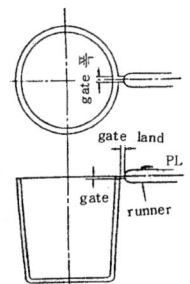

gate 폭
gate land
PL
gate
runner

④ DISK

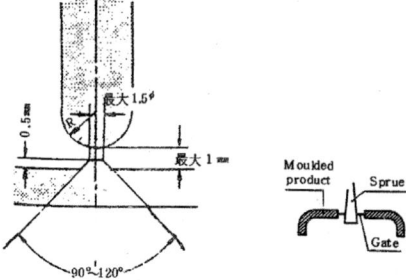

最大 1.5ø
0.5mm
最大 1 ㎜
90°~120°

Moulded product   Sprue
Gate

⑤ RING

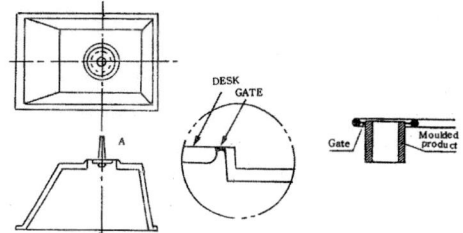

⑥ SUB MARINE

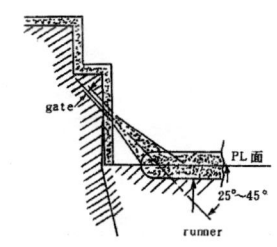

⑦ FLASH

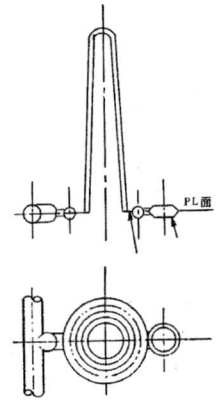

⑧ FAN

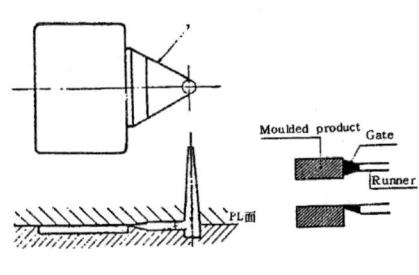

⑨ FILM GATE

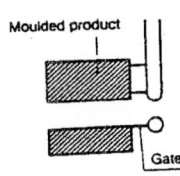

Gate thickness :
Phenolic 0.25~0.3 mm
Urea,melamine 0.5 mm

⑩ STANDARD GATE

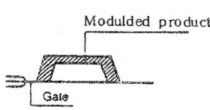

⑪ TAB GATE

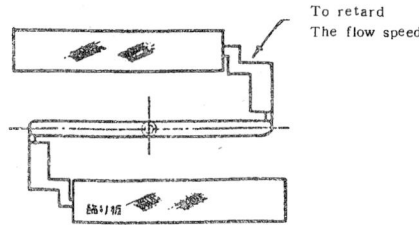

To retard
The flow speed

⑫ Curved tunnel gate

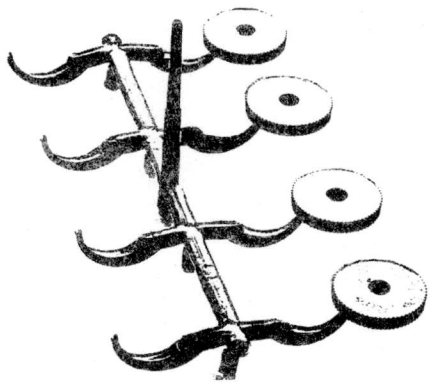

⑬ gate 종류별 설계

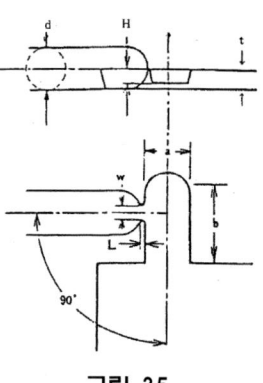

2차 runner 경 d	gate runner 길이 L	gate 쪽 w	gate 두께 H
6	0.8	2.5	1.5
8	1.0	3.5	2
10	1.2	4.5	3

a ≒ 3w

b ≒ 2a

H ≒ 0.6 ~ 0.8t

t: 성형품의 두께

그림 35

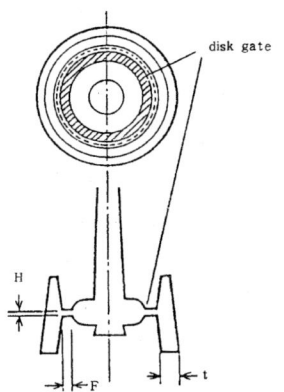

disk gate

$$F ≒ H = \frac{1}{2} t \sim \frac{1}{5} tH$$

t: 성형품의 두께

(2.5 ~ 3.5 ㎜)

그림 36

3) 금형설계의 원칙

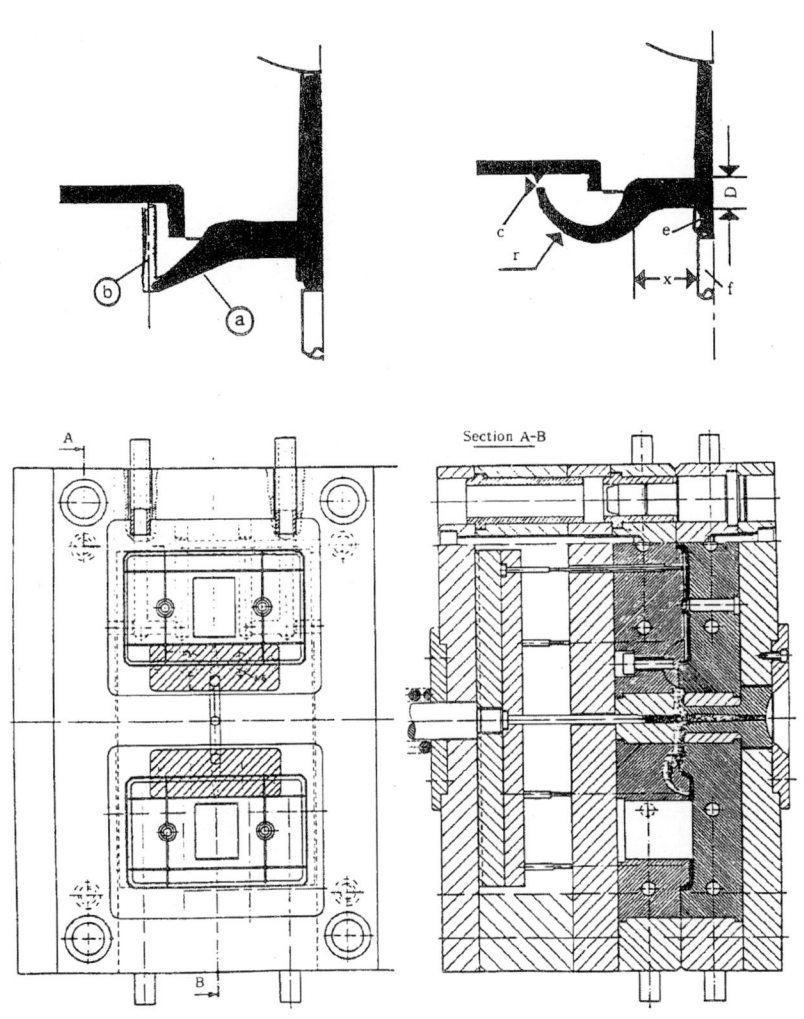

Two-impression mould(switch cover)

4) 설계 Tips

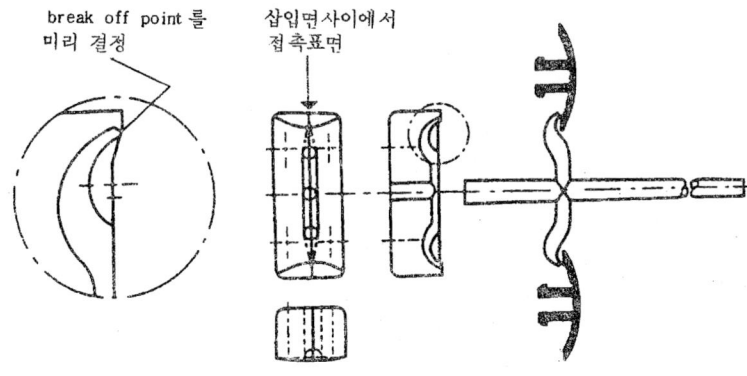

불량설계

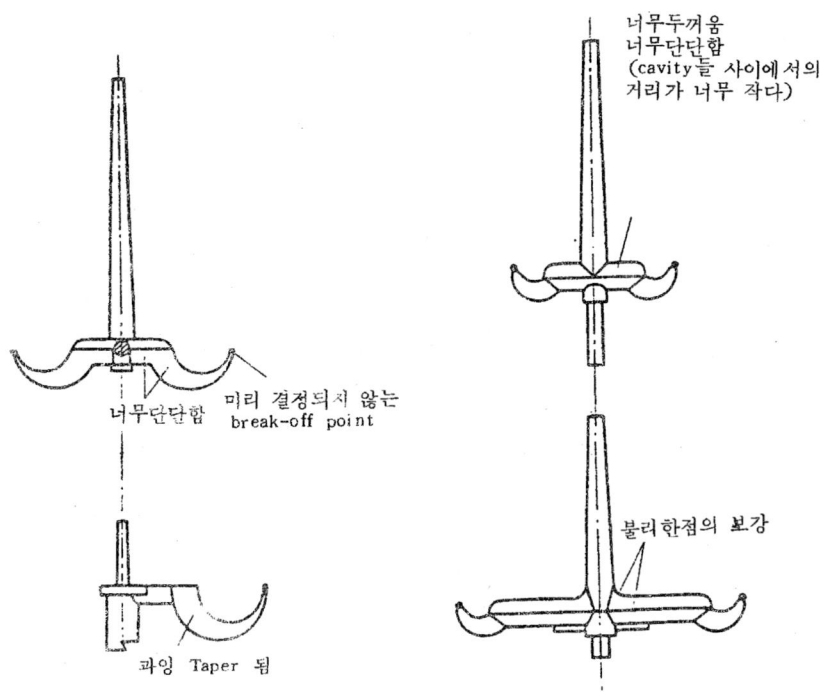

양호한 설계

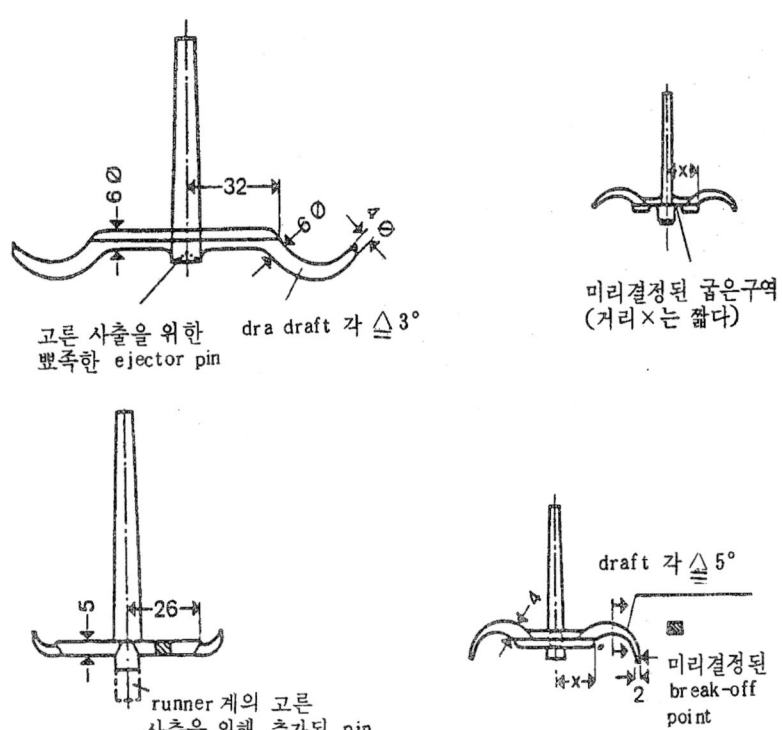

고른 사출을 위한
뽀족한 ejector pin

dra draft 각 ⟂ 3°

미리결정된 굽은구역
(거리×는 짧다)

runner 계의 고른
사출을 위해 추가된 pin

draft 각 ⟂ 5°

미리결정된
break-off
point

5) Gate와 금형설계는 Part강도에 영향을 준다.

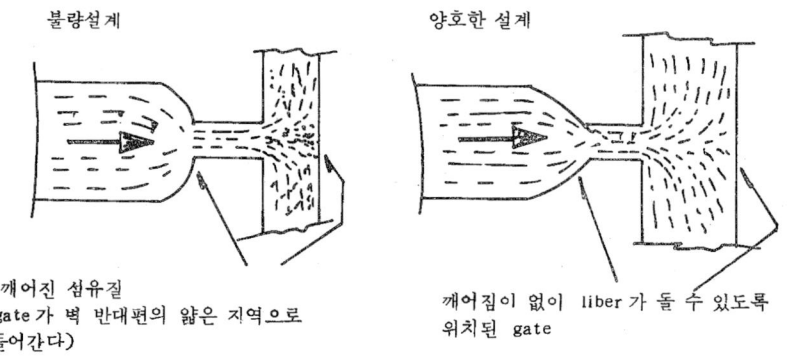

불량설계

양호한 설계

깨어진 섬유질
(gate가 벽 반대편의 얇은 지역으로
들어간다)

깨어짐이 없이 liber가 돌 수 있도록
위치된 gate

6) Submarine Gate는 넓은 Tape를 필요로 한다.

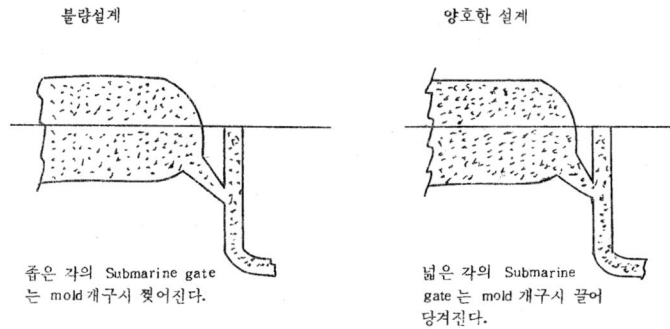

불량설계

양호한 설계

좁은 각의 Submarine gate 는 mold 개구시 찢어진다.

넓은 각의 Submarine gate 는 mold 개구시 끌어 당겨진다.

5. Gate의 balance

　용융수지는 모든 Gate에 동시 전달되어 Cavity를 동시에 충진하도록 설계해야 한다. Gate의 balance가 나쁜 경우, flow mark, 흠 등의 외관상의 문제, 강도의 차가 각 성형품에 일어난다.

　Cavity의 배치를 balance있게 잡는다. 아래 그림과 같이 runner를 균일하게 하여 Gate에 동시 전달시킨다.

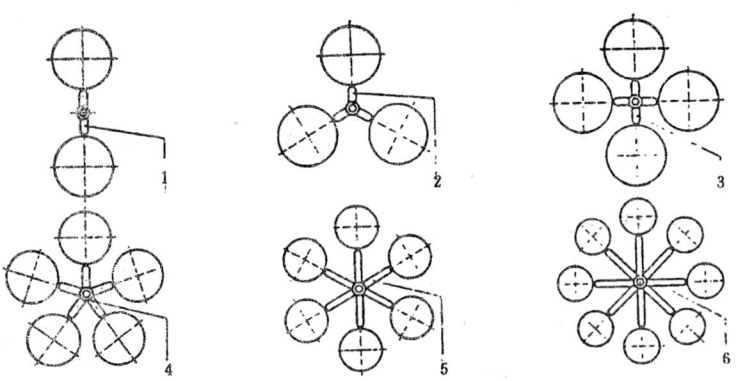

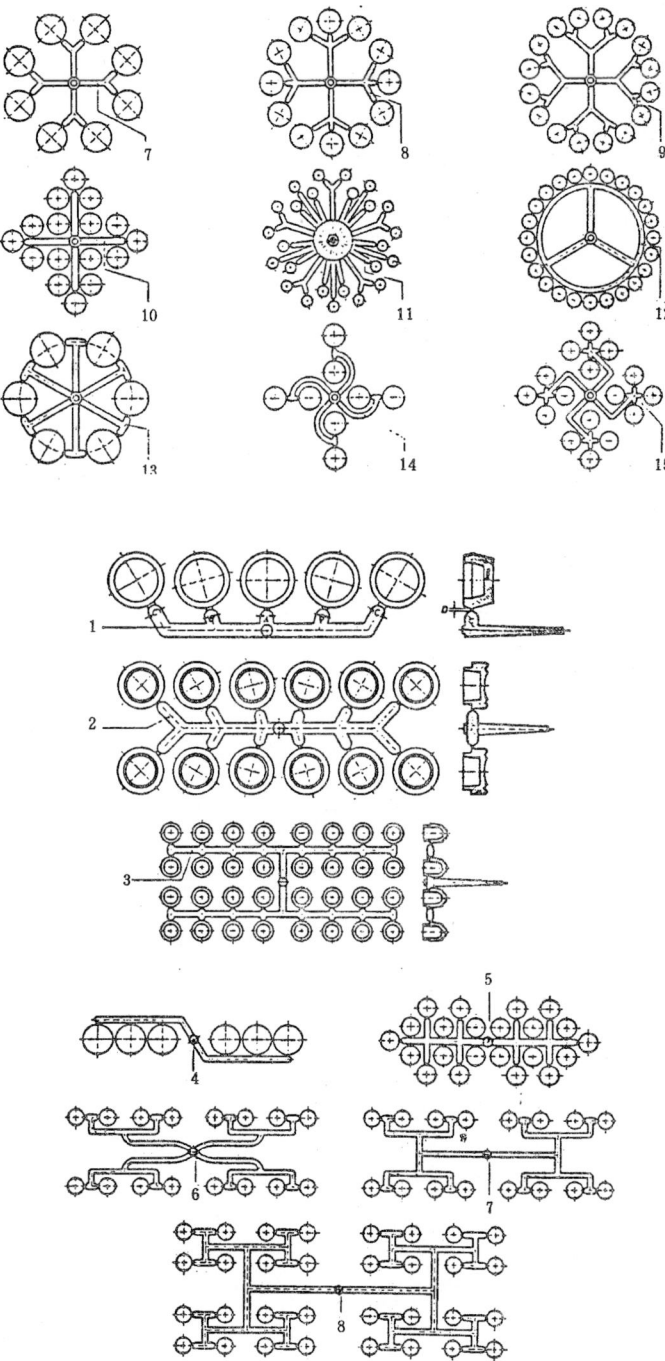

6. Gate단면적 계산

runner가 일반적인 방법으로 설립된 경우 각 Gate의 단면적을 바꾸어 균일한 충전을 행(行)하여 Gate balance를 잡는다.

각 Gate의 단면적을 다음 식에서 산출된다.

$$W = K \cdot \frac{S_G}{\sqrt{\ell_R \times \ell_G}} \quad \cdots\cdots\cdots 2, 3식$$

단, W: [g] 통과하는 수지의 중량

S_G: [㎟] Gate의 단면적

L_R: [㎜] Gate까지의 runner 길이

L_G: [㎜] Gate랜드의 길이

K: 수지의 성질, 금형 등에 따라 결정되는 정수

문제 예) 아래 그림 2-5에 표시한 runner가 있다. 각 Gate의 단면적 S_{G1}, S_{G2}, S_{G3}, S_{G4}, S_{G5}를 산출하시오.

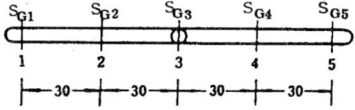

해석: Sprue에 바로 접한 Gate S_{G3}의 단면적은 Runner (직경 4.5㎜의 원형)의 그 1%라고 하면, $S_{G3} = 0.01 \times \pi \times 4.4\ 2/4 = 0.159㎟$, Gate단면 형태가 긴 방향으로 Gate 폭W, Gate깊이 h와의 관계가 W = 3h라고 하면, $S_{G3} = W \times h = 3h^2 = 0.159$,

고로, $h^2 = 0.053$, 따라서 h = 0.23㎜, W = 0.69㎜, Gate랜드 L_{G3}는 Gate 깊이와 같이 0.23㎜로 한다.

$L_{R1} = L_{R5} = 60$, $L_{R2} = L_{R4} = 30$, $L_{R3} = 4.5/2$,

$S_G = 3h^2$, $L_G = h$라 하면 2, 3식으로부터

$$\frac{W}{K} = \frac{S_G}{\sqrt{\ell_R \times \ell_G}} = \frac{3h^\aleph}{\sqrt{4.5/2 \times 0.23}} = 0.487 = \frac{3h^2}{\sqrt{\ell_R \times h}} = \frac{3h}{\sqrt{\ell_R}}$$

$L_{R1} = L_{R5} = 60$을 대입하면 $h_{1 \cdot 5} = 1.25$, $L_{R2} = L_{R2} = L_{R4} = 30$을 대입하면 $h_{2 \cdot 4} = 0.887$, 정리하면 S_{G1}과 S_{G5}는 4.68㎟, S_{G2}, S_{G4}는 2.42㎟, S_{G3} 는 0.159㎟, W_1과 W_5는

3.75㎟, W_2와 W_4는 2.7㎜, W_3는 0.69㎜, h_1과 h_5는 1.25㎜, h_2와 h_4는 0.887㎜, h_3는 0.23㎜로 된다.

7. 수지별 Gate 설계

대표적으로 많이 사용되는 수지별 Gate 설계는 다음과 같다.

1) P.C(Polycarbonate)

P.C는 용융점도가 높으므로 PIN POINT Gate를 설치할 경우, 성형 사출 가능한 한도는 두께 3㎜ 이하로서, 최대 흐름거리가 250㎜ 이하이다.

성형에 있어서는 고온, 고압을 필요하며, 이 고압을 Gate부에 대하여 열에너지로 전화함으로서, 성형품에 잔류응력을 주는 정도의 높은 압력이 직접 전달되지 않는 것이 특징이다.

예를 들면, 두께 2㎜, 흐름거리 140㎜의 성형품은 Φ1.0㎜ PIN POINT gate를 이용하여 간단히 성형한다.

또 두께 2㎜, 흐름거리 170㎜의 성형품 경우는 PIN point gate 경을 Φ 2.5㎜로서, P.C를 사용한 경우에는 성형이 가능하다.

이와 같은 효과로부터 PIN POINT gate을 사용할 경우에는 아래 그림 1에 나타낸 두께와 흐름거리의 관계가 성립한다고 할 수 있다.

a) 얇은 두께, 작은 부품 경우

b) 비교적 큰 성형품 경우

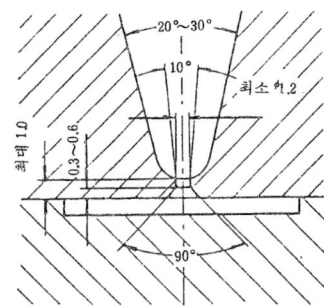
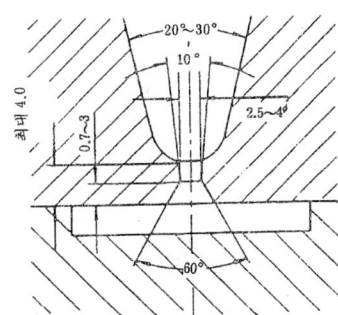

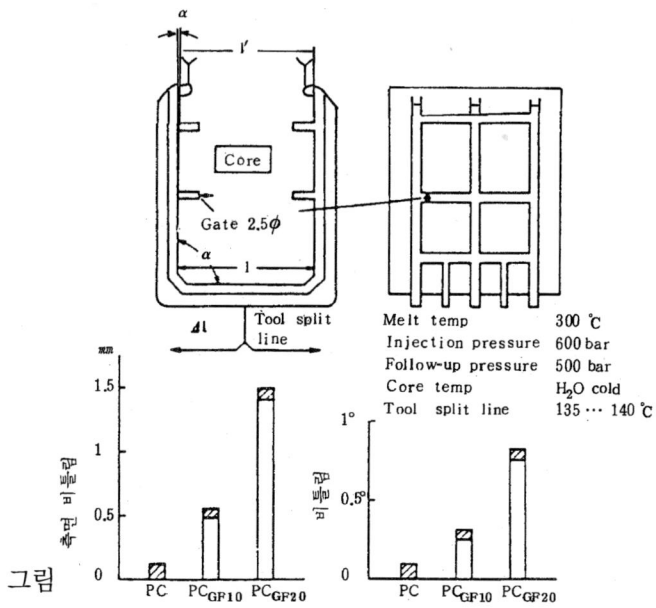

그림

그림 2 U자형의 절연부분의 각 비틀림
(다른 Makrolon PC형들의 비교)

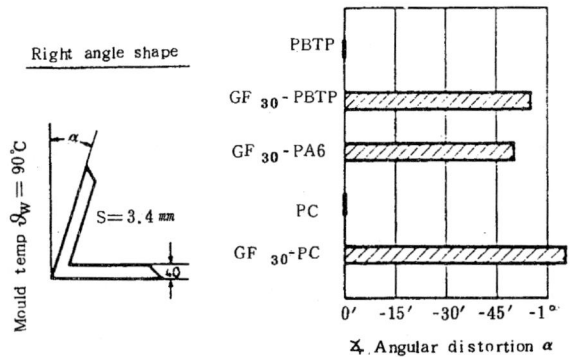

그림 3 Pocan PBT, Dure than B PA 6과
Makrolon PC에서 편평한 직각자에서의 비틀림 비교

또한 자동절단은 그림 4와 같이 Under Cut를 설치하는 것에 따라 행한다.

이때, L은 길고 Runner가 꺽이므로서, Runner의 길이에 따라 결정하지 않으면 안
된다.

이와 같이 Under Cut를 설치할 방법은 여러 가지 생각하며 어느 정도 수지흐름을

저해하는 방법은 좋지 않다.

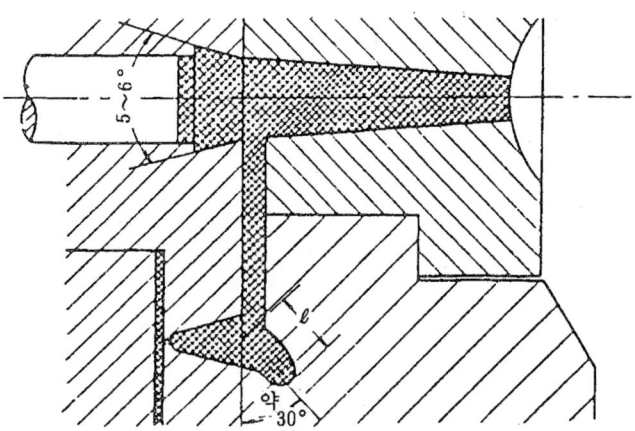

그림 4 Pin point gate 자동전달을 위한 Under Cut.

direct sprue는 용융정도가 높은 P.C의 성형에 가장 많이 이용된다.

그 형태는 Sprue와 거의 같은 것이 좋으며, 성형품과 Direct Sprue와의 접합부에는 끝을 둥글게 만들 필요가 있다.

Direct Sprue에는 다음 2가지에 주의해야 한다.

- 첫째: 사출압력이 성형품에 직접 걸리므로 잔류 응력이 용이하게 발생하기 쉽다는 것이다.
- 둘째: Sprue부를 꽤 크게 하고, 특히 두께가 얇을 경우 흠이 생기는 경우이다.

그림 5에서 살두께 얇은 경우는 Sprue부의 직경은 두께의 1~2배가 좋다.

Fan Gate는 대형판형상의 성형품에 이용되는 형식으로 사출 성형기계는 보통 L형 배치의 것이 이용되고 있다.

단, 다량의 경우는 IN-LINE 배치의 성형기계에서 좋다. 그 형상은 그림 6에서 나타낸 것과 같이 Gate두께 b가 변하는 것에 따라 얻어지는 흐름거리는 표와 같다.

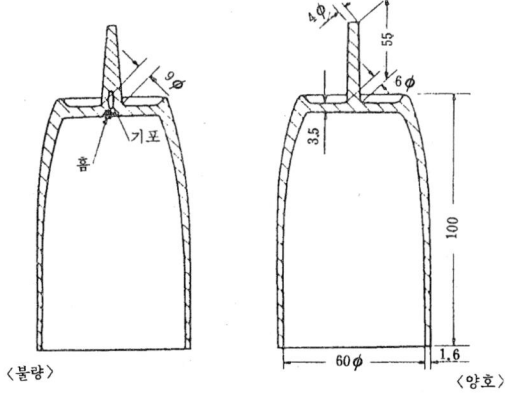

그림 5 Direct Sprue의 설계 예

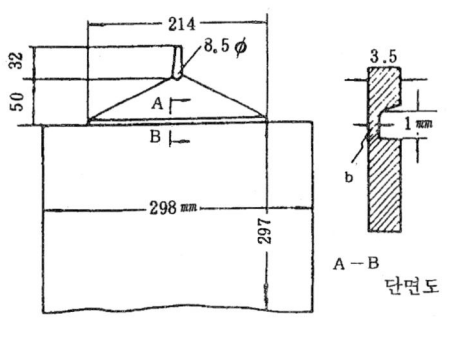

그림 6 Fan Gate

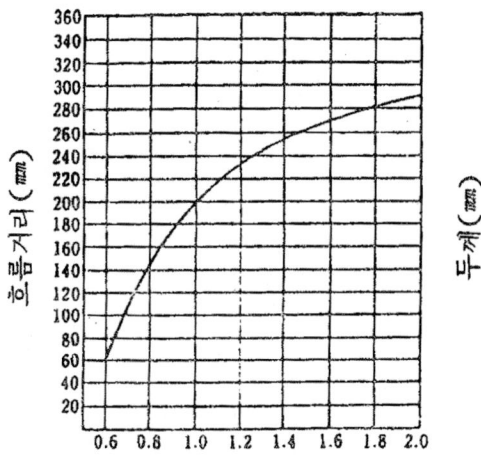

표 Fan Gate에 의한 흐름

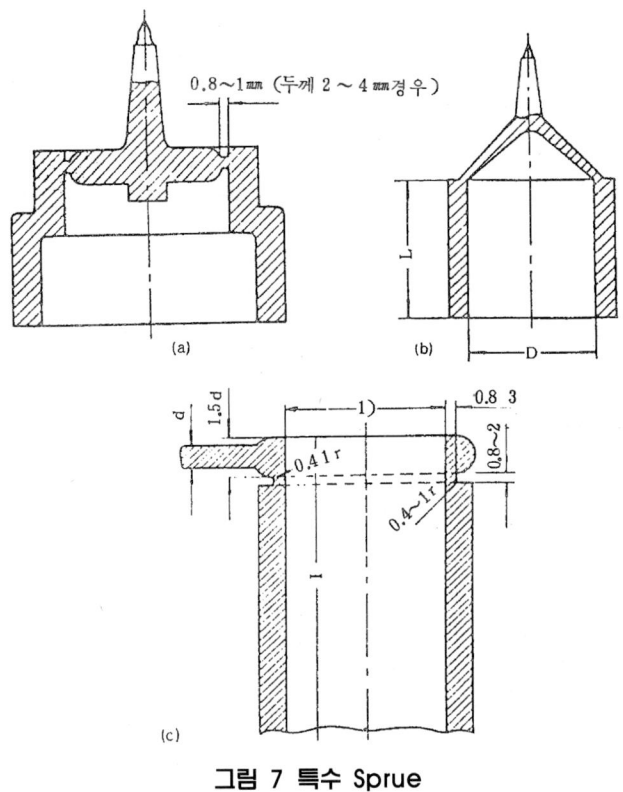

그림 7 특수 Sprue

특수 Gate는 원통상의 것을 성형하는 경우는 그림 7에 나타낸 것이 이용된다.

그림(a)(b)는 우산형상 Sprue로 전하는 것으로 D : L = 1 : 10정도 되면 Core가 성형시에 변형되거나 편심되거나, 하므로 (c)와 같은 형상 Sprue를 사용하지 않으면 안된다.

이와 같은 특수 Gate는 성형성이 좋다고 전하며, Weld Mark가 생기지 않는 것이 특징이다.

Gate 위치는 Flow Mark 판점부터 Gate위치를 생각하면 그림 8과 같이 Gate로부터 CAVITY에 공입하는 수지가 일단 CAVITY턱에 충돌하여 그 힘이 약하도록 위치를 선택한다.

성형품의 각도의 점으로 생각하면 Gate근처는 아무리 하여도 잔류응력이 발생하므로 실사용중 주력선으로부터 떼어내도록 Gate를 선택하는 것이 좋다.

성형품의 두께는 균일하게 놓으며, 아무리 하여도 두께부분이 필요한 경우에 그 두께부분에 큰 Gate를 만들어 두께 부분에 흠 등이 발생되지 않도록 충분한 사출압 시간을 잡지 않으면 안 된다.

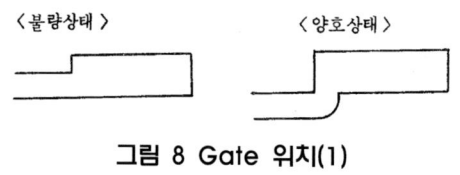

〈불량상태〉   〈양호상태〉

그림 8 Gate 위치(1)

● 배 열

배열은 Cavity를 많이 넣는 경우, Cavity의 배열을 결정하는 경우의 3가지를 아래 그림 9 원형배열, 그림 10 병렬배열, 그림 11 선배열을 참조하여 가장 이상적인 배열을 하여야 한다.

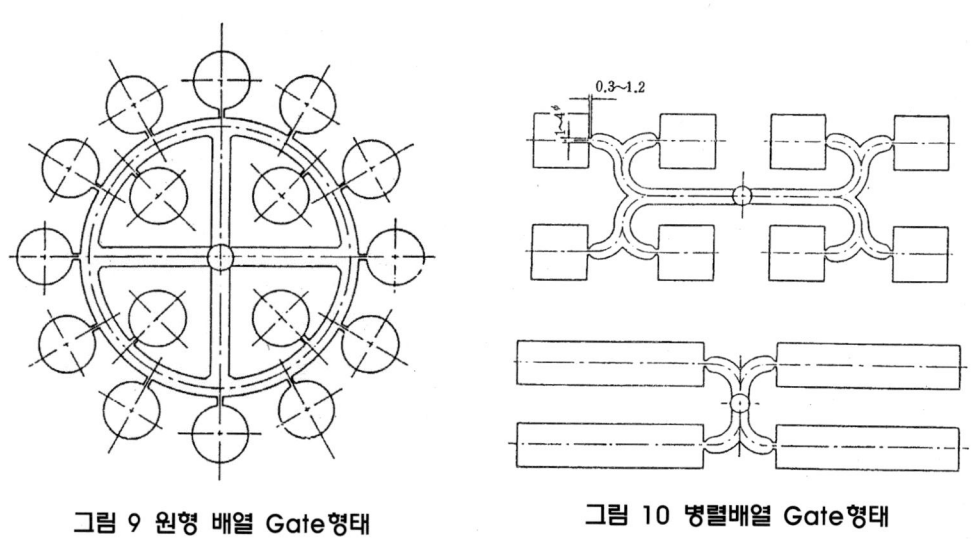

그림 9 원형 배열 Gate형태   **그림 10 병렬배열 Gate형태**

선 배열은 일반적으로 동시에 충전이 어려우므로 잘 채용되지 않는다. 예로서, 동시 충전을 하기 위해서 Gate balance 치수를 기입하거나 경우에 따라서는 완전히 이것과 반대의 Gate balance를 채택하면 동시 충전이 되지 않는 것도 있다.

따라서 선 배열을 택할 경우 Gate balance를 시행착오에 의한 결정 가능치 않다.

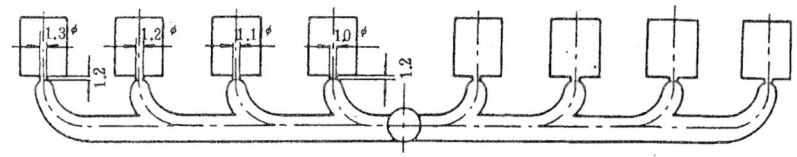

그림 11 선 배열 Gate형태

2) PBT(Polybutylene Terephthalate)

사각형이나 반원형 Runner도 사용 가능하나 사다리꼴 Runner나, 그 보다는 원형 Runner가 더욱 좋다.

원형 Runner의 경우 적당한 크기는 다음과 같다.

* Runner의 크기

성형품두께(㎜)	Runner 길이(㎜)	최소 Runner 직경(㎜)
0.5~1.5	〈50 〉50	1.6 3.2
1.5~3.8	〈100 〉100	3.2 4.8
3.8~6.4	〈100 〉100	6.4 8.0

* Gate크기 및 위치

Gate위치는 뒤틀림이나 수축 이방성을 극소화시키도록 선정되어야 하므로 Flow의 모든 방향이 균형을 이루고 그 길이가 Gate로부터 최단거리가 되도록 위치가 선정되어야 한다.

수축이 없어야 할 중요한 부분은 Flow방향 수축이 훨씬 작으므로 Flow방향에 일치하도록 Gate위치를 선정해야 하며 유리섬유 파손 방지를 위한 Gate위치는 얇은 편보다는 두꺼운 부분으로 내고 Runner와 Gate 연결부분은 부드러운 곡선을 이루어야 한다.

적당한 Gate의 크기는 다음과 같다.

• Side gate					• Pin gate		

성형품두께 (mm)	Gate크기(mm)			성형품두께(mm)	Gate 직경(mm)	Land 길이(mm)
	깊이	폭	Land 길이			
〈0.8	〈0.5	〈1.0	1.0	〈3.2	0.8~1.3	1.0
0.8~2.4	0.5~1.5	0.8~2.4	1.0	3.2~6.4	1.0~3.0	1.0
2.4~3.2	1.5~2.2	2.4~3.3	1.0			
3.2~6.4	2.2~4.2	3.3~6.4	1.0			

필요상 Submarine gate도 사용될 수 있으나 그때는 최소직경이 $\Phi 0.8$mm 이상이어야 한다.

• Venting

Cavity를 빠른 속도로 채울 수 있으므로 수지탄화 방지를 위해 Venting이 필요하며 그 위치는 Gate에서 가장 먼 곳이 적당하며 크기는 0.025mm(깊이) × 3mm(폭)이 적합하다. Vent는 Cavity 끝에서 금형접촉선을 따라 바깥쪽으로 따야한다.

• 성형수축

다른 유리섬유강화수지와 같이 PBT도 수축이방정을 갖는데, 이는 유리섬유의 배향성 때문에 Flow방향이 수축이 작고 그 수직방향은 수축이 크기 때문이다.

수축은 성형품의 두께에 가장 민감하며 사출압이나 Gate크기에도 큰 영향을 받는다.

PST의 경우 고화속도가 빠르므로 금형온도나, 수지온도는 수축에 큰 영향을 미치지 못하며 연속가공중 금형이나 수지온도 변화에 영향을 받지 않으므로 큰 잇점이 된다.

두께에 따른 평균 수축률은 다음과 같다.

* 성형수축률

• 평판(Side gate)			• 원판(Center gate)	

두께(mm)	수축률(%)		두께(mm)	수축률(%)
	Flow방향	수직방향	3	0.3
〈1.5	0.2~0.3	0.4	6	0.6
1.5	0.2~0.3	0.5~0.6		
3	〃	0.6~0.7		
8	〃	0.6~0.7		

● **금형온도**

원형성형품을 금형온도를 바꾸어서 성형한 경우의 진원도, 평면도를 표에 표시한다. 일반적으로 금형온도가 낮을 시 진원도, 평면도 공히 양호하게 되는 경향이 보인다. 평면상의 성형품의 휘는 경우, 凸으로 되는 측의 금형온도를 올리고 凹으로 되는 측의 금형온도를 내려서 온도차를 두는 방법도 유효하지만 연속하여 성형하는 상태에서 소정의 온도차를 보유하기에는 상당히 큰 열교환기 용량을 갖고 있는 일이 필요하다.

표 원형성형품(발브)의 진원도, 평면도에 금형온도 영향

발브종류	금형온도(℃)	직경(mmΦ)	진원도(mm)	평면도(mm)	게이트
No.2	45~48	59	0.14	0.26	4점핀
	60~65		0.15	0.27	
No.3	40~50	45.3	0.07	0.11	1점핀
	50~70		0.12	0.14	
No.4	40~50	62	0.10	0.11	1점핀
	50~60		0.10	0.16	
No.5	45~55	61	0.11	0.24	4점핀
	60~68		0.13	0.26	
No.6	40	63	0.16	0.21	3점핀
	70		0.24	0.32	

3) P.E.T(Polyethylene Terephthalate)

● **Sprue와 Runner**

Sprue의 입구직경은 Φ3.8~Φ7.1사이가 좋으며, 가능한 한 직경이 작은 쪽으로 사용하는 것이 유리하다.

Runner는 원형 또는 사다리꼴 형태 어느 것이나 가능하며 직경은 Φ3.8~Φ6.4사이가 좋고 Sprue와 마찬가지로 작은 직경쪽으로 사용하는 것이 Scrap 발생이 적으므로 유리하다.

PET는 특히 용융 유동 특성이 매우 우수하므로 다른 수지보다는 직경이 작더라도 고 유동성을 가진다.

• Gate

Gate의 위치와 수는 뒤틀림이나 수축이방성을 극소화시키도록 선정되어야 한다. 즉, Flow의 모든 방향이 균일을 이루고 그 길이가 Gate로부터 최단거리가 될 수 있도록 위치 선정이 되어야 한다.

수축이 없어야 할 중요한 부분은 Flow방향 수축이 훨씬 작으므로 Flow 방향에 일치하도록 Gate위치를 선정한다.

유리섬유의 파손을 방지하기 위하여 Gate위치는 얇은 편보다는 두꺼운 부분으로 내고 Runner와 Gate의 연결부분은 부드러운 곡선을 이루어야 한다.

원형 Gate를 사용할 경우 직경이 부품두께의 45~55%가 되어야 하며 사각형 Gate의 경우는 Gate두께가 부품두께의 50%이상 되어야 하고 폭은 부품두께의 1.5~2배 가량 되도록 하여야 한다.

두 Gate의 경우 공히 land길이 0.8~1.5㎜로 가능한 한 짧아야 한다.

한편 land길이가 짧고 Gate 직경 Φ0.5㎜이상일 경우에 한해 Tunnel gate도 사용이 가능하다.

4) P.P(Polypropylene)

P.P의 우수한 성질을 충분히 이용하기 위해서는 적절한 금형설계를 행하는 것이 중요하다.

P.P는 수축률이 0.8~2.2%로 꽤 크며 또 분자 배향성이 있으므로 흐름방향과 직각 방향과의 수축의 차이가 있기 때문에 성형품에 수축, 비틀림, 흠집이 생기기 쉽다. 단, P.E에 비하면 꽤 변형이 적은 성형품을 얻을 수 있다.

또 P.P는 Notch에 민감하며 깨짐의 원인이 되는 경우도 있다. 그러므로 가능한 notch 효과가 적은 Design을 생각해야만 한다.

• Gate설계

Gate의 종류는 직접 Gate와 제한 Gate를 주로 사용하고 있다.

제한 Gate의 크기는 성형품의 품질에 대해 Gate의 치수가 미치는 중요한 영향에는 Gate를 통과하는 흐름의 속도와 Gate고화시간에 문제가 있다.

Gate가 너무 적거나, Gate의 랜드가 너무 길 경우에는 Cavity에 수지가 천천히 충전되어 Gate고화를 빠르게 한다.

분자가 흐름의 방향에 고도의 배향으로 한대로 고화(固化)하고, 그 같은 경우, 내부 응력이 있는 성형품이 생기며, 흐름의 방향이 수직인 방향보다 수축이 크다. 이런 불균일한 수축은 성형품의 수축 및 비틀림을 유발하는 원인이 된다.

이 불균일한 수축은 Cylinder 온도를 올리거나, 흐름 속도가 큰 P.P를 사용할 때 따라 약간의 조정이 가능하지만, Gate의 치수를 개선하는 방향보다 좋은 결과를 얻는다.

긴 랜드의 Gate를 사용한 경우에 생기는 다른 큰 문제는 Shot마다의 수축이 짧은 랜드의 Gate 경우에 비해 보다 어긋나는 것이다.

또 Gate의 고화(固化)시간이 빠름으로 추가 수지를 Cavity 중(中)에 용용상태로 넣을 수 없기 때문에 큰 수축의 원인이 되어, 끓힘을 발생시킨다.

이상 설명에 의해 적당한 크기의 성형품 Gate치수를 다음과 같이 나타낸다.
- Gate의 랜드 길이는 가능한 짧게 한다. 약 1㎜정도가 적당하다.
- Gate의 두께는 성형품의 살두께의 1 / 3로부터 1 / 2까지 적당하다. 또 Gate의 두께가 두께의 1 / 2보다 큰 경우는 Gate 고화(固化)에 사간을 필요하므로 생산능력이 감소한다.

또 0.5㎜이하로 되어야만 하는 것은 아니다.

이것은 Gate고화가 매우 빠르기 때문이다.

Pin point gate의 경우는 $\Phi 0.8 \sim \Phi 1.2$ ㎜정도가 적당하다.

• Runner설계

일반적으로 Gate balance를 생각할 때, Gate조정으로 끝나면 Runner에 의한 손실은 매우 크다.

다음과 같이 P.P에 적합한 Runner치수를 표기하면,
- 주(主) Runner는 삼단금형의 경우는

직경 9㎜~14㎜, 이단금형의 경우는 6㎜~10㎜의 원형 또는, 그것과 같은 단면적을 갖은 것을 주(主) Runner라 한다.
- 기(技) Runner는 직경 6㎜~10㎜의 원 또는, 그것과 같은 단면적을 갖은 것도 기(技) Runner라 한다.

Runner의 단면적 형태에 대해서는 원형 Runner를 표면적이 용적에 대하여 최대이

기 때문에 최적이나, 합형 Runner도 사용된다.

합형 Runner는 Runner를 잡아 뺌이 쉽다는 이점이 있다.

5) Polyacetal

• Runner

Runner는 원형, 반원형(U형), 또는 사다리꼴형이 있는데 그 치수는 6~30㎜²정도로 한다.

사다리꼴형 Runner가 가장 많이 사용되는데 폭을 3~6㎜정도로 하여, 측면의 발구 배는 5~15°가 좋다.

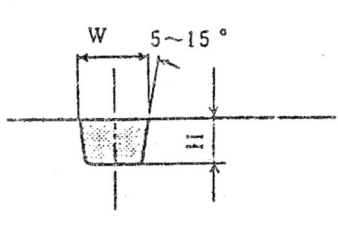

사다리꼴 runner 단면도

(㎜)

W	H
3	2.5
3.5	2.5
4	3
4.5	3
5	3.5
5.5	3.5
6	4

• Sprue

Sprue는 성형기의 Nozzle에 접하는 부분의 직경을 Nozzle의 구멍직경보다 0.5~1㎜ 정도 크게 하여 약 3°의 taper를 준다.

또 Sprue bush의 Nozzle 측면 Round는 Nozzle의 Round보다 0.5~1㎜ 정도 크게 한다.

• Gate

Gate설계는 중요하며, 또 결정은 일반적으로 쉽지는 않다.

가장 흔히 사용되는 Gate는 Submarine gate로 성형품의 외관을 좋게 하는 등의 배 려도 필요하다.

gate의 크기는 성형품의 크기, 형태 등에 의해 결정되는데, Pin gate에서 Φ0.8~Φ

2.0㎜정도가 적당한 경우가 많다.

또 gate의 랜드의 길이는 gate두께의 약 1/2정도로 하는데 Sprue선단과의 접촉은 가능한 매끄러운 곡선으로 연결하는 것이 금형강도, 수지의 유동상에도 중요하다.

Gate의 배치는 성형품에 Weldline이 가능한 적어지도록 해야 하며, 제품의 외관, 기능에 손상치 않도록 고려해서 결정해야 한다.

6) Polyamide(NYLON)

Nylon은 Gate 선택하는데 비교적 저점도이므로 Nozzle의 유출을 일으키기 쉽다.

Nozzle의 유출은 재료의 불균일한 계량(計量)이나 Braking 불능을 일으키는 원인이 된다.

Nozzle의 유출을 막기 위해서는 그림 12에 나타낸 Cross Nozzle을 이용하면 효과적이다.

또 Nylon용 Nozzle은 그림 13에 나타낸 역 Taper Nozzle이 양호하다.

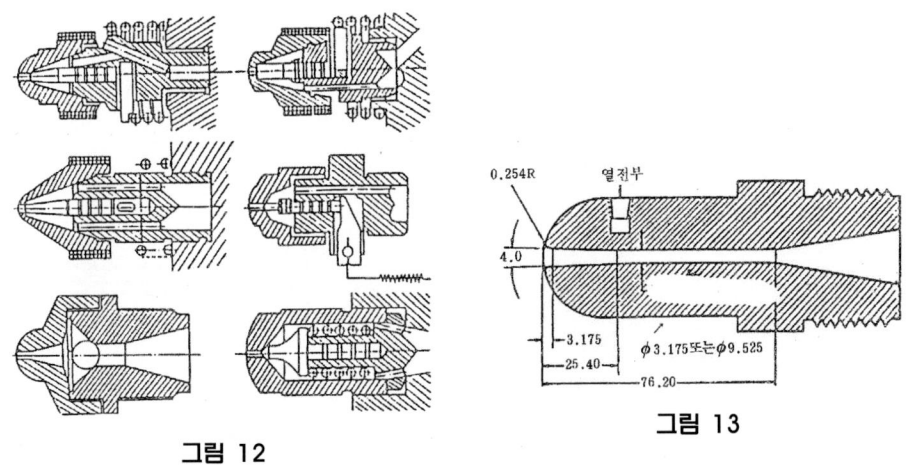

그림 12

그림 13

- Gate관계 및 위치

Sprue, Runner, Gate, Cavity, Cold Slug Well의 위치 관계는 다음 그림 14와 같다.

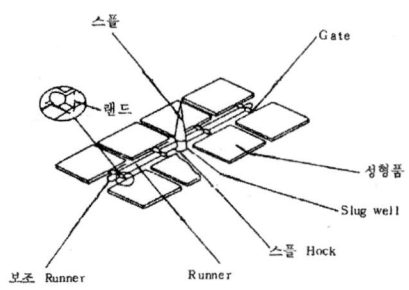

그림 14 Gate위치 관계

Runner는 단면이 원형이어서 주어진 단면에 대한 냉각면적이 최소 표면이 되게 한다.

실제로는 가공을 쉽게 하기 위하여 사다리꼴형의 Runner가 그 절충형으로 사용되며 이 Runner들은 금형으로부터 쉽게 제거하기 위해 10˚정도의 Tape를 주어야 한다.

Runner들은 가능한 짧고 직선이 되게 해 주어야 한다는 사실에 주의해야 한다.

이들은 적당하고 일정한 단면이어야 하며 그 단면은 다듬질되어 윤이 날정도가 되어야 한다.

Gate 종류는 일반적으로 두꺼운 제품에 그림 15와 같은 Direct gate를 쓰고, 얇은 제품에는 그림 16과 같은 Pin gate가 사용되며,

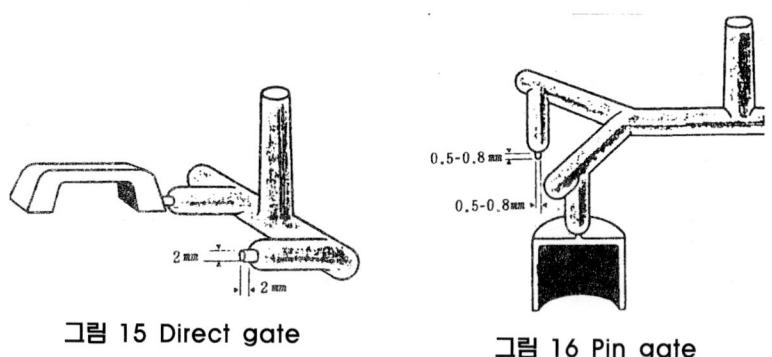

그림 15 Direct gate   **그림 16 Pin gate**

금형이 열릴 때 Runner로부터 성형제품이 분리되게 그림 17과 같이 Submarine gate를 사용하기도 한다.

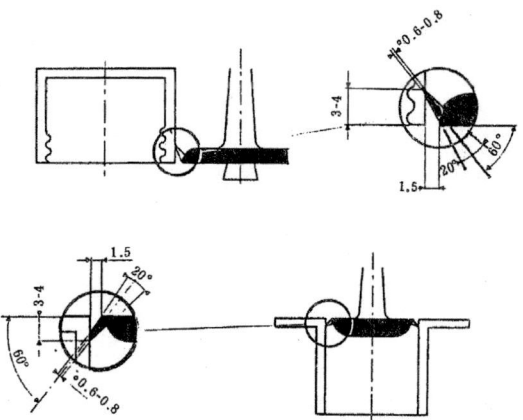

그림 17 Submarine gate

제품의 두께		GATE				
		원형		장방향		
		직경 m / m	랜드의 길이 m / m	깊이 m / m	폭 m / m	랜드의 길이 m / m
3m / m 이하	NYLON6	1.0~두께의 1 / 2	최대 1.0	두께의 1 / 2	두께와등(최소 1.5)	최대 1.0
	NYLON66	0.75~두께의 1 / 2	0.75~두께의 1 / 2	–	–	–
3~6m / m	NYLON6	1.0~3.0	최대1.5	두께의 1 / 2	두께의 1 / 2~3 / 4	최대 1.5
	NYLON66	0.75~3.0	0.75~3.0	–	–	–
6m / m 이상	NYLON6	3.0~4.5	최대 Gate 경의 1 / 2	3.0~4.5	4.5	최대3.1
	NYLON66	3.0~4.5	3.0~4.5	–	–	–

다음은 Nylon제품의 두께에 따라 Gate 크기를 표시한 것이다.

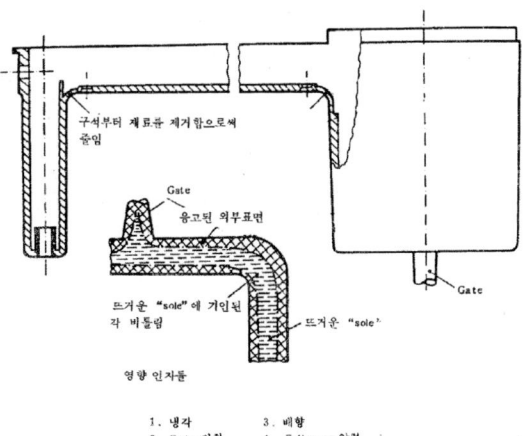

그림 18 구석으로부터 재료를 제거하면서 gate를 위치시켜 GF30
PA6=Durethan BKV 30에의 각 비틀림을 줄임.

7) HIPS(High Impact Poly Styrene)

- 금형의 내구성을 향상시키려면
- 금형의 내구성을 향상시키려면 도금을 하는 것이 효과적이다.

단층 크롬도금은 별로 효과가 없으므로 녹방지를 위하여 2층 도금을 해야 한다. 먼저 무전해 니켈도금을 하면 효과적이다.

- **Gas 빼기**

수지의 유동끝단 Weld line 부분의 Parting line면에 Gas 빼기용의 Slit를 다수 설치하면 성형품 외관과 금형부식 등에 좋은 효과를 얻을 수 있다.

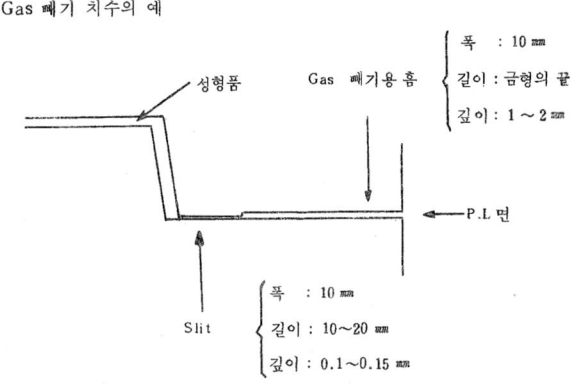

Gas 빼기 치수의 예

- **Gate, Runner**

Gate와 Runner의 단면적이 너무 적을 경우 [탐] [은조]의 원인으로 될 수 있으므로 종래의 HB 수지의 것보다 굵게 할 필요가 있다. 특히 Submarine gate의 경우는 Gate 단면적의 넓이가 유동성의 개량(改良)이 효과적이다.

- **성형품의 두께**

최소두께는 성형품의 요구성능에 의하여 결정하는 것이나 평균 두께가 3㎜정도 되면 난연수지의 성형을 용이하게 할 수 있다.

성형품의 일부분에 얇은 부분이 있을 경우에는 그 부분의 두께 수정을 해야 할 필요가 있다.

그렇게 할 경우는 흐름이 나쁜 부분을 집중적으로 잘 흐르게 할 CORE의 연마와 두께 수정이 효과적이다.

● **이형성**

금형 Design, 사상 상태 등의 경우, 이형불량이 발생할 때가 있으나 이런 경우는 금형에 대량의 이형제를 뿌리는 것은 결코 좋은 것은 아니다.

금형의 빼기 구배를 크게 하는 등의 금형 Design 변경에 의한 이형성을 개량할 필요가 있다.

● **구조강도**

난연수지는 일반적으로 저온고압 성형을 행하는 예가 많고 통상HB 수지에 비하면 금형 내(內) 수지압력이 높아지게 되는 수가 있으므로 금형설계에 대하여는 구조강도 등을 충분히 고려할 필요가 있다.

8) ABS(Acrylonitrile Butadiene Styrene)

ABS는 비교적 저사출온도, 저사출압력으로 성형된다.

● Sprue, Runner

Sprue는 가능한 짧고 굵게 하여 Taper는 2°~6°로 한다.

그리고 Runner는 사출수지의 압력저하를 적게 하기 위하여 가능한 짧고 굵게 설계해야 하며 Runner의 모양은 원형이 좋다.

또 Runner의 단면은 표면적을 적게 하여 용융수지가 원활히 흐르도록 하고 직경은 Φ5~15㎜가 필요하다.……

● Gate 구조

Gate는 성형품의 형태에 따라 다르지만 종래의 Gate design으로 성형은 가능하다. 그러나 Pin point의 경우는 수지를 주입할 때 Gate부에 많은 전단력이 걸리므로 마찰열에 의하여 성형품이 타는 경우가 발생하는 원인이 되므로 가급적 피해야 한다.

Gate 형태별 구조는 아래 그림 19~24를 참조하기 바란다.

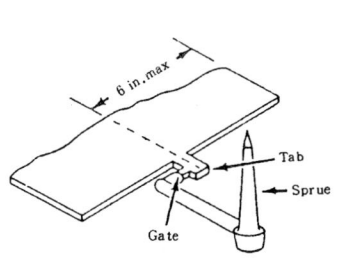

그림19 SINGLE TAB GATE

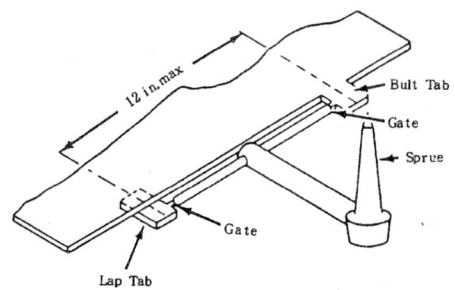

그림20 Multiple Tab Gate

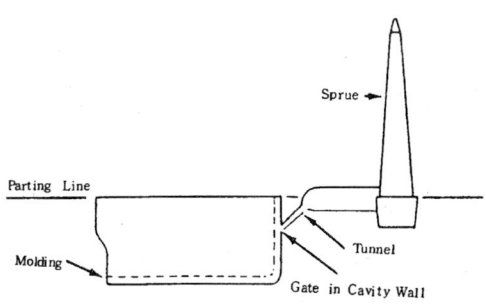

그림21 Tunnel Gate

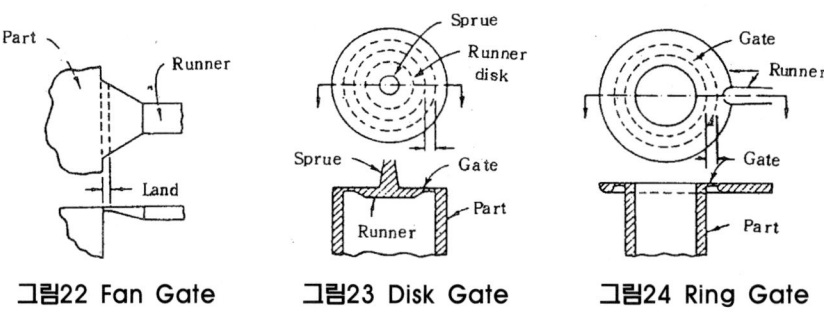

그림22 Fan Gate   그림23 Disk Gate   그림24 Ring Gate

9) NORYL

● Gate부 형태

통상 사용되고 있는 Gate부 형태를 그림25에 표시하였다.

Ⓐ부는 칼날형으로 가공해야 한다.

그 부분의 축방향에 Straight(최대허용 0.1m / m까지)부가 있다.

유동단면적이 적게 되면 수지의 흐름이 나쁘게 되고 Gate절단이 나빠지면 Gate 자리가 크게 되므로 충분한 주의가 필요하다.

FTYPE 스피어를 사용할 경우에 Gate형태를 그림 26에 표시하였다.

FTYPE 스피어는 지프부가 통상 스피어보다 굵은 형태로 되어 있으므로 흐름을 확보하기 위하여 Gate 선단각을 70°로 하고 있다.

또 Gate bush를 사용할 경우 그림27의 경우처럼 되지만, Bush선단의 형태, 또는 치수, 또는 금형의 조립부와 접촉면에 Taper각은 꼭 일정한 것은 아니다.

주로 금형 또는 Bush자체의 필요강도에 의하여 결정하나, 통상 Taper각은 최대 각 100°~120°, Bush의 선단 외경은 Φ6~Φ12m/m, 그 부분의 높이는 2~3m/m, Bush 최소두께는 2m/m로 하고 있다.

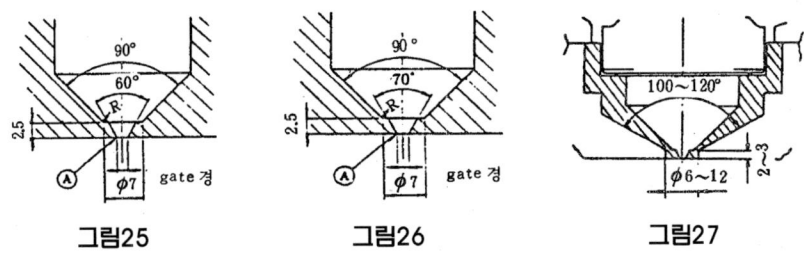

그림25   그림26   그림27

● Gate경의 설정

스피어 System 금형에 의한 Gate경은 Φ0.7~Φ5.0의 범위가 가능하나 Cold runner 방식과 동일한 모양의 Gate경이 큼에 따라 수지의 흐름이 양호한 반면에 Gate자리에 비례하여 커지므로 제품의 중량, 외관, 형태 또는 사용수지 등을 충분히 고려하면서 Gate경을 결정하지 않으면 안 된다.

또, Cold runner 방식에 의한 Pin point gate와 비교하여 동일한 경의 경우도 그림28에 의하여 실제 Gate면적은 스피어 선단의 면적분만큼 적게 되므로 그 점에도 주의할 필요가 있다.

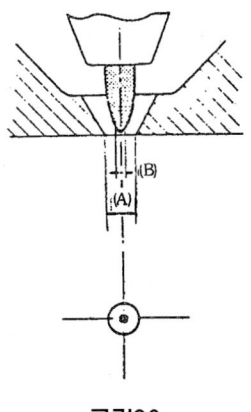

그림28

● Gate비와 유동특성

Gate 단면적(8m / m)을 일정하게 할 경우 Gate폭과 두께를 각각 변화시킨 경우에 유동성의 영향을 표2-3에 표시하였다.

표보다, Gate폭과 넓이, 두께가 얇을 경우보다도 Gate두께가 두꺼울수록 유동성은 향상되나, 어떤 위치에 의하여 최고점이 결정된다.

NORYL은 Graph에 보다 당연유동 거리는 달라진다.

최고점의 위치는 Gate폭과 Gate 두께의 비가 3 : 1에서 2 : 1이 좋다.

● Sprue, Runner와 Gate 종류

Sprue의 Nozzle 측의 선단경은 일반적으로 6m / m이상, 성형품 측의 선단경은 제1 Runner경, 또는 그것 이상으로 필요하다.

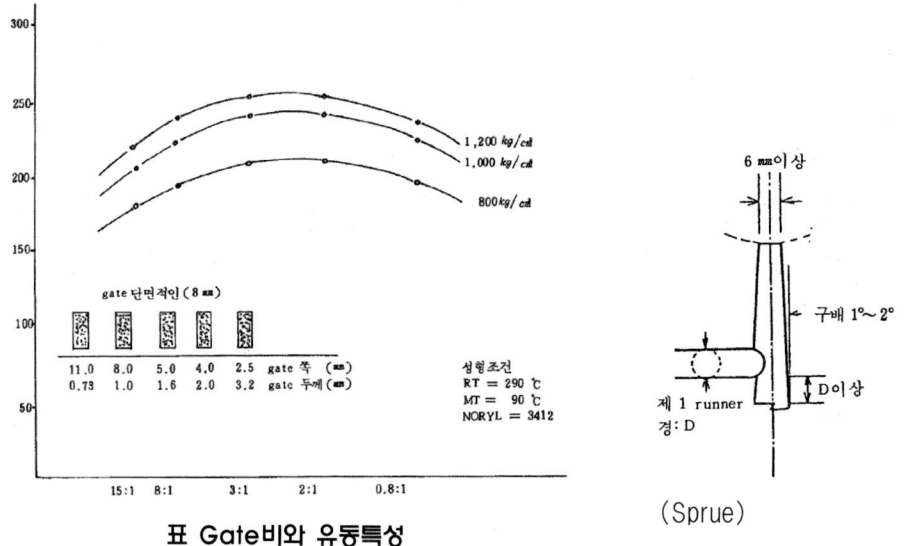

표 Gate비와 유동특성   (Sprue)

제1 Runner 및 제2 Runner의 경, 길이는 아래의 모양 설계를 참조 바란다.

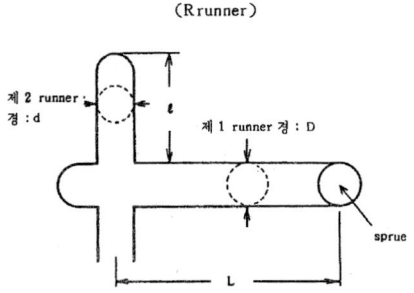

(Rrunner)

제1 runner 길이 (L)	제 1 runner 의경 (D)
70이하	6~8
70~200	8~10
200이상	12이상

제 1 runner 길이 (ℓ)	제 2 runner 경 (d)
70이하	6

Gate 종류별 설계는 아래 그림 23~33을 참조 바란다.

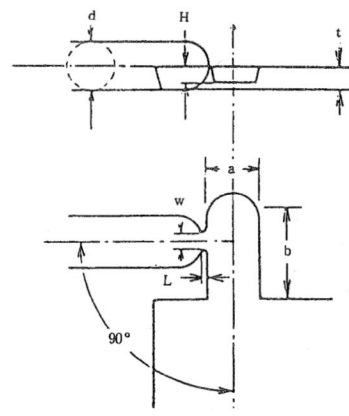

2차 runner 경	gate runner 길이	gate 쪽	gate 두께
d	L	W	H
6	0.8	2.5	1.5
8	1.0	3.5	2
10	1.2	4.5	3

$a \fallingdotseq 3W$
$b \fallingdotseq 2a$
$H = 0.6 \sim 0.8t$
t: 성형품의 두께

그림29 Tab gate

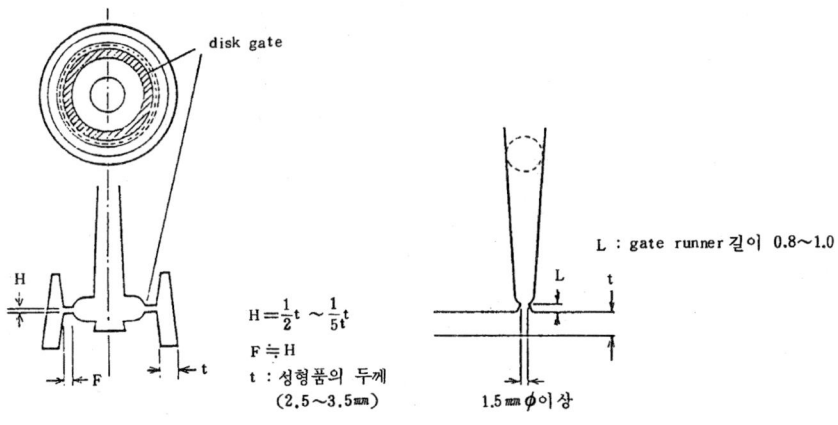

$$H = \frac{1}{2}t \sim \frac{1}{5}t$$

$F \fallingdotseq H$

t : 성형품의 두께
   (2.5~3.5㎜)

그림30 Disk gate

L : gate runner 길이 0.8~1.0

1.5 ㎜ φ 이상

그림31 Pin point gate

d = runner의경
W = 2d
L = gate runner 길이
t = 성형품두께

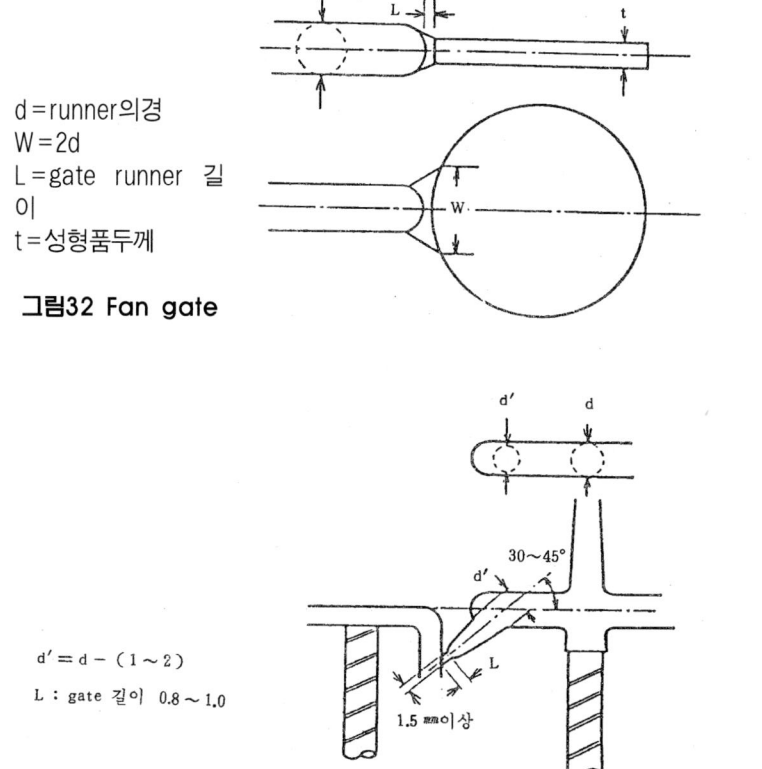

그림32 Fan gate

$d' = d - (1 \sim 2)$

L : gate 길이 0.8~1.0

30~45°

1.5 ㎜이상

그림33 Submarin gate

10) PHENOLIC, UREA, MELAMINE—PHENOLIC

- Gate 단면적

    A＝W · K　　A＝Gate 단면적

    　　　　　　　W＝사출량

    　　　　　　　K＝흐름계수

흐름계수 flow coefficients Table

사출재료		흐름계수
Phenolic	일반적인 사용	0.3 − 0.15
	열저항	0.5 − 0.3
urea		0.5 − 0.3
Melamine − phenolic		0.5 − 0.3

다른 형태의 동일한 단면적에 따른 Gate 흐름저항의 비교는 아래 표와 같다.

두께 × 너비(mm)	1 × 5	0.5 × 10	0.25 × 20
사출된양	100%	80%	40%

따라서 Gate 두께가 0.5mm이하면 저항은 급속히 증가한다.

8. 각종 Gate가 부품에 미치는 영향

* <u>Edge Gate의</u> Flat

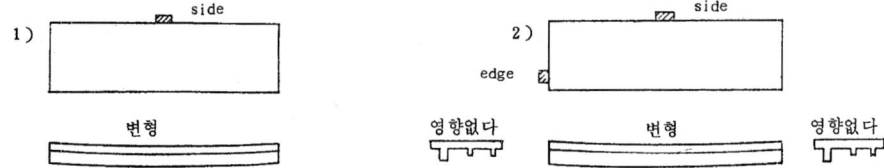

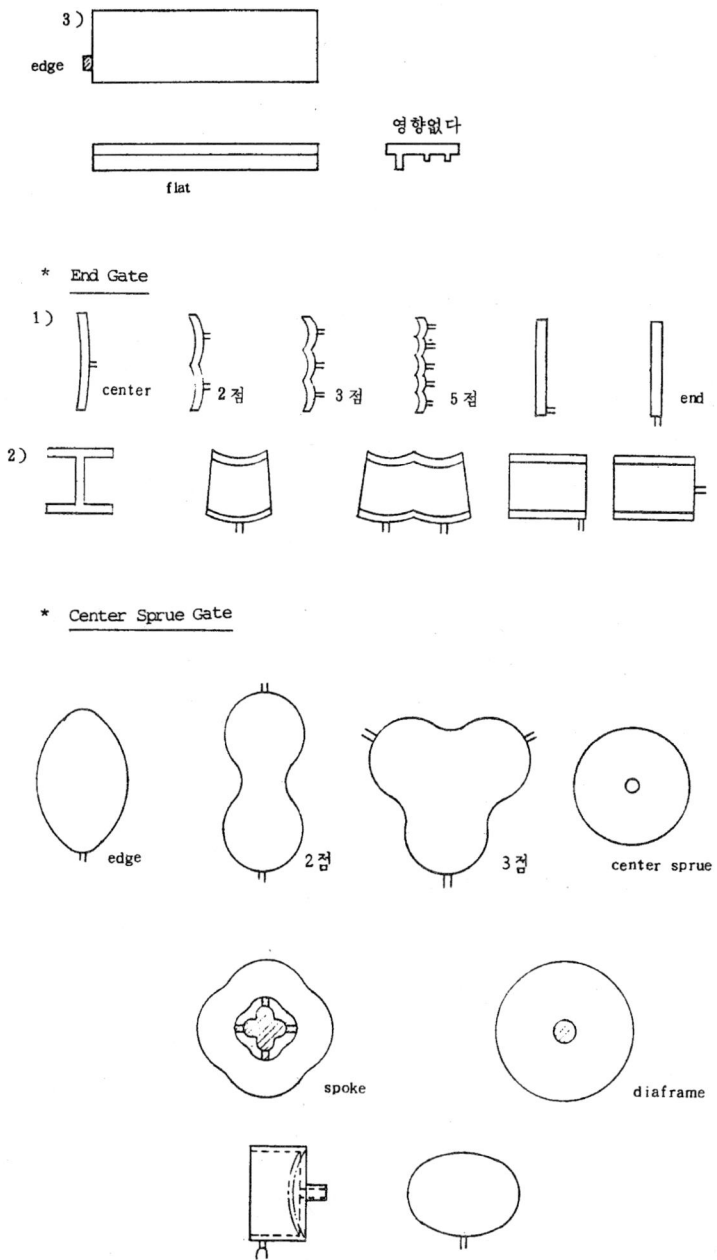

3)

edge

영향없다

flat

* End Gate

1)

center   2점   3점   5점   end

2)

* Center Sprue Gate

edge   2점   3점   center sprue

spoke   diaframe

* Gate휨, 변형

● 대칭성이 좋은 배치

● 동시 충진의 효과

사출속도: 0.6m / min, 사출압력 1,000kg / ㎠ PBT, PA,

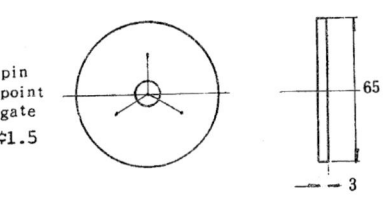

GATE 수	1	2	3
진원도	0.22	0.24	0.14
면진	0.72	0.94	0.58

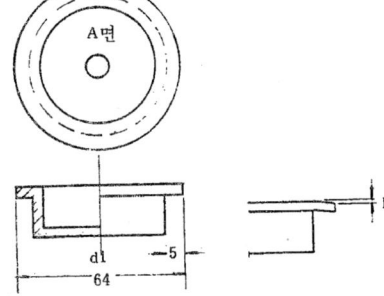

GATE 수	1	2	3
d1 진원도	0.07	0.18	0.05
A 면진	0.18	0.16	0.08
A Flange 휨	0.22	0.26	0.14

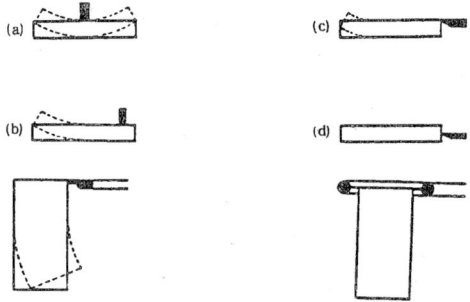

Gate 위치와 제품변형

제16장 VENTING OF MOLD

정의: 수지로 금형을 충전시킴에 따라 금형에는 제거해야할 공기가 남게 된다.
그 공기가 압축됨에 따라 열을 발생하여 수지를 태울 수 있다.

1. VENT SIZE

Cavity 끝 부분에서 Part Line을 따라 금형 가장 자리까지 판다.

1. ENGINEERING PLASTIC

　　깊이: 0.0005 − 0.0010 in

　　폭: 0.125 − 0.250 in

2. 실제로 금형 제작 시에는 깊이를 0.005 in − 0.015 in 폭은 Cavity쪽에서 0.0625 in로 시작하여 금형 가장자리 폭은 0.1875 in로 넓혀가는 것이 실용적이다.

2. VENT장소

1. Gate에서 가장 먼 곳
2. Weld Line
3. Cavity의 끝부분
4. 공기가 채워지는 부분

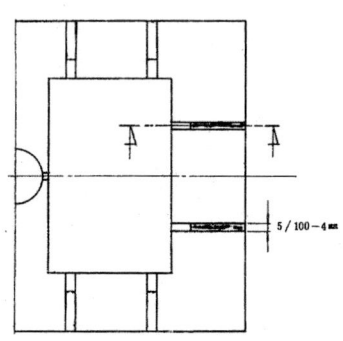

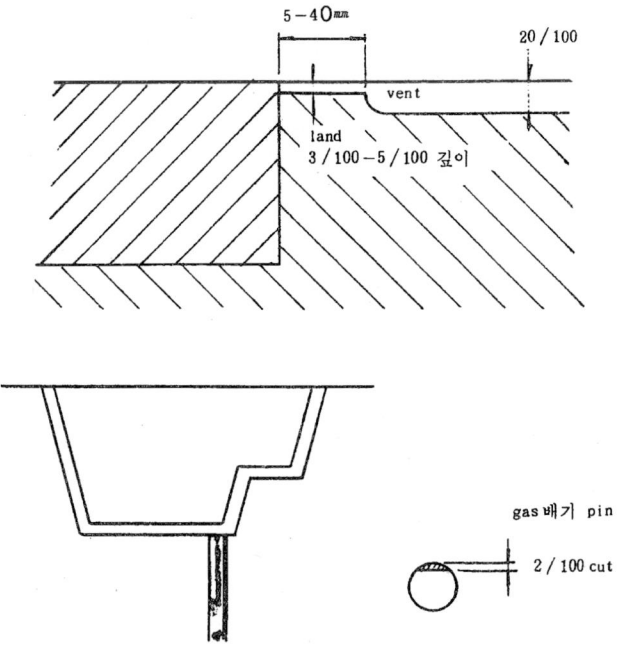

5 – 40㎜

20 / 100

vent

land
3 / 100 – 5 / 100 깊이

gas 배기 pin

2 / 100 cut

제17장 금형의 끝마무리에 대하여

1. 수지의 종류와 금형설계시의 유의사항

수지명	현상 및 문제점	설계 시의 유의사항
폴리에 틸렌 (결정성)	1. 수축이 커서 비틀림, 변형이 생기기 쉽다. 2. 긴 냉각 시간을 요하고, 성형능률은 그다지 좋지 않다. 3. 언더컷이 있는 성형품을 강제적으로 금형에서 빼낼 수 있다. 4. 성형 수축률이 금형 온도에 대한 의존도(依存度)가 커서 안정성이 나쁘다. 5. 잔류 수지가 있으면 버어닝 마아크(burning mark)를 일으키기 쉽다.	1. 재료의 충전 속도를 빨리할 수 있도록 금형설계(게이트, 러너)를 한다. 2. 냉각 속도를 균일하게 할 수 있는 냉각 방식을 채택한다. 3. 성형기의 기종은 스크류식이 좋다. 4. 성형 수축률은 흐름방향 2.75%, 직각방향 2.0%정도 5. 비틀림, 변형 방지를 고려한 성형품 설계를 한다.
폴리프 로필렌 (결정성)	1. 성형성은 대단히 좋다. 2. 변형, 비틀림, 싱크마아크가 발생하기 쉽다. 3. 힌지(hinge) 특성이 있다. 4. 치수 안정성은 좋다. 성형 후 24시간에서 치수 변화는 발생하지 않는다.	1. 힌지가 있는 성형품의 게이트 설계에 주의를 요한다. 2. 성형수축은 1.3~1.7%정도 3. 싱크 마아크, 변형방지의 성형품 설계가 필요하다.
폴리아 미드 (결정성)	1. 용융 점도가 낮고 흐름 특성은 좋다. 단, 그 때문에 플래시가 생기기 쉽다. 2. 수축률의 안정성이 나쁘다. 3. 용융온도 이외에서는 경도가 높아져 금형이나 스크류 등을 파손할 염려가 있다.	1. 플래시(성형귀) 방지를 위한 정밀금형이 필요하다. 2. 공업부품일 때는 금형온도를 높여 결정화에 대한 주의가 필요하다. 3. 싱크마아크 방지의 성형품 설계를 하고 치수 안정성을 좋게 한다. 4. 성형 수축률은 1.5~2.5%정도
폴리아 세탈 (결정성)	1. 흐름이 나쁘고 분해하기 쉽다. 2. 게이트의 흔적은 외관 불량을 일으키기 쉽다. 3. 싱크마아크, 변형을 발생시키기 쉽다.	1. 흐름을 좋게 하고 게이트 부분의 외관을 좋게 하는 러너, 게이트의 디자인이 필요하다. 2. 성형기의 기종은 스크류식이 좋다. 3. 성형조건, 특히 실린더 온도(재료온도), 금형 온도 관리에 주의해야 한다. 4. 성형 수축률은 2.5%이하

3. 각종 사출성형 재료의 성형성

수지명	현상 및 문제점	설계 시의 유의사항
불소수지 (3불화염화 에틸렌) (결정성)	1. 용융 점도가 극히 높고, 고압성형에 적합하다. 2. 변색을 일으키기 쉽다.	1. 흐름에 적합한 게이트, 러너의 설계를 한다. 2. 고압사출 성형기가 필요하다. 3. 변색 방지의 성형조건을 선정한다. 4. 표면산화 방지의 금형, 재료, 표면처리 방법의 선정이 필요하다. 5. 성형 수축률은 0.5%정도
폴리스티렌 (아크릴스티 렌) (AS) (비결정성)	1. 흐름이 좋고 성형성이 양호하며 성형 능력도 좋다. 2. 크랙(균열)이 발생하기 쉽다. 3. 플래시는 잘 나오지 않는다.	1. 금형으로부터 이형(離型) 시의 크랙에 주의해서 적당한 녹아우트(Knockout) 기구를 선정한다. 2. 성형품에 크랙이 발생하지 않도록 제품설계를 할 것. 특히 발구배는 1°이상으로 하며, 금형에 언더컷이 없도록 주의할 것 3. 성형 수축률은 0.45%정도
ABS (비결정성)	1. 흐름은 좋지 않다. 2. 성형품의 성능은 안정되어 있다. 3. 게이트 부분의 표면 및 외관의 웰드라인이 나타나기 쉽다.	1. 흐름에 대한 러너, 게이트의 적절한 것을 선정한다. 2. 웰드라인에 대한 게이트의 위치를 적절하도록 선정한다. 3. 고압성형 때문에 발구배는 2°이상 필요하다. 4. 성형 수축률은 0.5%이상
아크릴 (메타크릴 레이트) (비결정성)	1. 흐름이 나쁘고 충전부족, 플로우 마아크, 압력 부족에 의한 싱크 마아크가 발생하기 쉽고 고압성형을 요한다. 2. 광학적 용도일 때 투명도가 문제되고 이종(異種) 재료의 혼입, 분해 등에 주의를 요한다.	1. 고압 성형을 요하며, 고압 성형기가 필요하다. 2. 발구배는 되도록 크게 할 것 3. 흐름에 의해 고려된 러너, 게이트의 설계가 필요하다. 4. 재료온도, 금형 온도의 관리에 주의 할 것 5. 성형 수축률은 약 0.35%정도
염화비닐 (경질) (비결정성)	1. 열 안정성이 나쁘고, 성형 범위와 분해 범위가 접근해 있다. 2. 흐름이 좋지 않다. 3. 외관이 나쁘게 되기 쉽다. 4. 금형을 부식시킨다. 5. 용해(溶解) 실린더의 잔류 수지가 열분해를 한다.	1. 재료의 온도 관리가 중요하고 스크류식의 성형기가 좋다. 2. 유동 저항이 적은 러너, 게이트 설계를 할 것 3. 내식(耐蝕) 때문에 금형의 표면처리가 필요하다.(크롬도금) 4. 성형 수축률은 0.7%정도
폴리카아보 네이트 (비결정성)	1. 용융 점도가 높고, 고압, 고온의 성형이 필요하다. 2. 잔류 응력에 의해 크랙(균열)이 발생되기 쉽다. 3. 단단하기 때문에 금형을 파손시키기 쉽다. 4. 플래시는 잘 나오지 않는다. 5. 물적강도, 치수안정성, 내열성, 내후성, 투명성, 자기 소화성(自己消火性), 내연소성, 무독성 등 우수한 성질이 있다.	1. 성형은 고압, 고온성형이 필요하고 스크류식이 좋다. 2. 재료의 예비 건조는 충분히 할 것 3. 유동 저항이 적은 러너, 게이트 설계를 할 것 4. 두께를 어느 정도 두껍게 한 제품설계를 하고 금속 인서어트의 삽입은 되도록 피할 것 또, 발구배는 2°이상으로 한다. 5. 성형 수축률은 0.6%정도

셀룰로오스
아세테이트
셀룰로오스
아세테이트
부틸레이트
(비결정성)
	1. 흐름은 나쁘고, 성형성은 좋다.
	2. 외관면의 촉감은 좋으나 치수정밀도를 내기 어렵다.
		1. 재료 예비 건조를 한다.
		2. 성형 수축률:
		   셀룰로오스아세테이트0.5%
		   셀룰로오스아세테이트부틸레이트
		   0.4%정도

2. 금형의 마무리 제작

1) 제품공차에 따른 금형제작 공차의 부여방법에 의한 제작 (범례 ○: 좋은 방법, × : 나쁜 방법)

① 제품공차가 기준치에 상한으로 되어있을 때 금형공차 부여는?

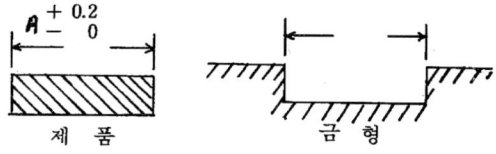

X: (A+0.I), (1+수축률)±0.05
O: A(1+수축률)+0.06, −0

제품도 공차에 기준하여 금형의 성형품공차는 1
/3을 한다.

② 제품 공차범위가 기준치의 하한으로 되어있을 때 금형공차 부여는?

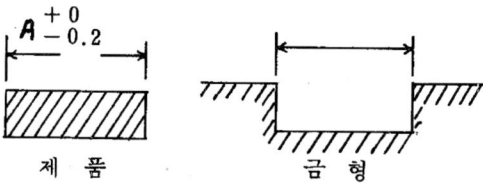

X: (A−0.1)(1+수축률)±0.05
O: (A−0.2)(1+수축률)+0.06, −0

③ 제품 공차범위가 기준치에 상한으로 되어있을 때 금형공차 부여는?

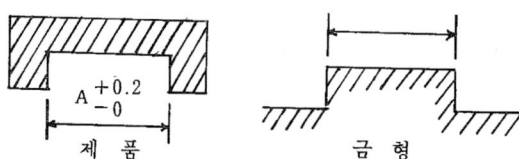

(공차×50%)=
X: (A+0.1)(1+수축률)±0.05
O: (A+0.2)(1+수축률)+0, −0.06

④ 제품 공차범위가 기준치의 하한으로 되어있을 때 금형공차 부여는?

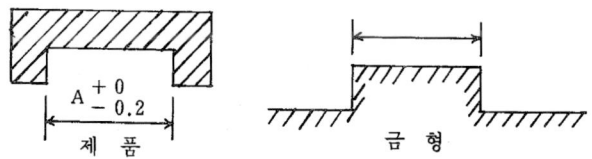

X: (A－0.1) (1＋수축률)±0.05
O: A (1＋수축률)＋0, －0.06

⑤ 축 또는 중심거리에서 제품이 중간공차로 되어있을 때 금형에서는?

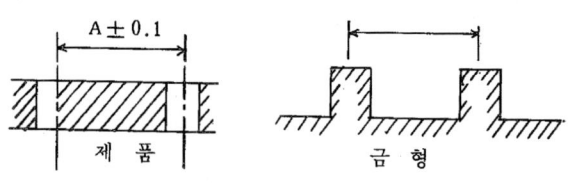

O: A×(1＋수축률)±0.03

2) 벤드效果에 의한 조치

벤트라고 하는 것은, 材料溶融時 發生하는 가스分의 除去를 總稱해서 말함.
벤트機는 많은 우수한 特性이 있으며, 그 一般的 效果에 對해 다음에 記述한다.

a) 銀條의 解消   －水分
  肉厚成形品의 氣泡解消   殘留 모노머 揮發分除去 etc
가스分의 除去에 依해 銀條를 防止할 뿐만 아니고 아크릴 等의 肉厚成形品에 있
어서의 氣泡發生을 防止한다. 但, 肉厚品의 冷却收縮에 依한 眞空泡는 이에 該當하
지 않는다.

b) 透明性, 光澤이 좋은 製品－金型表面에의 粘液付着이 없다.
  카세트 成形……PS, AS
  렌즈 成形…… PMMA 等에 있어서는 殘留모노머, 揮發分 等이 除去되는 고로 金
型表面에 粘液의 付着이 없어 透明性과 光澤이 좋은 製品이 얻어진다.
  또, 機構部品에서의 POM(아세탈), PA(나이론) 等도 金型表面을 더럽히지 않으므

로 光澤이 좋다.

金型이 항상 깨끗하므로 지금까지 빈번하게 해 오던 金型捕除도 必要치 않게 된다.

c) 品質, 치수의 安定 − 金型表面付着物이 없고, 金型치수가 正確樹脂를 一定한 低含水率로 抑制한다.

乾燥의 過不足을 解消

金型表面에 付着物이 없어, 金型치수가 正確하게 確保된다.

벤트機에 依해 一定한 低含水率로 할 수 있는 고로 品質, 치수 安定에 寄與한다.

d) 色얼룩의 解消 − 充分한 混練에 依한 分散性能의 向上

스크류有效 길이가 汎用機에 比해 길며 스크류內에서의 溶融時間이 오래감으로 해서 混練效果가 向上된다.

e) 材料供給의 合理化 − 乾燥機, 호퍼드라이어 不必要

材料移動에 따른 먼지의 混入防止,

材料供給의 省力化, 省電力化

豫備乾燥하는 乾燥기가 必要없게 되므로 해서 材料開封 → 페레트에 依한 乾燥 → 成形機에의 供給에 따른 먼지의 混入危險度의 低減과, 省力化를 圖謀할 수 있어 合理的이다.

또 乾燥機, 호퍼드라이어로 因한 過乘乾燥 및 반복 乾燥로 因한 電力로스가 없어지므로 省電力이 된다.

f) 複合材料의 成形性向上 − 벤트效果 + 混練效果에 依한 成形品의 品質向上

複合材料에 使用되는 各種 필터는 高吸濕性으로 벤트機에 依해 水分가스分이 除去되는 고로 銀條發生도 없고 外觀이 良好해진다.

또, 벤트機에 依한 充分한 混練에 依해 分散이 良好한 成形品이 얻어진다.

g) 材料의 原價節減 − 파우더, 顆粒狀材料의 直接成形이 可能

PVC파우더 材料를 비롯하여 各種 파우더, 과립狀材料의 成形이 容易하며 페레트를 만드는 工程이 必要없게 되므로 成形材料의 原價節減을 꾀할 수 있다.

h) 後處理工程의 解消－脫臭效果

可塑化時에 樹脂에서 나오는 냄새도 벤트되는 고로 成形後의 뒤處理로서 必要한 P.P. ABC.POM(아세탈樹脂) 等의 脫臭處理工程은 省略할 수 있다.

3. 금형의 끝마무리

금형은 여러 가지 요인에 의하여 1차 제작 후 1차 사출하여 1차 수정하고 2차 사출 후 2차 수정, 3차 사출 후 3차 수정 또는 비로소 완료된다.

일반적으로 금형의 제작 마무리는 3차에 비로서 완료되는데도 불구하고 1차 제작 시에 2차와 3차에 의한 제작여유 없이 제품의 공차범위에 이론적인 제작공차를 부여 한 나머지 금형의 1차 제작 후 1차 사출 결과의 치수는 제품의 공차범위 내에 있는 데도 금형의 Polishing이나 보고 제품의 취출 시 굵힘, 이형이 좋지 않아 상기의 결점 을 보완하기 위하여 금형재가공을 하게 되니까 제품의 공차범위를 벗어나므로 금형을 용접하여 사출성형의 불량과 문제점을 유발한다.

그러므로 인해 금형의 납기를 지키지 못하는 사례가 허다하다.

일반적으로 사용하고 있는 금형제작 치수가 불합리하다고 판단되어 가장 합리적이 고 경험과 이론이 부합된 공식을 발표하게 되었다.

이 공식은 제품의 끝마무리가 깨끗하고 섬세한 장점이 있고 더욱이 납기단축, 금형 수명이 긴데 잇점이 있기 때문에 적용을 추천하는 바이다.

제2부 방전가공기술

제1장 개 요

機械工業의 發達에 따라서 材料에 대한 要求가 차차 커지게 되어 高硬度材料, 耐熱材料, 내식재료, 내마모성 재료를 쓰는 것이 많아지게 되었다. 이러한 加工에는 그 强度, 硬度, 靭性, 加工硬化性 等으로부터 초경질합금 工具를 必要로 한다.

超硬質合金工具의 성형, 연마에는 다이아몬드砥石(略稱 D砥石)이 가장 좋으나 複雜한 형상이나 작은 구멍의 내경 가공은 어렵다.

다이아몬드의 수요 증가에 대해서 공급이 따르지를 못해서 원가가 높은 결점이 있다. 이를 극복하기 위해서 美國에서는 電解 硏削法, 超音波 加工法, 放電加工法의 發展이 促進되었다. 그 결과 어느 分解에서는 다이아몬드 없이도 종래 불가능하던 가공도 가능하게 되고, 경제적으로 이용되는 분야로 개척되고 있다.

放電加工法(Electric Discharge Machining 略稱 EDM)은 이름과 같이 加工用電極(工具 tool)과 被加工物(Work) 간에 생기는 放電을 利用해서 被加工物 表面層을 제거해서 成形, 硏摩 등을 하는 方法으로 加工作用이나 에너지 供給方式이 종래의 기계가공법과 다르기 때문에 여러 가지로 뛰어난 점이 많으며 發展歷史가 짧기 때문에 또한 결점도 있어 使用에 있어서는 종래의 方法과 잘 比較, 檢討해야 한다.

여기서 被加工物을 加工하는데 加工部分에 에너지를 供給하는 方法을 分類하면 다음과 같다.

機械的 方法	切削, 剪斷, 冷間소성加工, 超音波加工
熱的 方法	溶接, 溶斷, 鑄造
化學的 方法	腐식加工
電氣化學的 方法	電解加工
電氣的 方法	放電加工, 電子비-임加工, 프라즈마젯트加工[*1]
電磁的 方法	電磁成型
光學的 方法	레이저加工

*1: 旋回氣流中에서 아크를 發生시키면 프라즈마流가 가능하다.
　　이것을 被加工物에 뿜어서 그 高熱에 의해서 被加工物을 溶融시킨다.

제2장 방전가공의 역사

各種 電氣加工法 가운데서도 응용분야와 실제분야가 많은 것이 放電加工이다. 電氣의 放電現象을 이용하여 金屬加工에 응용하려는 技術사상은 예부터 있었으며 전기펜(1878年)과 금속코로이드 제조(1894年) 등에 이용되어 왔다. 放電加工은 放電現象에 의한 電極消耗 現象을 이용하려 하는 것이고, 電極材料의 소모가 큰 것이 결점이지만 전극 재료의 연구와 고속도「스위칭」方式의 개발 등 최근의 기술혁신에 의하여 그 점도 해소되었다. 放電現象이 응용되어 現在의 放電加工機의 단계에 이르기까지의 歷史는 大略 다음과 같다.

- 1768년 Priestly 放電에 의한 Erosion을 最初로 관찰
- 1878년 放電을 利用해서 文字를 쓰는 전기펜이 미국에서 特許를 얻음
- 1881년 Reitlinger와 Wachter가 放電現象을 組織的 硏究
- 1884년 Fizeau와 Foucault가 액체와 고체 간에 電流를 통할 때 열을 發生하는 것을 發見
- 1981−3년 E.Lagrange와 P.Hoho가 이원인 작용에 대해서 연구
- 1894년 G.Bredig 코로이드의 제조를 위해 수중에서 직류전기 아―크를 발생시킴
- 1905년 Svedberg가 電極과 並列로 C.L.R을 接續해서 반복 放電을 훨씬 많게 하는 것에 성공
- 1915년 Kohlaschutter가 오늘날의 RC회로와 전부 같은 회로를 발견
- 1935년 소련의 베 엘 라쟈렌코부부 전기접점의 消耗防止硏究
- 1941년 ① 라쟈렌코부부 液中防電硏究 着手
  ② W.Dawihl, O.Fritsch 硫酸中에서 다이아몬드에 0.30^{Φ}m/m, 깊이 0.25m/m半球形 구멍을 제작
- 1943년 오늘날의 라쟈렌코 回路로서 알려져 있는 RC회로를 발표

- 1944년 라쟈렌코 金屬의 放電加工에 대한 論文發表
- 1946년 라쟈렌코 스탈린상 수상
- 1950년 美國에서 近代式의 實用機 Elox M10 발매
- 1954년 Motor—Serovo 放電加工機 完成
- 1974년 Mini Computer 직결 Soft wire Cutter 開發

제3장 방전현상

放電加工은 一般工作 機械와는 달라서 Bite나 Drill, Cutter 등의 工具를 利用하여 切削加工을 하지 않고 電氣의 放電現象을 利用한 加工方法이다.

放電加工의 理論에 있어서 지금까지 규명되어 있지 않는 分野도 많이 있어서 상당히 複雜하나 放電現象 그 자체는 우리들의 일상생활 중에도 흔히 볼 수 있다. 즉 뇌성벼락, 電車의 팬타그라프와 架線間의 스파크 등이 그것이고, 아크용접 형광 등, 自動車의 프러그 등이 放電現象을 利用하고 있다.

전기 기구의 스위치를 넣거나 끌 때 接點間에 불꽃이 튀고, 마모, 溶着하여 고장의 원인이 되는 일들이 있으며 放電加工은 그 接點이 스파크에 의하여 마모하는 곤란한 현상을 잘 이용하여 金屬材料를 加工하도록 한 것이다.

전기 기구는 전기가 들어간 상태에서 전기가 흐르는 것만으로는 불꽃이 튀지 않지만 스위치를 끊으려고 하는 아주 작은 순간 열린 상태(수μ~수십μ)에서 접점간의 절연(공기)이 파괴되어 불꽃이 튀고, 전류가 계속 흐른다. 그리고 접점이 떨어지면 불꽃이 튀지 않게 된다.

이와 같이 절연 파괴에서 放電現象을 利用한 것이 放電加工이다.

축전지에 전등을 접속하면 불이 켜지는데 이것은 充電하고 있는(Charge) 축전지로부터 전등에 전류가 흘러 들어가기 때문에 불이 켜지는 것으로 이같이 負荷에 電流를 흘러 보내는 것은 放電(discharge)이라고 말하지만 放電加工의 放電은 絶緣破壞에서의 放電現象을 말하는 것이다.

絶緣破壞의 種類는 다음과 같다.

1. 코로나 放電(Corona discharge)

針端 또는 가는 針으로서 曲率이 큰 부분을 가진 電極에 높은 電壓을 印加하면 그 曲率이 큰 部分의 부근에 電界가 集中하기 때문에 그 부분이 電離를 開始해서 發光 또는 發音을 하게 되고 미약하나마 전류가 흐르게 된다. 이것이 코로나 放電 이다.

예를 들면 그림3.1과 같이 空氣中에 針과 平面板을 마주 놓은 電極에 높은 電壓 을 印加하면 그림에서 模型的으로 나타낸 것과 같이 코로나 放電을 開始한다.

그림 3.2는 針과 平面電極의 경우 電極距離와 코로나 開始電壓과의 關係를 나타 낸 것이다.

코로나 放電에 의해서 흐르는 電流는 比較的 미약한 것으로 1個의 針端으로부터 코로나 放電에 의해서 흐르는 電流는 μA(10^{-6}A) 單位로 例定된다. 그러나 電源으로 서 高周波性의 것을 使用하면 이 電流는 현저히 증가한다.

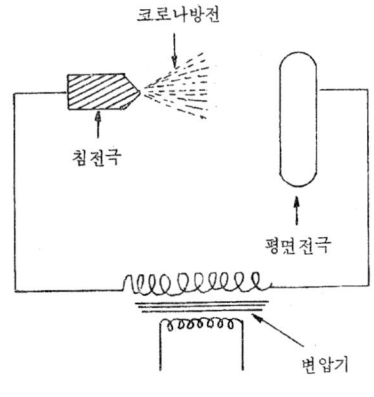

그림 3-1 針과 平面電極에 있어서 코로나 放電의 例

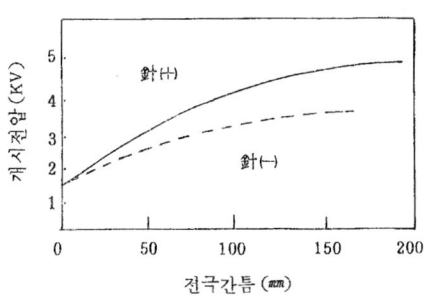

그림 3-2 針과 平面電極의 코로나 放電開始電壓

2. 불꽃 放電(Spark discharge)

일반적으로 스파크라는 말은 넓은 意味로 使用되지만 여기서 스파크 放電은 電極 間의 絶緣性이 完全히 破壞되어서 定常的인 放電(그로우 放電 또는 아크 放電)으로 移行하는 過渡的 狀態를 불꽃방전(스파크방전)이라고 말한다.

大氣中 放電의 경우에는 10^{-7} sec 이하의 短時間으로 불꽃 放電路는 完成되어 以後에는 그로우 放電 또는 아크 放電形式으로 이행한다. 엄밀한 意味에서 불꽃 放電은 10^{-7}sec 程度 이하이어야 한다.

3. 그로우 放電(Glow discharge)

네온사인과 같이 저가스압으로 방전을 안정되게 유지시키기 쉬운 放電形式이기 때문에 「진공방전」이라고 부르는 것으로 大氣中에 있어서도 放電을 維持하는 것이 가능하다.

小電流의 範圍에서도 安定되는 것으로 (1A 이하) 陰極降下電壓(Cathode fall of Potential)이 比較的 큰 것(300V 전후) 陰極電流密度가 比較的 적은 것(10^{-4}A / ㎠ 정도) 음극으로부터의 電子放出機構가 r형식인 것(즉 陽이온이 나와서 부딪침에 따라 陰極面으로부터 電子가 放出되는 것) 등이 이 特徵으로서 들 수 있다.

4. 아크 放電(Arc discharge)

이 放電形式이 放電加工에 대해서 깊은 關係를 가지고 있다. 이 放電形式은 大電流의 範圍에서도 安定되며 그 上限은 없다.

陰極降下電壓은 기껏해야 $10 \sim 20$V 정도로 음극에 있어서 電流密度가 높다(보통상태로 10^3A / ㎠). 陰極으로부터 電子放出機構는 熱電子放斯(Thermionic Emission) 또는 電界放斯(Field Emission)에 의한 것으로 일반적으로 陰極點의 溫度가 높다(電極의 沸騰點에 가깝다).

陽極側도 高溫으로 된다(보통 음극보다는 수 100℃ 높다). 위의 放電은 그 移行過程을 그림으로 나타내면 아래와 같다.

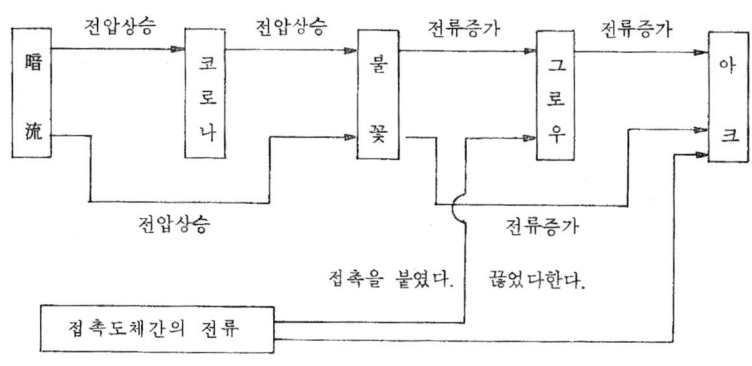

그림 3.3 放電 移行過程

이 같은 전기의 放電現象을 利用한 것이 아크 溶接과 放電加工이 있지만 둘은 서로 틀리는 것이다.

이에 관하여 좀 더 詳細히 說明하면 電機器具의 스위치가 ON의 狀態로부터 OFF의 상태가 될 때 즉 接點이 아주 근소하게 열렸을 때(수μ~수십μ) 接點間의 絶緣이 破壞되어 불꽃이 튀지만 만약 접점간의 간격을 수μ~수십μ의 狀態로 두면 接點間의 아크 放電을 지속한다.

이 狀態를 지속 아크 放電이라고 하며 이 現象을 利用한 것이 아크 용접이다.

그러면 접점간의 간격을 수μ~수십μ의 상태로 유지하고 접점간에 걸쳐있는 電壓을 ON, OFF될 수 있도록 한다.

즉 어느 정도 간격이 유지된 접점간에 근소한 시간(10^{-6}~10^{-3}sec)만큼 전압을 걸면 접점간의 절연은 破壞되 불꽃이 튀고 電流는 흐르지만 접점간의 電壓은 곧 없어지기 때문에 아크 방전을 지속하는 것은 될 수 없다.

이같이 절연 파괴로부터 아크 방전에 이르기까지를 過渡 아크라고 하며 放電加工에 利用되고 있다.

放電加工은 過渡 아크 放電을 이송 되풀이함에 따라 절연 파괴되는 간격의 유지는 Servo 機構로 電壓의 조정은 電源裝置로 하고 있다.

여기서 아크 溶接과 放電加工의 차이를 比較하면 다음과 같다.

표 3-1

항목 \ 구분	방전가공	아크용접
방전형식	과도 아크 용접	지속 아크 용접
작용점의 크기	직경이 0.01~0.5㎜	직경 수㎜
방전의 작용 시간	짧고 되풀이됨	길고 연속적
전류밀도	10만~100만A / ㎠	100A / ㎠ 정도
매체	절연액중	기체중
정도	±0.01㎜ 정도	±수㎜ 정도
가공 능률	시간이 많이 걸린다.	능률 좋게 가공된다.
열영향	극히 적다.	크다.

제4장 방전가공원리

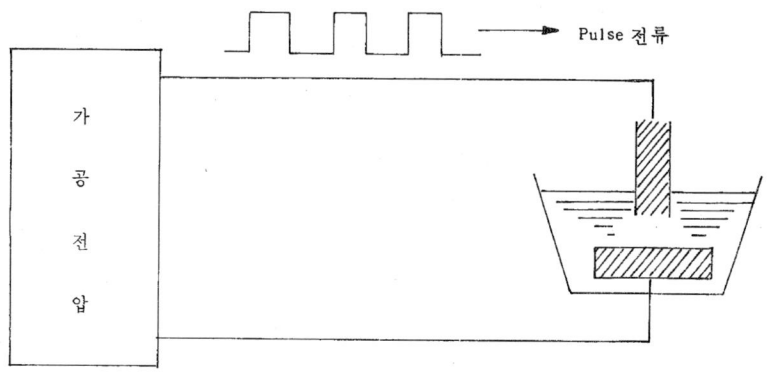

그림 4-1

(1) 加工液中에 電極과 工作物을 對立시켜 電壓을 增加해서 電極과 工作物의 거리를 수μ~수십μ에 가깝게 한다.

(2) 양극간의 가장 가까운 곳에서 절연파괴가 일어나며 불꽃이 생겨 가는 아크기둥이 되어 양극간은 방전기둥으로 연결된다. 방전점에는 전류가 집중되어 흘러 방전기둥의 아크전압은 20~30V 정도가 된다.

(3) 放電點의 電流密度는 10^6A / ㎠ 정도가 되고 放電點 부근은 7,500°~10,000℃가 된다고 하며 양극간의 방전점 주위는 용융상태가 되고 일부는 기화한다.

(4) 동시에 방전점 부근의 加工液도 급격히 가열되기 때문에 가공액은 증발하여 급격히 팽창하면서 충격력을 발생한다.

(5) 충격에 의해서 금속의 용융 기화부는 흩어져 작고 둥근 덩어리가 되어 가공액 중에 날라 퍼진다. 이 충격력은 전극 공작물로 본다면 작은 것이지만 단위면적으로 보면 상당히 큰 것이 된다.

(6) 녹은 금속이 흩어진 다음에는 주위로부터 차가운 가공액이 들어와서 전극과 공

작물 사이에는 절연상태로 돌아간다.

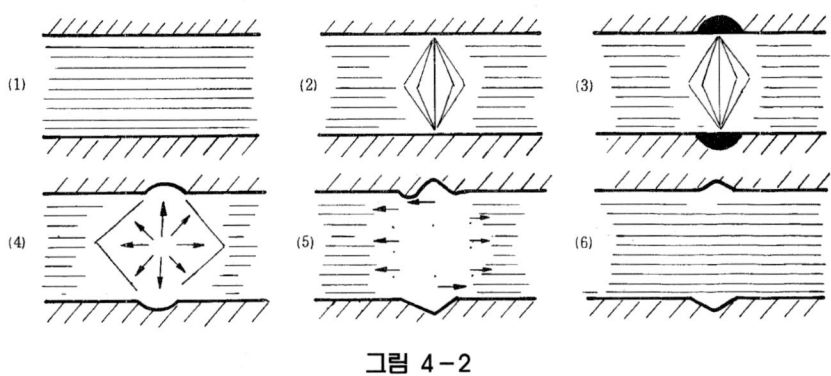

그림 4-2

電極과 工作物 사이에 發生하는 1회 放電時間은 극히 짧아서 아크기둥은 충분히 팽창할 수 없다.

먼저 加工液의 冷却 作用面에서 가늘게 교차하는 電極表面의 放電點 面積은 대단히 좁게 된다. 따라서 電極點의 電流密度는 상당히 크게 되고 단시간에 극히 限定된 좁은 面積에 높은 에너지가 集中하므로 電極點은 용융 증발하여 아크기둥 부분의 加工液도 급격히 加熱되어 증발 기화한다.

증기압이 터빈이나 피스톤을 움직이는 큰 힘을 발생함과 같이 加工液도 증발 기화해서 金屬의 용융 기화한 부분을 흩어지게 하는 壓力을 발생한다.

이러한 현상은 1/1,000초 이하라는 짧은 시간이기에 우리들의 눈에는 연속해서 방전이 일어나는 것처럼 보인다.

이러한 放電加工은 放電에너지에 의한 電極의 용융증발의 열작용과 충격압력 작용의 종합 작용에 의한 것으로 불꽃 그 자체만으로는 金屬材料를 加工할만큼의 능력은 없는 것이다.

제5장 방전가공의 특징

放電加工은 切削工具에 의한 切削加工, 연삭숫돌에 의한 研削加工, 塑性加工 등의 機械力에 의한 加工메커니즘과는 달리 放電現象을 利用해서 金屬을 局部的으로 용융, 증발시킨다.

이 放電加工의 長, 短點으로서는 다음과 같은 것들이 있다.

1. 長 點

1) 電氣는 直接 使用하고 있다.

切削에서는 電動機를 써서 機械力으로 變換시켜 加工하고 있지만 放電加工에서는 電氣的 에너지로 直接 加工을 한다.

2) 導電性이 있는 재료는 硬度, 粘度 等에 關係없이 加工할 수 있다.

放電加工에서는 硬度가 특히 높은 재료나 加工硬化가 일어나기 쉬운 재료, 靭性이 큰 재료도 容易하게 加工할 수 있다.

3) 加工할 때 큰 힘을 必要로 하지 않는다.

放電을 일으키고 좁은 부분에서는 壓力이 加해지고 있다는 報告도 있지만 電極에 가해지는 힘은 機械加工에 比較할 것이 못된다.

그래서 箔板, 管, 線 등의 加工이나 작은 구멍 뚫는 것도 가능하다.

이때 內部應力도 적기 때문에 變形도 적다.

加工機에 反力이 거의 걸리지 않기 때문에 加工機도 輕構造로 가능하며 被加工物의 取付도 簡單해서 좋다.

4) 熱影響에 의한 變形이 적다.

황삭 加工인 때에는 열영향 때문에 表面에 담금질이 되거나 풀림이 되는 것이 있지만, 仕上加工에서는 거의 없다.

5) 仕上面이 優秀하다.

加工面은 方向性이 없으며 仕上加工에서는 物理的 性質을 變化시키지 않기 때문에 超硬合金에서도 크랙(Crack)이 없으며 耐食, 耐摩耗性이 크다.

6) 精度가 높다.

아무리 複雜한 形이라도 電極만 잘 加工하면 被加工物을 높은 精度로 이것을 만들 수 있어서 高精度加工이 可能하다. 특히 구멍의 內面加工에 有利하다.

7) 加工費가 적다.

切斷, 구멍 뚫기, 다같이 적은 加工費로서 成形, 仕上이 可能하다.

高價인 재료의 切斷에도 有利하다.

8) 工具값이 싸다.

工具用電極은 黃銅, 銅 등으로 만들며 날이 없기 때문에 切削工具, 砥石 보다 도 廉價이다.

9) 加工工具는 回轉하지 않기 때문에 좋다.

10) 1個의 裝置로 仕上까지 可能하다.

同一裝置, 同一電極으로서 加工條件에 따라서 荒削에서부터 仕上加工까지 可能하다.

11) 自動化, 省力化가 容易하다.

自動化, 省力化가 可能해서 한 사람이 여러 대의 機械를 運轉할 수 있다.

2. 短　點

1) 加工速度가 늦다.

2) 電極이 消耗된다.

切削工具는 물론 砥石에 比해서도 消耗가 많다.

여기서 正確한 作業은 긴 電極, 電極의 再成形을 할 必要가 있다.

3) 電極間의 틈은 정밀한 自動制御를 要한다.

調整이 나쁘면 加工速度, 仕上, 精度에 惡影響을 미친다.

4) 액중에서 가공하지 않으면 안 된다.

5) 가공의 形狀에 따라 각각의 電極을 必要로 한다.

　　이러한 장단점을 정확하게 평가한 다음에 放電加工의 特徵을 찾아 유효한 使用
方法을 쓰지 않으면 안 된다. 放電加工을 使用함에 따라

- 切削加工에서 불가능한 것이 容易하게 加工된다.
- 종래 加工이 불가능한 것이 용이하게 가공된다.
- 加工精度가 向上된다.
- 전후 처리를 包含한 總工程에서 원가절감이나 省力化가 可能하다.
- 작업의 安定性, 작업환경이 개선된다.
- 品質向上에 이바지한다.

이에 따라서 放電加工의 特徵을 찾아 使用할 必要가 있다.

3. 放電加工의 特徵을 살릴 수 있는 對策

1) 경도가 대단히 높을 것

　　경도가 높으면 높을수록 기계가공은 困難하게 되고 마침내는 거의 加工이 불가능하게 된다. 放電加工은 加工原理가 機械加工과 달라 放電에너지를 直接利用하고 있기 때문에 도전성재료라면 어느 것이나 可能하다. 더욱이 熱處理 등으로 경도가 높게 되어 있어도 가공성능은 저하하지 않는다.

　　그림 5-1은 이 관계를 나타낸 것이다.

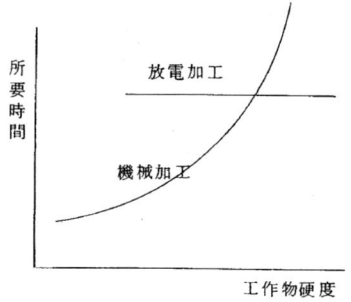

그림 5-1

　　초경합금이나 세라믹 加工後 열처리에 의해 변형될 염려가 있을 경우 열처리 後에 행하는 加工, 부러진 드릴이나 탶의 제거에 特徵이 發揮된다.

2) 점성, 취성이 큰 물건

경도가 높은 것뿐만이 아니고 점성이 큰 難切削材料도 加工된다.

예를 들면 스테인레스에 작은 구멍을 뚫는 가공 등에서는 드릴이 부러지기 쉽지만 放電加工은 일종의 非切削加工이기 때문에 전극이 부러질 염려는 없다.

또 세라믹 등의 약한 것이라도 Energy가 작은 放電加工에서는 부러질 염려가 없다.

3) 가공형상이 比較的 複雜한 물건

放電加工은 電極 또는 工作物을 回轉시킬 必要가 없으므로 특수형의 구멍가공 등 複雜한 형상에서 기계가공하기 어려운 것도 特徵을 發揮한다.

複雜한 형상을 가진 Die는 몇 조각의 部分으로 分割해서 가공한 다음 그들을 맞추어서 만들 수 있지만 방전가공에서는 分割할 必要가 없다.

放電加工에서는 相對하는 형상의 총형전극이 必要하기 때문에 전극제작의 편이 오히려 固難하다고 하는 것에는 적합하지 않다.

(전극재료비＋공수)와 放電加工 공수를 더한 것이 다른 工作法보다 유리할 때에 채용해야만 한다.

그림은 전극제작이 간단하므로 放電加工에 적합한 예이다.

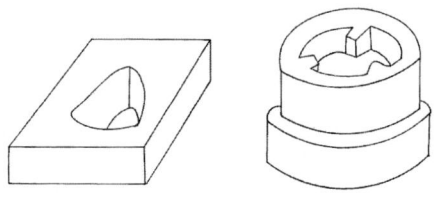

그림 5-2

4) 精度가 比較的 높은 물건

정도가 낮은 것은 기계가공으로 能率的으로 할 수 있는 것이 많다.

放電加工의 加工速度는 表面 거칠기와의 관계에서 한도가 있기 때문에 Milling M／C 등에서 每分 수 100g도 加工할 수 있는 것과는 能率的으로 比較가 되지 않는다.

그러나 치수 정도를 체크해 가면서 아주 적게 제거해 가는 가공, 특히 3차원 금형에서 줄 등을 使用해서 밑면이나 Corner部를 사상해 나갈 가공보다는 能率的인 것이 많다. 따라서 기계가공에서 荒削加工하여 사상가공에 放電加工을 하여 精度를 내는 方法이 能率的이고 많이 채용되고 있다.

放電加工의 精度는 加工條件에 따라 현저하게 다르지만 일반적으로 1 / 100 정도이다.

5) 放電加工面 살리는 것

Plastic Mold형 등에서는 가공 후에 연마할 必要가 있다. 이 경우에 均一하게 無方向性의 加工面은 기계가공면에 比하여 有利하게 된다.

스테인레스의 Stamping형에서는 이 放電加工面이 기름의 保持가 좋고 스테인레스의 빠짐이 좋게 된다.

단조형 등에서는 가공면을 그대로 使用할 수 있다.

文字나 Mark의 刻印에서는 이 素地로부터 文字를 陽刻시키는 등의 利用方法이 있다.

6) 기계가공으로는 변형하기 쉬운 것

기계가공으로는 절삭압이 가하여지기 때문에 작은 힘으로도 變形하는 얇은 물건에 구부러지지 않게 가공하는 것은 固難하다.

放電加工에서 放電電極은 工作物에 접촉하지 않고 加工하기 때문에 壓力은 크지만 그 작용면적이 극히 작기 때문에 공작물이나 전극의 전체에 걸리는 힘으로는 작은 것이다.

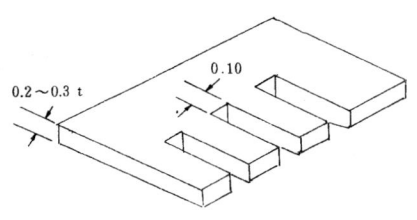

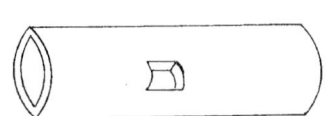

그림 5-3 내열합금 박판에의
Slit 가공

그림 5-4 박판파이프에의
특수구멍가공

7) Cutter로서 중심을 내기가 困難한 물건

Drill이나 End mill에서 斜面이나 曲面에 작은 구멍을 加工한다든지 구멍 중에 중심이 있는 구멍 등의 加工에서는 공구가 비틀어져 고정도의 加工이 困難한 경우가 있다.

방전가공은 미끄러짐이나 비틀어짐이 없기 때문에 이러한 加工도 容易하게 할 수 있다.

8) 미세한 구멍이나 홈

가는 구멍, 폭이 좁은 홈이나 Slit 가공 등은 기계가공에서는 공구가 부러지기 쉽고 깊을수록 困難하게 되지만 放電加工에서는 초경합금에 $\Phi 0.3\text{m}/\text{m}$의 구멍을 깊이 $5\text{m}/\text{m}$ 정도의 가공이 可能하다.

이 특질을 살려서 微細加工分野에서도 效果를 올리고 있다.

9) Burr가 있어서는 困難한 물건

파이프 구멍이나 그림과 같이 공구가 닿지 않는 부분에서의 Burr의 제거 方法이나 流動 작업에서의 품질관리에서 Burr가 문제될 때는 放電加工이 有利한 것이 많다.

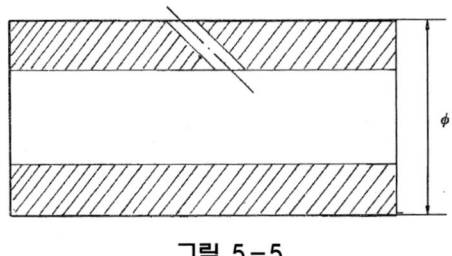

그림 5-5

10) 熱影響을 받아서 困難한 물건

放電加工表面에는 熱影響을 받은 변질층이 보이지만 에너지가 작은 사상가공이 되면 변질층도 數μ 정도이다.

이 特徵을 利用해서 조직을 조사하기 위해 試料나 單結晶의 시편의 채취 등에 사용된다. 또 이 변질층이 유효하게 작용해서 열처리한 것과 같은 효과가 나타나 Burr의 발생도 없어서 형의 내구성이 增加한다.

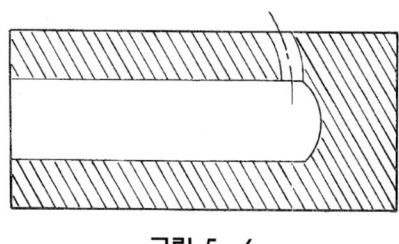

그림 5-6

11) 굽은 구멍, 그 외 가공 困難한 部分 加工

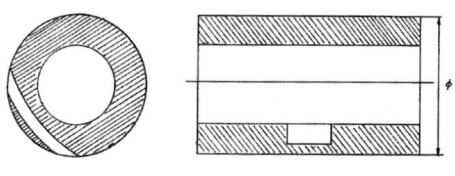

그림 5-7

放電加工에서는 電極을 직전시키는 것만이 아니고 적당한 장치를 이용하여 回轉 Servo를 이용할 수 있다. 代表的인 것으로 나사가공이나 Helical Gear의 가공, 원호상의 굽은 구멍 등의 가공을 들 수 있다.

4. 放電加工의 利用分野

放電加工機는 주로 放電型彫機로서 금형 제작분야에 이용하여 왔다. 주된 利用分野를 열거하면 다음 표와 같다.

表 5-1

	관통 Type의 가공	밑변이 있는 Type 가공	기타
금형공업	전단형 크로잉형 인발다이스형 분말야금형 기타	단조형 다이케스팅형 Glass 형 Plastic 형 고무형 프레스형 코오닝형 엠보싱형 스웨이지형 刻印型	초경합금의 전단 複雜한 분활형의 형맞춤 추가수정작업
기계공업	가느다란 구멍가공 미세가공 탭, 드릴 등의 제거	굽은 구멍가공 (터빈노출구멍) 경질재료에의 글자 세김	시료채취 총형카타의 가공 제조라인에의 적용
경전기공업	전기부품의 가공 미세구멍가공	미세가공	

제6장 방전가공용어

放電加工에는 독특한 用語가 있는데 그 중 주된 것을 설명한다.

- 電極: 工具電極 및 工作物을 가리킨다. 慣用的으로는 工具極만을 가리킨다.
- 工具電極: 공작물과 반대극성에 접속해서 가공공구의 역할을 하는 전극
- 工作物: 加工되는 물건
- 荒加工: 사상정도가 거친 加工
- 中加工: 사상정도가 중간인 加工
- 極間電壓: 공구전극과 공작물과의 전압(극간 전압에는 무부하전압도 가공전압도 包含된다)
- 無負荷電壓: 放電하지 않을 때의 電壓

그림 6-1

- **과도 아크방전**

절연파괴에서부터 정상상태에 갈 때까지의 과도적인 아크방전

과도 아크방전할 때의 전압을 아크 드롭(arc Drop) 전압이라고 하며 그 값은 17~30V 정도이다.

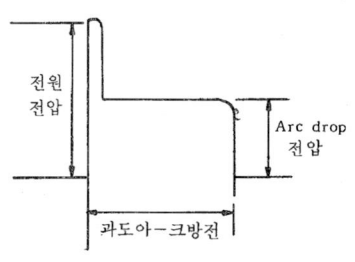

그림 6-2

● **放電時間**

한번의 방전이 지속되는 시간(과도 아크방전이 지속되는 시간)

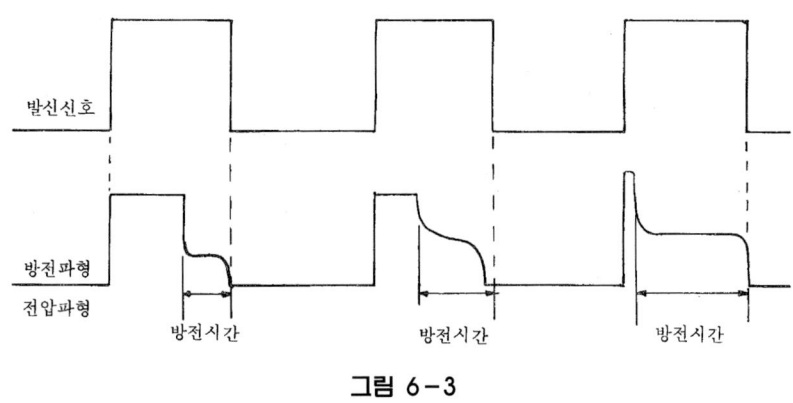

그림 6-3

팔스폭은 항상 일정하지만 방전시간은 가공상태에 따라서 일정하지 않다.

● **가공전압**

平均 加工電壓을 가리키지만 일반적으로는 가공 중 가공기의 電壓計에 表示된 극 간 전압에 상당하는 電壓

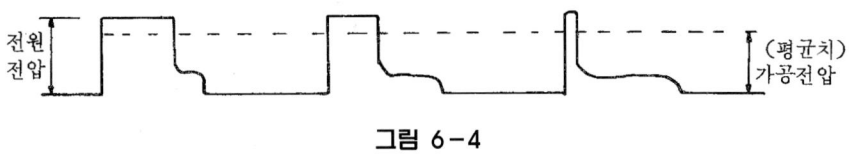

그림 6-4

● 放電電流: 放電時에 電極 Gap을 흐르는 電流

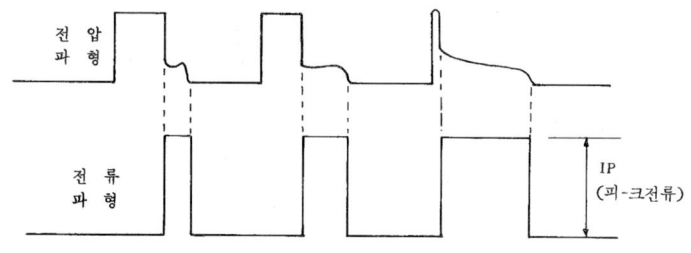

放電電流의 크기(波高置)를 피이크전류라고 말한다.

그림 6-5

● 仕上加工: 仕上程度가 상위인 加工
● 正極性: 工具電極을 (−), 工作物을 (+)로 하는 加工電源의 접속
● 逆極性: 工具電極을 (+), 工作物을 (−)로 하는 加工電源의 접속

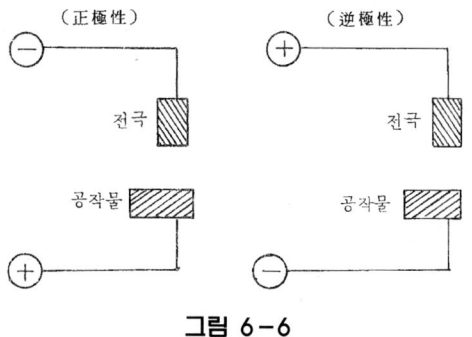

그림 6-6

● **팔스 폭**

한 개의 팔스가 시작해서 끝날 때까지의 시간

「通電時間」, 「on time」는 同意語. 일반적으로 팔스 폭의 값은 수msec로부터 수 μsec이다.

● **휴지時間(休止時間)**

하나의 팔스가 끝나는 것으로부터 다음 팔스가 시작할 때까지의 時間 「OFF Time」 과 同意語

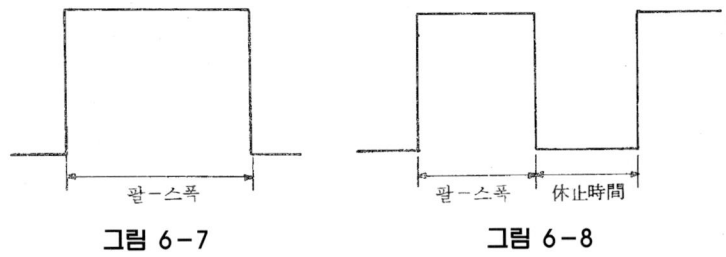

그림 6-7   그림 6-8

● Duty Factor

放電의 팔스의 폭을 t_1 休止時間을

t_2로 했을 때의 $\dfrac{t_1}{t_1+t_2}$ 의 값

Duty Factor $\dfrac{t_1}{t_1+t_2} \times 100$ (%)

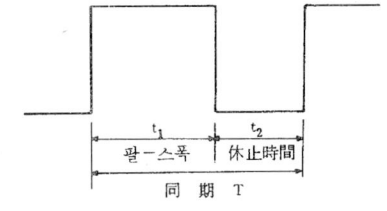

그림 6-9

※ 팔스 폭 200μs, 休止時間 50μs의 경우는 Duty Factor는

$$\frac{t_1}{t_1+t_2} \times 100 = \frac{200}{200+50} \times 100 = 80 \text{ (%)} \text{ 가 된다.}$$

또한 이 경우 반복횟수(주파수)는

$$f = \frac{1}{T(\sec)} = \frac{1}{200+50(\mu\sec)} = \frac{1}{250 \times 10^{-6}(\sec)}$$

$$= 4,000(Hz) = 4(KHz)$$

따라서 이 경우에는 1초간에 4,000회의 방전을 되풀이 하는 것이 된다.

● 전원전압

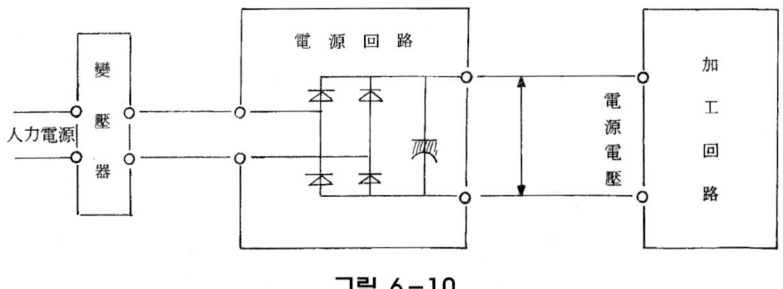

그림 6-10

電源裝置의 直流出力電壓(가공 중은 전압이 변동하기 때문에 가공하지 않을 때(무부하)의 전압을 표시한다).

- **加工電流(平均加工電流)**

가공 시 전극사이를 흐르는 전류의 평균치, 일반적으로는 가공 중 가공기의 지시된 전류값

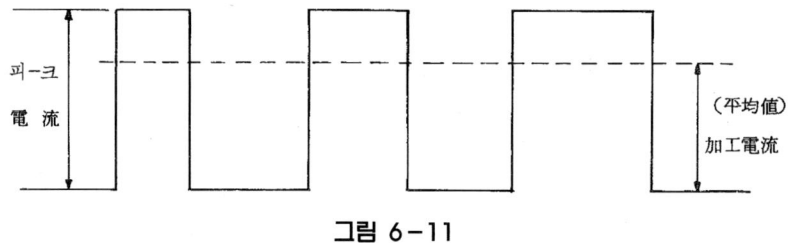

그림 6-11

제7장 가공성능

放電加工機의 加工性能 表示方法은 다음과 같이 결정되어 있다.

① 放電加工機 性能表示書에는 所定의 實驗條件 및 樣式에 作成한 性能表示曲線을 기재한다.

② 性能表示曲線의 作成은 다음 實驗條件으로 행한다.

- 工作物의 재질은 SKs₂, SK₃, SK₅의 어느 것이라도 좋다.
- 工具 電極 재질은 脫酸銅, 電機銅, 市販銅의 어느 것이라도 좋다.
- 工作物의 形狀은 平板으로 한다.
- 工具 電極의 형상은 圓柱 구멍뚫기로 가공액을 흘려주는 방법으로 한다.
- 가공액은 市販油(放電加工用 灯油)로 名稱은 自由로 한다.
- 공구전극의 치수 및 가공시간은 다음 표와 같이 정한다.

表 7-1

가공면거칠기(μ Rmax)	5	10	20	50
외경 (내경) mm	20(10)	20(5)	20(5)	35(5)
가공시간 (min)	30이하	20	20	10

- 加工速度는 體積 除去速度(㎣/min)로 表示한다.
- 가공면 거칠기 (μ Rmax)는 觸針式으로 測定할 것.
- 가공속도, 전극소모율, 가공면 거칠기는 동시에 실험한 것을 측정할 것.

③ 공작물 및 공구전극의 재질의 밀도는 다음과 같이 한다.

SKS₂ (합금 공구강 S₂ 종)   7.9(g/㎤)

SK₃   (탄소 공구강 3종) 7.8(g/㎤)

SK₅   (탄소 공구강 5종) 7.8(g/㎤)

脫酸銅	8.9(g / ㎤)
電氣銅	8.9(g / ㎤)
市販銅	8.9(g / ㎤)

④ 가공면의 거칠기는 가공 밑면의 거칠기를 表示할 것

1. 加工速度

가공속도는 공작물을 단위 시간에 얼마나 제거하는가(가공하는가)를 표시하는 량으로서 단위시간의 가공중량(g / min)으로 表示하는 방법으로 단위시간의 가공량(체적)(㎣ / min)으로 表示하는 방법이 있고 以前에는 중량표시를 이용하고 있었지만 현재에는 體積表示로 통일되어 있다.

1) 重量表示

가공전의 공작물의 중량을 $W_1(g)$, 가공 후 공작물의 중량을 $W_2(g)$, 가공시간 $t(min)$로 하면

$$가공속도 = \frac{W_1 - W_2}{t} \ (g/min)$$ 가 중량표시의 가공속도가 된다.

> 例: 銅電極을 使用해서 강(SKS_2)의 공작물을 가공할 경우에 공작물의 가공 전 중량 177.88(g), 가공 후의 중량이 169.38(g) 가공시간을 5분으로 하면
>
> 가공속도는 $\frac{177.88 - 169.38}{5} = \frac{8.50}{5} = 1.70 \ (g/min)$ 로 된다.

여기에서 銅(SKS_2)이 1.70g이라고 하면 어느 정도의 크기가 되는가를 알아 볼 수 있다.

重量表示는 가공전과 가공 후의 중량을 측정하는 것만으로 간단하지만 실제로는

별로 도움이 되지 않는다.

2) 體積表示

가공전의 공작물의 중량 W_1(g), 가공 후 공작물의 중량 W_2(g), 가공시간 t(min), 공작물의 밀도 ρ(g / min)로 하면

가공속도는 $\dfrac{W_1 - W_2}{t} \times \dfrac{1,000}{p}$ (㎣/ min) 가 체적표시의 가공이 된다.

例: 위에서 표시한 강의 중량 1.70(g)을 체적으로 환산하면 銅(SKS$_2$)의 밀도가 7.9(g / min)로, 이것은 銅(SKS$_2$)의 체적 1㎤(1,000㎣)가 7.9g이라고 하는 것이기 때문에 강(SKS$_2$)의 1g은 $\dfrac{1,000}{7.9}$ (㎣)로 된다. 따라서 銅(SKS$_2$)의 重量이 1.70g은

$$1.70 \times \dfrac{1,000}{p} = 1.70 \times \dfrac{1,000}{7.9} = 215.19 \text{ (㎣/ min) 로 된다.}$$

가공속도가 1.70(g / min)하는 것보다도 215.19(㎣/ min)로 표시하는 편이 실제의 작업을 행하는 경우에는 1分間에 가공되는 量이 체적으로 나타나는 것으로 도면상에서 대강의 가공시간 계산이 가능해서 편리하다.

여기에서 방전가공의 성능표에 나타나 있는 가공속도의 값은 최대의 가공속도가 나오는 조건에서 실험한 값으로서 실제의 가공에 있어서는 가공현상, 가공깊이, 가공액, 분출방법 등의 조건이 변화하기 때문에 성능표의 반 정도의 가공속도로 저하할 수도 있다.

2. 電極消耗率

工具電極의 消耗量은 공작물 제거량에 대한 비율을 백분율(%)로 表示한 것을 전극 소모율이라고 하며 이전에는 전극 소모비라고도 하였다.

전극소모율은 중량, 체질, 길이의 비교로서 표시한 방법이 있다. 이 소모율이 1% 이하의 가공을 일반으로 전극 저소모 가공이라고 한다.

1) 중량 소모율

$$\frac{\text{전극의 소모중량 } (g)}{\text{공작물의 소모중량 } (g)} \times 100(\%)$$

例: 銅電極으로 鋼의 工作物을 가공한 경우에 전극의 소모중량을 0.405(g), 공작물의 가공중량을 9.509(g)라 하면,

$$\text{전극소모율 (중량)} = \frac{0.405 \ (g)}{9.509 \ (g)} \times 100 = 4.26 \ (\%) \text{ 로 된다.}$$

이 방법은 측정이 간단하지만 전극재와 공작물재의 비중이 다른 경우에는 적당하지 않다.

2) 체적 소모율

$$\frac{\text{전극 소모중량}(g)}{\text{공작물의 소모중량}(g)} \times \frac{\text{공작물의 밀도}}{\text{전극의 밀도}} \times 100 \ (\%)$$

例: 전극의 소모중량 0.405(g)과 공작물의 가공중량 9.509(g)을 체적으로 환산해서 비교하면 동의 밀도를 8.9(g / ㎤) 강의 밀도를 7.9(g / ㎤)로 해서

$$\frac{\text{전극의 소모량} \times \dfrac{1,000}{\text{전극의 밀도}}}{\text{공작물의 가공중량} \times \dfrac{1,000}{\text{공작물의 밀도}}} \times 100 = \frac{\text{전극의 소모중량}}{\text{공작물의 가공중량}}$$

$$\times \frac{\text{공작물의밀도}}{\text{전극의밀도}} \times 100 = \frac{0.405}{9.509} \times \frac{7.9}{8.9} \times 100 = 3.78 \ (\%) \text{ 가 된다.}$$

이와 같이 중량소모율은 4.26(%)로서 체적소모율은 3.78(%)와 틀리게 된다.

3) 길이 소모율

$$\frac{電極消耗길이}{工作物의\ 가공길이} \times 100(\%)$$

Graphite는 加工液中에 잠기면 加工液이 스며들어 중량이 변하고 消耗重量을 측정할 수 없다.

이와 같은 경우에는 길이를 비교한다.

電極消耗 길이의 측정은 불완전 소모부의 判定이 어려워서 거의 完全消耗 길이로 나타낸다. 放電加工 機의 性能表에 表示하고 있는 電極消耗率은 결정된 實驗 方法으로 측정한 값이 1%이하의 저소모 가공

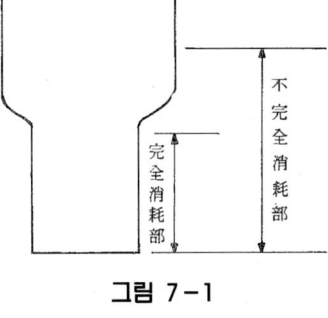

그림 7-1

이라도 전극 형상에 따라 특히 전극의 예각인 부분은 消耗가 많으며 겉으로 보아도 소모가 많은 것같이 보인다.

이것은 電極의 先端部 특히 脫角部는 放電이 일어나기 쉽고, 放電回數가 많기 때문에 어떻게 하더라도 소모는 많게 된다.

3. 가공면 거칠기

放電加工面은 절삭가공과 달라서 무방향성 素地상태의 가공면이 된다. 가공면 거칠기는 觸針式의 면거칠기 測定器로서 측정하며 μ Rmax로 表示한다.

放電 電流가 크면 放電 Energy도 크게 되어 한번의 방전으로 제거되는 량은 많게 되지만 放電 흔적도 크고 또 깊게 되어 가공면은 거칠어진다.

Catalogue 등에 표시하고 있는 最良面 거칠기라는 것은 그 放電加工 電源에 의해서 얻어지는 最良의 면거칠기이고 그때의 가공속도는 극히 작게 된다.

면거칠가의 측정법은 JIS에 의하면 다음과 같이 정해져 있다. 斷面 曲線으로부터 기준 길이만 끊은 부분의 평균선에 평행한 2직선으로 잘라낸 부분에 그었을 때 2직선의 간격을 단면 곡선의 縱倍率의 方向으로 측정해서 그 값을 미크론(μ =0.001㎜)로 表示한 것을 잘라낸 부분(Cut off portion)의 최대 높이를 말한다.

1) 加工面의 最大 높이는 그 表面으로부터 多數의 斷面 曲線을 구하여 이러한 단면곡선들로부터 구한 Cut off 부분의 최대 높이의 평균치로 표시한다.

2) 최대 높이를 구하는 경우 "흠"이라고 일컬어지는 평형면상에서 벗어나 높은 "산"이나 깊은 "골"이 없는 부분으로부터 기준 길이만큼 Cut off한다.

3) Cut off한 부분의 최대 높이를 구하는 경우의 기준 길이는 원칙적으로 다음의 6 種類로 한다.

   0.08, 0.25, 0.8, 2.5, 8.0, 25(單位㎜)

4) 最大 높이를 구하는 경우 기준길이의 標準値는 다음과 같이 된다.

표 7－2

最大 높이의 範圍		기준길이 (㎜)
以上(μ Rmax)	以下(μ Rmax)	
－	0.8	0.25
0.8	6.3	0.8
6.3	25	2.5
25	100	8

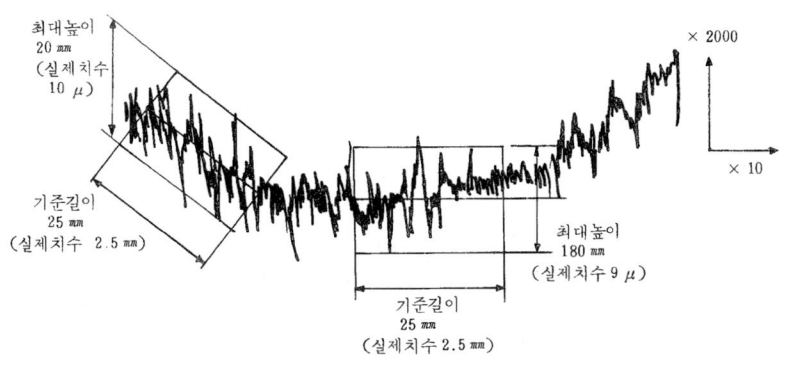

그림 7－2

縱倍率은 2000倍가 되어 있으므로 최대높이 18㎜는 1 / 2000의 0.009㎜(9㎛)로 된다.

또 최대높이 20㎜는 10㎛가 된다. 이 경우 가공면 거칠기는 평균값으로 9.5μ Rmax로 표시한다.

4. 가공확대값(Clearance)

放電加工은 그 원리에서 적당한 放電 間隙이 없으면 放電이 일어나지 않는다. 電極과 工作物간에는 어느 간격(방전간격수 μ~수십μ)을 유지하면서 加工을 진행시키는 것으로 전극의 측면과 공작물의 가공 측면과의 사이에도 間隙이 생긴다. 이 間隙은 放電間隙보다도 크게 된다.

즉, 放電間隙과 放電상처의 높이의 合이 加工間隙으로서 남는다.

放電 間隙은 放電이 가능한 최대 거리이며, 加工間隙은 放電이 불가능한 최소 거리라고 말할 수 있다.

加工 間隙의 測定은 수㎜ 두께의 공작물을 等俓의 電極으로, 수직으로 加工해서, 貫通할 구멍의 뚫는 입구의 구멍경과 전극경과의 차의 반을 클리어런스(Clearance)라고 한다.

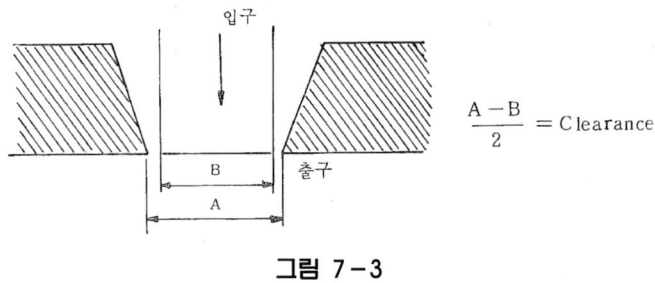

$$\frac{A-B}{2} = Clearance$$

그림 7-3

5. 加工 구배(Taper)

加工間隙은 가공구멍의 들어가는 입구와 빠지는 출구에서는 들어가는 입구측이 더 크게 된다.

이것은 전극의 진동이나 가공 Chip에 의해서 일어나는 2차 방전에 의한 것으로 가공이 불안정하고 시간이 길게 되는 만큼 크게 된다.

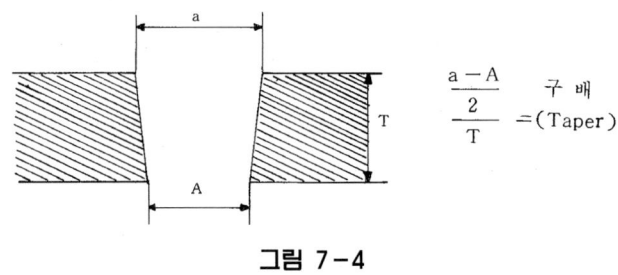

$$\frac{\dfrac{a-A}{2}}{T}=(\text{Taper})$$

구 배

그림 7-4

6. 加工性能曲線

放電加工 電源의 性能을 表示한 것이 加工 性能 曲線이다.

이것은 放電加工機의 性能을 아는 이외에도 加工條件을 設定하는 데에도 重要한 것이 된다. 性能 表示 曲線은 兩對數圖表를 利用하여 橫軸에 가공면거칠기(μ Rmax)를 縱軸에 加工速度(mm^2 / min)를 表示해서 각각의 관계를 알기 쉽게 하고 있다.

다시 電極消耗率 및 Clearance를 表示하면 각각의 관계가 확실하다. 다음 그림은 日本, 西部(Seibu)放電加工機의 標準加工 性能曲線의 일례를 表示한 것으로 가공면 거칠기를 表示하고 가공속도, 전극소모율 및 Clearance와의 관계를 表示하고 있다.

이 그림에 의하면 가공 조건은 電源型式 SP-50TD, 電極材料는 銅 工作物의 재 질은 鋼(SKS$_2$)로 電極(+) 工作物(-)의 역극성 가공을 행한 것이다. 이 그림은 각 Tap의 가공성능은 다음과 같이 된다.

각 Tap의 Pulse폭 및 휴지시간(休止時間)은 電極消耗率이 1% 以下인 곳에서 加工 速度가 最大가 되도록 設定하여 加工을 행한 것이다. 또 8Tap는 9Tap는 D.P회로(高 壓重疊회로)를 이용해서 가공면 거칠기가 最良이 되도록 하는 조건에 設定되어 있다.

따라서 電極消耗率 및 가공속도는 문제가 되지 않는다. 다음에 各 Tap의 Pulse폭 을 변화시키면 다음 그림과 같다. 이 그림으로부터 1Tap의 경우에 팔스폭을 변화시키 면 가공속도, 면거칠기, 전극 소모율, 크리어런스의 값은 다음과 같이 된다.

표 7 - 3

가공 Tap	가공면거칠기(μmax)	가공속도(㎣ / min)	전극소모율(%)	Clearance(μm)
1	150	505	0.7	170
2	110	270	0.7	110
3	80	130	0.69	80
4	60	90	0.69	62
5	30	30.5	0.72	38
6	20	14.4	0.75	26
7	11	2.8	0.8	20
8	8	0.63	3.9	19
9	6	0.35	18	18

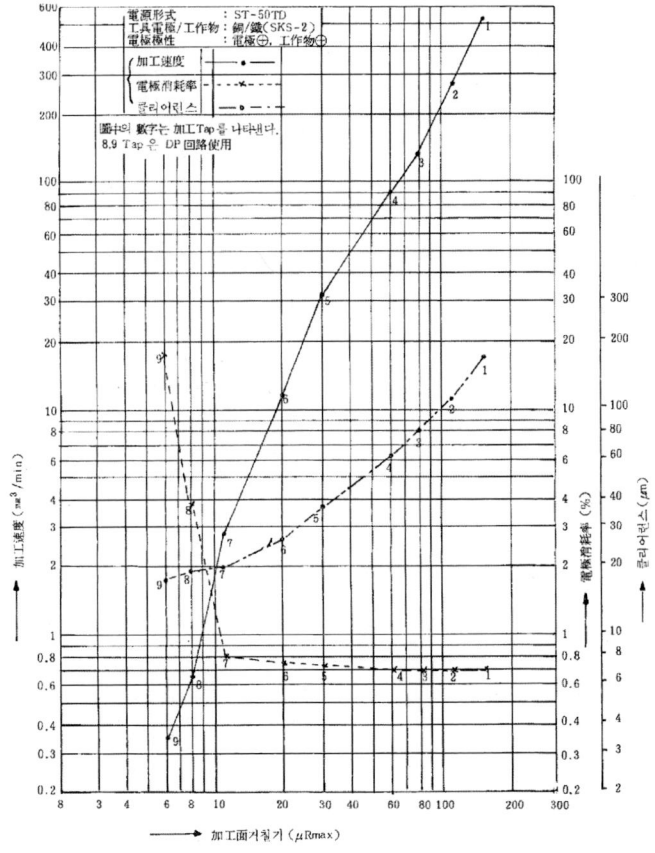

SEIU EDM 標準加工性能曲線

그림 7 - 5

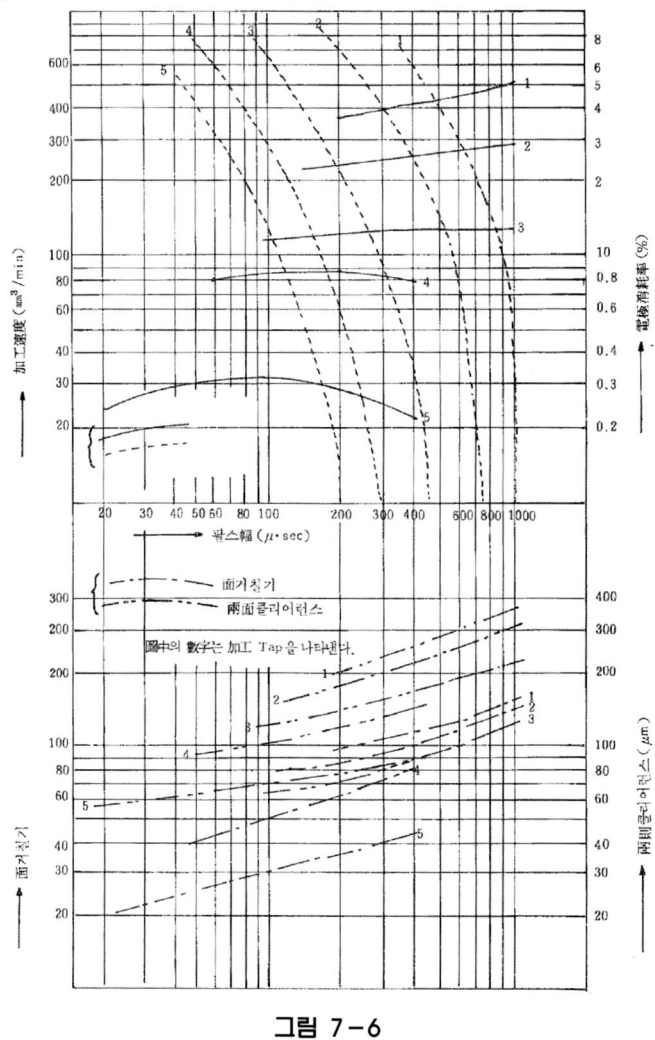

그림 7-6

표 7-4

팔스의 폭(μSec)	가공속도(㎥ / min)	전극소모율（%）	면거칠기(μ max)	크리어란스(㎛)
200	380	15	97	100
400	430	6.2	118	125
600	460	3.1	130	150
1000	505	0.7	145	170

또 5Tap의 경우에 pulse폭을 변환할 때의 각각의 값은 다음과 같다.

표 7−5

팔스의 폭(μSec)	가공속도(㎣ / min)	전극소모율(%)	면거칠기(μ max)	크리어란스(㎛)
20	25	12.7	20	29
50	31.7	4.4	25	32
100	33	1.3	30	35
200	30	0.2	36	39
400	22.8	−	43	43

이들의 표로부터 팔스폭을 늘이면 어느 값까지는 가공 속도는 증가하고 전극소모율도 감소하지만 그것과 동시에 면거칠기는 거칠게 되고 Clearance도 크게 되는 것을 알 수 있다.

제8장 방전가공전극

1. 槪　要

　加工 電極의 역할은 放電을 일으킬 때 한편으로는 電極으로도 되고 또 한편으로는 자신의 형을 工作物에 만드는 것이다.

　따라서 이 재료의 具備해야 할 性質은,

- 放電이 安定하게 일어나야 한다.
- 電氣 低抗이 높지 않아야 한다.
- 放電時에 消耗가 적어야 한다.
- 放電時의 加工速度, 精度, 表面 거칠기가 優秀해야 한다.
- 大電力 放電에 견디어야 한다.
- 機械的 强度가 커야 한다.
- 成形이 容易하고 값이 싸야한다. 등이 要望되지만, 現在는 이러한 條件을 全部 滿足시키는 電極 材料는 없으며, 가능한 한 많은 조건을 만족할 수 있는 최적의 전극 재료를 선택하여야 한다.

放電加工用 電極材料는 표 8-1과 같다.

표 8-1 放電加工用 電極材料

現在 잘 使用되고 있는 電極		現在는 잘 使用되지 않는 電極	
電氣銅	(Cu)	黃銅	(Bs)
그래화이트	(Gr · 흑연)	알루미늄	(Al)
銀 · 텅그스텐	(Ag-W)	亞鉛	(Zn)
銅 · 텅그스텐	(Cu-W)	텅그스텐	(W)
鋼	(St)	銅 · 그래화이트	(Cu · Gr)

現在에는 그다지 사용되지 않는 재료로 Bs는 被消性이 좋고 放電加工에서 고운 仕上面을 얻을 수 있는 利點이 있어서 小齒車의 貫通 加工에 使用되는 例가 있다.

그러나 電極消耗가 많은 것이 最大 결점이다. Al, Zn, Cu-Gr 등은 일시적으로 많이 사용되었으나, 트랜지스터 電源의 보급과 함께 Cu, Gr에 比해서 電極消耗가 많은 결점 때문에 거의 使用되지 않는다.

다음 그림은 電極材料 選定 要素를 나타낸 것이다. 선정에 있어서 이러한 要素를 충분히 檢討해서 最適 電極材料를 決定하는 것이 重要하다.

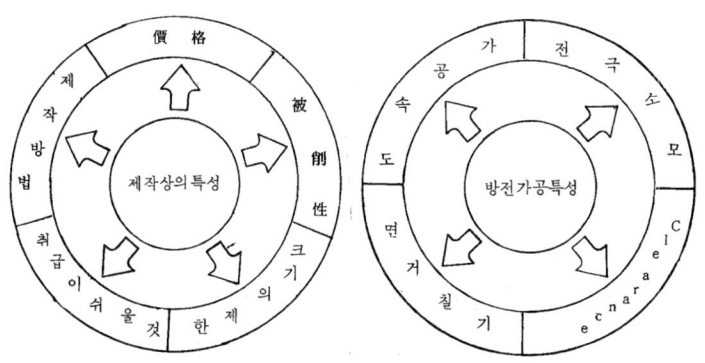

그림 8-1 電極材料 選定의 要素

1) 製作上의 特性

表 8-2 電極制作上의 特性

電極材料	電極製作方法	被削性	其他
Cu	• 切削, 硏削法 • 電鑄法, 鑄造法 • 鍛造法 • 溶射法 • 放電壓力成形法 • 放電二次電極法 • 와이야 캇타法	• 연삭이 어렵다. • 被削性이 약간 나쁘다.	• 電鑄法에 의하면 큰 면적으로 輕重量의 것이 가능하다. • 0.5Φ以下의 Cu파이프도 市販되고 있다.
Gr	• 切削. 硏削法 • 粉末燒結成形法 • 가壓振動成形法 • 와이야 캇타法	• 硏削. 切削 모두 극히 良好함	• 市販品은 450×450×200이 最大級임 • 輕重量이다. • Corner Edge가 상하기 쉽다. • 切削時 가루가 날린다.

電極材料	電極製作方法	被削性	其他
Ag-W	• 切削. 硏削法 • 放電二次電極法 • 와이야 캇타法	• 硏削良好 • 硏削性良好	• 市販品은 100 × 100 × 20이 最大級

Cu-W	• 切削. 硏削法
	• 放電二次電極法
	• 와이야 캇타法
		• 硏削. 切削
		  모두 良好
			• 市販品은
			  100 × 100 × 20이 最大級

St	• 切削. 硏削法 • 와이야 캇타法		• 型을 電極으로서 使用 可能하다.

2) 放電加工 特性

表 8-3 放電 加工 特性

電極材	工作物材	放電加工特性
Cu	St	1. 面거칠기 6μ Rmax以上으로 電極消耗比 1%以下의 加工이 가능 2. 面거칠기 6~50μ Rmax 사이에서 電極消耗比 1%以下의 加工條件으로는 加工速度는 다른 電極材보다 빠르다. 3. 피크 電流를 크게 하고 팔스폭을 작게 設定하면(同一面 거칠기에 대해서 加工速度를 빠르게 한다) 電極消耗比가 急增한다.
	Wo-Co	4. 電極消耗比는 80%에 달한다. 電極消耗比 1%以下의 加工은 불가능하다.
Gr	St	1. 面거칠기 50μRmax 以上으로 電極消耗比 1%以下의 加工이 가능하고 다른 電極材에 비해서 加工速度도 빠르고 전극소모는 적다. 2. 面거칠기 50μ Rmax 以下에서는 電極消耗比 1%以下의 加工은 어렵지만, 20μ Rmax의 面거칠기로서는 3~5%는 消耗한다. 3. 面거칠기 10μ Rmax以上의 電極消耗條件으로서 가공속도는 다른 電極材보다 빠르고, 電極消耗比도 Cu보다 적다. 4. 面거칠기 10μ Rmax以下의 電極有消耗條件으로서, 加工速度도 電極消耗도 다른 電極材보다 나쁘다.
	Wc-Co	5. 電極消耗比는 100%에 달한다. 電極消耗比 1% 以下의 가공은 불가능하다.
Ag-W	St	1. 面거칠기 6μ Rmax以上으로 電極消耗比 1%이하의 가공이 가능 2. 電極消耗條件에 있어서 仕上加工으로의 電極消耗比는 2%이하
	Wc-Co	3. 電極消耗比는 10~15%로 가공 속도도 가장 빠르다. 電極消耗比 1%以下의 加工은 불가능하다.
Cu-W	St	1. 面거칠기 6μ Rmax 以上으로 電極消耗比 1%이하의 가공이 가능 2. 電極 有消耗條件에 있어서 仕上加工으로의 電極消耗는 15%이하
	Wc-Co	3. 電極消耗比는 15~20%로 Ag-W 다음으로 적합하다. 電極消耗比 1%以下의 가공은 불가능하다.
St	St	1. 電極消耗比 1%以下의 加工은 불가능하다. 2. 電極有消耗條件에 있어서 電極消耗比는 5~20% 3.加工速度는 Cu의 1 / 2~1 / 3
	Wc-Co	4. 電極消耗比는 100%以上으로 電極消耗比 1%이하의 가공은 불가능하다.

3) 적용예

표 8-4 전극재료에 대한 방전가공 적용예

工作物材	電極材		適用例
St	Cu	貫通加工	1. 프레스 Punching型을 비롯해서, 貫通加工 全般的으로 使用되고, 被削性研削性이 나쁜 것은 制限이 있다.
		밑이 막힌 加工	2. 밑이 막힌 加工 全般에 使用된다. 특히 Corner에 Sharp Edge를 要하는 것으로 20μ Rmax以下의 面거칠기까지 1%以下의 電極消耗比로 放電加工하는 플라스틱몰드金型, 다이케스팅金型, 유리 金型 등에는 最適 3. 鍛造에 의한 電極製作에서는 鍛造로 電鑄에 의한 電極製作에서는 Drawing型, 刻印型 등에 적당하다.
St	Gr	貫通加工	1. 貫通 加工 全般에 使用된다. 특히 10μ Rmax以上의 面거칠기는 最適 알루미늄샤시 押出型, 베어링部, 프레스 Punching型의 加工은 代表的인 例, 단, 10μ Rmax以下의 面거칠기로서는 나머지 부분은 적합하지 않다.
		밑이 막힌 加工	2. 三次元 自由曲面을 가진 鍛造型에 最適 3. Corner部에 R을 가진 플라스틱몰드型, 다이캐스팅型 4. 모든 金型의 거친 加工에 最適
	Ag-W	貫通加工	1. 加工面거칠기 5μ Rmax以下의 小面積의 프레스펀칭형
		밑이막힌 가공	2. 加工面거칠기 5μ Rmax以下의 플라스틱몰드 금형
	Cu-W	貫通加工	1. 小面積, 高精度의 프레스 펀칭 금형 2. 粉末冶金型에 代表되는 高精度, 깊은 구멍의 加工
		밑이 막힌 가공	3. 複 形狀, 小面積의 플라스틱몰드金型 刻印加工
St	St	貫通加工	1. Punch를 그 電極으로 使用, Press Punching 金型
		밑이 막힌 가공	2. 플라스틱몰드 金型 등의 Parting 맞춤
Wc-Co	Cu	貫通의 거친 加工 및 電極面積이 큰 仕上加工
	Gr	貫通 거친 加工
	Ag-W	貫通, 밑이 막힌 가공의 거친 加工 및 仕上加工 및 仕上加工(밑이 막힌 加工에는 전극을 몇개 사용)
	Cu-W	Ag-W와 같음

2. 구멍내기용 電極材料

같은 加工機를 使用하고 加工液, 電氣 條件이 같아도 加工電極材料가 다르면 加工速度, 電極消耗, 가공면 거칠기가 틀린다.

예를 들어 RC 回路를 使用하고 各各 다른 電極材로서 同一被加工材에 구멍내기

加工을 한 結果를 表 8-5에 나타냈다.

表 8-5 加工電極

加工電極材料	加工速度	加工電極 消耗速度	加工電極 消耗比
黃銅LS-59(40% Zn)	100	100	1.0
靑銅AMZhTsZ-10-3	20	119	5.95
黃銅LS-62(5% Zn)	32	84	2.62
灰銑鐵	48	38	0.79
燐靑銅	67	69	1.03
銅	71	37	0.52
銅. 그래화이트 MG-4	146	30	0.21

被加工物은 炭素 工具鋼 U8

加工速度, 電極消耗速度는 4-6 黃銅을 使用했을 때의 값을 100으로 해서 比較했다.

電極消耗比는 電極消耗速度를 加工速度로 나눈 값으로 나타내며 이 값이 적은 쪽이 좋다.

電極消耗比라는 말은 (加工 電極消耗量) / (被加工物의 除去量)으로서 나타낸 것을 말하며, 陰陽兩電極의 消耗比라고 하는 것은(被加工物의 除去量) / (加工電極消耗量)의 意味로 쓰여서 실제적으로 혼돈하기 쉬웠다.

表 8-5에서 보는 바와 같이 흔히 잘 쓰이는 黃銅은 加工速度의 점에서는 좋다. 消耗에 대해서는 灰銑鐵이 좋다. 銅흑연 電極은 加工速度, 電極消耗面에서는 특히 우수하다.

消耗를 피할 경우에는 銅이 優秀하다. 4-6黃銅, 銅, 銅, 흑연의 3가지는 일반적으로 使用되고 있는 代表的인 電極材料이다.

以上은 直流電源을 使用할 경우이고, 交流, R.C 回路의 電極消耗는 表 8-6에서 알 수 있듯이 2배에 가깝다. 이것은 加工 電極이 陽極이 되는 경우에 현저하게 電極이 消耗하기 때문에 交流 回路는 좋지 않다.

表 8-6 交流에 의한 電極消耗(Wt%)

電極材料 \ 電源	DC	AC
黃銅	51	95
炭素	12	20

電源은 120V, 200μF, 被加工物은 黃銅

最近 剪斷形 펀치(Punch)를 加工 電極으로서 使用해서 다이(Die)를 直接 加工할 目的으로 放電 加工을 하고 있는데 이때에는 放電이 不安定하고 加工速度, 仕上도 다같이 좋지 않게 되지만 回路, 電氣 條件의 改善으로 容易하게 할 수 있다.

電極 材料와 表面 거칠기의 關係는 表 8-7에서 알 수 있듯이 RC회로에서 炭素 工具鋼을 加工할 때 같은 電氣條件으로 같은 材料를 가공해도 틀린다.

加工速度, 電極消耗는 어느 電極材料가 가장 좋다고 말할 수 없다. 예를 들어 그림 8-2-3에 의하면 특수강에 대해서는 黃銅 電極이 빠르고 모리부덴에서는 銅·흑연이 훨씬 빠르다.

表 8-7 加工速度와 表面 거칠기

加工速度	加工電極材料	거칠기(μrms)
粗		6.3~25
中	黃銅LS 59	3.2~12.5
仕上		1.6~6.3
仕上	銅, 흑연 EG-2	0.8~3.2

被 加工物은 炭素鋼 U8

또 表 8-5에서는 放電시키는 方法이 다르기 때문에 결과도 현저하게 달라진다. 이 경우 黃銅 電極으로서 軟鋼한 加工할 때의 加工 電極消耗는 3以上도 있다. 또한 黃銅보다는 軟鋼電極, W電極이 바람직하다.

특히 消耗를 考慮하면 W電極이 우수하다는 것을 나타낸다.

表 8.7-1과 같이 加工 回路가 틀리기 때문에 黃銅 電極으로 열처리 鋼을 加工할 때의 加工 電極消耗가 현저하게 적다. 加工速度, 加工電極消耗, 加工面 거칠기는 여러 가지의 要素에 따라 변한다. 電極은 消耗에 따라 容積, 重量이 減少하고 그 形

도 변한다.

원래 放電加工에 있어서 被加工物은 차차 加工電極에 가깝게 되는 것으로 電極이 變形하면 所期의 形狀, 치수, 精度를 얻을 수 없다. 전극의 변형은 兩極材料, 電氣條件, 加工液의 供給등 여러 가지의 要因에 의하여 변하는 것으로 豫測은 어렵다.

표 8.7-1 가공속도와 전극소모

被加工材	加工電極	加工速度 (g / min)	電極消耗速度 (g / min)	加工電極消耗 (%)
열처리鋼	4-6 황동	0.50	0.17	32
	Ag-W	0.66	0.07	10
초경합금 G_2	4-6 황동	0.47	0.63	135
	Ag-W	0.70	0.13	19

加工機 Diax

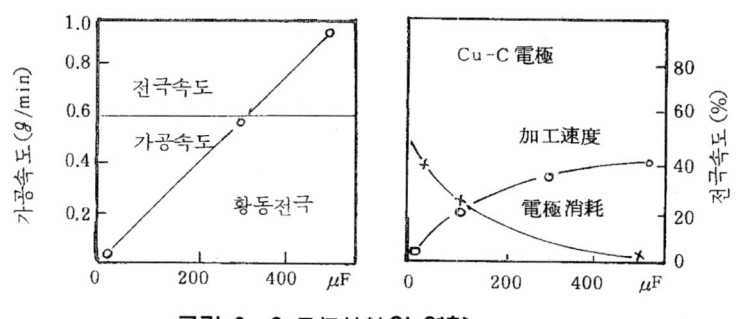

그림 8-2 電極材料의 영향

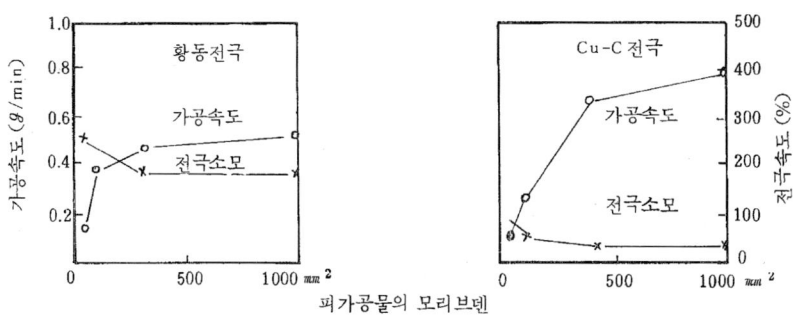

그림 8-3 전극재료의 영향

편의상 加工電極과 被加工物이 같은 體積만큼 消耗하는 것으로 하면 圓筒 電極으로 원형구멍을 뚫을 때 途中의 변형을 예상하면 그림 8-4와 같이 된다.

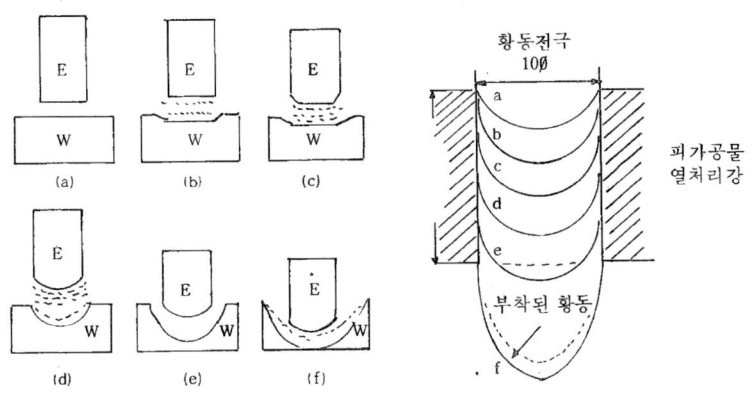

그림 8-4 電極의 消耗 過程

3. 切斷用電極材料

放電 切斷에서는 斷統전기 아-크 또는 移動電氣 아-크를 사용한다. 이것은 放電波形, 持統時間이 소위 불꽃 放電과는 다른 것으로 電極材料의 選定에도 다르다.

切斷에 있어서는 加工面은 그다지 重要하지 않기 때문에 電極材料로서는,

- 加工速度가 빠를 것
- 電氣傳導가 클 것
- 加工液과 作用해서 電氣抵抗이 높은 피막을 만들기 쉬운 것
- 값이 싸고, 加工이 容易할 것

등의 性質을 具備해야 한다.

電極材料와 加工速度와의 關係는 별도 發表된 資料는 없으나 예를 들면 表 8.7-2에서와 같이 鋼, 黃銅, 銅, 알루미늄에 다같이 같은 정도로 鍍金, 絶緣被覆을 해도 거의 변함이 없다.

表 8.7-2 放電切斷用 材料

電極材料	電極被覆	加工速度 (g / min)	電極材料	電極被覆	加工速度 (g / min)
鋼	素地狀態	0.51	銅	素地狀態	0.54
	Cu 鍍金	0.54		Fe 鍍金	0.47
	Si 被覆	0.51		Si 被覆	0.54
黃銅	素地狀態	0.56	알루미늄	素地狀態	0.54
	Fe 鍍金	0.56		알루마이트	0.54
	Si 被覆	0.49			

電極은 두께 0.5±0.02m / m, 直徑 150±2mmΦ의 圓板, 흔들림 0.15m / m, 周速 7.4㎧ 被加工物은 2mmΦ 연강봉, 가공액은 물 Glass, 電流 15A

放電 切斷用 電極의 消耗는 貫通 加工만치 큰 문제가 안 된다. 특히 圓板 電極으로는 消耗가 全周에 分布 되어 있어서 直徑變化는 적다.

電極消耗는 예를 들면 280Φmm의 軟鋼圓板으로 14Φmm의 高速度 鋼을 250個 切斷해서 직경으로 3mm(3.4%)정도 감소 또는 10%정도라고 말한다.

4. 硏削用 電極材料

放電硏削(多量으로 金屬을 除去해서 成形한다)이나, 放電硏摩(表面의 작은 凹凸을 除去해서 미끄럽게 만든다)에는 구멍내기와 같이, 誘電液을 使用하는 方法과 切斷에서와 같이 電解液을 使用하는 方法이 있다. 따라서 電極材料도 각각 이에 맞는 것을 使用하고 있다.

즉, 誘電液油는 수지, 黃銅, 銅 등이고 電解液 使用은 수지, 軟鋼이 많다. 그 表面에는 加工液의 供給을 좋게 하기 위하여 작은 구멍, 작은 홈을 設計하는 것도 많다.

또 極間틈을 꾹 유지하기 위하여 電極 表面에 絶緣性의 凸돌기를 設計하거나 사파이야 입자를 靑銅에 燒結시킨 電極을 使用하거나, 絶緣粒子와 金屬粉을 비닐에 고착시킨 電極을 使用한다.

5. 電極消耗의 對策

電極消耗는 電極材質의 融點, 熱傳導率, 加工液, 放電팔스波形, 極間거리의 유지 등 각각의 조건에 따라 변한다.

表 8.8.9은 陰, 陽 兩極을 같은 재료로서 했을 때의 陰極消耗는 熱傳導率이 높은 정도에 따라 또는 融點이 높은 정도에 따라 적다.

表 8-8 電極消耗와 熱傳導率

兩極材料	英傳導率	陰極消耗(%)
Ag	1.096	37
Cu	0.938	50
Al	0.53	65
W	0.47	75
Zn	0.27	85
Pb	0.08	85~90

表 8-9 電極消耗와 融點

兩極材料	融點(%)	陰極消耗(%)
Sn	231.9	118.0
Al	685.0	65.5
Ag	960.5	36.7
Cu	1083	51.6
Ni	1455	129.0
Fe	1530	126.0
Mo	2600	76.4
Mo	3380	82.3

또 兩極을 組合시켜서 實驗을 한 것은 表 8-10에서 알 수 있듯이 被加工物(陽極)에 대해서 가장 陰極消耗가 적은 加工電極材料가 있다. 경우에 따라서는 極性을 反對로 해서 加工하는 편이 좋은 것을 알 수 있다.

超硬合金에 대해서 黃銅電極의 消耗가 큰 것은 正確한 加工을 하는 데는 一大難點으로 이것을 극복하기 위해서 행한 實驗을 表 8, 9, 10, 11, 12에 나타냈다. 전부 RC回路에 의한 것이다.

表 8−10 電極材料와 消耗

陽極材料 \ 陰極材料		Al	Fe	Ni	Cu	Mo	Ag	w
融點 (℃)		658	1530	1455	1083	2600	960.5	3380
Al	ra	9.72	4.04	5.63	13.0	5.59	16.67	8.90
	rc	6.37	2.38	9.07	3.61	2.18	2.21	0.54
Fe	ra	2.80	3.58	3.38	5.87	2.19	8.65	5.07
	rc	3.71	4.50	9.31	3.57	2.07	2.90	1.09
Ni	ra	7.99	6.65	4.17	9.20	1.71	9.42	10.95
	rc	4.97	1.79	5.40	2.77	1.48	1.60	0.84
Cu	ra	5.11	5.05	4.57	7.27	5.20	15.3	10.09
	rc	8.43	2.88	9.21	3.77	1.93	2.05	0.70
Mo	ra	2.35	1.94	1.56	2.57	2.63	2.46	2.85
	rc	4.53	2.33	8.16	3.08	2.01	1.96	1.06
Ag	ra	4.55	3.43	3.87	5.01	5.93	7.35	7.99
	rc	8.44	3.43	9.38	5.40	1.07	2.70	0.46
W	ra	1.63	1.08	1.58	1.74	1.62	1.91	2.04
	rc	5.08	4.30	8.20	4.72	2.07	2.24	1.68

表 8−11 電極材料와 消耗

加工電極	加工速度 (mg / min)	電極消耗 (Wt%)	加工電極	加工速度 (mg / min)	電極消耗 (Wt%)
엘콘 A_2	76	25	鑄鐵	63	62
엘콘 A_1	164	25	Cu	39	197
엘콘 NC_1	66	32	Cu	23	335
엘콘 NC_1	75	32	黃銅(4−6)	34	165
엘콘 C_1	45	29	黃銅(4−6)	57	275
C_1	71	27	루브라이트(청동제)	38	200
#게 타로이 S_1	57	51	루브라이트(철제)	18	420
#게 타로이 G_1	43	42	A1	21	150
W	32	91	Cu. 그래화이트	42	45
Mo	26	111	(Cu70. C30)		

表 8-12 電極材料와 消耗

加工電極	黃銅	Cu	Cu-W	Ag-W
加工速度 (mg / min)	205	129	285	349
電極消耗 (Wt%)	185	135	32	2

被加工物은 超硬合金G種, DC 100V, 100μF, 短絡電流 4A, 加工電流 2.4A, 加工電極 4Φ 加工液 물

表 8-13 電極材料와 消耗

加工電極	黃銅	1r	Ag	AU	Ag-w	Pt
加工速度 (mg / min)	33	10	20	15	78	5
加工消耗 (Wt%)	169	630	410	870	10	750

加工電極 2Φ以外에는 表11과 같음

表 8-14 電極材料와 加工速度

電極材料	加工速度	電極材料	加工速度
4-6黃銅	100	W	95
高力黃銅	93	Mo	58
Cu	90	Cd	52
燐靑銅	88	Bi	50
Ag	94	Co	86
Au	91	Ag · W(35 / 65)	128
鑄鐵	80	Cu · W(25 / 75)	107
Pb	53	Ag · Wc(39 / 61)	124
Sb	66	AgCdo(94 / 6)	104
Zn	56	Ag Gr(94 / 6)	93

　　以上에서 살펴본 것과 같이 放電加工에 있어서 電極이 消耗하는 것은 그 原理로부터 도저히 피할 수는 없지만 放電現象의 解析, 加工回路의 開發 等으로 거의 無視될 수 있을 정도로 적게 하는 것은 가능하게 되었다.

　　電極의 消耗對策으로서,

1) 放電 電流波形

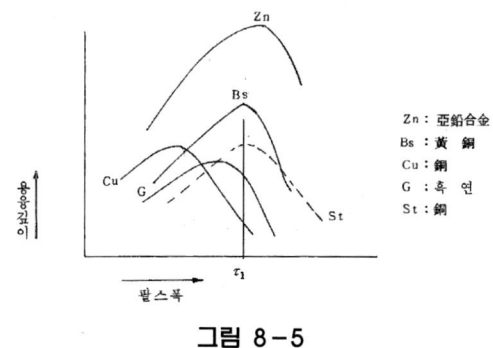

그림 8-5

그림 8-5에서 各各의 金屬에는 溶融깊이가 最大가 되는 점이 있다. 즉 除去能率이 最大가 되는 放電時間이 있다. 여기서 工作物의 除去 能率이 높고, 電極材料의 消耗가 적은 放電時間을 選擇하면 電極의 消耗에 대해서 좋은 결과를 얻을 수 있다.

그림 8-5에서 銅을 電極으로 해서 鋼을 加工하는 경우 팔-스폭을 τ_1 의 時間으로 加工하면 銅電極의 溶融量이 적게 되고, 鋼의 溶融量이 크게 되어 低消耗 加工이 可能하다.

따라서 電極材料는 工作物材料에 比해서 溶融 最適 放電時間이 짧은 영역에 있는 것이 바람직하며 鋼을 加工하는 경우에는 銅이나 흑연 등이 좋으며, 같은 特性을 가진 黃銅이나 亞鉛 合金에서도 低消耗加工을 얻을 수가 있다.

또 極間에 供給되는 Energy는 일정하게 방전전류로서 주어지는 것으로서 一定 放電電流의 波高直(Ip)에 대해서 最適의 放電時間(τ)이 있다.

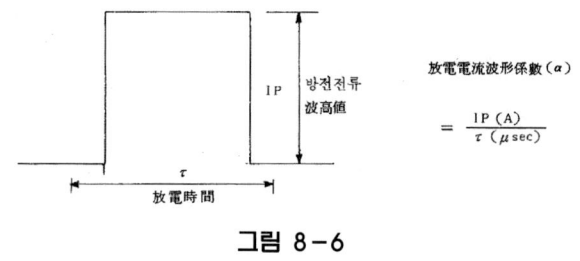

그림 8-6

銅이 가장 低消耗되는 波形 係數는 $\alpha \approx 0.06$이라고 한다.

SEIBU 放電 加工機 SP-50TD 電源을 써서 銅對鋼 加工을 할 경우 電極消耗는 다음과 같다.

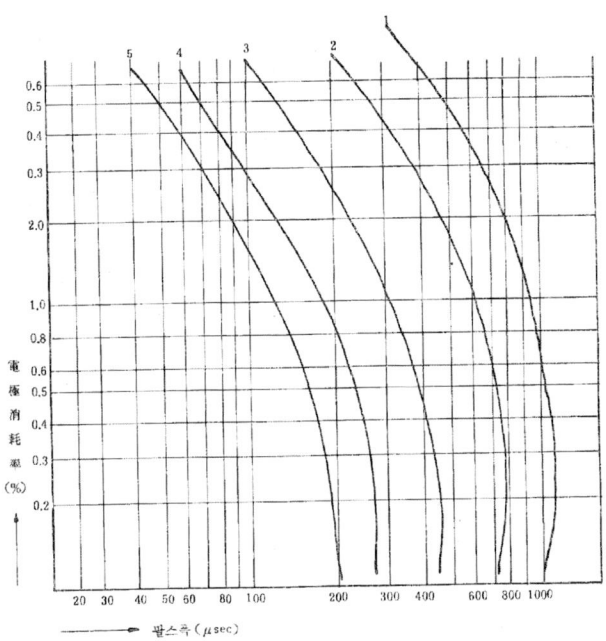

그림 8-7

5번 탶의 경우 放電電流波高値(피-크電流)는 약 14A로서 팔-스폭에서의 放電 電流 波高値는 다음과 같다.

200μs	150μs	100μs	50μs
0.07	0.09	0.14	0.28

팔-스폭이 작게 되고 波形係數(α)는 크게 되면 電極消耗는 많게 된다. 또 4번탶의 경우에 피-크 電流는 약 28A로서 파형계수는 다음과 같다.

400μS	300μS	200μS	100μS
0.07	0.09	0.14	0.28

이상과 같이 피-크 전류를 크게 한 경우 팔-스폭도 크게 하지 않으면 전극 소모율이 크게 되는 것을 알 수 있다.

2) 極 性

放電加工에서는 電極을(-), 工作物을(+)의 極性으로 행하는 가공을 正極性 加工, 電極을(+) 工作物을(-)의 極性으로 행하는 가공을 逆極性加工이라고 한다.

오늘날 半導體 素子로 제어된 放電時間이 比較的 긴 放電電流波形으로 鋼對鋼의 加工을 하면 放電時間의 어느 값보다(+)極의 消耗量이 (-)極보다 적게 된다.

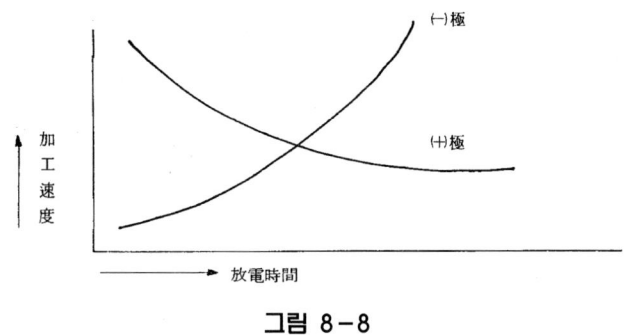

그림 8-8

이와 같이 放電時間이 긴 電流波形으로 하는 放電加工은 逆極性 加工이 좋다.

3) 單方向 放電

極間에 供給되는 에너지가 振動性 放電電流이면 電極과 工作物의 極性이 바뀔 수 있고, 兩電極 모두 消耗하여 低消耗 加工條件이 안 된다. 放電 電流는 항상 일정한 方向이어야 한다.

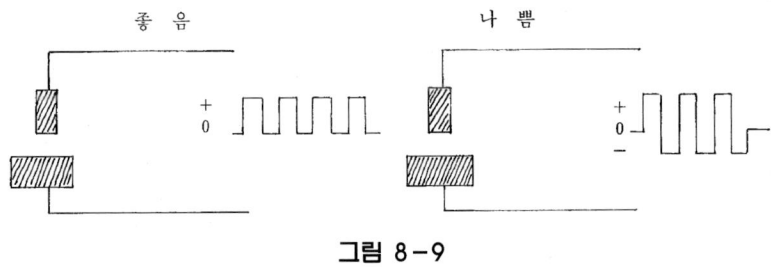

그림 8-9

4) Duty factor

逆極性 加工으로 Duty factor를 크게 하면 즉 팔-스폭에 대해서 休止時間을 짧게 하면 放電 Gap의 절연회복 특성의 영향을 받아서 전극 소모율은 감소한다.(이 절연 회복특성은 전극재료의 組合에 의해서 변하고 消이온특성, 가공 Chip의 존재상태, 電極點 온도의 시간적 저하상태, 기포발생과 그 동향 消去 아-크마다 변하고 있다)

5) 表皮效果

銅을 電極으로 해서 鋼을 加工하면 銅電極의 表面에는 炭素나 鐵이 부착한다. 그양은 加工條件에 따라 차이가 있고 銅電極을 (+)로 하여 放電 電流의 팔-스폭을 크게 하는 경우에는 그 부착량은 현저하게 증가해서 동 전극 표면에 흑색 피막을 형성한다.

이 흑화된 동 전극 표면의 방전 흔적은 새로운 동금속 표면의 방전흔적에 비교해서 현저하게 적게 黑化層 자체가 電極 金屬보다 소모하기 힘들다. 이것은 鋼對鋼의 加工의 경우에도 똑같은 것으로 (+)가공면에 黑化層을 만든다.

① 移轉現象

逆極性 加工에서 比較的 放電時間이 긴 放電 加工에서는 放電 Gap의 길이가 극단적으로 짧은 것으로 電極材料의 이전 현상을 일으키기 쉽다. 이러한 조건에서 銅電極으로 鋼을 加工하면 溶解된 鋼의 일부가 상대편 쪽의 銅電極 表面에 移轉해서 移轉層을 형성한다. 이것은 음극으로의 移轉은 거의 없다. 이 移轉層도 電極消耗 防止의 重要한 要因이며 가공 表面積이 적게 되면 일으키기 어렵다.

② 黑化層

放電加工用 加工液은 灯油에 비해서 引火點이 높은 第三 石油類를 주로 쓰고 있으나 이 경우 放電에 의한 高溫 때문에 加工液이 炭化해서 微粒子狀으로 되어서 加工 電極 表面에 付着해서 黑化層을 형성한다. 이것은 炭素系 微粒子가 放電에 의해서 電荷를 띄어 靜電力에 의하여 電極側으로 移行하기 때문이다.

炭火層이 생기면 放電은 이 耐熱性의 炭化層 表面에서 일어날 수 있게 되고 耐消耗性이 되는 것이다.

6) 表面效果

加工面積의 크고, 작음에 따라 같은 加工條件이래도 加工速度 電極消耗率이 다르다.

이것은 放電面의 크기에 따라서 가공칩의 배출이나 冷却作用을 하는 加工液의 흐르는 길이가 변화하며 放電의 分散狀態나 放電生成 微粒子의 움직임 등 極間狀態가 微妙하게 變化해서 黑化層이나 移轉層의 形成에 영향을 주는 원인을 고려하여야 한다.

특히 아주 작은 面積의 電極, 예를 들면 아주 얇은 電極으로 절단이나, 구멍을 가공할 때에는 大電流 加工을 하면 放電의 分散을 할 수 없으며 大電流가 국부적으로 집중하므로 전극 소모는 증가한다.

이것은 전극 가공 면적의 단위면적당 許容되는 許容 최대 전류값이 존재하는 것을 나타낸다.

7) 液流效果

전극과 공작물간의 간격이 특히 좁은 것은 放電에 의하여 발생하는 가공칩이나 가스 등의 영향에 의하여 가공상태가 불안정하게 되고 가공속도가 저하한다. 이 경우 加工液을 노즐에 의해서 噴流 또는 吸引하므로서 가공칩이나 가스를 強制的으로 排出시켜서 加工 安定狀態로 해야 한다.

이 加工液의 噴流方法이 극히 강하면 黑化層形成이 되지 않으므로 電極消耗의 原因이 된다.

트랜지스터 回路의 電源인 경우 消耗의 原因으로서 다음 事項을 고려해야 한다.

- 피-크 電流에 대해서 팔-스폭이 짧은 경우
- 正極性(電極⊖, 工作物⊕) 加工의 경우
- 電極의 電流密度가 크게 되는 경우
- 放電 여유가 작은 경우
- 集中 異常 放電(아-크放電)에 의한 경우
- 噴流壓力이 높은 경우
- Duty factor가 작은(休止時間이 긴) 경우
- Servo 機構가 故障인 경우
- 電極材料의 純度가 나쁜 경우

    (Graphite 電極의 경우 燒結할 때의 壓力이 가해진 方向에 대하여 수직으로 절단한 면을 加工面으로 하면 입자가 조밀하므로 소모가 적다)

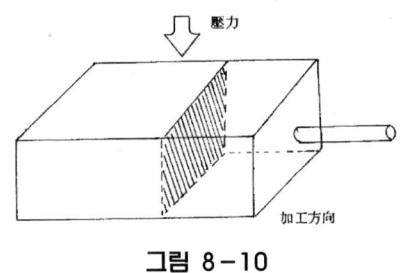

그림 8-10

6. 電極設計法

1) 放電加工에 의한 프레스 Punching 金型加工에 대한 設計

① 다이의 뒷면으로부터 加工하는 경우 放電加工된 구멍은 출구측보다 입구측이 크게 된다. 즉 구배가 생긴다. 다이 表面에서 放電加工하면 Press 作業時 다이는 逆勾配로 되어서 스크랩이 모여서 型이 破損된다.

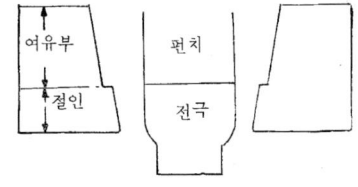

그림 8.11-1

보통 다이의 뒷면으로부터 放電加工을 해서 이역구배를 없게 한다. 즉 여유부를

加工後, 放電加工 條件을 바꾸어 切刃部를 放電加工한다.

	放電加工條件	加工液
여유부	팔－스폭을 길게 한 電極低消耗거친가공	噴出
切刃部	팔－스폭을 짧게 한 電極有消耗仕上加工	吸引

② 다이의 表面으로부터 加工하는 경우

表面으로부터 放電加工을 하는 것은 그림과 같이 다이셋트에 조합한 상태로 하는 것으로 극히 맞춤정도가 좋다.

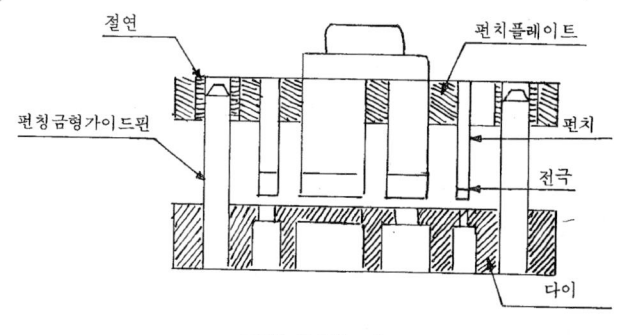

그림 8.11-2

- 다이셋트(Die set)에 組立한 상태로 방전가공한다. 방전가공 후에는 電極部를 分解하면 바로 Press Punching Die로 使用된다.
- 다이는 미리 예비가공을 하고, 여유부분도 미리 기계가공을 한다.
- 다이表面으로부터 加工하므로서 逆테이퍼가 되지만 5㎜以內에서는 實用된다.

2) 프레스 Punching 金型에 있어서 放電加工 型式

① 直接法

펀치를 電極으로 해서 다이를 放電加工하는 方法으로 편측 클리어런스 0.025～0.05㎜에서는 대개 유효하다.

勾配가 크기 때문에 Punching數가 적은 金型에서 使用된다.

② 混合法

Punch와 電極을 同時成形製作해서 이 電極部도 Die를 放電加工하는 方法으로 Press Punching金型에 가장 많이 적용된다.

③ 間接法

Punch와 電極을 각각 製作한다. 클리어런스가 큰 프레스 펀칭 금형에 유리하나 電極製作이 어렵다.

④ 二次電極法

하나의 마스터 電極을 基本으로 해서 Punch, Die를 같이 放電 加工하는 方法으로 Clearance가 작은 Punching金型, 形狀이 복잡한 Punching金型, 超硬合金 Punching金型에 有效하나 高價이다.

⑤ Clearance와 放電加工 形式

표 8-15

放電加工形式 片側 Clearance	直接法	混合法	間接法	二次電極法
0.1以上	×	* ×	0	×
0.05~0.1mm	△	△	0	×
0.02~0.05mm	0	0	△	0
0.01~0.02mm	×	0	×	0
0~0.01mm	×	※ ×	×	0

0 適當 △ 약간적당 × 적합하지 않음
* 電極移動法을 쓰면 적용된다.
※ 電極을 부식(etching)에 의해서 치수를 작게 하면 적용된다.

表 8-16 프레스 punching 금형에 있어서 電極材料의 選定例

加工對象			Graphite	銅	銅·텅그스텐	銀·텅그스텐
다이스銅	荒加工		◎	◎	○	○
	混合法	片側 Clearance 0.02이하	×	△	◎	○
		0.02~0.05	◎	○	◎	○
		0.05이상	◎	◎	◎	○
	間接法	0.02이상	◎	◎	◎	○
	二次 電極法	0.02이하	×	△	◎	○
		0.02이상	○	○	◎	○
	大型 Punching 金型(仕上)		◎	◎	○	△
超硬合金	荒加工		△	○	◎	◎
	仕上加工		×	△	◎	◎

◎ 가장적합 ○ 보통적합 △ 문제가 있음 × 사용하지 않음

4) 프레스 펀칭 金型에 있어서 電極치수의 決定

① 電極外徑치수

● 仕上用 電極

直接法 및 混合法에 있어서는 Punch와 같은 치수로 되므로 다이의 形狀치수로부터 Press Punch에 필요한 Clearance를 뺀 치수이다. 따라서 放電加工할 때 加工特性의 클리어런스 데이타에서 방전가공 조건을 設定하는 것이다.

間接法에 의해서 프레스 Punching에 필요한 클리어런스를 크게(片側 0.05㎜以上)주는 경우에는, 원하는 면거칠기의 放電加工 條件의 클리어런스를 조사하여 그것을 목표로 하는 펀치 치수보다 큰 전극치수로 한다.

(펀치외경치수)＋{(Punch Clearance)－(放電加工 Clearance)}

加工特性 Clearance data는 그림 8-12에 나타낸 것과 같다. 兩側 클리어런스(D－d)로 나타낸다.

入口側의 加工구멍 직경은 이보다도 커진다. 보통 이 클리어런스는 放電加工條件, 電極材料, 工作物材料에 의해 달라지므로 각각에 적합한 가공특성의 클리어런스 데이타를 基礎로 한다.

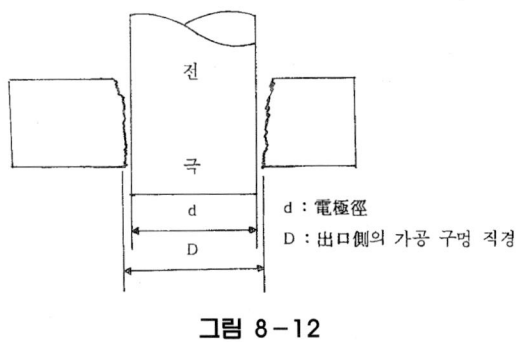

d : 電極徑
D : 出口側의 가공 구멍 직경

그림 8-12

● 거친가공용 電極

仕上 加工電極에 의한 放電加工은 가공여유를 극히 적게 해서 加工時間의 단축, 가공精度의 향상을 도모하기 위해서는 1차로 거친加工을 放電으로 하는데 이때에 電極外徑치수를 정해야 한다. 거친가공이므로 특히 면거칠기의 제한은 없고 가능한 한 빠른 속도로 가공한다. 그러나 작은 면적에 너무 큰 가공전류를 흘리면 아-크 등이 발생하여 금형을 불량하게 만드는 수가 있다.

따라서 加工面積에 따라 가공전류의 방전가공 조건을 선정하여 그 가공조건에 맞는 거친가공전극의 외경치수를 결정할 필요가 있다.

② **加工面積에 대한 加工電流**

그림 8-13은 加工面積에 의한 許用加工電流를 그래프로 나타낸 것이다. 曲線보다도 작은 加工電流 값을 선정한다.

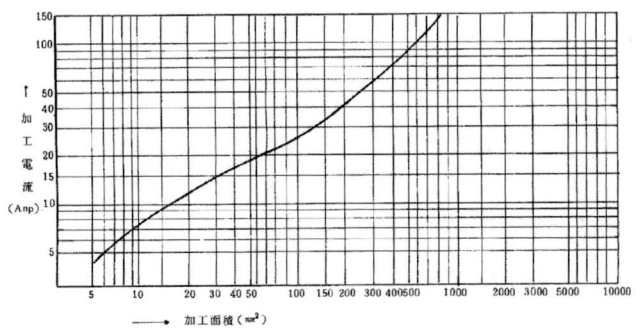

그림 8-13 관통 거친가공에서 가공면적에 대한
가공전류(EP-120전원)

● 最大 加工電流와 放電加工條件의 關係

그림 8-14는 EP 120電源의 加工셋팅, 팔-스에 대한 最大 加工電流를 그래프로 나타낸 것이다.

이것으로 선정한 가공전류에 적합한 가공셋팅, 팔스폭 노치가 결정된다.

[팔-스폭 노치의 일반적인 선정 예]

  -工作物이 鋼인 경우-電極極性⊕

    거친가공 전극의 제작을 간단히 하기 위해 전극 소모가 작은 가공조건을 선택

● Graphite電極

  가공셋팅 1~10 → 팔-스폭 노치

● 銅電極

  가공셋팅 8~10 → 팔-스폭 노치 11~12

    〃　　　5~7　→ 〃　　　　　9.5~11

● 가공셋팅 3~5　→팔-스폭 노치 8~9.5

● 〃　　　1~2　→ 〃　　　　　6~7.5

● 銅·텅그스텐, 銀·텅그스텐

  가공셋팅 5~7　→ 팔-스폭 노치 9~10

    〃　　　3~5　→ 〃　　　　7.5~9

    〃　　　1~2　→ 〃　　　　6~7

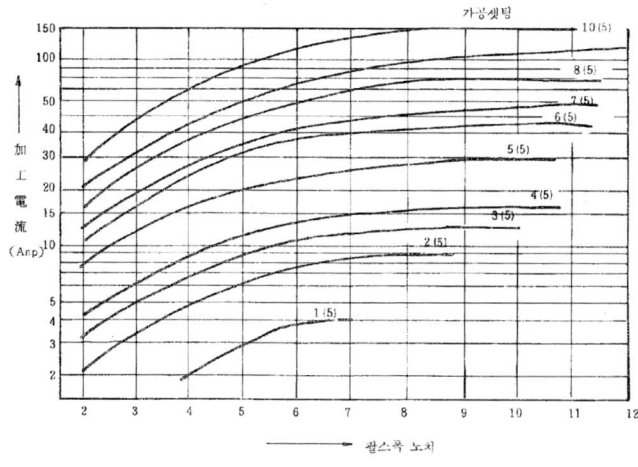

그림 8-14

● 전극축소여유

그림 8-15는 工作物이 鋼인 경우의 電極縮少餘裕를 그래프로 나타낸 것이다. 그림 8-16은 工作物이 超硬合金의 경우의 電極縮少여유를 그래프로 나타낸 것이다.

그래프의 축소여부는 가공하는 다이의 形狀치수에 대한 것이다.

②에서 設定한 가공셋팅, 팔-스, 노치가 決定되면, 이 그래프에서 거친가공용 전극의 외경치수의 축소여유가 결정되는 것이다.

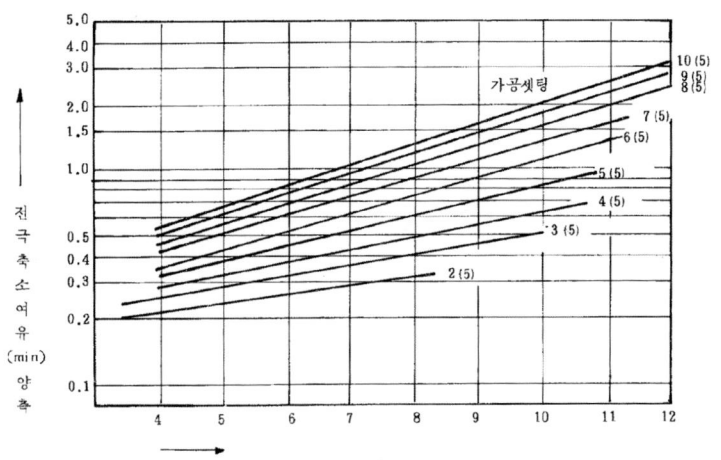

工作物: 鋼

그림 8-15 관통 거친가공에서의 전극 축소 여유(EP 120전원)

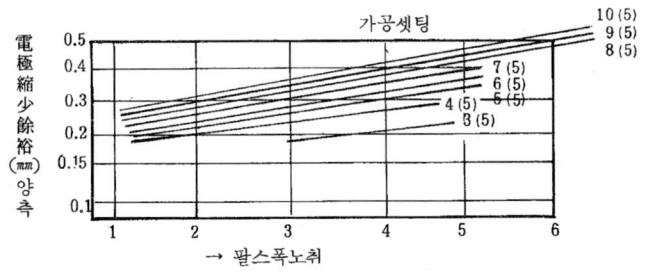

工作物: 超硬合金(EP-120電源)

그림 8-16 관통 거친가공에서의 전극 축소 여유

5) 電極 길이치수

① 電極消耗比

● 重量消耗比

$$\frac{電極消耗重量}{工作物加工重量} \times 100 \ (\%)$$

측정이 간단하므로 電極이 金屬인 경우에는 거의 이것으로 표시한다. 그렇지만 電極材와 工作物材料의 比重이 다른 경우는 틀리는 수가 많다.

● 體積消耗比

$$重量消耗比 \times \frac{工作物比重}{電極比重} \ (\%)$$

表 8-17

材 料	比 重	材 料	比 重
銅	8.9	鋼	7.8
銅·텅그스텐	14	鑄지	7.2
銀·텅그스텐	15	超硬合金	13~14

● 길이 消耗比

$$\frac{電極消耗길이}{工作物의 \ 加工두께} \times 100 \ (\%)$$

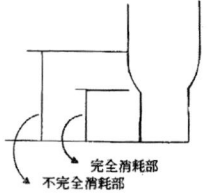

完全消耗部
不完全消耗部

그림 8-17

Graphite電極은 放電加工中에 加工液을 含浸하기 때문에 消耗重量의 測定이 불가능하다.

이 경우에 쓰이는 것으로 電極消耗길이의 測定으로서 不完全消耗部의 判定이 어려우므로 그림 8-17과 같이 完全消耗길이로 표시하는 경우가 많다.

② Corner부의 電極消耗길이 電極消耗길이 L은 그림 8-18과 같이 L1+L2로 表示된다. Corner部의 銳角정도에 따라 L2의 比率이 크게 된다.

프레스 Punching金型加工에서는 電極消耗길이를 예측하여 전극 길이를 決定하지 않으면 안 된다.

$$L = \triangle E \ / \ \triangle W \times t \times \alpha \times \beta$$

이것은 電極, 工作物材料 및 放電加工 條件에 따라 다르므로 各各의 데이터 값이 다르다.(데이터 자료에 따름)

t: 가공하는 공작물의 두께

α: 要求되는 Coner의 R에 따른 값

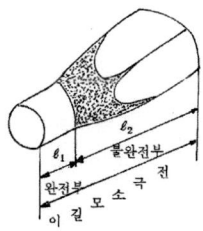

그림 8-18

표 8-18

0.1R以下의 경우	4.5~3.5
0.1이상, 0.5이하의 경우	3.5~2.5
0.5R이상의 경우	2.5~2.0

β: Corner角度에 따른 값表

表 8-19

	30°	1.60
	60°	1.20
	90°	1.0
	120°	0.9

③ 電極部의 길이

Punch의 先端에 電極이 붙어있는 소위 混合法에 의한 放電加工에서는 ②項에서 계산한 電極消耗길이 L에 다시 다이의 切刃길이를 더한 電極部 길이가 필요하다. Punch의 先端이 切刃部라면 소위 鋼 : 鋼의 가공에서 Clearance를 넓게 하고 不安定加工에 의해 加工時間이 길게 되는 원인이 된다.

따라서 電極部의 必要길이는

混合法의 경우 L + 切刃길이

間接法의 경우 L

거친가공의 경우 L

6) 밑이 막힌 것(Plastic Mold Die)의 電極設計

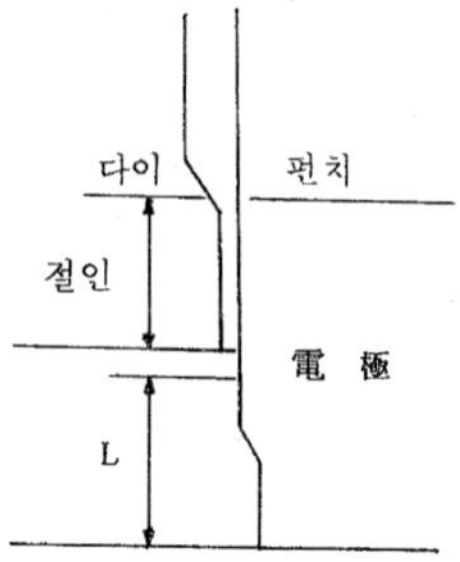

① 電極材料의 選擇

電極材料의 選擇에 대해서는 그 材料의 價格, 被削性, 放電加工特性 등을 충분히 考慮할 필요가 있다.

밑이 막힌 것의 加工에 使用되는 電極材로는 電極低消耗加工이 가능한 Cu, Gr, Ag·W, Cu·W 등이 그 중요한 것이다.

表 8-20은 電極材料의 電極製作上의 特徵을 나타낸 것이다. 플라스틱몰드 금형의 電極제작 방법은 기계절삭이 그 주된 방법이고 電鑄法도 자주 이용한다.

被削性은 Gr이 가장 좋아서 Cu의 3~5배에 달한다.

Cu-W, Ag-W는 매우 高價이므로 작은 물건의 電極이외에는 거의 使用되지 않는다. 表 8-21은 放電加工 特性上의 特徵을 나타낸 것이다.

그림 8-17

표 8-20

電極材	價格比(체적)	製作方法	被削性	其他
Cu	1	• 機械切削 • 電鑄 • 鍛造 • 溶射 • 放電成形 • 鑄造	• 硏削이 어렵다. • 被削性이 나쁘다.	• 電鑄法이라면 큰 면적으로도 輕重量
Gr	$\frac{1}{2} \sim \frac{2}{3}$	• 機械切削 • 燒結成形 • 壓力振動成形	• 切削性, 硏削性 모두 良好	• 輕重量 • 切削時가루가 날린다. • 밀도가 높은 Gr 材일것
Cu-W	40	切削加工	• 切削性, 硏削性 모두 좋다.	
Ag-W	80	切削加工	• 切削性, 硏削性 모두 좋다.	

表 8-21

電極材	放電加工特性上의 特徵
Cu	• 面거칠기 5~6μ Rmax까지 電極消耗 1%以下의 加工이 된다. • 面거칠기 50μ Rmax以下低消耗 加工에서는 放電加工 速度가 가장 빠른 電極材料이다. • 거친가공에서도 1%이하의 低消耗 加工이 되며 가장 널리 쓰이는 재료이다. • 電極 低消耗의 最大 加工速度는 10g / min으로 생각된다.
Gr	• 面거칠기 50μ Rmax以上의 거친가공에서는 전극소모는 가장 적고 가공속도는 가장 빠른 전극재료이다. • 電極低消耗의 最大 加工速度는 現在 60g / min에 달한다. • 仕上加工은 電極消耗가 增加한다. 20μ Rmax의 면거칠기로는 實用上 數%의 電極消耗가 된다. • 仕上加工의 電極消耗는 材料를 붙이는 방향, Gr재료의 종류에 따라 차이가 있다. 용도에 따라 사용분류는 다양하다.
Cu-W Ag-W	• 仕上加工 범위에서 저소모 가공이 가능하다. • 電極消耗의 면에서는 Cu-W의 쪽이 적다. • 저소모 범위에서는 구리보다 電極消耗는 약간 크다.

이상의 각 특징으로부터 플라스틱 몰드 金型의 電極材料는 Cu, Gr 등이 가장 많이 쓰인다. 表 8-22는 측면 거칠기에 대한 電極材料의 選定例를 나타낸 것이지만 電極의 크기, 가공깊이, Coner edge의 상태, 側面勾配의 상태에 따라 꼭 이 選定例가 가장 좋다고 말할 수 없다.

最近에는 良質의 Gr材가 생산되므로 Gr전극의 사용이 많아졌다.

表 8-22

側面거칠기	Cu	Gr	Cu-W	Ag-W	備考
5μ Rmax以下	△	×	○	◎	• 電極有消耗범위 加工 • 작은 물건의 복잡형상의 것은 Cu-W의 편이 전극제작이 용이하다. • Cu보다 Gr이 좋다.
5~10μ Rmax	◎	×	◎	○	
10~20μ Rmax	◎	△	◎	○	
20~30μ Rmax	◎	○	○	△	
30~50μ Rmax	◎	◎	×	×	
50~100μ Rmax	◎	◎	×	×	
100μ Rmax이상	○	◎	×	×	

◎ 가장적합 △ 문제가 있음
○ 보통적합 × 사용하지 않는 편이 낫다

② **電極必要個數**

하나의 캐비티(Cavity)를 放電加工하기 위해서는 仕上加工 電極을 포함해서 3종류의 전극이 필요한 경우가 있다.

- 거친가공용 전극

放電加工 時間을 短縮하기 위해서는 仕上 加工用 電極보다도 치수를 縮少시킨 電極을 사용한다.

거친가공 전극의 사용으로 방전가공 시간이 단축될 수 있고, 캐비티의 仕上精度도 좋아진다. 기계가공에 의한 예비가공이 충분히 되어있지 않는 경우에는 대개의 밑이 막힌 加工에서는 이 거친가공 전극이 필요하게 된다.

- 中間加工用 電極

특히 캐비티의 仕上 精度가 높은 경우에는 거친가공 전극으로 放電加工한 후에 다시 中間 加工用 電極으로 加工함으로써 仕上加工의 放電加工 여유가 극히 작아져서 仕上加工 放電 확대 여유의 두께가 작고 캐비티의 加工정도가 향상된다. 중간가공 電極은 仕上加工보다 약간 치수를 축소하여 제작되지만 일반적으로 이 中間加工은 하지 않는 경우가 대부분이다.

- 仕上用電極

仕上加工의 방전확대 여유와 仕上여유를 예측하여 도면치수보다 축소시켜 제작한다. 仕上用 電極은 放電 加工에서는 필수 불가결한 것이다.

측면에 구배가 붙은 전극 또는 이동가공을 응용한 전극의 경우는 仕上加工電極이라도 50μRmax의 面거칠기의 가공조건으로 사용되는 것이다.

또한 흔히 仕上電極 1종류만으로도 放電加工은 完了하는 수도 있다. 1개의 전극으로 多數의 캐비티를 放電加工하는 것은 안 된다.

밑이 막힌 가공은 보통 電極消耗比 1%以下의 放電加工 條件으로 한다. 예를 들면 10mm 깊이를 가공하면 0.1mm정도의 전극소모는 발생하며 특히 그림 8-18과 같이 Corner부의 消耗는 그 몇 배에 달하며 Corner부에 R이 붙는 결과가 된다.

必要電極個數를 決定하는 要素로서는

- 電極消耗比(電極材料, 방전가공 조건에 따라 변한다)
- 加工깊이(예비가공, 거친가공의 상황에 따라 변하는 수가 있다)
- 가공하는 캐비티 개수
- 要求되는 캐비티 밑바닥 코너 R의 허용범위 등에 의해 한번에는 결정되지 않는다.

극히 표준적으로 생각하면 1캐비티 당 거친가공 전극과 사상
가공 전극을 1개 使用하는 것이 많다.

보통 移動加工法, 電極修正法, 往復加工法 등을 응용함에 따라
必要電極個數를 극히 적게 할 수 있다.

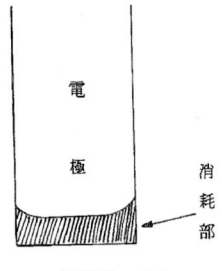

그림8－18

③ 電極치수의 決定

● 電極外徑치수

電極外徑치수는 그림 8－19와 같이 방전가공 확
대 여유＋사상여유를 예측하여 미리 작게 만든다.

이 그림의 방전확대 여유는 관통가공과 같이 거
친가공이 되는 것 보다 크게 되지는 않으나 관통
가공의 클리어런스(출구측에서 표시된다)에 비해
몇 배 커지므로 예측할 필요가 있다.

이것은 가공칩에 의한 2차 방전으로 확대되지만

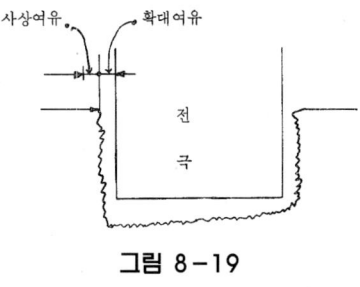

그림 8－19

이 값도 가공깊이, 방전가공량, 가공칩의 배출상태에 따라서도 달라진다.

따라서 관통 가공과 같이 정확한 값으로 표시하는 것은 곤란하지만 일반적인 값을
表 8－23에 나타냈다.

表 8－23

	區分	電極縮少여유
거친가공전극	구배가 있는것	$C \times 3 \sim 3.5$
	구배가 없는것	$C \times 4 \sim 4.5$
사상가공전극	구배가 있는것	$C \times 2.5 \sim 3$
	구배가 없는것	$C \times 3.5 \sim 4$

C: 관통가공의 출구측 Clearance(各電源特性 表의 Clearance를 찾아 볼것)

● 電極길이 치수

電極길이 치수에 대해서는 캐비티의 깊이와 같은 치수로 하는 것이 보통으로 특히
전극소모를 예측하여 길게 할 필요는 없다.

그러나 경우에 따라서는 다음과 같이 電極치수를 약간 변화시킴으로서 매우 편리
한 것도 있다.

- 逆放電에 의한 電極修正 등을 하는 경우에는 수정량만큼 길게 한다.
- 그림 8−20과 같이 관통 테이퍼 가공의 경우는 가늘은 직경을 길게 한다.
- 그림 8−21과 같이 放電加工에 관계없는 곳은 1∼2㎜정도 간격을 둔다.

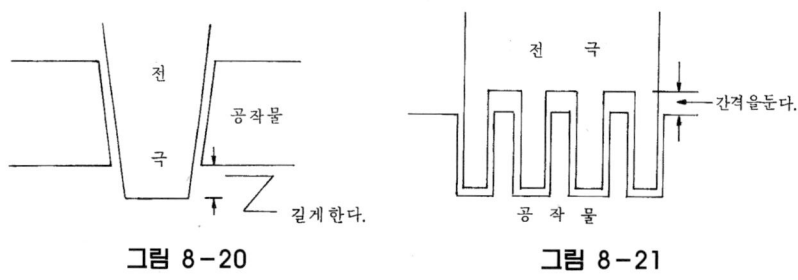

그림 8−20   **그림 8−21**

- 電極製作法

電極製作法에 대해서는 電鑄法이 응용되는 수가 있으나, 대부분은 가계절삭, 연삭에 의해서 한다.

電極의 형상, 精度가 가공캐비티의 精度에 직접 영향을 주기 때문에 精度가 좋은 電極을 제작하는 것이 가장 좋다. 전극 形狀이 복잡하면 할수록 그 電極製作이 어려워지고, 精度가 나빠지기 쉬우나 경우에 따라서는 절삭하기 쉬운 형상으로 나누어서 제작하는 것이 유리하다.

- 加工液噴出구멍, 가−스구멍

放電加工을 안전하고 능률적으로 하기 위해서는 極間에서 빠르게 가공칩을 제거하는 것이 좋다.

이것은 仕上加工일수록 가공칩의 배출은 어려워진다.

가공액 분출 구멍은 될 수 있는 한 많은 것이 가공칩의 제거는 좋아지지만 그 구멍의 자국이 캐비티에 남게 되므로 放電加工 후 그것이 제거되는 위치에 구멍을 두어야 한다.

깊은 러브(Rib)나 가느다란 모양 등은 加工液噴出 구멍을 設置하지 않고 放電加工을 하는 수가 있다.

그림 8−22는 加工液 噴出구멍, 가스빠지는 구멍의 예의지만 加工液이 平均해서 極間에 흘러서 구멍흔적이 간단히 제거되는 위치를 택한다.

가공액 분출구멍, 가스빠지는 구멍은 2−5Φ가 적당하다.

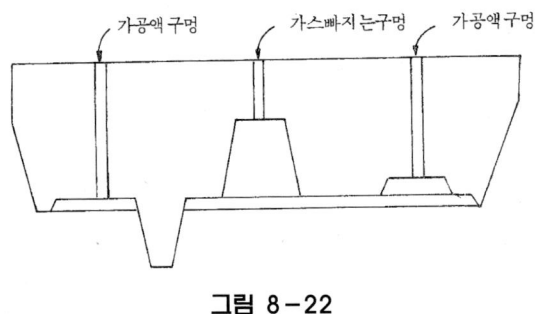

가공액 구멍   가스빠지는구멍   가공액 구멍

그림 8-22

7. 電極製作法

放電加工에 있어서 電極이 얼마나 중요한가는 누구나 다 알고 있다. 극단적인 예를 제외하고서, 가공현상에 대응하는 電極製作은 불가피한 것이며 放電加工의 成果는 이 電極에 달려 있다고 해도 과언은 아니다.

放電加工機는 金型業界에 있어서 省力化機械의 대표적인 것으로 생각되는 것이 현실이지만, 電極製作에 있어서는 지금까지 많은 제작방법이 제창되었지만 각각 一長一短이 있어서 결정적인 방법은 없다.

현재 상태로서는 工場의 設備, 加工形狀, 放電加工의 內容 등에 따라서 가장 효과 있는 電極製作 方法을 선택하는 것이 좋다.

다음은 오늘날까지 提唱, 實施된 電極 製作法에 대하여 그 槪要를 소개한다.

표 8-24 밑이 막힌 것의 電極製作法

전극제작법	사용설비	전극재료	母型	特徵		適用金型
切削硏削法	工作機械	Cu Gr Ag-W Cu-W	석고모델 목형모델	• 가장 일반적으로 행해진다. • 多種少量 생산에 적합하다		金型全般
鍛造型	熱間鍛造機 冷間鍛造機	Cu	金型	• 同種電極의 多量生産 • 短期間에 製作可能 • 小物冷間 단조는 정도가 좋다.	• 母型으로서 金型이 必要 • 열간의 경우 精度矯正이 필요 • 단조프레스 라인을 혼란시킨다.	鍛造型

전극제작법	사용설비	전극재료	母型	特徵		適用金型

電鑄法	電鑄裝置	Cu	樹脂型
			석고형
				• 金型不必要, 多種少量
				  生産
				• 轉寫精度가 좋다.
				• 同時에 多數電鑄可能
					• 電鑄에 장시간
					  을 要한다.
					• 거친가공에 사용
					  불가
					• 폭에 대한 깊이
					  의 제한이 있
					  다.
						플라스틱몰드
						형 다이캐스
						팅형 유리
						금형
						Drawing형

放電成形加
工法
	放電成形機	Cu板	金型
			樹脂型
				• 同種電極의 多量生産
				• 短時間에 制作可能
				• 轉寫精度가 좋다.
					• 設備가 비싸다.
					• Drawing 加工
					  한계가 있다.
					• 복잡형상의 少量
					  生産 不可
						유리금형
						鍛造型

溶射法	溶射裝置
	還元호프레스
		Cu	金型	• 同種電極의 多量生産
				• 短時間에 製作可能
				• 旣 設備가 轉用가능
				  하다.
					• 정도의 矯正이
					  필요
					• 複雜形狀의 少
					  量生産可能
						• Roller
						鍛造型

鑄造法	一般鑄造
	設備
		Cu	砂型
			석고형
				• 同種電極의 多量生産
				• 短時間에 製作可能
				• 設備價가 싸다.
					• 電極精度가 나
					  쁘다.
					• 電極消耗가 많다.
					• 電極表面이 거
					  칠다.
						鍛造型

粉末燒結成 形法		Gr	金型 樹脂型	• 同種電極의 多種生産 • 現在는 日本의 경우에도 영국까지 母型 을 보내야 한다.		플라스틱몰 드형 鍛造型
加壓振動成 形法	加壓振動 成形機	Gr		• 同種電極多量 生産	• 設備價가 비싸다. • 加工精度가 약 간 나쁘다.	鍛造型

• 電極製作法(밑이 막힌 것 加工)

표 8-25 관통가공의 전극제작법

電極製作法	使用設備	電極材料	特徵		適用金型
切削·硏削法	工作機械	Cu Gr Ag-W Cu-W Cx St	• 관통가공용 전극은 거의 이 방법으로 제작되 고 있다. • Press Punching 金型은 punch와 同時加工 • 多種少量生産 적합		金型全般

放電二次
電極法
	施設加工機	Cu
		Ag-W
		Cu-W
		Cx
			• 異形微細 電極의 제작에
			  적당
			• 機械加工이 곤란한 형상
			  도 가능
			• 多種少量生産에 적당
				• 放電加工, 電極
				  材에 낭비가
				  많다.
					프레스
					Punching형
					異形 미세구멍

電極製作法	使用設備	電極材料	特徵		適用金型
Wire Cutter 放電加工法	Wire Cutter 放電加工機	Cu Ag-W Cu-W Cx Gr	• 機械加工이 곤란한 형상에 적합 • 多數組合 電極製作에 적합 • 多種少量生産에 적합	• 設備價가 비싸다.	복식프레스 Punching 금형 자동이송금형 알루미늄샷시압출형
市販品使用	購入品	Cu파이프 Cu-W파이프 Bs-파이프 W 봉	• 단순형상의 작은 구멍가공에 적합	• 購入品의 형상, 치수에 제한이 있다.	작은 구멍

電極製作法(관통가공)

1) 切斷, 硏削加工法

관통이나 밑이 막힌 것을 불문하고 電極製作法으로서는 수가공을 포함하여 機械切削, 硏削法이 가장 많이 採用되고 있고 앞으로도 電極 製作法의 主流를 이룰 것이다. 切削, 硏削 加工法이 가장 많이 採用되는 理由로서는

- 新製作 金型이 대부분이고 몇 개라도 同一形狀의 것을 만드는 것이 가능하다.
- 工作機械는 旣存 設備로도 利用可能하다.
- 切削, 硏削技術은 이미 마스터되어 있다.
- NC제어 工作機械의 보급으로 高精度, 簡素化되었다.
- 被削性이 좋은 Graphite의 使用이 보급되었다.
- 高精度로 製作이 可能하다.

等의 理由로 貫通 加工用 電極 또는 二次元 形狀의 組合으로 되는 밑이 막힌 것의 加工 電極의 제작은 다른 方法의 추종을 불허한다.

三次元 自由 曲面 形狀의 것도 Graphite를 使用하면 容易하게 加工되서 修正도 줄이나 샌드 페이퍼 등의 손작업으로 간단하게 된다.

또 銅의 硏削 등에서는 固形 버-프 연마제나 어떤 종류의 윤활제를 연삭 숫돌면에 塗布하면 매끈한 표면을 얻을 수 있다.

다음은 切削, 硏削 加工法의 결점으로서는

- 큰 전극에서는 電極材가 高價이다.
- 밑이 막힌 것의 電極에서는 同一形狀, 치수를 만드는 것이 어렵다.
- 電極 製作에 사람의 손이 필요하다.

등이 있으므로 다른 제작법과 비교해서 採用을 考慮할 필요가 있다.

使用하는 機械는 一般 工作 機械이지만 다음과 같은 工作機械를 使用하면 便利하다.

- Turret Vertical Milling M / C
- Copy Grinding M / C(成形研削盤)－관통가공 전극
- Punch Shaper
- Copy Milling M / C－밑이 막힌 것의 電極
- 조각기－   M / C－ 〃 〃
- NC工作機械

2) 鍛造法

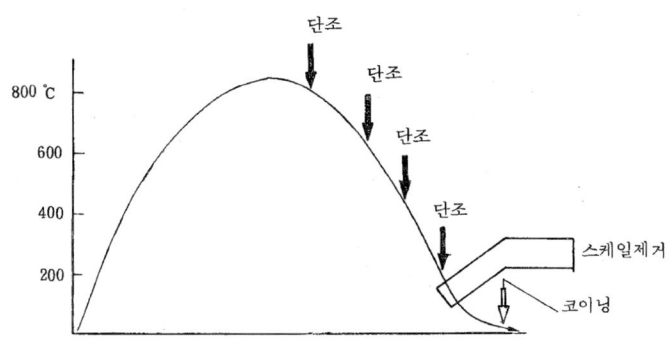

表 8-26 鍛造法電極

a. 800°~200℃ 사이에서는 온도의 저하에 따라 몇 번이라도 단조를 반복한다.
   단조를 반복할 때마다 電極材의 溫度低下에 따른 치수 축소는 수정된다.
b. 200℃以下의 곳에서는 電極材料 表面의 스케일(산화물)을 제거한다.
c. 常溫부근에서 코이닝(Coining)하여 치수를 최종적으로 修正한다.

표 8-27 鍛造 成形法의 장점과 단점

長　點	短　點
• 同一形狀의 電極이 多數가 된다.	• 熱間鍛造에서는 정도가 不充分하다.
• 成形 時間이 짧다.	• 多種小量 生産에 不適合
• 거친가공 전극에도 使用 가능하다.	• 母型으로서 金型이 必要
• 旣存設備가 使用된다.	• 鍛造프레스 라인의 공정을 흐트러트린다.
• 冷間鍛造(小物)는 정도가 높다.	• 電極材는 Cu에 한한다.

어느 정도 量産을 요하는 단조형의 경우는 미리 제작된 새로운 金型을 이용하여 銅材를 단조 성형하면 가장 간단하다.

표 8-26에 그 제작공정을 表 8-27에 장, 단점을 나타냈다.

가능하면 電極 成形專用의 金型으로서 제작하여 위치결정 기준부도 마추어서 성형되는 構造라면 理想的이다.

표 8-28에 適用되는 金型을 나타냈다.

표 8-28 鍛造成形 電極의 適用金型

|適用金型| -[밑이 막힌 금형]
　　1. 鍛造法……小物, 中物 熱間鍛造型(量産)
　　　　　예를 들면 手工具用 鍛造型
　　2. 압축형……小物압축형, 코이닝型(量産)
　　　　　예를 들면 洋食器모양의 압축형

보통 거친가공 전극은 물: 50%, 초산: 50% 용액에서 부식(Etching)에 의한 치수 축소법이 편리하다.

3) 銅電鑄法

樹脂, 석고, 실리콘 고무 等의 母型에 電鑄에 의해 銅을 析出시켜 이것을 母型으로부터 分離시켜 母型과 반대 형상의 電極을 複製하는 方法이다.

형상의 電極을 複製하는 方法이다.

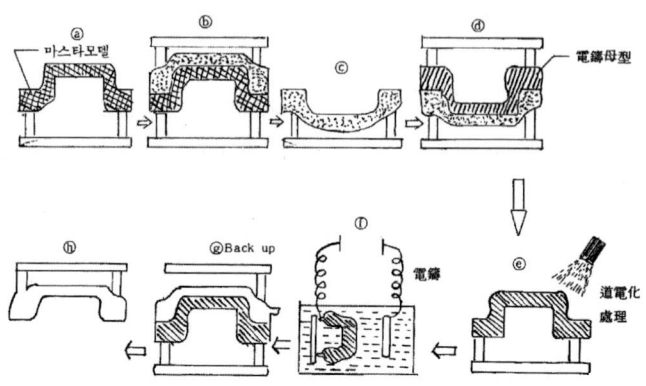

그림 8-23 銅電鑄電極 製作工程

a. 마스터 모델(樹脂, 석고, 나무)
b. 注型에 의해서 없어지는 모델제작(樹脂, 석고 실리콘고무)
c. 마스터 모델에서 버리는 모델을 분리
d. 注型에 의해 電鑄, 母型製作(樹脂, 석고, 실리콘고무)
e. 電鑄, 母型 분리 후 導電化處理(카본가루塗布)
f. 銅電鑄(다이아폼浴, 류酸銅浴 등)
　　電鑄두께는 0.5∼2㎜는 필요
g. 補强(樹脂, 유리가든 크로스(천), 파이프, 鋼板)
h. 電鑄母型에서 분리

그림 8-23은 銅電鑄 電極製作의 工程概要를 나타낸 것이다.

表 8-29 銅電鑄電極의 適用金型

長點	短點
● 轉寫精度가 좋다. ● 同一形狀 電極이 多數된다. ● 人件費의 輕減이 된다. ● 金型을 必要로 하지 않는다. ● 材料費가 싸다.	● 電鑄에 長時間을 요한다. 　(50∼100時間) ● 형상에 따라 電鑄層 두께에 차이가 있어 폭에 대해서 깊은 것은 어렵다. ● 電鑄層 두께에 제한이 있고, 거친가공에는 사용할 수 없다. ● 간단한 형상의 작은 면적의 것은 도리어 비싸진다.

表 8-30 必要한 銅電鑄層 두께

	平均加工電流	加工速度	必要한 電鑄層두께
거친가공	25~50A	1~3g / min	2~3㎜
中間加工	10~25A	0.2~1g / min	0.5~1㎜
仕上加工	~10A	~0.2g / min	0.5㎜以上

表 8-31 銅電鑄 電極의 適用金型

適用 金型 -[밑이 막힌 金型]

a. Drawing金型……中物, 大物의 Drawing金型은 電極 製作費가 염가이고 輕重量이다.

b. plastic Mold金型……캐비넷 관계, 기타 얇은 리브를 가진 中物, 大物 기타 모양을 갖는 小物

c. Die Casting 金型……엔진관계의 케이싱

d. 유리 金型……同一형상의 電極을 여러 개 제작되는 장점이 있다.

e. 압축형……洋食器關係의 모양 부분 등

4) 放電成形加工法

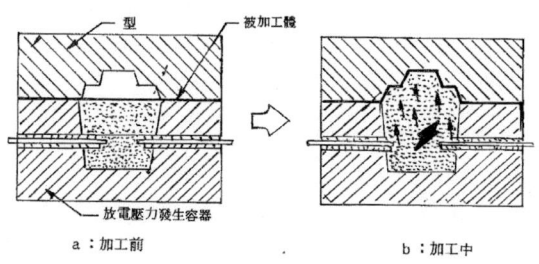

그림 8-24 放電成形加工의 過程

放電成形의 원리는 充電回路에 충전된 에너지 $1/2CV^2$을 放電壓力 發生容器內의 液體 煤體中에서 순간적으로 개방될 때 발생하는 충격파를 被加工體(銅板)에 작용시켜, 型面에 밀착 성형하는 방법으로 그림 8-24에 그 과정을 나타냈다.

放電에 의해 발생한 충격파는 짧은 시간(10~300μsec)이지만 수 ton / ㎠의 높은 압력 값이며 그 에너지 제어는 콘덴서의 용량과 전압으로 한다.

이 충격파는 액체 충격이기 때문에 종래의 프레스와 다른 매우 우수한 성형효과를 만든다.

被加工體는 일반적으로는 0.5~3㎜두께의 銅板이 쓰이며, 型은 金型이 主體이지만 소량 생산에서는 형상에 따라서 樹脂型이 사용되는 수도 있다.

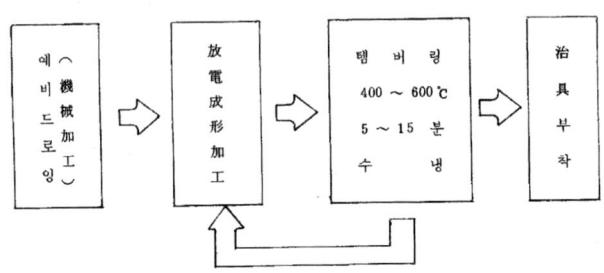

그림 8-24 放電成形加工 電極製作의 工程

表 8-23 放電成形法의 長, 短點

長 點	短 點
• 冷間 成形이므로 精度가 좋다. • 型은 雌(우)型만으로 좋고, 樹脂型도 使用된다. • 成形時間이 짧고 특히 三次元 曲面成形은 容易 • 同一形狀의 電極이 多數 可能 • 輕重量이다. • 거친가공 전극도 만들 수 있다. • 점프-코너도 얻어진다. • 材料費가 싸다.	• Drawing限度가 있다. • 複雜形狀少量生產에 不適合 • 設備費가 高價 • 電極材는 銅版에 한한다.

表 8-33 放電成形電極의 適用金型

適用金型 -[밑이 막힌 金型]
  a. 유리金型……同一形狀의 電極이 여러 개 만들어지는 장점과 Corner Edge도 날카롭게 성형되는 장점이 있다.
  b. 鍛造型……量產用, 小物, 中物의 加工에 使用된다. 거친가공도 5g / min까지 可能

5) 溶射法

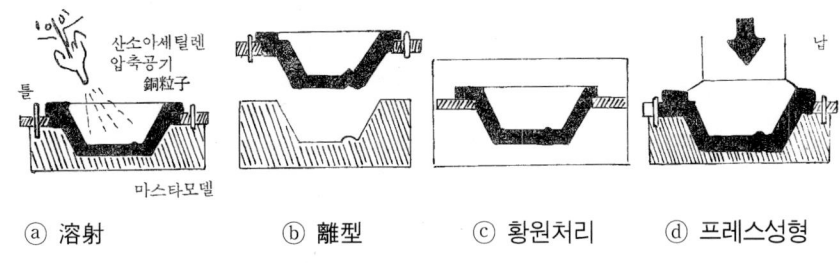

@ 溶射   ⓑ 離型   ⓒ 황원처리   ⓓ 프레스성형

그림 8-25 溶射電極 製作工程

a. 溶射器에서 溶融된 銅을 噴霧狀態로 불어 붙여서 所定의 두께로 溶射한다. 付着量은 2,000~3,000g / Hr이다. 使用하는 마스터 모델은 金型을 주로 쓴다.

b. 離形狀態를 나타낸 것이지만 이 狀態로 放電加工에 使用하면 電極低消耗加工 범위에서도 50%정도의 電極消耗比가 된다.

   溶射銅의 密度   7.5g / ㎣

   電氣傳導度   33%(電氣銅을 100%로 하면)

c. 恒溫爐中에서 CO를 煤體로 하여 環元處理한다.

   (850℃에서 약 3Hr)이 결과 密度 및 電氣導度는 현저히 向上된다.

   溶射銅의 密度   8.1g / ㎟

   電氣 傳導度   88%(電氣銅을 100%로 하면)

d. 鉛 등의 軟金屬을 넣어서 프레스로 누른다.(프레스 壓은 20~30kg / ㎠)

   環元處理時 變形修正, 치수精度의 確保, 다시 組織의 精密化를 꾀한다.

   溶射銅의 密度   8.5g / ㎟

   電氣傳導度   92%(電氣銅을 100%로 해서)

이러한 처리에 의해 1%以下의 電極低消耗 加工이 가능하다.

표 8-34 溶射法의 長, 短點

長　　點	短　　點
• 電極 製作 時間이 짧다. • 同一形狀電極이 여러 개 可能 • 溶射 Shell을 두껍게 하는 것이 容易 따라서 거친 가공 電極에서도 이용 可能 • 設備費가 싸다. • 還元處理, 프레스도 旣存 設備도 가능	• 電氣銅에 比較해서 電極消耗는 약간 많다. • 정도가 약간 나쁘다. • 複雜形狀의 少量生産不可 • 溶射할 때 銅粉이 날리므로 專用 Booth의 設置가 必要

표 8-35 溶射電極의 適用 金型

適用金型 ─[밑이 막힌 금형]
  a. 鍛造型……小物, 中物의 熱間鍛造型(量産用)
  b. 로라……로라 刻印用

6) 鍛造法

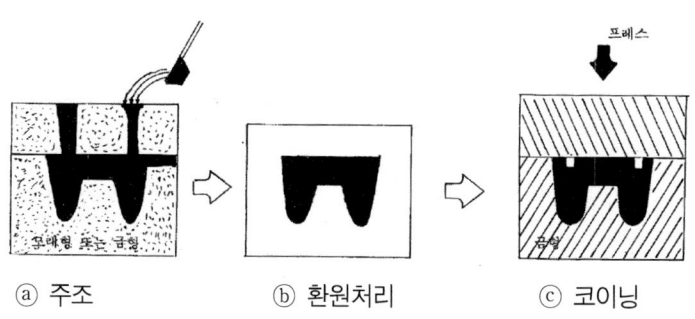

ⓐ 주조　　　　ⓑ 환원처리　　　　ⓒ 코이닝

a. 溶融시킨 銅을 型에 흘려 넣는다.

　型은 砂型 또는 金型이 使用된다.

　그대로 放電加工 電極으로 使用하면 電極 低消耗 범위에서도 電極消耗比는 50%에 달한다.

b, 恒溫爐中에서 還元 處理한다.

　이것으로 密度 및 電氣傳導度는 현저히 向上된다.

c. 專用金型으로 코이닝한다.

　變形修正, 치수精度의 確保, 다시 組織의 精密度를 꾀한다.

　이 코이닝할 때 電極 부착 기준부도 成形한다.

그림 8-26 鑄造法에 의한 電極製作工程

長　　點	短　　點
• 製作 時間이 짧다. • 同一形狀의 電極이 여러 개 可能 • 設備價가 싸다.	• 多種少量生產에 不適合 • 精度가 불충분 • 電氣銅에 비해서 電極消耗가 크다. • 形狀에 제한이 있다. • 코이닝용의 金型이 必要

表 8-36 鑄造法의 長,短點과 鑄造電極의 適用金型

適用金型 －［밑이 막힌 금형］
　a. 鍛造型……量產用의 熱間鍛造型
　　　　鑄造電極의 適用金型
　　　　鍛造法의 長, 短點

7) 粉末燒結 成形法

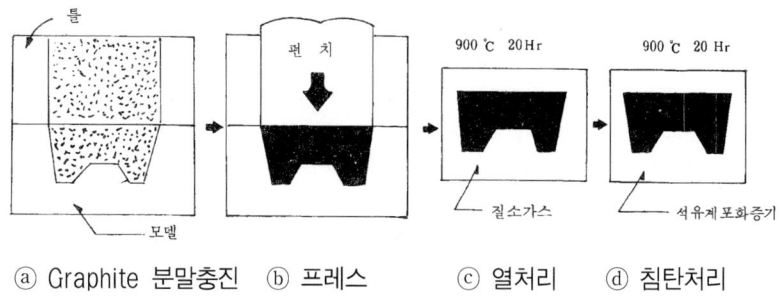

ⓐ Graphite 분말충진　ⓑ 프레스　　ⓒ 열처리　　ⓓ 침탄처리

그림 8-27 粉末燒結成形法의 製作工程

a. 微量의 樹脂粉末을 가한 特殊 Graphite粉末을 充塡한다.

　使用하는 모델은 金型, 樹脂型이 使用된다.

　보통 모델의 캐비티부 치수는 ⓒ ⓓ 工程에서의 수축치수를 예측하여 제작할 것・수축 치수비는 4 / 1000로 균일하다.

b. 모델을 180℃ 정도로 가열하여 150kg / ㎠의 압력으로 약 3분간 눌러준다.

　Graphite 粉末中의 微量의 樹脂 粉末은(軟化)→(硬化)해서 바인다의 역할을 한다. 보통 Graphite는 프레스에 의해 1 / 3체적으로 압축된다.

c. 900℃ 질소가스 중에서 약 20Hr 열처리한다.

이때 Graphite 중의 樹脂粉末을 炭火시켜서 불필요한 것을 증발시킨다.

d. 900℃의 石油系의 포화증기를 함유한 가스 중에서 약 20시간 침탄한다.

석유계의 포화증기가 Graphite조직 중에 침투해서 炭化하는 것으로 침탄이 된다.

보통 이 침탄층 부분이 放電加工에서 전극 저소모 가공을 가능하게 한다.

表 8-37 粉末燒結 成形法의 長, 短點

長 點	短 點
• 同一形狀의 電極이 여러 개 可能 • 熱處理, 侵炭은 여러 개를 同時에 하므로 短時間이다. • 같은 종류의 電極을 多量 生產用이지만 少量生產에도 적용된다. • 外部에 製作 依賴되므로 設備費가 필요없다. • 1以上의 勾配가 있는 電極에서는 매우 精度가 좋다.	• 勾配가 작은 전극은 어렵다. • Graphite粉末에 限한다. • 侵炭層 以外는 電極消耗가 많다. • 現在는 日本에서도 영국까지 마스터를 보내서 製作 依賴한다.

表 8-38 粉末燒結 成形電極의 適用金型

適用金型 - [밑이 막힌 金型]

a. 鍛造法……小, 中, 大物의 鍛造型, 但, 현재는 프레스 용량에 制限이 있어서 最大 930㎠ × 9㎝ 높이까지 可能

b. 플라스틱몰드型……여러 개 부착하여 쓰는 플라스틱 몰드형 電極材는 Graphite, 同一形狀의 電極이 여러 개 만들어지므로 電極 交換해서 放電加工하면 $10\mu Rmax$의 面 거칠기로 Sharp Corner를 가진 形狀도 可能하다.

8) 加壓振動成形法

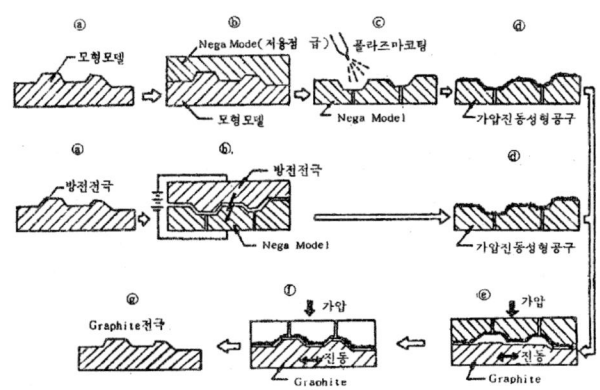

그림 8-28 加壓振動成形의 製作工程

(低融點 合金의 Nega-Model의 경우)	(放電加工의 Nega-Model의 경우)
ⓐ 母型은 오실레이션량(진동량)을 예상해서 제작한다. ⓑ 母型으로부터 低融點 合金으로 Nega-Model 사본을 뜬다. ⓒ Nega-Model에 洗淨液 구멍을 뚫고 炭化크롬을 프라즈마 코-팅한다. 　코팅면은 HRC 70정도 된다. ⓓ 加壓振動 成形工具 完成	a´ 放電電極은 오실레이션量을 예상해서 製作한다. b´. 放電加工으로 銅製의 Nega-Model을 製作한다. 面거칠기는 50-100μRmax 程度가 좋다. 　또 Nega-Model에는 미리 洗淨液 구멍을 뚫을 것 d´ 加工振動成形 工具 完成

ⓔ, ⓕ 加壓振動 成形機의 램側(上部)에 加壓振動工具를 부착하고, Graphite 材를 테이블側(下部)에 부착하고, Ram側을 加壓해서 테이블側을 振動시킨다.(오실레이션量은 0.3, 0.6, 0.8, 0.95, 1.00㎜)
램 이송은 0~1.25㎜ / min 成形 중에는 洗淨液(7ℓ / min以上)을 흘러서 카본분말을 제거한다.
ⓖ Graphite電極完成

表 8-39 加壓振動 成形法의 長, 短點

長　點	短　點
• 同一形狀 電極이 여러 개 가능 • 成形 時間이 짧다. • 放電加工에 使用한 후의 再成形은 극히 상태가 좋다. • 오실레이션량을 크게 함에 따라 거친가공 전극도 간단히 된다.	• 電極材는 Graphite에 한한다. • 精度가 약간 나쁘고, 특히 코-너 R이 붙는다. • 多種少量 生産에는 不可 • 設備費 高價 • 복잡, 소형인 것은 곤란

表 8-40 加壓振動成形電極의 適用金型

適用金型 -[밑이 막힌 金型]
　a. 鍛造型……熱間 鍛造形(量産用)
　　　電極치수는 380 × 350 × 200이 현재로서는 최대 치수이다.

9) 放電二次電極法

a. 硏削(切削) 가능한 형상으로 분활해서 마스터 電極을 製作한다.

그림에서는 4분활 대칭형으로 4개의 분활전극을 同時 硏削한다.

마스터 電極材는 Ag-W, Cu-W가 주로 사용되며 큰 형상의 것은 Cx, Gr, Cu 등이 사용된다.

b. 分割로 製作된 마스터 電極을 組立한다.

組立後에 마스터 電極의 形狀, 치수를 調査한다.

c. 마스터 電極과 二次 電極材를 放電加工機에 부착하고 放電加工한다.

이 경우 마스터 電極이 加工電極, 二次 電極材가 被加工物이 된다.

二次 電極材는 Ag-W, Cu-W, Cx, Cu이 사용된다.

d. 放電加工으로 사상된 二次電極이 完成된다.

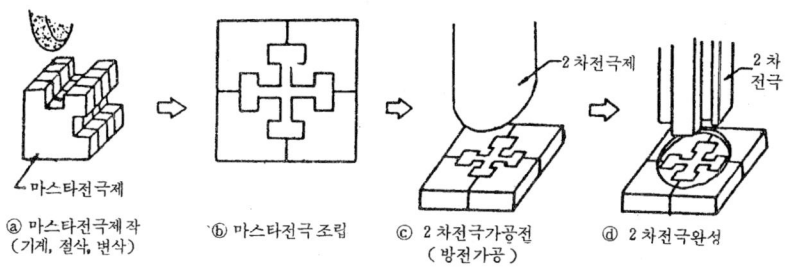

ⓐ 마스타전극제작   ⓑ 마스타전극 조립   ⓒ 2차전극가공전   ⓓ 2차전극완성
  (기계, 절삭, 변삭)   (방전가공)

그림 8-29 放電二次 電極法의 製作工程

表 8-41 放電二次電極製作法의 長, 短點

長　　點	短　　點
• 複雜한 형상의 전극제작이 可能 • 微細電極의 製作이 可能 • 超硬合金의 펀치, 다이의 프레스 Punching 金型製作에 應用可能 • 클리어런스 1 / 100mm以下의 프레스 Punching金型 제작에 應用 可能 • 精度가 좋다.	• 高價인 電極材가 여분으로 필요 • 放電加工 時間이 많이 걸린다. • 간단한 형상도 오히려 비싸진다.

表 8-42 放電二次 電極의 適用 金型

適用金型 - 貫通金型
    a. 프레스펀칭 金型……電極製作이 곤란한 형상의 프레스펀칭 금형 또는 펀치, 다이 다
               같이 超硬合金의 프레스 펀칭 금형 또는 클리어런스 1 / 100mm
               이하의 프레스 펀칭 금형 등은 펀치, 다이 다함께 방전가공으로
               가공한다.
    b. 노즐구멍……化纖노즐 구멍 등 異形微細구멍

10) Wire Cutter 放電加工에 의한 方法

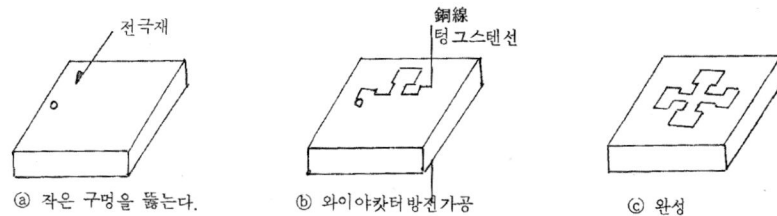

ⓐ 작은 구멍을 뚫는다.　　ⓑ 와이야캇터 방전가공　　ⓒ 완성

　ⓐ 電極材에 Wire를 통하게 하는 작은 구멍을 뚫는다.
　　電極材는 Ag−W, Cu−W, Cx, Cu, Gr 등을 사용한다.
　ⓑ 圖面 Copy, NC 등에 의해 정해진 형상으로 Wire Cutting이 된다.
　　使用되는 와이어는 0.1Φ정도의 銅線, 또는 텅그스텐 와이어가 사용된다.
　ⓒ 電極完成

그림 8−30 Wire Cutter 放電加工에 의한 方法

表 8−43 wire Cutter 放電加工法에 의한 長, 短點

長　點	短　點
● 圖面 또는 NC를 변화시키는 것만으로 任意形狀이 가능하다. ● 形狀의 制限이 거의 없다. ● 超硬合金의 Punch, 다이의 Press Punching형 제작에 應用된다. ● 클리어런스 1/100㎜以下의 프레스 Punching 型 製作에 應用 可能 ● 高精度	● 設備價가 高價 ● 코−너부에 Wire半經 以上의 R이 붙는다.

表 8−44 와이야캇타 放電加工에 의한 電極의 適用金型

  適用金型 −[貫通金型]
　a. 프레스 Punching金型……자동이송 Punching金型, 複式
　　　　　　　Punching金型 등은 1장의 플레이트(마스터電極)에 필요한 수의 구
　　　　　　　멍을 전부 Wire Gutter로 成形해서 二次電極 加工法을 이용하면
　　　　　　　프레스 Punching 金型의 제작이 한층 편리하다.

11) 市販品의 使用(日本)

- 銅파이프

  0.2Φ~3.0Φ × 180 L, 0.1Φmm도 시판되고 있다.

- 銅. 텅그스텐 파이프

  (日本製)

  2Φ, 2.5Φ, 3.0Φ, 4.0Φ, 5Φ

  (外國製)

  0.9Φ, 1.3Φ, 1.8Φ, 2.3Φ, 2.8Φ, 3.3Φ, 3.8Φ, 4.3Φ, 4.8Φ

- 텅그스텐 봉

  0.3Φ以上 注文에 의해 제작

表 8-45 파이프. 봉 電極의 適用 金型

適用金型 -[貫通金型]
- a. 미세둥근구멍 프레스 Punching金型……IC關係, 기판, Punching金型 등
- b. 部品加工……燃料噴射孔 등
- c. 其他……超硬合金의 放電加工液 구멍 뚫기

제9장 가공액

1. 槪　要

　　放電加工은 媒體中에서 행해진다. 媒體는 氣體, 液體가 있으나, 氣體는 放電硬化만이 空氣中에서 행해지나, 其他 다른 放電加工은 液中에서 加工한다. 그래서 여기서는 液體放電加工液만 다룬다.

　　放電加工에서 加工液의 역할로서는

- 放電加工에 의해서 생기는 溶融金屬을 飛散시킨다.
- 飛散시킨 加工粉을 極間밖으로 排除시킨다.
- 放電에 의한 加熱部를 冷却시킨다.
- 極間의 絶綠回復을 빠르게 한다.

등의 중요한 역할을 하며 放電加工에 있어서 加工液은 필수불가결한 것이다.

　　현재 사용되는 가공액은 放電加工專用으로 개발된 파라핀계 탄화수소를 주성분으로 한 鑛油가 주로 사용되며 각 석유메이커에서 판매된다.

　　가공액의 선정에 대해서는 다음 6항목을 만족하는 것이 요망된다.

- 放電效率이 좋은 것이어야 한다.
- 적절한 粘度를 가지고 있어야 한다.
- 높은 인화점이 요구된다.
- 酸化 安定性이 좋아야 한다.
- 냄새가 적어야 한다.
- 가격이 싸야한다.

등이 요구되고 加工液을 크게 나누면

- 誘電性液(예를 들면 기름) ……구멍뚫기, 研摩
- 電解液으로 絶綠被膜을 만드는 것(例: 물유리) ……切斷, 研摩

2. 加工液의 選定要素

1) 放電效率이 좋은 것이어야 한다.

市販되는 放電加工液에서도 어떤 종류의 가공액은 텅그스텐을 함유한 電極材(Ag -W. Cu-W)로 放電加工을 하면 加工이 不安定하게 되고, 有效放電回數가 감소하기 때문에 가공속도가 저하하는 것이 있다.

예를 들면, 白燈油(現在에는 거의 사용되지 않는다)를 加工液으로 써서 Cu-W 電極으로 St을 가공할 때 仕上 加工에 있어 加工速度가 1/2~1/3로 저하한다.

Cu, Gr 등의 電極材로서는 이 정도는 아니다.

그 원인은 밝혀지지 않았지만 기름의 化學的構成(성분, 분자배열, 분자크기 炭化水素의 化合物의 均質性) 등이 영향을 미치치 않는가 생각된다.

이 기름의 化學的 構成에 대해서는 各 石油메이커에서는 공개되지 않고 보통의 物理的 性質에서는 判別되지 않는다.

2) 적절한 점도

加工液의 粘度에 따라 表 9-1에서와 같이 加工性能과 其他 다른 여러 가지 要素에 영향을 준다.

표 9-1 加工液粘度에 의한 영향

	점도가 높은 경우	점도가 낮은 경우
가공속도	빨라진다.	늦어진다.
면거칠기	약간 거칠어진다.	약간 곱게 된다.
클리어런스	약간 넓어진다.	약간 좁아진다.
필타교환시기	짧아진다.	길어진다.

그림 9-1은 放電에 의한 열로 加工液이 氣化하여 그때 발생하는 압력을 나타낸 것이다. 점도가 높으면 발생하는 압력이 높기 때문에 溶融金屬을 보다 유효하게 飛散시킨다.

이 결과 同一 放電에너지로서도 加工液의 粘度가 높으면 加工速度는 빨라지고, 면거칠기, 클리어런스도 약간 크게 된다.

表 9-1에서와 같이 가장 理想的인 放電加工은

거친가공에서는 점도가 높은 가공액을 쓰며 필타도 거친 것을 쓰고 사상 가공에서는 점도가 낮은 가공액을 쓰며 필타도 가는 눈의 것을 써야한다.

그러나 보통 가공액이나 필타를 교환하는 것은 무리이므로 1종류의 가공액, 필타를 사용하며 모든 가공을 한다.

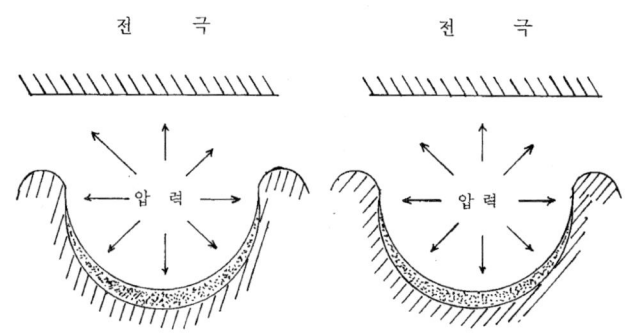

그림 9-1 加工液粘度에 의한 發生壓力

3) 높은 인화점

일반적으로 사용되고 있는 放電加工液은 消防法에 정해진 第四類 위험물로 지정되어 있으며 화재예방이나 저장량의 면에서도 인화점이 높은 것이 이상적이다.

그러나 放電加工에 필요한 다른 要素를 생각할 때 이 인화점에도 한계가 있다.

현재로서는 70℃∼120℃ 정도의 것이 거의 소방법에 지정된 제3석유류에 속한다.

표 9-2 위험물 第四類의 指定容量

分 類	種 類	引火點	指定容量
第1石油	아세톤, 가솔린, 他液體	21℃미만	100ℓ
第2石油	등유, 경유, 他液體	21℃이상 70℃미만	500ℓ
第3石油	중유, 클레오소트유	70℃이상 200℃미만	2,000ℓ
第4石油	기아유, 시린다유	200℃이상	3,000ℓ

表 9-2에 있는 지정용량이상의 위험물을 저장소 또는 취급소외의 장소에서 취급하면 안 되므로 소방법에 정해져 있다.

지정용량미만의 위험물에 대해서는 그 지방의 條例에 따라서 저장할 수 있으므로 그 지방의 조례를 참조해야 한다.

4) 酸化安定性이 좋을 것

가공액은 放電에 의해서 가열되어 金屬微粉末의 觸媒作用과 공기와의 접촉으로 酸化, 劣化하여 점도의 異常上昇을 초래한다.

특수정제에 의해 안정성을 높인 것이 필요하다.

5) 냄새가 적어야 한다

市販되는 등유 등은 악취가 강하고, 작업자에 따라서는 견디기 어려운 것이 있다.

최근의 방전가공액은 불순물을 잘 제거하여 냄새가 적은 것이 시판된다.

그외 다른 가공액은 작업 중 손에 닿는 경우가 많아서 피부병을 유발할 수가 있으므로 작업 후에는 보호크림의 사용을 권한다.

6) 다이아몬드 E, D, F 物性表

가공액의 物性에 따라서 放電加工 特性에 차이를 일으키는 것은 앞에서 말했지만, 예를 들면 점도, 인화점 등이 같더라도 석유 메이커가 발표한 物性表에 나타나지 않는 性質이 加工特性에 악영향을 주는 수도 있다. 점도, 인화점이 같더라도 지정 가공액 이외의 것을 사용하면 가공특성을 보증할 수 없는 것으로, 될 수 있는 한 지정가공액을 사용해야 한다.

※ 다이아몬드 E. D. F는 日本 MITSUBISHI 석유 會社 고유의 가공액 명칭임

표 9-3 다이아몬드 E. D. F槪略物性表

比重 15 / 4℃	0.828
色 (세이볼트)	+21
引火點 ℃	104
分留物性 95% 留出溫度 ℃	253
精度 @ 37.8℃ cst	2.2
全酸化 mg KOH / g	0.00
反應	中性
流動點 ℃	-32.5

3. 誘電性 加工液

加工液으로서는 기름, 물, 乳化油 등이 권장되나 加工機메이커로부터 특별한 명칭을 붙여서 市販되고 있다.

加工液의 性能이 發表된 것을 9.4, 9.5, 9.6에 나타냈다.

기름과 물은 성질이 상당히 틀리는 것으로 가공속도는 기름이 좋으나 전극소모는 물을 사용하는 편이 적다.

기름 중에서도(表 9.6참조) 등유, 변압기유가 전극소모의 면에서는 좋은 것을 알 수 있다.

이 두 가지는 상당히 널리 이용되고 있다.

표 9-4 구멍뚫기용 加工液(소노프)

加工液	250μF, 短絡 27A		94μF, 短絡 13A	
	가공속도(㎣/㎜)	가공깊이(㎜)	가공속도(㎣/㎜)	가공깊이(㎜)
등 유	148	4.8	67	9.3
변압기유	168	4.8	66	9.4
스핀들유	171	4.8	66	9.5
물	76	2.7	17	4.6

電源電壓 270V, 加工電極 黃銅 LS 59, 被加工物 工具鋼 U8A

표 9-5 구멍뚫기용 加工液 (마에다)

加工液	加工所要時間(min)	電極消耗(g)	加工量(g)
鯨　油	5.2	0.65	
輕　油	7.0	0.55	
種　油	7.8	0.85	약 1.5
水道水	9.6	0.4	
工業用알코올	20.0	0.95	

RC電極振動式回路
電源 110V, 360μF. 7.6Ω, 電極 黃銅8mmΦ 振幅 0.4mm 36C / S
被加工物 軟鋼 3.1mmt

표 9-6 구멍뚫기용 加工液 (Mikush)

	가공속도(mm³ / min)	전극소모(g / min)	전극에 대한 구멍의 확대량(mm)
水道水	測定不能	0.179	測定不能
蒸留水	2.3	0.323	0.34
流動파라핀	2.98	0.410	0.24
變壓器油	3.87	0.404	0.22
디젤油	3.17	0.480	0.29
모빌油	3.12	0.436	0.24
머신油 4.5	3.05	0.447	0.27
머신油 6.5	2.88	0.436	0.25
壓縮器油	2.80	0.455	0.42
Volto 油	3.20	0.450	0.24
스핀들油	2.60	0.440	0.22
유리切斷油	2.50	0.480	0.32
冷凍機油	3.30	0.480	0.42
등　유	3.20	0.407	0.21
변압기유+동유(1:1)	2.85	0.412	0.22
Gerove	1.23	0.244	0.33

RC回路, 電源 85V, 14μF, 加工電極 黃銅MS 58 5mmΦ
被加工物 超硬合金S₁

4. 電解性 加工液

　放電切斷, 放電研摩에 주로 使用하며 加工中에 電極消耗가 적은 점 등이 기름보
다 유리하다.
　表 9-7, 9-8, 9-9에서 이의 性能을 나타냈다.

表 9-7 切斷用 加工液

加工液	切斷所要時間(sec)
물유리(d 1.07)	18.3
〃 +질산소다 30g / ℓ	15.5
〃 +탄산소다 60g / ℓ	18.0
〃 +질산소다 30g / ℓ +탄산소다 60g / ℓ	14.8
물유리(d 1.3)	13.3
〃 +질산소다 30g / ℓ	13.3
〃 +탄산소다 30g / ℓ	9.8
〃 +질산소다 30g / ℓ +탄산소다 60g / ℓ	10.0

電源 30V, 3A, 加工電極 軟鋼圓板 0.4mm t × 109mmΦ
周速 12.8 m / s 被加工物 軟鋼 2mmΦ

表 9-8 切斷用 加工液

加工液	切斷所要時間(S)
물유리(d 1.07)	135
〃(d 1.07)+질산소다 100g / ℓ	75
〃(d 1.07)+질산소다+제라친 10g / ℓ	75
물유리(d 1.35)	61
〃(d 1.35)+질산소다 30g / ℓ +탄산소다 60g / ℓ	35
〃(d 1.35)+질산소다 30g / ℓ +탄산소다 60g / ℓ +제라친 10g / ℓ	41

電源40V, 20A 加工電極 軟鋼 0.5mmt × 150mmΦ 周速 26.6㎧
被加工物軟鋼 10mm 角棒

表 9-9 切斷用 加工液

加工液	切斷所要時間(S)
물유리(d 1.3)	0.7
〃(d 1.3) + 머신油	0.7
물 1ℓ + 카오린 400g	3.5
〃 + 카오린 400g + 0砂5g + 0酸6g	0.9
〃 + 카오린 400g + 물유리(d 1.3) 250 cc	0.7
〃 + 카오린 400g + 물유리(d 1.3) 5% + 제라친 2.5g	0.8

電源 單相全波 30V, 23A, 加工電極 軟鋼 0.5mmt 周速 8.3m / s
被加工物 軟鋼 10mm角棒

9.5 放電加工專用液

상품명	제조회사	동점성 계수(cst)	인화점(℃)
① BP Dielectric 250		6	120
② Castrol HONILO 409		6	135
③ Chevron EDM Fluid 71		6.4	116
④ Esso MENTOR 20 / SOME NTOR 43		7.4	124
⑤ Esso UNIVOLT 64		20	156
⑥ Esso LECTOR 40		6.8	132
⑦ Fuchs RATAK FE		5.6	115
⑧ Gulf MiNeral Seal Oil		5.8	132
⑨ Mobil Oil VELOCITE 4		9	118
⑩ 〃 〃 〃 6		19.1	158
⑪ Socal Fina LYRAN D 50		12	132
⑫ White Spirit-Kerosene		2	78
⑬ ♯ 32	大同石油化學		
⑭ HL-25	出光興產		
⑮ EDF.	三蒸石油		
⑯ OIL	大協石油		
⑰ 35, 40	에소스탠다드석유		
⑱ EJ 66 / 1015	모빌석유		
⑲ DPO	富士石油		
⑳ JELOIL	日本石油		

※ 上記 商標名은 편의상 原名을 쓴 것임.

제10장 가공칩배출(FLUSHING)

放電加工에 있어서는 다른 機械加工보다도 加工칩의 영향을 많이 받는다.

생성된 가공칩을 極間에서 어떻게 잘 배출시키느냐가 放電加工時間을 단축하는 중요한 포인트가 된다.

加工칩의 排出이 나쁘면

- 加工速度가 低下한다.
- 加工精度가 나빠진다.
- 加工칩에 의한 異常放電에 의하여 電極消耗가 많아진다.
- 最惡의 경우 아-크現象이 되고 被加工物, 電極을 손상시킨다.

등의 나쁜 결과가 생긴다.

加工칩 排出에 대해서는 다음과 같은 關係가 要求된다.

가공칩의 생성량	≤	가공칩 排出能力

위의 관계에서 가공칩 排出능력이 적더라도 加工칩 생성량이 그보다 더 적으면 위의 관계를 만족할 수 있지만 이것은 放電加工速度를 저하시키는 결과를 가져온다.

가공칩 배출능력을 될 수 있는 한 크게 하여 이에 맞도록 가공칩의 생성량을 크게 하는 것이 중요하다.

가공칩의 생성량과 가공칩 배출능력을 변화시키는 要素를 정리하면 表 10-1과 같다.

表 10-1 가공칩排出의 要素

가공칩의 생성량 • 가공셋팅(Ip) • 팔-스폭(ON-time)	가공칩 제거능력 • 클리어런스 • 갭 조정(G)	• 指定된 면거칠기, 電極消耗, 클리어런스 등에 의해 결정되는 要素이다. • 거친가공은 클리어런스도 크고 가공칩 배출능력은 커지므로 가공칩의 생성량은 커진다. • 갭 조정은 가공셋팅 1일때 또는 St:St의 加工일때 사용한다.
	가공깊이 가공면적	• 가공하는 형상에 의해 결정되는 요소이다. • 일반적으로는 가공깊이가 깊은 정도 또는 가공 면적이 넓을수록 가공칩 배출 능력은 저하한다. 또한 가공깊이 / 전극직경의 값이 클수록 가공칩 배출 능력은 저하한다. • 이러한 것은 가공의 진행에 따라 변화한다.
가공칩의 생성량 • 休止時間 　(OFF-time)	가공칩 제거능력 • 가공액의 유출방법 　(噴出, 吸引噴射) • 放電安定 • 加工調整	면거칠기, 전극소모, 클리어런스, 가공형상등, 지정된 조건에 따라 $$\boxed{\text{가공칩의 생성량}} \leq \boxed{\text{가공칩 배출능력}}$$ 을 만족시키기 위한 要素이다. 가공칩 배출능력을 가능한 한 크게 유지하여 이에 대응해서 가공칩의 생성량도 크게 하는 것을 기본으로 한다.

위의 표에서 休止時間, 加工液의 流出方法, 放電安定 加工調整의 各 要素가 加工칩 排出에 관한 주요한 要素이므로 이에 대해서 다음에 서술한다.

1. 休止時間(OFF time)

面거철기, 電極消耗, 클리어런스가 지정되면, 가공셋팅, 팔-스 폭은 결정된다.

따라서 가공칩의 생성량은 休止時間에 의하여 변화한다.

休止時間을 길게 선정하면 가공칩의 생성량은 적어지고, 짧게 선정하면 가공칩의 생성량은 크게 된다.

$$\boxed{\text{가공칩의 생성량}} \leq \boxed{\text{가공칩 배출능력}}$$ 의 관계식에 있어서, 休止時間을 길게 하면 이 관계식을 유지하기 쉽고, 가공속도를 저하시키는 것이 대책은 아니다.

休止時間選定의 基本은 가공칩 배출능력을 가능한 한 크게 하여 그에 맞도록 休止時間을 짧게 하는 것이 중요하다.

또한 가공의 진행에 따라 가공깊이, 가공면적의 변화에 따라 가공칩 배출능력도 변화하는 것으로 이에 대응해서 休止時間을 변화시키는 것이 필요하다.

이것을 最適値로 設定하는 것은 대단히 어려운 것으로 일반적으로 休止時間은

3~6 tap에 設定하는 것이 좋다.

이 경우 OP-3을 사용하면 주어진 가공칩 배출능력에 맞는 최적인 休止時間을 자동적으로 선정하므로 대단히 좋다.

2. 加工液의 流通方法

가공칩의 排出能力을 크게 하는 방법으로서 가장 효과적인 것으로 가공칩배출의 주체를 이루는 것이다.

가공액의 流通方法을 크게 나누면 噴出法, 吸引法, 噴射法의 3종류가 있다.

이 3종류의 方法을 동시에 사용하는 것은 적고, 가공하는 내용에 따라 적절한 방법을 선택하는 것이다.

選擇의 槪要를 表 10-2에 정리하였다.

加工液 流出方法中 噴射法은 加工칩 排出能力이 가장 적다.

따라서 가능하면 加工液 구멍을 設置해서 다른 噴出法, 吸引法을 사용하나, 역시 가공액구멍은 전극측 또는 피가공물 측에 설치한다.

1) 噴出法

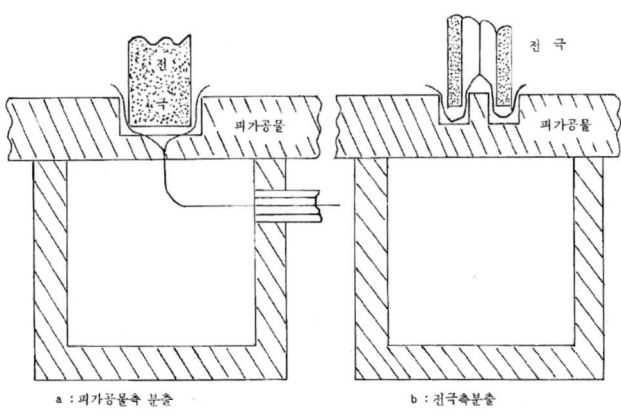

a : 피가공물측 분출   b : 전극측분출

그림 10-1 噴出法

噴出法을 그림 10-1에 나타냈다. 加工液 流通方法으로서 가장 많이 적용된다.

a: 被加工物側 噴出은 貫通加工에

b: 電極側 噴出은 밑이 막힌 가공에 적용되는 경우가 많다.

表 10-3 加工液 流通法의 選擇

流通法	관 통		밑이 막힌것	
	가공액구멍이 있는것	가공액구멍이 없는것	가공액구멍이 있는것	가공액구멍이 없는것
噴出法 吸引法	거친가공, 사상가공 모두 가장 많이 사용 仕上가공에서 최소구배를 원할 경우 사용 St:St는 거친가공도 사용		거친가공, 사상가공 모두 가장 많이 사용된다. 사상가공에서 최소구배를 원할 때 사용	
噴射法		가공액구멍을 뚫기가 곤란한 경우		가공구멍 뚫는 것이 불가능한 경우 사용
噴出壓	• 거친가공 0.05~0.2kg / ㎠ • 仕上加工 0.01~0.4kg / ㎠ • 가는구멍가공 0.5~1.0kg / ㎠		• 거친가공 Gr전극 0.1~0.2kg / ㎠ Gu전극 0.05~0.1kg / ㎠ • 사상가공 Gr전극 0.1~0.3kg / ㎠ Gu전극 0.05~0.2kg / ㎠	
備 考	• 관통구멍 거친가공의 거의 전부 적용한다. • 측면에 구배가 붙는다.(가공칩의 2차 방전에 의한) • 가는구멍 가공은 파이프 전극을 사용한다.		• 어떻게 해서도 가공액 구멍을 설치할 수 없는 것을 제외하고 밑이 막힌 것의 가공에 거의 전부 적용된다. • Cu전극의 경우 液壓이 높으면 電極消耗가 증가한다.	

表 10-3에 一般的으로 사용되는 가공액 분출압력의 범위를 나타냈지만, 電極材와 工作物의 組合, 加工面積, 加工깊이, 加工設定條件 등에 따라서는 이 한도는 없다.

• 관통가공에 있어서 방전을 시작하는 초기에는 加工液壓力을 낮게 한다.

특히 St:St에서는 방전시작으로부터 2㎜정도 가공할 때까지 噴出壓力은 0.05kg / ㎠ 以下로 設定한다.

• 밑이 막힌것 加工에 있어서 加工面積이 넓고, 또한 電極消耗를 多小 許用해도 좋은 내용의 것에 대해서는 0.3~0.5kg / ㎠로 한다.

• 큰 면적의 밑이 막힌것 加工에서는 多數의 加工液 噴出구멍을 電極側에 설치한다.

이 경우 그림 10-2와 같이 各加工液 분출구멍에서 가공液이 교차하는 부근에 가스빠지는 구멍을 設置하면 효과적이다.

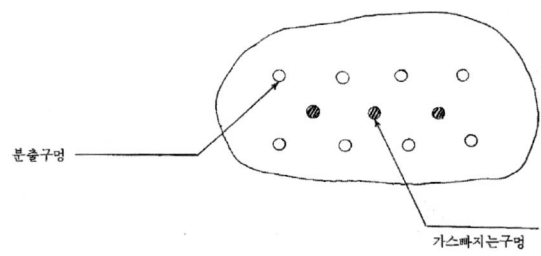

분출구멍

가스빠지는구멍

그림 10-2

2) 吸引法

그림 10-3에 吸引法을 나타냈다.

加工液 流通方法으로서는 加工液의 側面구배를 가능한 한 적게할 필요가 있는 경우에 적용한다.

a: 被加工物側 吸引法이 잘 사용되고 電極面積이 큰 경우

b: 電極側 吸引法이 적당

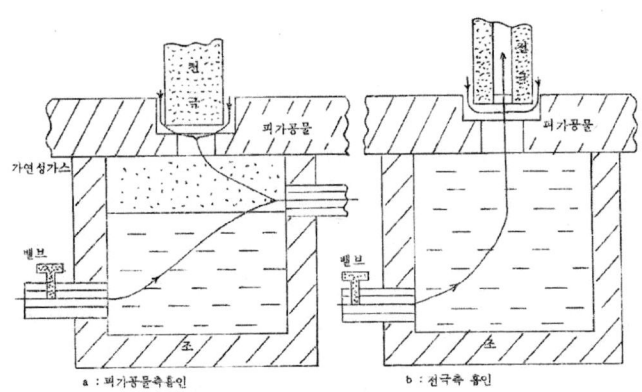

그림 10-3 吸引法

加工液의 勾配가 작은 理由로서는 그림 10-4에 나타낸 것과 같이 電極밑변 부근에 생성된 加工칩이 전부 放電加工으로 仕上된 被加工物 사이를 흐르지 않기 때문에 가공액에 의한 2차방전이 생기기 어렵다.

단, 被加工物 上部로부터 공급된 가공액이 더럽혀져 있다면 이 더러운 加工液에 의해서 2차방전이 되어 구배가 생긴다.

따라서 공급되는 가공액은 항상 깨끗해야 한다.

그림 10-5에 凹형상의 전극으로 凸형상의 피가공물을 가공하는 경우를 나타내고 있다.

吸引法의 경우에는 가공칩에 의한 2차방전 때문에 구배가 붙기 때문에 이 경우에는 분출법으로 한다.

表 10-4에서는 일반적인 吸引壓을 나타냈다.

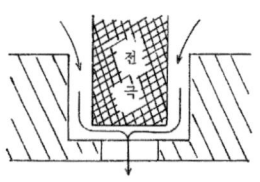

그림 10-4

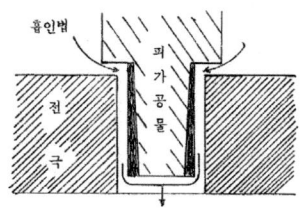

그림 10-5

表 10-4 加工液 吸引法

	吸引壓	備 考
貫 通	• 仕上加工 　10∼20cmHg 　(標準 15cmHg) • St:St 거친가공	• 電極强度가 작은 경우는 10cmHg전후 • 電極强度가 큰 경우는 20cmHg도 좋다. • 吸引壓의 設定은 加工槽上面에 있는 吸引壓조정 Knob을 최대로 풀고, 용기에 붙어있는 밸브를 개폐하는 것으로 하는 것이 좋다.
밑이 막힌것	• 仕上加工 　10∼15cmHg	• 噴出法에 비해서 微少流通이 곤란하기 때문에 電極消耗는 많게 된다.

電極强度가 약한 예	전극강도가 강한 예
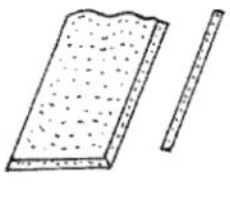 • 電極斷面形狀 길이의 밸런스가 나쁘다.	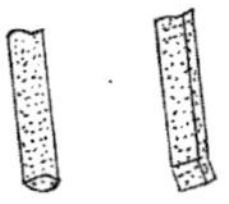 • 電極斷面形狀 길이의 밸런스가 좋다.
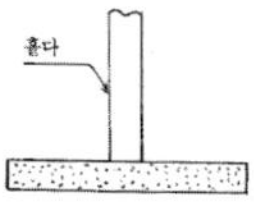 • 電極홀다 부분이 약하다.	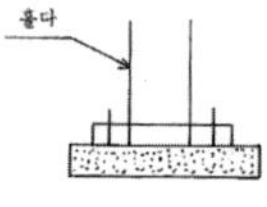 • 電極홀다 부분이 좋다
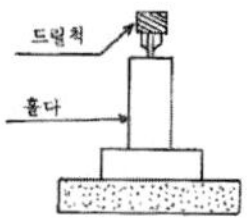 • 기계에 부착하는 부분이 약하다.	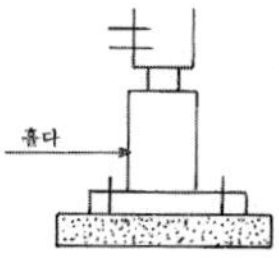 • 기계에 부착하는 부분이 좋다.

그림 10-6

吸引法은 噴出法에 비해서 그 취급이 어려워서 加工物의 구배를 적게 하는 경우 이외에는 使用하지 않는다.

吸引法에 의한 취급상의 주의 사항을 열거하면

- 거친가공에 吸引法을 사용하면 가공칩에 의해 아스피레이타가 막혀서 비닐호수가 열에 의해 변형하는 수가 있다.
- 吸引壓이 강하면 加工途中에 電極이 前後, 또는 左右로 振動해서 클리어런스가 크게 되고 加工速度도 극히 저하한다.

電極强度가 큰 것은 20㎝Hg로 設定하는 경우도 있으나 반대로 電極强度가 극히 적은 경우에는 10㎝Hg 이하로 設定하는 것도 있다.

보통 電極强度가 크면 단지 電極斷面積이 큰 것만이 아니고, 電極홀더 부분을 포함한 電極全體의 强度의 바란스가 좋은 것도 條件의 하나이다.(그림 10-6參照)

- 吸引壓이 적게 되면 용기내의 可燃性가스가 爆發現象을 일으켜 電極 또는 被加工物의 位置가 변하게 된다.

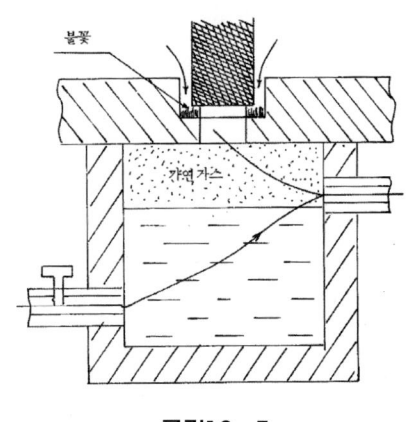

그림10-7

그림 10-7에서와 같이 極間에 가까운 용기 내부는 可燃性가스로 가득차게 되고 여기에 산소(공기)가 공급되면 爆發現象을 일으킬 가능성을 항상 가지고 있다.

가공액중에는 공기가 포함되므로 이 可燃性을 없게 하는 것은 불가능하지만 吸引壓이 약한 경우 이 가연성은 증대한다.

吸引法에서 가장 위험한 문제가 이 爆發現象이며 이것을 작게 하기 위하여 다음과 같은 취급이 바람직하다.

- 산소(공기)의 공급을 적게 하기 위하여 加工槽 내의 加工液에 기포가 발생하지 않도록 한다.
- 가공전 분출법에 의해서 용기내의 공기를 뺀다.
- 加工槽 上面에 있는 吸引壓調整Knob을 최대로 풀고, 용기의 밸브 개폐를 10~20㎝Hg의 吸引壓으로 調整한다.

용기의 밸브로부터 供給된 加工液의 速度에 따라 용기내의 可燃性가-스의 排出效果가 커져서 極間을 흐르는 加工液量도 增加한다.

- 용기의 吸引口는 가능한 한 上方으로 설치해서 용기 내의 可燃가스의 체류용적을 적게 한다. 그림 10-3b와 같은 電極側 吸引法이라면 가장 좋으며 특히 電極面積을 크게 하는 것은 그 효과가 최대이다.
- 용기와 被加工物 사이에 부판(敷板)을 설치하는 경우에도 그 두께는 10㎜ 정도로 한다.
- 용기의 크기는 필요이상의 큰 것을 사용하지 않는다.
  예를 들어 吸引口를 용기의 上方에 설치해도 용기가 크면 可燃性가스의 체류용적은 커지게 된다.
  따라서 크기가 다른 여러 종류의 용기를 준비해서 적은 용기를 사용한다.
- 용기는 새지 않도록 제작해야 한다.
- 큰 용기에는 2개 이상의 吸引口, 밸브를 설치하는 것이 유리하다.
- 경우에 따라서는 용기에 안전밸브를 설치한다.

3) 噴射法

그림 10-8은 噴射法을 나타냈다. 刻印加工, 깊은 리브(Rib)가공 등 어떻게 하더라도 加工液구멍을 설치할 수 없는 경우에 적용한다. 噴射壓力은 일반적으로는 表 10-5와 같다.

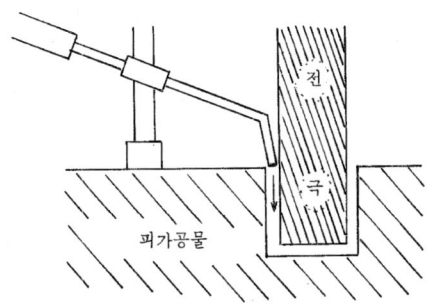

그림 10-8 噴射法

表 10-5 加工液 噴射法

	噴射壓	備考
밑이 막힌것	• 거친가공 0.5kg / cm²이상 • 사상가공 0.5kg / cm²이상	• 가공깊이가 얕은 경우는 0.2kg / cm²정도로 설정한다.(電極消耗關係) • 가공깊이가 깊을수록, 가공면이 고울수록, 噴射壓은 강해야 한다. 1kg / cm²로 하는 것이 많다.
관 통	• 거친가공 0.5kg / cm²이상 • 사상가공 0.5kg / cm²이상	加工液구멍을 뚫기 곤란한 것, 또는 판두께가 얇은 부품가공 등에 사용한다.

噴射法은 噴出法, 吸引法에 比較해서 加工排除能力은 가장 적다. 이 때문에 다음과 같은 점에 유의해야 한다.

• 加工液 噴射口는 3Φ∼5Φ정도로 한다.

• 加工液 噴出口는 가능한 한 極間에 가깝게 한다.

• 加工液 噴出角度는 電極側面에 대해서 가능한 평행하게 하여 분사액이 전극 저면에까지 닿도록 한다.

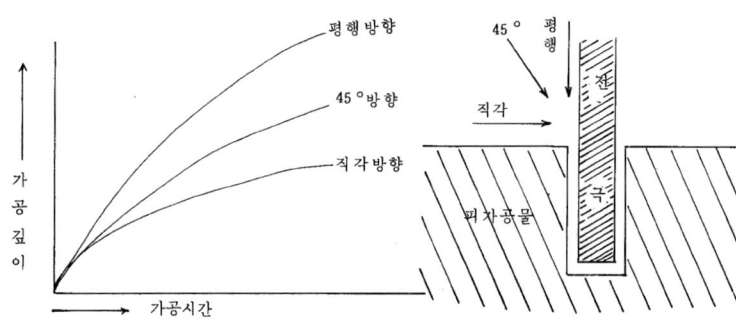

그림 10-9 噴射角度의 效果

• 噴射方向은 電極저면까지 분사액이 들어가기 쉬운 방향을 선택하고 전극형상, 면적 등에 따라서는 몇 개소까지 분사한다.

그림 10-10은 噴射方向의 一例를 나타낸 것으로 몇 개소에서 분사하는 경우는 가공액이 서로 부딪치지 않는 방향, 혹은 가공액이 전극 밑면의 전체에 흐르는 방향에 위치 결정을 하는 것이 필요하다.

● 전극강도가 적은 경우는 분사압력을 강하게 하지 말 것
● 분사법의 경우 반드시 방전안정을 병용할 것.

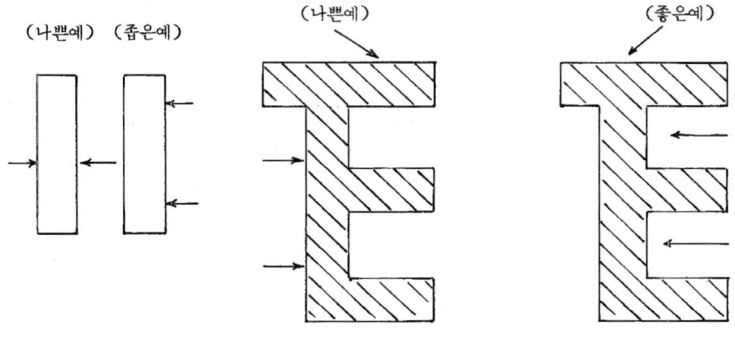

그림 10-10 加工液噴射方向

3. 방전안정전극

放電加工 중에 정기적으로 電極上下운동을 주어 그 펌프 작용에 의하여 가공액이 極間을 出入할 때 加工칩도 극간에서 배출된다.

이 放電安定은 단독으로 행하는 것은 없고, 噴出法, 吸引法, 噴射法에 병용하여 쓰이고 있다.

표10-6은 일반적인 사용범위를 나타냈다.

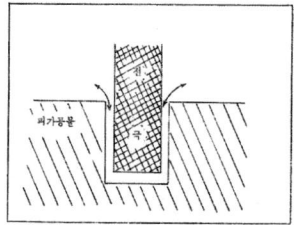

그림 10-11 放電安定에
의한 펌프작용

表 10-6 放電安定 使用範圍

加工內容			放電安定	
			回數 / 分	점프량
관 통	거친가공			
	사상가공	● 가공 여유가 적은 것	50~60	0.2㎜
		● 가공 여유가 많은 것	50~100	0.2~3㎜
		● 가공 깊이가 깊은 것	50~60	0.2~0.5㎜

加工內容			放電安定	
			回數 / 分	점프량
밑이 막힌것	거친가공	• 가공 깊이가 얕은 것	50~60	0.2~0.5㎜
		• 가공 깊이가 깊은 것	50~100	0.5~1㎜
	사상가공	• 가공 깊이가 얕은 것 {면거칠기 15μ Rmax이상 면거칠기 15μ Rmax이하	50~80 80~100	0.2~0.5㎜ 0.2~0.5㎜
		• 가공 깊이가 깊은 것 {면거칠기 15μ Rmax이상 면거칠기 15μ Rmax이하	50~100 80~80	0.5㎜ 0.5~1㎜
		• 깊은 테이퍼 홈	30~60	1~2㎜

4. 加工調整

이것은 전극을 상승, 하강시키는 Servo의 감도를 조정하는 볼륨의 눈금을 적게 설정하면 서어보의 감도는 좋아지며 전극 상하운동은 빨라진다. 전극상하운동이 빨라지면 방전안정에 있어서 펌프작용은 보다 효과적으로 작용하므로 가공칩 배출능력은 증대한다.

가공조정 볼륨설정에 있어서는 펌프작용은 보다 효과적으로 작용하므로 가공칩 배출능력은 증대한다.

• 가공조정 볼륨눈금은 안정한 범위, 작은 눈금에 설정한다.

• 단 너무 작은 값에 설정하면 전극이 진동하며, 가공속도의 저하, 전극소모의 증대를 초래한다.

• 따라서 그 설정에 대해서는 전극 이송깊이 측정용의 다이알 게이지침의 진동이 1/100㎜ 이내의 범위에서 가공눈금을 작은 값에 설정한다.

  단, 비교적 느린 다이알 게이지침의 진동은 1/100㎜를 넘어서는 안 된다.

• 가공깊이, 가공면적, 가공액 압력 등에 따라 그 최적선정값이 변화한다.

  특히 가공초에 선정된 가공조정볼륨도 가공깊이의 증대에 따라 그 最適값은 加工調整 볼륨눈금은 작은 방향으로 변화하므로 그때그때 첵크해야 한다.

제11장 방전가공의 실제

1. 加工能率의 向上

放電加工機의 加工速度는 工作物을 단위 시간에 얼마나 제거하는가(가공하는가)를 表示하는 量으로, 鋼의 工作物을 放電加工하는 경우에 수 100A의 대전류 電源裝置를 사용해도 약 50g / min으로 밀링머시인 등과 같은 工具를 사용한 工作機械의 加工量에 비하면 비교가 안 된다.

이것은 단순히 加工量만의 비교이고, 工作物의 材質, 加工形狀, 仕上精度, 면거칠기 등을 포함해서 비교하는 경우에는 放電加工機의 加工速度는 늦다고 말할 수 없다.

특히 工作物의 材質이 高硬度인 경우 예를 들면, Quenching鋼이라든가 超硬合金의 경우에는 放電加工은 一般 鋼材와 다름없이 加工할 수 있다.

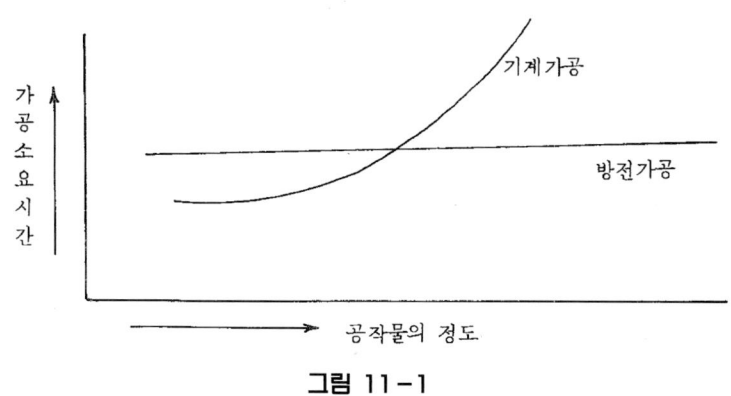

그림 11-1

또 복잡한 형상의 경우에도 전극이라면 정도가 좋게 가공된다.

仕上加工 또는 工作物의 硬度가 높게 되는 것에 따라서 放電加工의 위력이 발휘

된다. 방전가공기는 만능이라고 할 수 없기 때문에 별도의 특징을 가진 공작기계와 조합시켜 각각의 목적을 달성하고 전체적으로 가공 능률이 향상되도록 한다.

황삭가공을 할 때에는 放電가공 여유를 적게 하면 시간이 단축되고, 가공칩도 적게 되기 때문에 가공칩 배출도 쉬우며, 가공상태도 안정하게 되어 加工精度가 향상된다.

따라서 황삭가공을 할 때에는 放電加工 여유를 적게 하는 것이 重要하며 황삭으로 장시간 방전가공하는 것은 의미가 없다.

① 가공깊이

가공이 진행하여 구멍이 깊게 되면 加工液의 供給, 가공칩이나, 가스의 배출은 工作物과 電極의 좁은 간격을 통해서 해야만 하기 때문에 구멍이 깊게 될수록 安定된 放電을 維持하기가 어렵게 되고 加工 時間이 많이 걸린다. 이것을 개선하기 위해서 加工液을, 强制噴流, 電極을 주기적으로 上下 운동을 시켜 새로운 加工液을 흡입하는 방법이 행해지지만 최근에는 加工狀態에 따라서 自動的으로 放電 에너지 條件을 加減하는 소위 適應制御를 한다.

2. 加工精度

放電加工은 工作物과 電極사이의 微細한 반복 放電으로 가공을 진행시키기 때문에 종래의 기계 가공과 같이 공작물에 절삭력이 작용하지 않기 때문에 변형의 염려가 없고 가공면에 방향성이 보이지 않는다.

工作物의 加工精度는 放電加工機의 機械的 精度와 作業方法에 의한 工作精度 외에 放電加工 특유의 消耗 現象의 基本 原理에 따라서 加工作用, 加工面의 特性, 電極消耗에 의한 변형 등이 중복되어 加工 精度로서 나타난다.

1) 加工面

① 變質層

放電面은 반복 放電 개개의 放電흔적이 겹쳐져서 加工面을 구성하고 있지만 그

斷面을 관측하면 한번 용해해서 재응고하여 있는 것, 또는 溶解溫度에는 도달하지 않았지만 熱的 영향을 받아서 변질된 층이 보인다.

이외에도 제일 바깥쪽 표면에는 상대편 電極의 金屬이 溶着되어 있는 것도 있다. 이 放電加工面 變質層의 두께는 면거칠거, 가공속도와 마찬가지로 加工의 電氣的 條件에 따라 左右된다.

放電에너지의 크기에 따라서 變質層은 변화하고, 황삭가공으로부터 仕上 加工으로 移行함에 따라 變質層은 얇아진다. 또 하나는 放電點의 에너지를 同一하게 한 경우, 放電 時間에 의해서도 變質層의 두께는 變化한다. 팔스폭이 길게 되어 불꽃 放電時間이 길게 되면 放電 기둥이 넓게 되어 變質層이 증가한다. 또 放電 반복수를 증대함에 따라 즉 休止時間을 작게 함으로써 熱變質層이 커지게 된다.

熱變質層의 두께는 炭素鋼을 加工한 경우 일반적으로 $10\mu \sim 30\mu$정도이다. 溶解變質層은 加工液의 熱分解에 의해서 炭素가 浸炭되는 경우가 많다. 이 경도는 Vickers 경도(Hv)=$700 \sim 800$정도이다.

또 Quenching層은 放電時 急速 加熱에 의한 高溫과 加工液에 의한 急速 冷却 때문에 일반적으로 急熱, 急冷의 Quenching 조직을 나타내고 그 硬度는 보통 Quenching 조직보다 높아서 Hv=$900 \sim 1300$에 달한다.

2) 황삭방법

① 貫通加工
- 간단한 형상의 물건은 황삭여유를 片側 $0.3 \sim 0.5$㎜로 한다.
- 복잡한 형상의 물건은 가능한 한 드릴 구멍을 많이 뚫는다.
- 초경합금과 같이 硬度가 높은 재질은 파이프 전극으로 예비방전 가공을 하여 가능한 한 많은 구멍을 뚫어 놓는다.
- 황삭 가공용 전극을 준비해서 방전가공으로 황삭 가공을 한다.
  - 단(段)이 있는 電極을 만든다.
  - 약품에 넣어 부식시켜 전극 전체를 작게 한다.

② 밑이 막힌가공
- 밀링가공 등에서 가능한 한 加工形狀에 가까운 가공을 한다.

- 밀링가공이 불가능한 것은 드릴 구멍가공을 한다.
- 황삭가공용 전극을 준비해서 방전가공으로 황삭 가공한다.

방전가공을 하는 경우에 가공 목적에 맞도록 가공조건을 설정하지만 가공 조건의 기본이 되는 가공 성능표의 값은 어느 일정의 실험 방법으로 측정한 값이고 실제의 가공에서는 가공형상, 가공깊이, 가공액 噴流方法 등에 따라 많이 변한다.

加工速度는 가공 성능표의 반이되는 경우도 있으며, 電極消耗率도 電極形狀 등에 따라 많이 변한다.

放電加工을 이용하여 능률 좋게 가공하는 데는 加工 目的에 맞는 條件設定을 하는 것이 重要하지만 무엇보다도 安定加工을 해야 한다. 작은 電極 面積일때에 과대한 放電 에너지로 加工하면 放電이 집중하여 異常 放電을 일으키기 쉽고 또 複雜한 電極形狀인때나, 加工 깊이가 깊은 때는 加工液이 放電Gap에 충분히 공급되지 않기 때문에 가공칩, 가스가 放電Gap에 차게 되어 安定加工을 할 수 없다.

여기서 가장 좋은 결과를 얻기 위해서는 적당한 대책이 필요하다.

① 電極形狀

관통구를 가공할 때에는 둥근봉 電極의 先端形狀을 평면, 반구, 둥근형으로 해서 가공을 하면 가공칩을 배출시키기 쉬운 半球 電極이 평면 電極보다도 加工 時間이 짧게 된다. 또 둥근 전극의 경우는 先端角度가 예리한 것일수록 放電이 集中해서 持續 아-크를 일으키기 쉬워서 電極消耗는 다른 부분의 2~3배나 된다.

이와 같이 電極形狀에 따라서 가공 성능이 변하는 것이므로 전극 세계에 주의해야 한다.

② 面積效果

각 電極 面積에는 加工速度를 最大로 하는 電流값이 있고, 電極面積이 클수록 電流값도 크게 된다.

이것은 面積이 크게 되면 放電이 集中해서 持續 아-크를 발생하기 쉽기 때문에 放電 頻度가 저하한다.

加工速度가 最大로 되는 조건에서는 放電도 安定되며, 電極消耗도 적게 되고 仕上面도 좋아진다.

이와 같이 放電 에너지에 대해서 최적의 전극 면적이 있고, 반대로 전극면적을 결정하면 더욱더 능률 좋은 放電에너지 조건이 존재하는 것이 된다. 이것을 면적 효과라 한다.

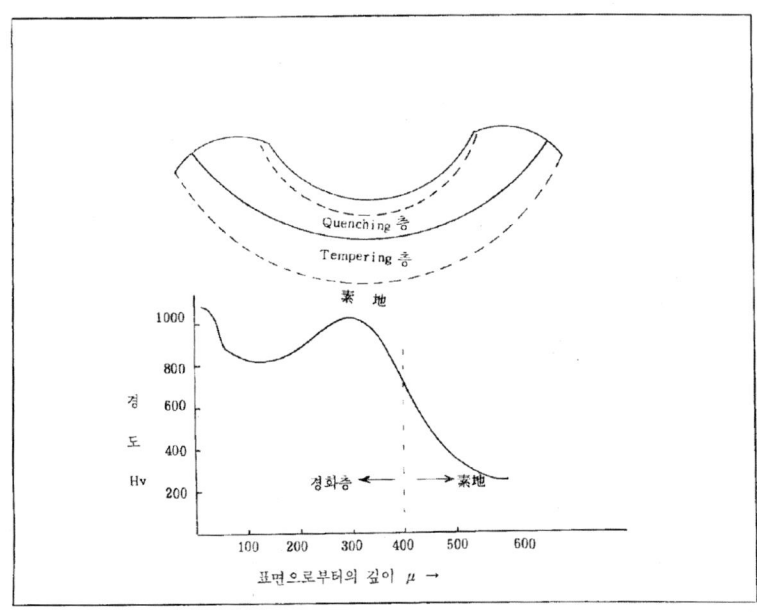

그림 11-2

③ 變形, 크랙

가공면은 急激한 加熱, 冷却을 받기 때문에 殘留應力이 발생한다. 放電 에너지가 큰 황삭 가공에서는 큰 영향을 받아서 加工面에 크랙을 일으키는 일이 있다. 鋼에는 거의 크랙을 생성하지 않으나, 熱處理가 不均一한 경우의 工作物이나 超硬合金 등의 燒結體에 있어서 크랙이 생긴다. 연속 아-크 放電이 되는 경우 放電點이 移動하며 그 放電點의 部分만이 急激히 가열될 때에 크랙이 생긴다.

또 溶融 變質層이 두꺼울 때에는 크랙이 발생하기 쉬우며 이러한 크랙을 放止하기 위해서는 지속 아-크를 방지해야 한다. 또 放電 에너지를 작게 해서 즉 仕上 加工 범위에서 가공을 하도록 한다.

(1) Clearance와 Taper 電極과 工作物이 放電 Gap g만큼 떨어져서 放電하면 工作物은 a만큼 가공하며 電極도 b만큼 消耗하기 때문에 工作物과 電極의 간격은 (g+a

+b)로 넓어진다.

電極은 消耗함에 따라 移送되므로 결국 加工을 완료한 때의 工作物과 電極의 gap은 (g+a)로 된다.

클리어런스 G는 가공구멍 치수와 전극의 치수차의 1/2로 나타낸다. 실제의 가공에 있어서 소요 치수대로 가공을 하기 위해서는 클리어런스를 고려해서 전극 치수를 미리 2(g+a)만큼 적게 할 필요가 있다. 2(g+a)를 電極切下量이라고 한다. 放電 gap g는 工作物과 電極 사이의 印加電壓, 加工液의 絶緣耐度 加工칩 등의 영향을 받지만 거의 5~50μ정도이다.

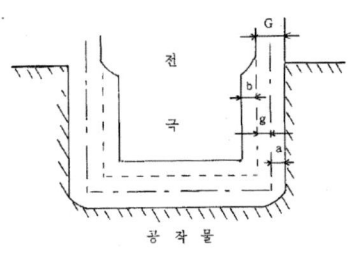

그림 11-3

일반적으로 클리어런스는 仕上加工에서 0.01~0.02㎜ 황삭 가공에서는 0.2~0.3정도이다.

放電加工에서 貫通구멍을 加工하면 工作物의 表面과 裏面의 구멍 크기가 다르게 된다. 表面의 구멍은 커지게 되고 가공 구멍에는 테이퍼가 생긴다. 그 원인은 電極이 消耗해서 先端部 電極 치수가 가늘어지기 때문에 가공칩이 가공 구멍 측면 틈을 통해서 배출될 때 2차 放電을 일으켜 측면이 넓게 되어 테이퍼를 이루기 때문이다.

테이퍼를 減少시키는 方法으로서는 消耗가 작은 工具電極을 使用하고 電極 길이를 충분히 길게 제작해서 가공 깊이의 數倍를 관통시킨다. 또 가공 구멍에는 기초공을 뚫어 놓으면 가공칩이 重力에 의해 기초공으로 빠져 버리므로 구멍의 側面에 二次 放電을 일으키는 일이 적게 된다.

또한 기초공으로부터 加工液을 吸引하는 것이 좋다.

그러나 Punching 金型의 경우에는 製品에 테이퍼가 붙는 것을 이용해서 그것을 빠짐 구배로 하기 위해서 공작물의 裏面으로부터 가공한다.

噴流加工과 吸引 加工에서는 테이퍼 및 클리어런스는 다음 그림과 같이 틀린다.

加工條件

加工電流 ; 12 A

電　　極：은·텅그스텐 (－)

工 作 物：超硬(＋)

工作物두께 : 25㎜

가공여유 : 2.0㎜

噴 出 壓：0.3㎏/㎠

吸 引 壓：30㎝/Hg

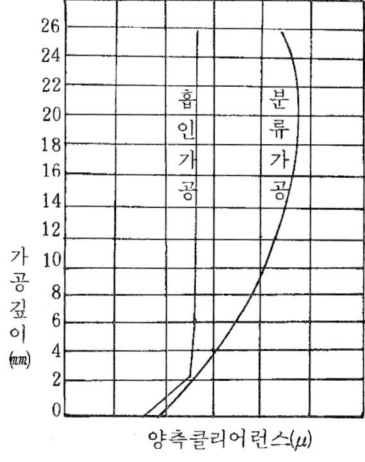

그림 433

3. 加工速度의 向上

1) 放電電流(피－크電流)

加工速度를 크게 하는 데는 단일 방전에너지를 크게 해서 제거량을 많게 하면 좋다. 결국 極間에 공급된 放電 電流를 크게 함에 따라 放電點의 電流密度를 크게 해서 高溫으로 하면 溶融量은 많아지고 단일 放電의 加工量도 많아지게 된다.

그러나 單一放電의 除去量이 많은 것은 면거칠기를 거칠게 한다. 트랜지스터 回路電源의 경우 負荷低抗를 변화시킴으로서 피크 電流는 1.5~2A 정도로서 電流를 많게 할 경우에는 트랜지스터 개수를 많게 해야 한다.

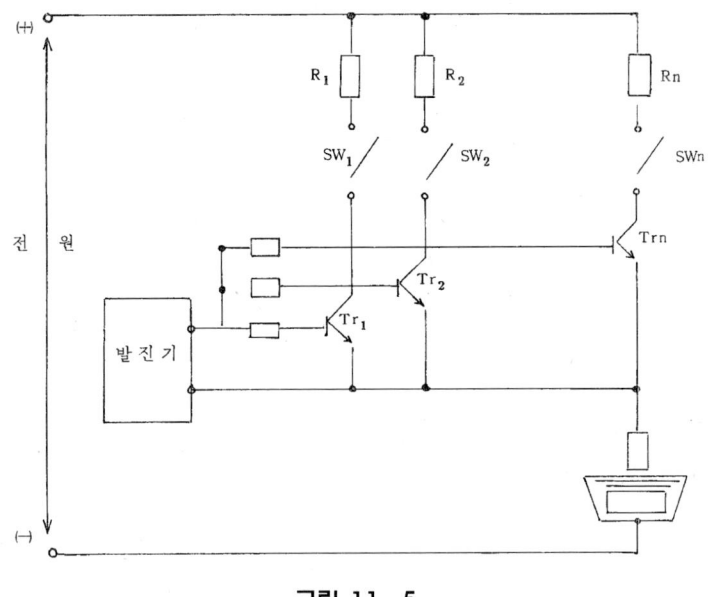

그림 11-5

SEIBU EDM SP-50TD의 경우 加工 Tap과 放電 電流(피-크전류) 및 加工速度와 면 거칠기의 관계를 銅對 鋼의 加工을 보면 表 11-1과 같다.

트랜지스터 개수를 늘여서 피크 전류를 크게 하면 加工速度도 증가한다. 전극 면적이 클수록 피-크 전류를 크게 할 수 있으나, 작은 면적에 큰 전류를 흘리면 가공 불안정이 되고 電極消耗의 원인이 된다.

2) Duty factor

放電 電流를 크게 하면 單一放電으로 除去量이 많게 되고 加工速度가 증가하게 하지만 放電 反復 回數를 많게 하면 單位 時間內의 加工速度는 다시 증가하게 된다. 팔스폭 및 休止時間을 짧게 하면 放電의 반복회수(주파수)는 많게 되지만 피-크 전류에 대해서 최적의 방전 팔스폭의 관계가 있고, 팔-스폭을 극단으로 짧게 하면 전극 소모의 원인이 된다.

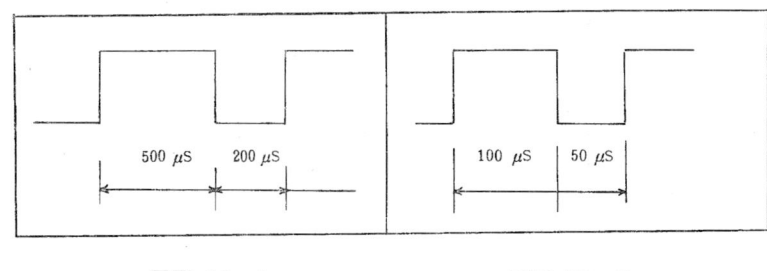

| 그림 11-6 | 그림 11-7 |

$$주파수 = \frac{1}{500 \times 10^{-6} + 200 \times 10^{-6}} = \frac{1}{700} \times 10^{6} = 1428(\text{Hz})$$

(1초간에 1428회 방전이 일어난다)

$$주파수 = \frac{1}{100 \times 10^{-6} + 50 \times 10^{-6}} = \frac{1}{150} \times 10^{-6} = 6666(\text{Hz})$$

(1초간에 6666回 방전이 일어난다)

주파수를 올리는 것으로 팔-스폭을 짧게 할 수 없으면 休止時間을 짧게 하면 좋지만 이것은 Duty factor가 크게 되는 것이다.

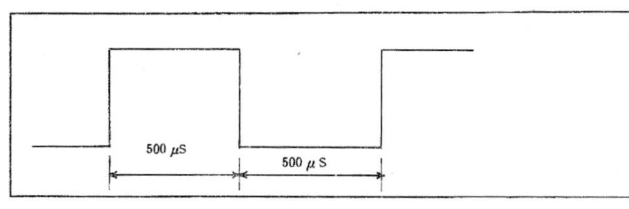

그림 11-8

$$Duty\ factor = \frac{500}{500 + 500} \times 100 = \frac{500}{1000} \times 100 = 50(\%)$$

$$주파수 = \frac{1}{500 \times 10^{-6} + 500 \times 10^{-6}} = \frac{1}{1000} \times 10^{6} = 1000(\text{Hz})$$

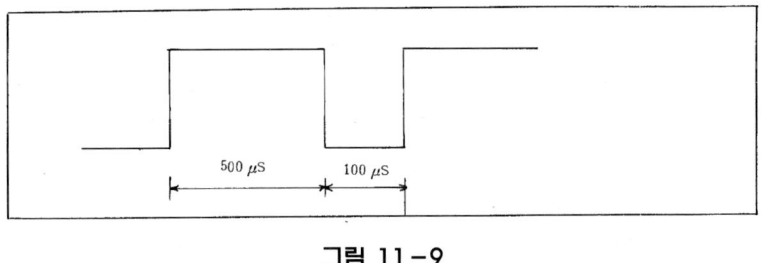

그림 11-9

$$Duty\ factor\ = \frac{500}{500+100} = \frac{500}{600} \times 100 = 83.3\%$$

$$주파수 = \frac{1}{500\times10^{-6}+100\times10^{-6}} = \frac{1}{600} \times 10^{-6} = 1666\text{Hz}$$

이상과 같이 Pulse폭이 500μs의 경우 休止時間을 500μs로부터 100μs로 하면 Duty factor는 50%로부터 83.3%로 되고 주파수는 1000Hz에서 1666Hz로 되어 放電 回數가 많게 된다.

放電加工은 斷續아-크이어야만 하므로 休止 時間을 꼭 필요로 한다.

따라서 반복 횟수를 너무 많게 하면 불꽃방전(Spark Discharge)이 되지 않고 連續된 定常 아-크 放電이 되기 쉬워서 放電이 不安定하다.

이것은 單一放電이 完了된후 加工液의 絶緣性을 回復하는 時間이 필요하기 때문이다. 이것을 아-크 消去 時間이라고 부르고, 아크 消去時間은 放電에너지가 클수록 크게 된다. 따라서 Pulse폭 및 休止時間을 짧게 하는데 한도가 있다.

3) 加工電壓과 加工電流

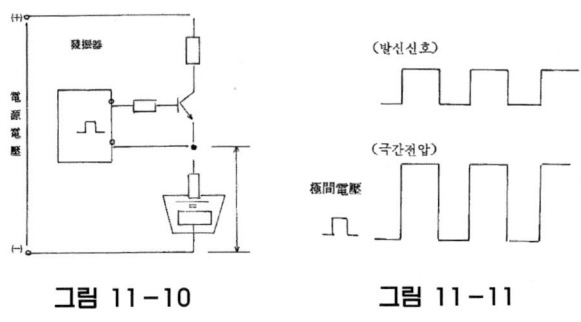

그림 11-10   그림 11-11

트랜지스터 電源의 경우에는 Pulse폭 및 休止時間은 發振器로 制御되고 또 極間
에 흐르는 放電電流는 트랜지스터의 個數에 의해서 조정한다.

따라서 極間에 걸리는 電壓은 그림 11-11과 같이 된다.

이 경우에 極間의 간격이 절연파괴 가능한 거리에 있으면 곧 방전이 시작되고, 兩
極은 아-크 기둥으로 이어져서 放電電流가 흐르게 되서 加工을 하게 된다. 그리고
發振信號가 休止時間이 되면 放電은 정지한다.

이때의 發振信號와 極間電壓 및 放電電流의 關係는 그림 11-12와 같이 된다.

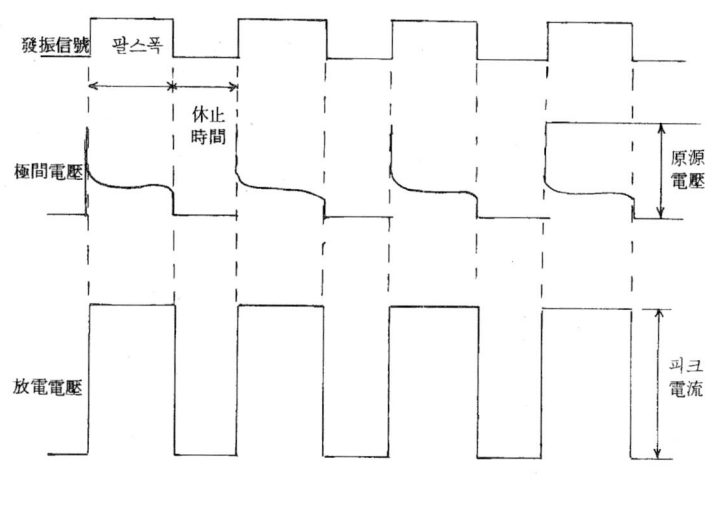

그림 11-12

極間의 간격이 열려진 상태에서는 極間에 電壓이 걸려도 放電은 되지 않지만
Servo 이송장치에 의해서 절연파괴 가능한 간격에 가깝게 되면 放電이 시작한다. 따
라서 이때의 放電時間은 짧다.

放電加工機의 加工電壓計 및 加工電流計는 極間에 걸리는 電壓의 平均 및 極間
에 흐르는 電流의 平均을 表示하는 것으로 極間의 간격의 상태에 따라서 加工電壓
및 加工電流는 그림 11-14와 같다.

實際加工에서는 極間의 간격은 Servo의 基準 電壓에 대해서 極間의 平均 加工
電壓이 높던가 낮게 制御된다.

따라서 기준전압을 높게 설정하는 것은 가공전압을 크게 하는 것이 되고 Servo 기준

전압을 낮게 설정하는 것은 가공전압을 낮게 하는 것이 된다.

　加工電壓을 높게 하면 極間은 넓은 상태가 되기 때문에 放電의 흐름이 많고 放電電流는 적게 된다.

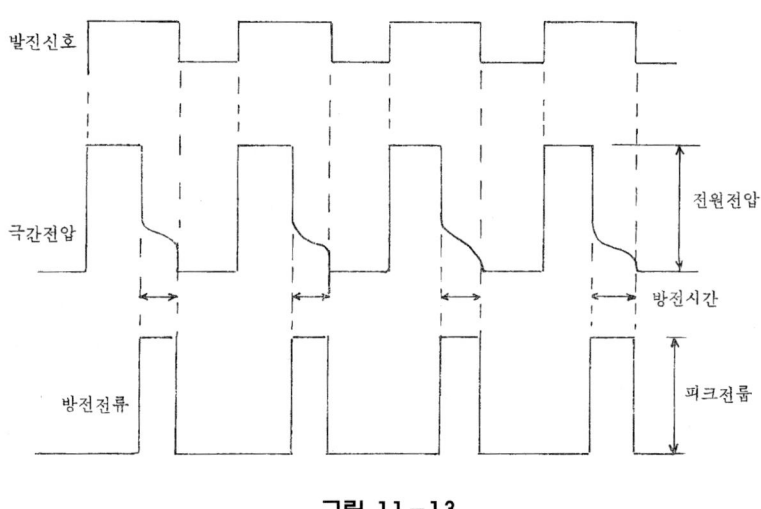

그림 11-13

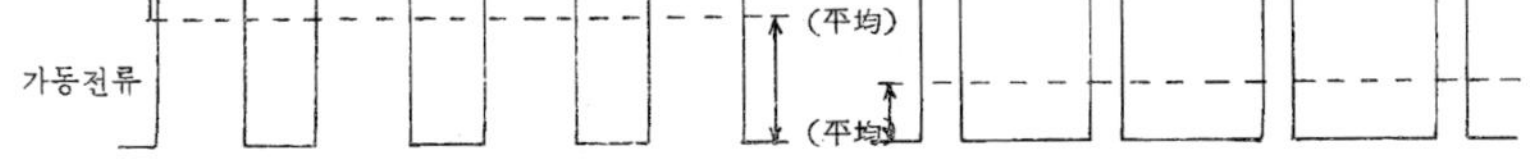

그림 11-14

　加工電壓을 낮추면 極間이 절연파괴 가능한 간격으로 하면 放電의 흐름은 없게 되고 放電電流는 增大해서 加工速度는 증가한다.

　가공 전압을 낮추면 극간은 다시 좁게 되어 절연 파괴를 하지 않아도 전류가 흐르게 된다. 즉 短結狀態가 된다.

이러한 상태에서는 放電은 일어나지 않기 때문에 放電에 의한 에너지는 발생하지 않고 가공은 되지 않는다. 이와 같이 극간의 간격을 너무 좁게 하면 가공Chip, Gas의 배출이 잘 되지 않고 arc 放電의 원인이 되어 다시 가공속도는 낮게 된다.

4) DP회로(고압 중첩회로)

가공 전압을 낮추어 극간을 좁게 하고, 절연파괴가 가능한 간격으로 하면 放電의 흐름은 적게 되고 가공전류가 많게 되면 가공속도는 증가하지만 극간의 간격이 좁기 때문에 가공칩의 배출이 잘 되지 않는다. 따라서 放電은 極間의 간격이 넓은 상태에서 하는 것이 좋다.

DP회로는 가공회로와는 별도로 고전압 전원을 사용해서 넓은 간격에서도 절연파괴가 가능하도록 한 것이다.

고전압은 150~300V정도이다.

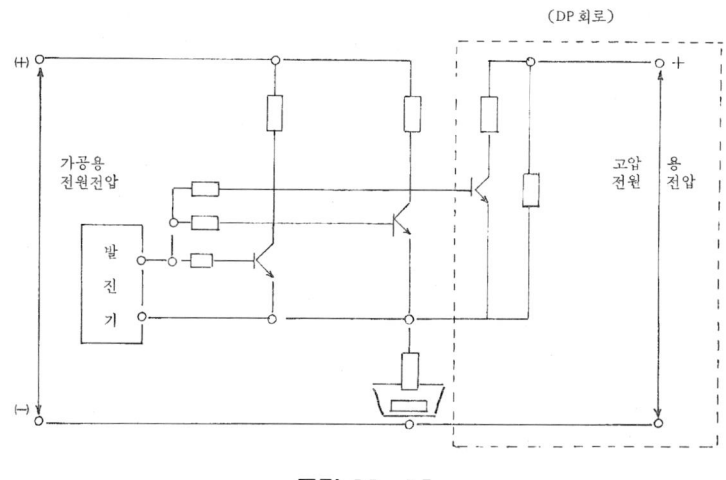

그림 11-15

DP回路를 使用하면 加工回路의 電壓에서는 絶緣破壞가 불가능한 넓은 간격의 경우에서도 D.P회로의 전압에 의해 극간은 절연파괴되어 방전로가 된다.

D.P회로의 放電電流는 작은 것으로서 큰 에너지를 발생하지 않지만 極間에 한번 放電路가 생기면 加工回路의 트랜지스터로 제어된 放電 電流가 흘러 放電 에너지에

의해 가공이 된다.

이와 같이 해서 DP회로를 사용하면 극간이 넓은 상태에서도 가공이 될 수 있다. 극간이 넓은 상태에서 방전이 될 수 있다는 것은 가공 Chip, gas의 배출이 잘되는 것이며, 安定加工이 된다.

따라서 鋼對鋼의 加工 仕上 범위에서 가공도 안정하게 되는 것이다. 그러나 간격이 넓은 상태에서 가공이 되기 때문에 Clearance는 넓게 된다.

加工速度를 크게 하는 데에는,

- 放電電流(Peak電流)를 크게 한다.

  (單一放電의 에너지가 크고 除去量도 많게 된다)–면거칠기는 거칠어진다.

- Duty factor를 크게 한다.

  (放電 반복회수가 많아진다)–어느 한도이상되면 異常加工

  (아–크방전)으로 된다.

- 加工 電壓을 낮게 한다.

  (放電 흐름이 적게 되고 방전효율이 높아진다)–간격이 좁게 되서 가공칩의 배출이 어렵게 된다.

- DP회로를 사용한다.(사상가공, 鋼對鋼의 가공)

  (넓은 간격에서도 방전이 되기 때문에 放電틈이 있어 가공칩 배출이 좋고 安定加工이 된다)–클리어런스가 커진다.

- 가공면 거칠기와 仕上

  放電加工은 單一放電으로 發生하는 에너지에 의해 재료를 제거하는 方法으로 放電을 반복함에 따라 가공이 진행되므로 放電加工面은 單一放電에 의해서 생긴 방전 흔적의 중첩된 상태라고 할 수 있다.

R mex

그림 11-16

따라서 放電에너지를 작게 하고 가능한 한 放電 반복수를 많게 하면 가공면은 좋아진다.

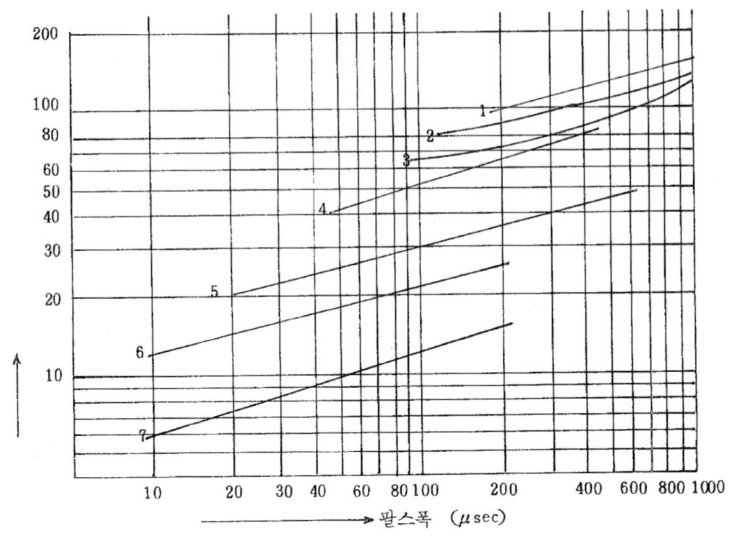

그림 11-17

그림 11-17에서 Pulse폭을 짧게 하면 반복회수는 많게 되고 면거칠기는 좋게 되며, 가공속도는 감소해서 전극 소모율은 많게 된다. 트랜지스터 회로 電源의 경우 200~300KHz 주파수 범위이다. 결국 1초간에 방전 반복회수는 20만~30만回 정도로 된다.

그런데 Condenser 回路에서는 Condenser 용량과 充電低抗의 값을 변화시킴으로서 1000KHz(1초간에 방전 반복회수가 100만회)정도까지 가능하다.

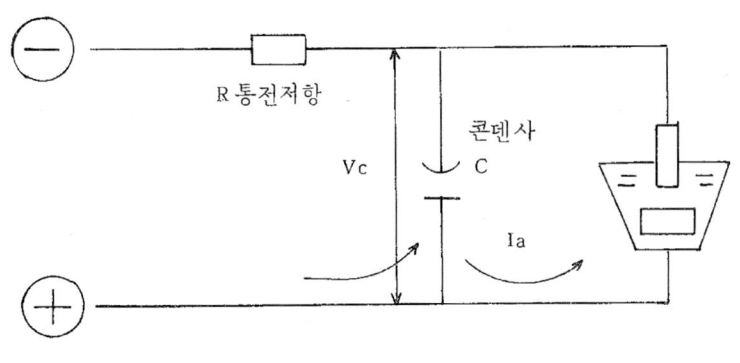

그림 11-18

Condenser C는 充電抵抗 R을 넣어서 충전시키면 電壓(Vc)는 상승한다. 어느 전압에 달하면 양극간의 절연이 파괴되어 과도 arc 放電이 發生한다. Condenser C의 電荷가 消失되어 放電을 維持하는 電壓이하로 되면 放電은 끝나며 양극간은 油膜에 의해서 절연이 회복한다.

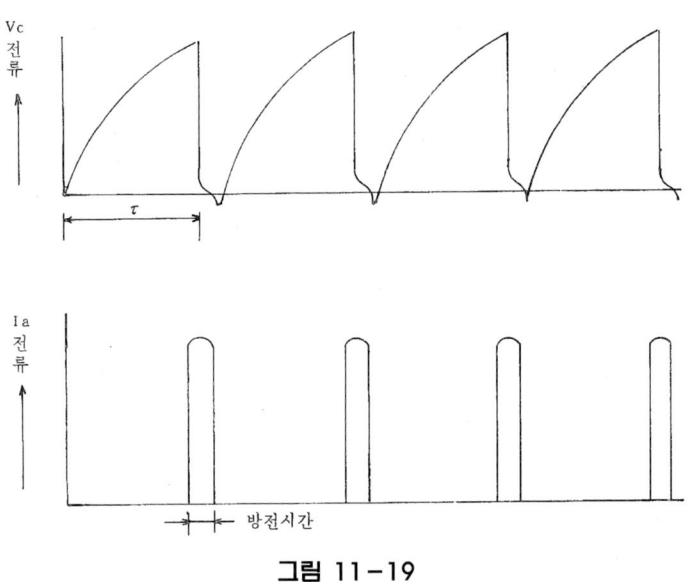

그림 11-19

充電時間( )는 콘덴서 容量과 抵抗값에 의해서 결정된다.

콘덴서 容量을 작게 하면 充電時間이 짧게 되고 반복회수도 많게 된다. 放電時間에 큰 放電 電流를 흘리므로 電極消耗率은 크게 되어서 50~100%의 消耗도 된다.

콘덴서 회로의 放電電流波形 트랜지스터 회로의 放電電流波形

通電時間	짧다.	通電時間	길다.
피-크전류	크다.	피-크전류	적다.
電極消耗	많다.	電極消耗	적다.

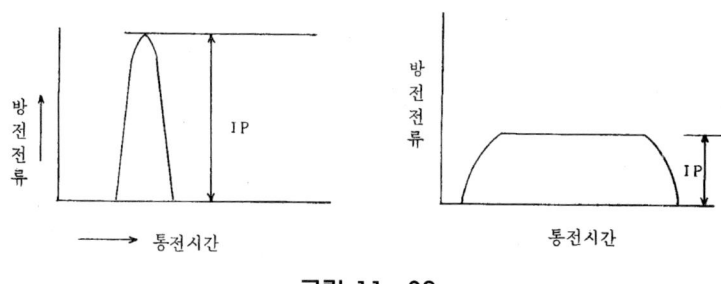

그림 11-20

이상과 같이 콘덴서 회로는 消耗가 크고, 보통 가공에서는 적합하지 않다. 따라서 콘덴서 回路는 最終 仕上에 사용해서 面仕上을 한다. 콘덴서 容量을 적게 해서 (0.001μF정도) 銅對鋼 加工을 하는 경우 약3μ Rmax 정도의 면거칠기를 仕上한다.

放電加工面의 特徵은 대단히 특이한 急熱 急冷의 영향을 받은 면이기 때문에 굳어서 흔히 부식이 생기는 수가 있다.

放電 加工面은 무방향성의 면을 형성하고 있기 때문에 유리금형, 플라스틱금형, 다이캐스팅금형 등은 연마 가공을 할 필요가 있다.

仕上 方法으로서는,

- 손작업 랩핑사상법
- 電解研摩에 의한 仕上法
- 化學研摩에 의한 仕上法
- 위의 加工法을 組合한 仕上法

이상과 같이 손작업에 의한 랩핑 사상법이 가장 많이 사용되며 Sand Paper, Lapping 숫돌이 쓰인다.

손작업을 하는 경우 가공면의 연마량은 최초에는 많다. 예를 들면 20μ Rmax의 면으로 仕上加工하는 데는 많은 時間을 요하지 않는다. 방전가공의 면칠기가 20μRmax와 10μRmax에서는 가공시간이 많아 틀린다. 따라서 거친가공으로부터 중가공, 다시 사상가공으로 바꾸어 하는 것이 중요하지 않게 된다.

① 電解 研摩 加工 電極(⊖極性)과 工作物(⊕極性)을 적당한 간격으로 놓고 電解液(질산소다 수용액 등)을 흘려서 電解作用에 의해서 工作物의 放電硬化層을 제거하는 것이다.

研磨 加工의 效果로서는

- 放電硬化層을 제거한다.
- 면거칠기를 곱게 한다.

그림 11-21은 220μ Rmax로 放電 거친가공을 한 S 55c 열처리한 재료를 電解 연마 가공해서 時間의 경과에 대한 면거칠기를 나타냈다.(電解研磨면적 4㎠)

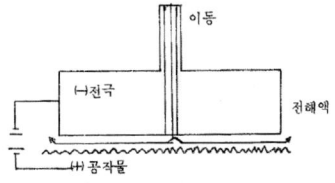

그림 11-21 전해연마의 원리

그러나 電解研磨에서 거울같은 면을 가공하기는 힘들다. 어디까지나 경화 층 제거가 주목적이다.

또한 放電加工面이 10μ Rmax 정도로 고운 경우에는 電解연마 가공의 효과는 없고 오히려 거친면에 유효하다.

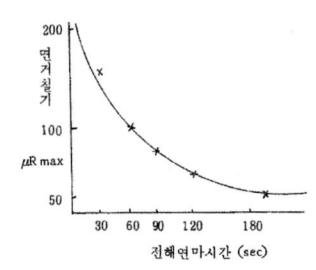

그림 11-22

工作物이 S 55c 熱處理材에 40㎜×20㎜의 平面을 각각 10μ Rmax, 20μ Rmax 30μ Rmax 면 거칠기로 放電 加工해서 그 후 電解 研磨를 한 경우와 하지 않은 경우의 연마시간을 比較해서 그 결과를 表 11-1에 나타냈다.

表 11-1 연마시간의 비교

放電가工面		30μ Rmax	20μ Rmax	10μ Rmax
♯ 400 연마 숫돌에 의한 연마시간	電解研磨加工을 하지 않은 경우	17min	13min	6min
	電解研磨時間 1分의 경우	9min	5min	4min
	電解研磨時間 2分의 경우	6min	3min	2min
	電解研磨時間 3分의 경우	3min	2min	2min

② 化學研磨處理

化學 研磨液中의 金屬表面上의 不均一性에 의해 생기는 電位差로 電氣化學 反應을 일으켜 放電硬化層을 除去하는 方法으로 보통은 化學研磨液中에 浸漬하는 것으로 된다.

化學 研磨처리에 가장 중요한 것은 처리하는 재질에 적합한 化學研磨液을 使用하는 것이다.

化學研磨上의 一般的인 注意事項으로써는

- 化學 研磨前에 工作物의 脫指, 水洗를 完全히 한다.
- 化學 研磨되지 않는 부분에는 Nasking을 한다.
- 化學 研磨液은 20℃ 정도에 保溫하면 치수 관리가 쉽다.
- 處理 速度는 硬化層 部分에서는 0.002~0.003㎜/min 素地 部分에서는 0.008~0.009㎜/min이다.(S 45C 경우)
- 處理後에는 녹이 생기지 않도록 해야 한다.

化學處理의 장점으로서는,
- 處理時間이 짧고, 그리고 液中에 담그는 것뿐이므로 조작이 극히 쉽다.
- 硬化層의 除去 외에 面 거칠기가 곱게 된다.

이에 대해서 단점은,
- 處理 可能한 材質이 制限되어 있다.
- 모서리 부분이 없어지기 쉽다.
- 液의 管理가 어렵다.

③ 硬化層을 軟化하는 方法(Tempering)

放電加工後의 工作物을 600~650℃(SKD 6, SKD 61은 700~800℃)로 해서 溶融鹽中에 數時間 浸漬한후 冷却된 放電硬化層을 軟化시키는 方法으로 면거칠기는 변화 없다.

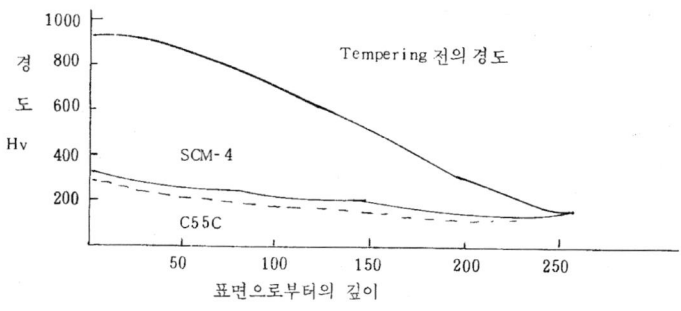

그림 11-23 Tempering에 의한 경화 층의 연화

그림 11-23은 SCM-4材와 S 55C材에 대해서 放電加工後 650℃ 2時間 加熱해서 空冷 시킨 결과의 硬度 分布를 나타내고 있다.

Tempering전의 硬度에 비해서 많이 軟化되었다. 그러나 放電加工後에 상당한 高溫으로 가열하므로 金型에 변형이 생기는 수가 있다.

5) 材料別 加工方法例

① 銅對 鋼(Cu:St)
　　SP回路 또는 DP回路
　　電極極性(+)
　　電極低消耗加工(1%이하)이 可能
　　D.f(Duty factor) 80~90%
　　電極低消耗 條件으로 가장 좋은 면거칠기는 6μ Rmax

② 銅 텅그스텐 對 鋼(Cu W:st)
　　SP回路 또는 DP回路
　　電極 極性(+)
　　電極低消耗 加工이 加能　　　D.f 80%정도
　　電極低消耗 條件으로 가장 좋은 면거칠기는 10數μ Rmax

③ 銀 텅그스텐 對 鋼(Ag W:st)
　　SP回路 또는 DP回路
　　電極極性은(+)
　　電極低消耗 加工이 可能
　　D.f는 80%정도
　　電極低消耗 條件으로 가장 좋은 면거칠기는 10μ Rmax

④ Graphite對 鋼(Gr:st)
　　SP回路 또는 DP回路
　　電極 極性은(+)

電極低消耗 加工이 可能

D.f는 60~80%

電極極性을(-)로 하면 電極消耗는 10數%로 많게 되고

加工速度는 電極極性 +의 약 2배가 된다.

⑤ **鋼 對 鋼(St:st)**

  • DP回路

    電極極性은(+)

    電極低消耗 加工은 불가능 10%정도 된다.

    D.f는 60~80%

    가장 좋은 면거칠기는 10μ Rmax

    噴流 또는 吸引을 하지 않으면 加工은 不安定

  • CP回路

    電極極性은(+) 最終 Tap은(-) 電極消耗率은 20%以上이 된다.

    가장 좋은 면거칠기는 5μ Rmax 噴流 또는 吸引을 한다.

⑥ **銀 텅그스텐對 超硬(AgW:Wc)**

  CP回路

  電極極性은(-)

  電極低消耗 加工 不可能 10%정도 된다.

  D.f는 50~60%

  가장 좋은 면거칠기는 5μ Rmax

  噴流 또는 吸引을 한다.

⑦ **銅텅그스텐 對 超硬(CuW:Wc)**

  CP回路

  電極極性은(-)

  電極消耗率은 20% 정도 된다.

  D.f는 50~60%

  가장 좋은 면거칠기는 5μ Rmax

噴流 또는 吸引을 한다.

⑧ **銅 對 銅(Cu:Cu)**

CP回路

電極極性은(＋) 最終 Tap 만(－)

電極消耗는 20～30%정도

D.f는 80%

가장 좋은 면거칠기는 5μ Rmax

噴流 또는 吸引을 한다.

⑨ **銀 텅그스텐 對 銅(AgW:Cu)**

CP回路

電極極性은(－)

電極消耗는 數%

D.f는 80%

가장 좋은 면거칠기는 5μ Rmax

噴流 또는 吸引을 한다.

⑩ **銀 텅그스텐 對 銀 텅그스텐(AgW:AgW)**

⑪ **銅 텅그스텐 對 銅 텅그스텐(CuW:CuW)**

CP回路

電極極性은(－)

電極消耗는 20～30%

D.f는 80%

가장 좋은 면거칠기는 5μ Rmax

噴流 또는 吸引을 한다.

제12장 방전절단

1. 概要

現在 使用하고 있는 切斷機는 그림 12-1과 같이 圓板式, 帶式, 線式으로 電極 運動裝置, 被加工物 移送裝置, 펌프, 電源으로 크게 나누어진다.

大體의 형상은 Sawing M / C, 砥石 切斷機에 가깝다.

이것을 改造해서 만든 것이지만, 放電切斷特有의 條件도 있는 것으로 차차 전용기도 만들어 지고 있다.

放電方式은 4E의 高速運動 電極方式이 많고, 액도 이에 따라서 물유리계통이 많이 쓰이고 있다.

전연 加工液을 使用하지 않고서 空氣中에서 作業을 하는 接觸切斷 方式도 特別한 경우에는 使用되고 있다. 구멍 뚫기에 쓰이는 여러 가지 方式도 使用되지 않는다는 것은 아니나, 큰 被加工物이 많으면 전체를 기름 속에 담글 수가 없으므로 기름을 흘리는 方法으로 하면 기름 방울이 안개와 같이 되어 화재위험이 있다.

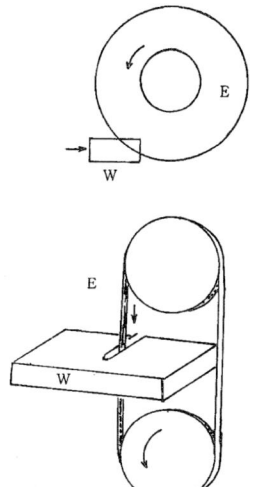

그림 12-1 放電切斷機

그러므로 작은 물건 이외에는 하지 않는다. 운동 전극에 加工液을 흘리면 기계주위가 더럽게 되며, 作業者의 건강에도 좋지 않다. 그러므로 完全한 카바가 필요하다.

또한 이液이 기계 운동부분에 들어가게 되면 녹이 생기거나 固着, 摩耗 등의 사고를 일으키기 쉬우므로 충분히 保護를 해야 한다. 보통의 放電切斷에서는 切斷面, 精度는 그다지 重要하지 않기 때문에 절단 소요시간이 제일 중요하다.

그러므로 切斷速度는 ㎠/ min으로 表示한다. 切斷速度는 各種의 加工條件에 따라서 변하나, 특히 조건설정이 같더라도 그림 12-2와 같이 電極 두께에 따라서 현저히 변한다. 그러므로 가능한 한 얇은 電極을 使用하는 것이 좋다. 그러나 한편 機械的 强度의 面에서 보면 圓板 두께에는 制限이 있으므로 實用上 表 12-1, 12-2 정도의 것을 使用하고 있다. 또 被切削材料의 直徑이 크게 되면 圓板에서는 加工部 以外에까지 電流가 통하므로 쓸모없는 電流가 增加하기 때문에 切斷 所要時間은 현저하게 크게 된다.

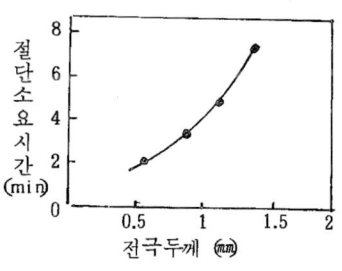

그림 12-2 전극두께의 영향

이것을 방지하기 위해서 띠(band) 모양의 얇은 電極을 세게 당겨서 사용한다.

表 12-1 圓板 電極의 두께

被切斷材의 직경(mmΦ)	圓板電極	
	直徑(mmΦ)	두께(mm)
~30	200	0.5~0.6
30~100	200~400	0.8~1.0
100~200	500~700	1.2~1.7
200~300	800~1100	1.7~2.0

表 12-2 圓板 電極의 두께

원판전극의 직경(mm)	원판전극의 두께(mm)	사용전류(A)
~40	0.1	2~3
40~70	0.2	5
70~120	0.3	10
120~180	0.4	20

各種 材料에 대한 切斷速度의 예는 表 12.3, 4, 5와 같다.
放電切斷은 25V, 400A, 단 Mo와 超硬合金은 12V, 60A로 했다.

表 12-3 切斷速度(cm²/min)

被加工材料	放電切斷	톱절단	
		탄소강 톱	고속도강 톱
鋼(0.3%c) 30mmΦ	21	5.9	11
鋼(0.45%c) 60Φ	19	3.6	11

被加工材料	放電切斷	톱절단	
		탄소강 톱	고속도강 톱
炭선지 50 × 150	19	2.4	2.9
高速度鋼 10 × 70	20	1.2	1.7
耐식鋼 25 × 60	21	0.3	1.7
Co 綱 35 × 25	20	1.3	1.8
耐熱鋼 32 × 100	21	절단곤란	
자石鋼 80 × 165	17		
모리부덴 15 × 20	2.0	절단불능	
超硬合金 12Φ	1.2		

被加工材料	放電切斷(DC, A)	放電切斷(min)	機械톱切斷(min)	切斷所要時間比
Cr 鋼26㎜Φ	180	1.75	8.75	0.2
耐蝕 鋼19㎜Φ	180	0.47	4.0	0.12
軟 鋼29㎜ �口	130	3.5	11.0	0.32

2. 放電切斷의 應用

가장 많이 利用되고 있는 것은 超硬合金의 切斷이다. 그 외 用途로도 점점 많이 利用되고 있다.

1) 超硬合金材의 切斷

바이트, 밀링 커터의 초경팁(Tip)은 처음부터 그 모양을 成形燒結하면 高價이므로, 블럭(Block)으로부터 切斷한다. 이것을 放電으로 하면 값이 싸고 빨리 切斷되므로 많이 이용된다. 단, 切斷 時間을 단축하기 위해서 거친 조건을 사용하면 크랙이 남기 때문에 다른 方法으로 仕上하더라도 충분한 시간 조건으로 절단하는 것이 좋다.

2) Slit Cutting

Collect Chuck은 종래 Slit로 끊고서 열처리를 하기 때문에 뒤틀림이 생기거나, 스리트 내에 스케일이 남아 있는 결점이 있었다. 열처리 후에 放電으로 스리트를 작업하면 위와 같은 결점은 없고 특히 좁은 Slit도 가능하다.

특히 최근에는 Collect Chuck속에 超硬 Bush를 넣으므로 放電切斷의 有用性이 커지고 있다.

3) 素材切斷

表 12-3에서 알 수 있듯이 大電力이 切斷機로서는 Sawing M / C보다도 빨라서 硬鋼 以上의 硬度를 가진 재료는 放電切斷이 유리하다.

蘇聯에서는 使用되고 있으나, 日本에서는 大電力의 放電 切斷機가 市販되지 않기 때문에 實用化 되지 못했다.

4) 변압기 코아 절단

근래에는 변압기 리액트 鐵心에 方向性 규소鋼帶를 감은 巷鐵心이 使用된다. 이것에 코일을 삽입하기 위해서 절단할 때, 鋼帶의 두께는 0.1~0.35mm되지 않고 切斷力때문에 鋼帶가 벗겨지거나, 材料의 粘性 때문에 層間 배열이 흩어지는 경우가 있다.

제13장 방전연삭

1. 槪 要

　　現在 使用되고 있는 放電 硏削機는 그림 13-1과 같이 圓板狀 電極을 回轉시킴으로서 放電加工을 한다.

　　결국 일반 연삭과 비슷해서 연삭 粒子대신 放電으로 하고 있다. 따라서 初期에는 一般 硏削機를 改造한 것, 또는 放電펀칭기에

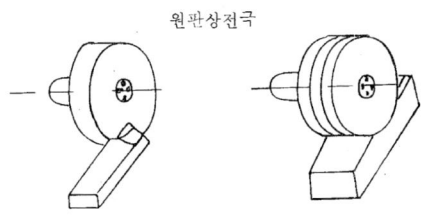

그림 13-1 방전연삭

Attachment를 부착한 것 등이 사용되었으나, 차차 專用機가 普及되었다. 放電의 發生法은 크게 나누면 세 가지가 있다.

　　一般 放電 加工과 같이 誘電液을 使用해서 電氣的으로 發生하는 方法, 放電切斷과 같이 絶緣被膜을 만드는 액을 使用해서 機械的으로 發生하는 方法, 絶緣被膜을 만들지 않는 液을 使用하거나 空氣中에서 機械的으로 發生하는 方法이 있는데 어느 것이나 쓰이고 있다.

　　加工用 電極은 보통 주철이나 成形을 要할 때는 快削黃銅을 使用해서 加工部에 液이 잘 묻도록 주의해야 한다.

　　金屬가루에 루비, 다이아몬드를 燒結시킨 電極을 使用하는 것도 있다. 電極의 被加工物에 대한 削耗는 鑄鐵電極－超硬合金 25%(소련), 黃銅電極－超硬合金 300%(미국) 또한 銅電極－超硬合金일때에 거친硏削, 中間硏削, 仕上硏削은 各各 10～20%, 5～10%, 2～3% (소련)정도이다.

　　加工液은 放電 發生 方式에 의하지만, 誘電液으로서는 머신유와 같은 引火性이 높은 것이 좋으나, 구리스를 쓰는 것도 있다. 加工液을 흘리든가, 담그든가 간에 등유와 같이 가공성능이 좋은 것을 使用한다. 絶緣膜을 이루는 電解液으로서는 물유리

계통이 많이 사용된다.

加工條件은 放電加工이나 切斷과 거의 변함이 없고, 원판을 回轉시키고 있기 때문에 가공칩의 제거나 이온 제거가 빨라서 一般 放電加工보다 유리하다.

RC回路에 대한 加工條件을 표 13−1에 나타냈다.

加工速度는 放電方式, 要求 仕上面에 따라 다르다. 美國 Elox의 方式으로서 超硬合金에 대해서 130㎣／min이고 거친가공에서는 다이아몬드 연삭의 30∼50%, 仕上에서는 700∼800% 빠르다고 말한다. 또한 日本에서 實驗에 의하면 #240 다이아몬드 硏削은 0.2μ, 600mg／min, GC 거친연삭 0.9∼1g／min 放電 거친연삭 0.3g／min, 仕上 0.8μ, 10㎎／min로 늦지만 특히 經濟性이 우수하다.

또한 實驗에 의하면 그림 13−2와 같은 정도로 물유리 계통의 액을 사용하는 斷統電氣 아−크方式은 仕上 범위에서 현저히 좋은 결과를 나타내고 있다.

크랙 깊이는 거친사상에서는 數10∼200μ으로 仕上條件으로서는 알 수 없다.

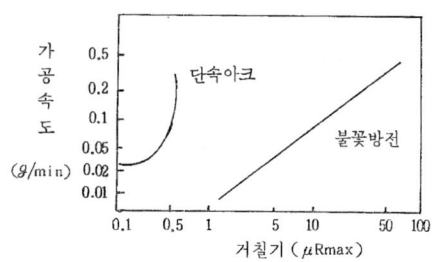

그림 13−2 放電硏削性能

표 13−1 放電硏削條件(소련)

放電方式區分	加工程度	電極電壓(V)	短絡電流(A)	電極周速(m／S)	加工速度(G種)(㎣／min)	加工速度(S種)(㎣／min)	電極消耗(%)
誘電液使用	中	25	150	10∼15	115	80	400
	仕上	10∼25	3∼5	30	3∼4	1∼2	
絕綠被膜을 일으키는 電解液使用	粗	20	120∼150		280	170	10∼20
	中	18	30	13	45	48	5∼10
	仕上	11	12		2∼3	1∼2	2∼3
空氣中	粗	7∼9	300	30	40	40	
	仕上	2∼8	50	40	1∼2	1∼2	

2. 放電研削의 應用

1) 바이트 연삭

그림 13-3은 컵모양 전극에 의하여 바이트면을 연삭하는 요령이다. 너무 세게 밀어 넣으면 電極面의 선반 자국이 그냥 바이트에 옮겨 붙게 되므로 천천히 느슨하게 움직이는 것이 좋다. 放電研削된 바이트의 수명시험을 한 결과를 그림 13-4에 나타냈다. 이결과 放電쪽이 훨씬 우수해서 크레이타 수명(깊이 0.07㎜)는 3배, 여유부 수명(폭 0.6㎜)는 2배에 달하고 있다.

이 實驗에 使用된 바이트는 超硬合金 S, JIS 33-3을 다이아몬드砥石(♯ 150 메탈본드) 또는 Wickman Erodosharp MKI으로 硏削한 것으로 被削物은 Cr-Mo鋼, 切削깊이 3m/m 이송속도 0.2㎜/rev이다.

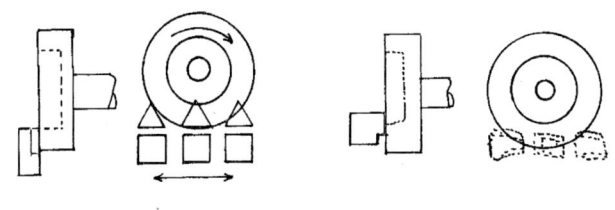

그림 13-3 바이트연삭

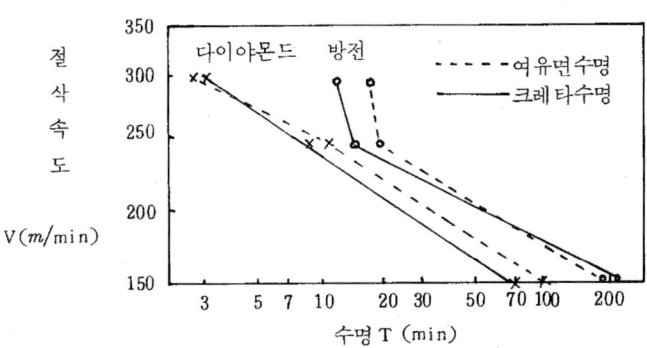

그림 13-4 바이트 수명

또 日本 Japax社에서는 超硬合金S_1 바이트를 다이아몬드 硏削(거칠기 1μ max)과 放電硏削(거칠기 6μ max)을 해서 S 45C 鋼을 절삭깊이 0.3㎜, 이송속도 0.1㎜/rev로

절삭했다. 그 比較는 그림 13-5와 같이
放電硏摩가 우수하며 450m/min으로서
4배의 수명을 나타내고 있다.

日本 Sumitomo에서한 실험에서도 거의
같아서 이케다로 이 바이트를 Elox M500 및
다이아몬드 砥石으로 硏削한 結果 表 13
-3과 같다.

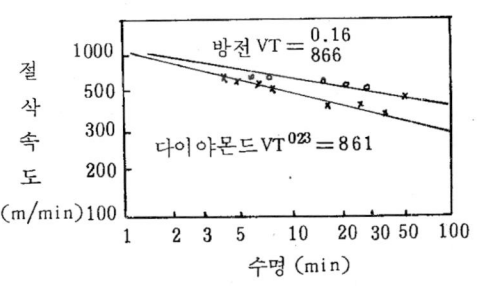

절삭속도 (m/min)

방전 $VT = \dfrac{0.16}{866}$

다이아몬드 $VT^{023} = 861$

수명 (min)

그림 13-5 바이트의 수명

이것을 써서 ST_1은 300㎜Φ(HS 26~29)의 車輪材, H_1은 350㎜Φ(HS 26~29)의 FC
20을 절삭깊이 2㎜, 이송 0.44㎜로 연삭 시험했다. 결과는 그림 13-6(a)(b)와 같이 연
삭면의 거칠기는 放電이 훨씬 못한데도 그 성능을 방전 연삭이 우수하다.

2) 바이트 성형 연삭
3) 볼의 거친연삭
4) 회전체의 바란싱
5) 기 타

제3부 사출성형

제1장 열가소성 수지

1. Polystyrene 系 樹脂(PS Resin)

Styrene을 base로 하는 Plastic은 수지의 형태가 다양하며 착색이 용이하고 가공성이 매우 양호하다. 그러므로 수지를 선택하는데 있어서는 가공방법, 최종 사용용도 및 물성을 고려하여 적합한 Grade를 선택하여야 한다. 또한 Polystyrene 수지는 단독 중합체와 공중 중합체로 분류되며 단독 중합체는 일반용 폴리스티렌(General Purpose Polystyrene, GPPS)과 합성고무로서 강화한 내충격성 폴리스티렌(High Impact Polystyrene, HIPS), 공중합체는 AS수지, MS수지, ABS수지 등으로 나누어진다.

$$
\text{PS RESIN} \begin{cases} \text{단독중합체} \begin{cases} \text{GPPS} \\ \text{HIPS} \end{cases} \\ \text{공중합체} \begin{cases} \text{AS수지, MS수지} \\ \text{ABS수지} \end{cases} \end{cases}
$$

1) 일반용 폴리스티렌 수지(GPPS)

High Molecular Weight로서 ($\overline{M_w}$: 20~30만) Crystal Clear Thermoplastics이며 단단한 특성을 갖고 있다.

값이 싸고, 무색투명, 열가공성이 우수하고 열안정성이 좋으며 낮은 비중을 갖고 있고 성형성이 우수하기 때문에 다량 생산으로 적합하며 Injection Molding 및 Extrusion에 사용 시 경제성이 좋다. Grade 분류는 제조방법상의 차이, 즉 중합공정에서 變化를 주고 Additive를 첨가하여 제조하는 차이에 따라 고유동, 일반용, 고강성, 내열성 Grade등으로 分類한다.

高分子量 PS는 낮은 휘발잔류 物質을 함유하는 반면 Melt Flow가 낮은 관계로 成形性이 떨어지나 物理的인 性質은 양호하다.

이러한 Grade는 主로 Extrusion에 適合하다. 또한 PS Polymer 자체가 잔류 휘발 物質의 含量이 적으므로 식품포장용기 等에 適合하며 一般 잡화 等에도 널리 使用된다.

(a) 高流動 Grade

ⅰ) 특징: 高流動性, Fast Set-Up 및 뛰어난 투명성을 갖고 있으며, 射出成形에 適合한 Grade이다. Injection Molding에 깊은 構造, 복잡한 構造, 두께가 얇은 構造를 갖는 成形物에 適合하다.

ⅱ) 용도: 一回用 Cups, 포장용기, 조명기구, 일용잡화, 가전제품

(b) 一般用 Grade

ⅰ) 특징: Standard Flow를 갖는 GPPS이며 高流動 Grade에 비해 機械的 特性이 양호하다.

ⅱ) 용도: 射出 壓出, 中空成形에 모두 適用할 수 있으며 主로 일용잡화 等에 널리 使用된다.
일상 주방 용기, 완구, 일용 잡화, 조명 등 Cover Cassette Tape Case, 전축의 Dust Cover, 화장품용기, 가구, 의료기구 等

(c) 고강성 고내열 Grade

ⅰ) 특징: High Molecular Weigh를 갖고 있는 고내열 고강성 Grade로서 機械的 物性이 매우 우수한 반면 Melt Flow가 낮은 特性을 갖고 있다.

ⅱ) 용도: 射出, 壓力, 中空成形에 모두 適用可能
냉장고 야채상자, Cassette Tape의 P-Case 및 Half, 전축의 Dust Cover, 스테레오, 가습기, 선풍기날개, 조명기구, 완구, PSP, OPS, 레저용품, 공업부품, 의료기구, 광학기구

(d) 초고내열 초고강성 Grade
ⅰ) 특징: 고강성 고내열 Grade와 同一하나 고강성 고내열 Grade보다 機械的 性質 및 H.D.T(Heat Deflection Temperature)가 높은 Grade이다.
ⅱ) 용도: 냉장고 야채상자, Cassette Tape Case, 전축 Dust Cover, 선풍기 날개, 조명기구, 광학기구, 가습기, 의료기구, 레저용품, 스테레오, 공업부품

(e) 實用例

2) 내충격성 폴리스티렌 수지(High Impact Polystyrene, HIPS)

HIPS는 Styrene Monomer와 P.B.R(Polystyrene Butadiene Rubber)을 Graft 중합시킨 기능성 Polymer로서 내충격성, 내열성 等이 우수한 고내충격용 제품이다.

(a) 一般用 Grade
ⅰ) 특징: Standard Flow로서 流動性이 우수하며 내충격성이 양호한 一般的인 Grade이다.
ⅱ) 용도: 주로 射出成形에 適合하며 壓出成形도 可能하다. Toys, 사무용품, 가전제품, 레저용품, 가구, 일용잡화, Radio Case, Cassette Tape, 벽시계, 탁상시계, 냉장고, 야채상자, Packaging 등

(b) 고내충격 Grade

ⅰ) 특징: 고내충격성 및 고내한성의 특징을 갖고 있으며 機械的 特性이 우수한 제품이다.

ⅱ) 용도: 主로 壓出用으로서 後板 Sheet 제조에 使用된다. 냉장고 Door liners, Coffee Cups, 가구 Containers Tray, 벽시계, 탁상시계, 세탁기, 보온밥솥, 사무용품, 레저용품, 가전제품, 일용잡화 等

(c) 고내충격성 고내열성 Grade

ⅰ) 특징: 고강성 고내열 Grade로서 機械的 物性이 우수하고, 높은 신율을 갖고 있으며, 내충격성이 우수한 제품이다.

ⅱ) 용도: 주로 Inject Molding에 適用

T.V Cabinet, Toys, Coffee Cups, 가구, Container Tray, 레저용품, 가전제품, 선풍기, 세탁기, 냉장고, 야채상자, 보온밥솥, 가습기, 타자기, 운동구, 벽시계, 사무용품 等

(d) 양이형성 Grade

ⅰ) 특징: 고유동 Grade로서 Flow가 우수하며, 이형성이 우수하다.

ⅱ) 용도: Injection Blow Molding 用임.

Yogurt용기

(e) 난연성 Grade

ⅰ) 특징: 내충격성 폴리스티렌 수지에 난연제를 첨가한 자기소화성이 우수한 Grade

ⅱ) 용도: T.V Cabinet, Computer Cabinet, VTR Housing, 사무기기 等의 난연성이 요구되는 分野

(f) 실용례

3) 발포 폴리스티렌 수지

發包 폴리스티렌 樹指는 Styrene Monomer를 중합하여 發包劑를 함침시킨 樹指로서 비중이 약 1/40이고 독립기포를 가지며 단열효과, 쿠션성이 있어서 각종 용도로 使用되고 있다. 이 樹脂를 使用해서 사출성형, 중공성형(Blow Molding)의 기술이 확립되어 각 방면에서 수요의 증대가 기대되고 있다.

(a) 特 性

   i) 포장재의 중량이 가볍다.
   ii) 비중에 비해 기계적 강도가 높다.
   iii) 충격 에너지에 對한 흡습성이 높고 완충효과가 크다.
   iv) 단열 효과가 좋아 단열포장이 가능하다.
   v) 복잡한 형상도 비교적 정밀도 높은 成形이 可能하므로 상품을 Compact하게 포장할 수 있다.
   vi) 흡습성이 거의 없고 수증기 투과율도 낮다.

(b) 용 도

   i) 건축재료: 단열재, 경량, 콘크리트, 합성목재 등 단열성, 내구성을 응용
   ii) 포장재료: 전기, 전자기기, 초자류 등의 포장 Cushion으로서 완충성을 應用한 것과 Ice box 생선상자식품, Trey 등 단열성과 위생성을 應用한 것

4) 폴리스티렌 물성비교표

LLUCKY PS

PS SESIN 물성표

규격시험항목	단위	ASTM 시험방법	시험조건	GPPS					MIPS							HIPS												
				10HF	15NF	20HR	25SP	27HM	MI720	MI730	MI740	MI750	MI760	MI770	MI780	40AF	41AF	42AF	43AF	45AF	46AF	47AF	49AF	50IS	55SH	60HR	70HG	73HG
기계적성질																												
인장강도	kg/cm²	D638	50mm/min	440	480	520	520	550	430	420	410	390	370	360	350	310	300	300	290	300	300	280	290	260	270	330	330	370
신율	%	D638	50mm/min	3	4	4	4	4	20	30	40	50	55	55	55	55	45	40	25	45	45	50	45	50	60	55	55	40
굴곡강도	kg/cm²	D790	15mm/min	600	750	850	1,000	1,000	850	820	790	750	720	680	640	530	430	450	450	430	430	420	430	400	500	550	550	580
굴곡탄성율	kg/cm²	D790	15mm/min	30,000	31,000	33,000	33,000	33,000	30,000	28,500	27,500	26,500	25,500	24,500	23,500	20,000	22,000	23,000	22,000	24,000	23,000	21,000	21,000	22,000	20,000	21,000	21,000	25,000
충격강도	kgcm/cm	D256	Notched1/4 "	2	2.1	2.2	2.4	2.6	5	5	6	6	7	7	8	10	9	8	7	12	8	10	10	8	9	9	10	7
Rockwell경도	–	D785	R – Scale	120	120	121	121	121	119	117	115	113	111	109	107	90	95	95	92	95	93	90	92	100	101	102	101	105
열적성질																												
Vicat연화점	℃	D1525	1,000g	91	100	105	105	104	100	100	100	100	101	101	102	98	97	98	99	97	97	95	97	98	100	102	101	103
열변형온도(Unannealed)	℃	D648	18.56kg/cm²/1/4 "	77	83	88	88	87	83	82	82	81	81	80	80	78	81	80	85	82	80	76	78	75	78	80	79	82
난연성	–	UI-94	1/8 "	HB	HB	HB	HB	HB	HB	HB	HB	HB	HB	HB	HB	V–0	V–0	V–0	V–0	V–0	V–0	V–0	V–0	HB	HB	HB	HB	HB
			1/16 "	HB	HB	HB	HB	HB	HB	HB	HB	HB	HB	HB	HB	V–0	V–0	V–0	V–0	V–1	V–2	V–2	V–2	HB	HB	HB	HB	HB
물리적성질																												
비중	–	D792	23℃	1.05	1.05	1.05	1.05	1.05	1.04	1.04	1.04	1.04	1.04	1.04	1.04	1.16	1.15	1.15	1.14	1.13	1.12	1.14	1.14	1.04	1.04	1.04	1.04	1.04

규격시험항목	단위	ASTM 시험방법	시험조건	GPPS					MIPS							HIPS												
				10HF	15NF	20HR	25SP	27HM	MI720	MI730	MI740	MI750	MI760	MI770	MI780	40AF	41AF	42AF	43AF	45AF	46AF	47AF	49AF	50IS	55SH	60HR	70HG	73HG
성형수축률	cm/cm	D955	23℃	0.4~0.8	0.4~0.8	0.4~0.8	0.4~0.8	0.4~0.8	0.4~0.8	0.4~0.8	0.4~0.8	0.4~0.8	0.4~0.8	0.4~0.8	0.4~0.8	0.4~0.8	0.4~0.8	0.4~0.8	0.4~0.8	0.4~0.8	0.4~0.8	0.4~0.8	0.4~0.8	0.4~0.8	0.4~0.8	0.4~0.8	0.4~0.8	0.4~0.8
Melt Flow Index	g/10min	D1238	200℃ 5kg	30	10	4	2.4	1.7	8	8	7	7	6	5	5	6	4	4	3	5	5	7	5	10	3	4.5	3.5	3.8
전기적성질																												
체적고유저항	Ω·cm	D257	-	10^{14} ↑	10^{14} ↑	10^{14} ↑	10^{14} ↑	10^{14} ↑	10^{14} ↑	10^{14} ↑	10^{14} ↑	10^{14} ↑	10^{14} ↑	10^{14} ↑	10^{14} ↑									10^{14} ↑	10^{14} ↑	10^{14} ↑	10^{14} ↑	10^{14} ↑
절연파괴강도	Volt/mm	D149	-	1100	1100	1100	1100	1100	1100	1100	1100	1100	1100	1100	1100									1100	1100	1100	1100	1100
내아-크성	sec	D495	-	134	134	138	138	138	127	127	127	127	127	127	127	115	115	115	115	115	115	115	115	115	115	115	115	115
특 성				고유 동용	유동용 내열용	내화 내열용	고강도 이방 동용	고강도 이방 동용	중충격용							난연용	내열 난연용	내열 내충격 난연용	초내열 난연용	내열 내충격용 난연용	내열 내충격 난연용	고강도 내충격 난연용	고강도 고강성 난연용	일반용	압출용	내열용	고광택용	고광택용

註) 1) 상기 수치 일정조건하(23℃, RH50%)에서 측정된 대표치이며 보증수치는 아닙니다.
2) 시편은 Natural Color 사출 성형품임.

한남화학(주)

HANAREHE

試驗項目	主要試驗條件	單位	試驗規格 ASTM法	試驗規格 JIS法	GPPS GP-100 高流動性	GPPS GP-125 一般用	GPPS GP-150 耐熱性	GPPS GP-165 高强性	GPPS MI-225 高流動性	MIPS MI-230S 良流動性 押出用	MIPS MI-250 耐熱性	MIPS MI-310 高衝擊性 押出用	MIPS MIB-237 良離型用
引張强度		kg/cm²	D638	K6871	420	450	540	550	300	300	400	380	310
引張彈性率		kg/cm²	D638	K6871	22,000	24,000	25,000	25,000	17,800	18,000	18,000	18,000	23,000
伸率		%	D638	K6871	3.0	5.0	5.0	8.0	30	40	30	30	30
屈曲强度		kg/cm²	D790		550	620	820	1,000	440	400	600	560	450
屈曲彈性率		kg/cm²	D790		27,000	30,000	30,000	30,000	23,000	22,000	25,000	25,000	25,000
Izod衝擊强度	두께 3.2mm Notched	kg·cm/cm	D256	K6871	1.2	1.5	2.0	2.2	5.4	7.0	6.5	6.5	7.0
Rockwell硬度		M Scale	D785		60	70	60	80	35	30	45	40	25
加熱變形溫度	18.6kg/cm² Unnealed	℃	D648	k6871	85	88	96	99	79	90	91	90	80
vicat 軟化点		℃	D1525		91	93	103	104	89	95	102	99	90
Melt Index	200℃, 荷重 5kg	g/10mm	D1238	K6870	14.0	8.0	4.5	2.5	15.0	5.0	3.0	4.0	7.5
成形收縮率		%	D955		0.3~0.6	0.3~0.6	0.3~06	0.3~0.6	0.3~0.6	0.3~0.6	0.3~0.6	0.3~0.6	0.3~0.6
比重			D792	K6871	1.05	1.05	1.05	1.05	1.04	1.04	1.04	1.04	1.04
誘電率		10⁶cycle/sec	D150		2.5↓	2.5↓	2.5↓	2.5↓	2.6↓	2.6↓	2.6↓	2.6↓	2.6↓
耐電圧		V/milk	D149		550↑	550↑	550↑	550↑	450↑	450↑	450↑	450↑	450↑
體積抵抗率		Ω·cm	D257		10¹⁶↑	10¹⁶↑	10¹⁶↑	10¹⁶↑	10¹⁶↑	10¹⁶↑	10¹⁶↑	10¹⁶↑	10¹⁶↑
吸水率		%	D570		0.03	0.03	0.03	0.03	0.04	0.04	0.04	0.04	0.05
燃燒性	UL94*	Class			HB	HB	HB	HB	HB	HB	HB	HB	良離型性
食品衛生性	FDA**	合否			適合	適合	適合	適合	適合	適合	適合	適合	適合

효성 BASF(주)
Polystyrol

	성 질	시험방법 ASTM	단 위	144C	143E	158K	465H	168N	427D	432B	436C	454C	454H	456M	4661
기계적 성질	인장강도	D638	kg/cm²	430	450	550	460	560	420	340	360	290	330	400	350
	신 율	D638	%	2	2	3	3	3	15	25	30	35	30	25	35
	굴곡강도	D790	kg/cm²	750	750	1,000	800	1,000	780	560	590	470	520	700	540
	충격강도 (Izod Notched)	D256	kg·cm/cm	-	-	-	-	-	5.6	8.3	9.7	13.2	13.1	11.8	13.2
	경도(Rockwell)	D785	loscale	100	100	100	100	100	87	79	78	59	71	68	65
열적 성질	열변형온도	D648	℃	70	72	86	76	86	86	72	78	75	76	86	82
	연속사용가능 최고온도	-	℃	70	70	80	70	80	75	60	70	65	65	75	70
전기적 성질	유전율	D150	-	2.5	2.5	2.5	2.5	2.5	2.5	2.5	2.5	2.5	2.5	2.5	2.5
	절연파괴전압	D149	KV/mm	135	135	135	135	135	150	150	150	150	150	150	150
물리적 성질	비 중	D792	-	1.05	1.05	1.05	1.05	1.05	1.05	1.05	1.05	1.05	1.05	1.05	1.05
	성형수축률	D955	%	0.3-0.6	0.3-0.6	0.3-0.6	0.3-0.6	0.3-0.6	0.3-0.6	0.3-0.6	0.3-0.6	0.3-0.6	0.3-0.6	0.3-0.6	0.3-0.6
	흡습률	-	℃	<0.1	<0.1	<0.1	<0.1	<0.1	<0.1	<0.1	<0.1	<0.1	<0.1	<0.1	<0.1
	난연성	UL94	-	HB	HB	HB	HB	HB	HB	HB	HB	HB	HB	HB	HB
특 성				일반용 Polystyrol					내충격성 Polystyrol						

성질	475K	472C	476L	2710	2711	2712	473D	525K	576H	577F	586G	587M	585K	KR2794	KR2795
인장강도	300	230	280	300	250	270	200	380	340	420	310	370	340	350	400
신율	40	40	40	40	40	40	45	20	30	25	30	30	40	35	25
굴곡강도	520	450	460	460	360	400	370	650	550	650	500	600	550	600	630
충격강도 (Izod Notched)	13.2	14.0	14.5	14.2	16.0	15.3	20.2	8.8	14.2	11.7	21.4	19.4	22.9	22.4	10.7
경도(Rock well)	52	52	48	36	25	30	35	65	66	70	60	72	65	63	73
열변형온도	78	68	79	78	67	70	72	77	78	86	78	80	77	80	80
연속사용가능 최고온도	70	60	70	70	60	60	60	70	70	75	70	75	70	75	75
유전율	2.5	2.5	2.5	2.5	2.5	2.5	2.5	2.5	2.5	2.5	2.5	2.5	2.5	2.5	2.5
절연파괴전압	150	150	150	150	150	150	150	150	150	150	150	150	150	150	150
비중	1.05	1.05	1.05	1.05	1.05	1.05	1.05	1.05	1.05	1.05	1.05	1.05	1.05	1.05	1.05
성형수축률	0.3-0.6	0.3-0.6	0.3-0.6	0.3-0.6	0.3-0.6	0.3-0.6	0.3-0.6	0.3-0.6	0.3-0.6	0.3-0.6	0.3-0.6	0.3-0.6	0.3-0.6	0.3-0.6	0.3-0.6
흡습률	<0.1	<0.1	<0.1	<0.1	<0.1	<0.1	<0.1	<0.1	<0.1	<0.1	<0.1	<0.1	<0.1	<0.1	<0.1
난연성	HB	HB	HB	HB	HB	HB	HB	HB	HB	HB	HB	HB	HB	HB	HB
특성			→ 내충격성 Poly styrol								고광택신규개발				

성 질	KR2796	KR2797	KR2798	158KUV	165HUV	168NUV	158KG6	158KWU	436EWU	445EWU	445EWU	454HWU	445FWU	466FWU
인장강도	300	250	450	550	460	560	700	550	400	320	240	300	300	300
신율	40	45	15	3	3	3	1.5	3	20	35	35	30	30	35
굴곡강도	500	400	750	1,000	800	1,000	1,050	1,000	600	550	450	520	500	500
충격강도													11.2	
충격강도 (Izod Notched)	21.9	24.4	8.2	-	-	-	-	-	9.2	12.2	14.1	14.3	11.2	10.7
경도 (Rockwell)	51	38	88	100	100	100	105	-	79	71	58	71	44	48
열변형온도	78	75	80	86	76	86	100	78	83	78	70	72	73	80
연속사용가능 최고온도	70	70	75	80	70	80	85	75	70	65	60	60	65	70
유전율	2.5	2.5	2.5	2.5	2.5	2.5	2.5	2.5	2.4	2.5	2.5	2.6	2.6	2.6
절연파괴전압	150	150	150	135	135	135	100	>90	160	160	>40	>40	160	160
비중	1.05	1.05	1.05	1.05	1.05	1.05	1.25	1.05	1.06	1.06	1.06	1.06	1.15	1.14
성형수축률	0.3-0.6	0.3-0.6	0.3-0.6	0.3-0.6	0.3-0.6	0.3-0.6	0.3-0.9	0.3-0.9	0.3-0.6	0.3-0.6	0.3-0.6	0.3-0.6	0.3-0.6	0.3-0.6
흡습률	<0.1	<0.1	<0.1	<0.1	<0.1	<0.1	<0.1	<0.1	0.1	0.12	0.12	0.1	0.15	<0.1
난연성	HB	HB	HB	HB	HB	HB	-	V-2[10]	V-2[10]	V-2[10]	V-2	V-2	V-0[10]	V-0[11]
특성	고광택 신규개발			특수한 첨가제가 함유된 일반용 포함 Polystyrol 자외선 안정제 난연			특수한 첨가제가 함유된 일반용 Polystyrol		특수한 첨가제가 함유된 내충격 Polystyrol 난연					

발포 폴리스티렌
LUCKY EPS RESIN

특성	용도	품종	입경(mm)	휘발분(Min%)	1차발포밀도 (g / ℓ)	(g / ℓ)
일반용	포장용 형물 Block	C120	1.3~2.0	7	14~15	9~10
		C240	0.7~1.0	6.7	16~18	-
고생산성용	포장용 형물, 어상자	B160	1.0~1.3	7	15~16	10~11
		B240	0.7~1.0	6.7	16~18	-
		B320	0.4~0.7	6.5	18~20	-
		B420	0.3~0.4	6	25	-
고발포용	고발포 Block, 형물	D120	1.3~2.0	7	14~15	9~10
		D160	1.0~1.3	7	15~16	10~11
		D240	0.7~1.0	6.7	16~18	-
고강도단열	Block, 단열보드	X120	1.3~2.0	7	14~15	9~10
		X160	1.0~1.3	7	15~16	10~11
고생산성단열	Block, 형물	R120	1.3~2.0	7	14~15	9~10
		R160	1.0~1.3	7	15~16	10~11
		R240	0.7~1.0	6.7	16~18	-
		R320	0.4~0.7	6.5	18~20	-

한남앙역 EPS-HANAPOR(하나포아)

분류	Grade	粒徑(mm)	用途	一次適定發泡倍數	適定 發泡倍數	發泡時 粒徑(mm)
一般用	GN-8	2.83~2.17	Block, 大型浮子, 완구용	60~80	70	10.30
	GN-10	2.17~1.50	Block, 中小型浮子	55~75	65	7.38
	GN-12	1.50~1.17	Block, 大型型物	50~70	60	5.23
	GN-16	1.17~0.86	과일, 생선상자 型物	45~60	52	3.79
	GN-20	0.86~0.575	薄肉成形品, 低發泡成形品	40~55	52	2.68
	GN-30	0.575~0.493	薄肉成形品,極低發泡成形品	30~50	40	1.79
自己消火性	FR-10	2.17~1.50	自消性 Block	50~70	60	7.18
	FR-12	1.50~1.17	自消性 Block, 型物모두	45~60	52	4.98
	FR-16	1.17~0.86	自消性 Block, 型物모두	40~55	49	3.71
	FR-20	0.86~0.575	自消性 Block, 型物모두	30~50	40	2.45
에너지절약형	ES-10	2.17~1.50	Block, 浮子	55~75	65	7.38
	ES-12	1.50~1.17	Block, 大型型物	50~60	55	5.08
	ES-16	1.17~0.86	型物	45~55	50	3.74
	ES-20	0.86~0.575	薄肉成形品, 低發泡成形品	40~50	45	2.55
컵,시트용	CS-40	0.493~0.357	Cup.접시,시트,의자,샌들 等	10~20	15	1.01
특수 型物用	HC	1.17~0.86	型物,과일,생선상자	45~60	55	3.79
	FD	0.86~0.575	自消性 型物	40~55	50	2.68

분류	Grade	粒徑(mm)	用途	一次適定發泡倍數	適定 發泡時(mm)	
					發泡倍數	粒徑(mm)
특수 型物用	FD(V)	0.86~0.575	自消性 型物	40~55	50	2.68
	GN-16V	1.17~0.86	진공 成形用 型物	40~55	52	2.68
	GN-20V	0.86~0.575	진공 成形用 型物	45~60	52	3.79
	GN-30V	0.575~0.493	薄肉成形品, 低發泡成形品	30~50	40	1.79
着色品	신품종	全粒徑	着色型物 成形用 標準色:Blue, Green, Brown. Yellow. Goldl. 빅놀색. Grav			
耐油性	OR	2.38-0.297	船具. Oil fence	30~40	35	4.38

효성바스프(주) EPS - 폴리스티롤

성 질	기계적성질					열적성질		전기적성질		기 타			난연성
	인장강도	신 율	굴곡강도	충격강도	복크웰경도	열변형온도	연속사용 가능최고 온도	유전율	절연파괴 전압	비 중	성형 수축률	흡습률	등 급
단 위	kg / cm²	%	kg / cm²	kg · cm / cm	R-Scale	℃	℃		KV / mm		%	%	
시험방법 ASTM	D-638	D-638	D-790	D-256	D-785	D-648	-	D-150	D-149	D-792	D-955	D-570	UL-94
4369 TSG⁶	150 / 170	14 / 21	340 / 370	- / 5.1	- / 85	82 / 83	70	-	-	1.05	0.3~0.6	0.27 / 0.20	HB
454 C TSG⁶	110 / 130	25 / 30	270 / 320	- / 6.6	- / 67	84 / 85	60	-	-	1.05	0.3~0.6	0.20 / 8.10	HB
472 C TSG⁶	110 / 130	25 / 30	230 / 270	- / 8.2	- / 62	68 / 69	50	-	-	1.05	0.3~0.6	0.21 / 0.13	HB
466 FWU-TSG	120 / 150	15 / 22	280 / 310	- / 6.6	- / 76	84 / 84	70	-	-	1.14	0.3~0.6	0.30 / 0.17	5V

2. AS수지(SAN수지)

폴리스티렌의 원료인 Styrene과 아크릴 수지 원료인 Acrylonitrile과 공중합시켜서
만든 樹脂

1) 特 性

① AS樹脂의 특징은 투명성과 함께 공업용 材料로서 必要한 제 物性의 Balance가
  우수하다.
② AS樹脂는 工業用 투명 Plastic으로 必要한 物質을 갖는 중에는 가장 저렴한 材
  料이며 User의 원가절감과 合理化에 要求되는 材料이다.
③ Gasoline, 등유, 유기산성의 약품에 접촉하는 경우 Crazing 發生限界를 나타내는
  임계왜가 GPPS보다 높아 과즙, 화장품, 살충제, 오일 等에 접촉하는 용도에 適
  合하다.
④ 自然色의 색조가 AN때문에 약간 黃色을 띠고 있어 투명도가 약간 떨어진다.
⑤ 各種 투명 Plastics의 특징 比較

Item	Plastics
내충격성	PMMA = AS 〉 GPPS
내열성	PMMA = AS 〉 GPPS
내후성	PMMA 〉 AS 〉 GPPS
내약품성	AS = PMMA 〉 GPPS
색조(自然色)	PMMA ≧ GPPS 〉 AS
투명도	PMMA ≧ GPPS 〉 AS
유동성	GPPS 〉 AS 〉 PMMA
가 격	PMMA 〉 AS 〉 GPPS

PMMA(Polymethyl Methacrylate)
AS(Acrylonitrile Styrene)
GPPS(General Purpose Polystyrene)

2) AS물성비교표

LUCKY-SAN

규격 시험항목	단 위	ASTM 시험방법	시험조건	80HF	81HF	80AS	85NF	90HR	91HR	95HC
기계적성질										
인장강도	kg / cm²	D638	50mm / min	720	700	720	740	780	800	800
신 율	%	D638	50mm / min	4	4	4	4	4	4	4
굴곡강도	kg / cm²	D790	15mm / min	1,000	1,000	1,000	1,000	1,100	1,200	1,200
굴곡탄성율	kg / cm²	D790	15mm / min	34,000	32,000	34,000	34,000	35,000	37,000	37,000
충격강도	kg · cm / cm	D256	Notched 1 / 4 "	2.1	2.1	2.1	2.3	2.5	2.5	2.5
Rockwell경도	–	D785	R – Scale	123	123	123	123	123	123	123
열적성질										
Vicat연화점	℃	D1525	1,000g	107	107	107	107	108	108	108
열변형온도 (Unannealed)	℃	D618	18.56kg / cm² 1 / 1 "	87	87	87	87	88	88	88
난연성		DL94	1 / 8"	HB			HB	HB		HB
			1 / 16 "	HB			HB	HB		HB
물리적성질										
비 중	–	D792	23℃	1.07	1.07	1.07	1.07	1.07	1.07	1.07
성형수축률	$\times 10^2$ cm / cm	D955	23℃	0.2~0.6	0.2~0.6	0.2~0.6	0.2~0.6	0.2~0.6	0.2~0.6	0.2~0.6
Melt Flow Index	g / 10min	D1238	220℃, 10kg	25	60	30	18	18	12	33
전기적성질										
체적고유저항	Ω · cm	D257	–	$10^{16}\uparrow$	$10^{16}\uparrow$	$10^{16}\uparrow$	$10^{16}\uparrow$	$10^{16}\uparrow$	$10^{16}\uparrow$	$10^{16}\uparrow$
절연파괴강도	Volt / mm	D149	–	750	750	750	750	750	750	750
내아-크성	sec	D195	–	127	127	127	127	127	127	127
특 성				고유동성	대전방지용	유동용	내연용		내화악용	

한남화학(주) –HANASAN

試驗項目	試驗條件	單 位	SAN300	SAN325	SAN350
引張强度		kg / cm²	750	800	850
伸 率		%	7.0	7.5	8.5
屈曲强度		kg / cm²	1,000	1,100	1,300
屈曲彈性率		kg / cm²	34,300	35,500	37,000
Izod衝擊强度	3.2mm, Notched	kg · cm / cm	2.5	2.0	2.5
Rockwell硬度		M	90	93	95
加熱變形溫度	3.4mm, 18.6kg / cm² Unannealed	℃	93	95	95
Melt Index	230℃.5kg / cm²	g / 10min	7.0	5.0	3.5
成形收縮率		%	0.4 – 0.5	0.4 – 0.5	0.4 – 0.5

試驗項目	試驗條件	單 位	SAN300	SAN325	SAN350
比 重		-	1.07	1.07	1.07
體積抵抗率		$\Omega \cdot cm$	$10^{10}\uparrow$	$10^{14}\uparrow$	$10^{16}\uparrow$
吸水率		%	0.3	0.3	0.3
可燃性	Class	HB	HB	HB	HB

3) AS수지 규격

① 一般 Grade

各種物性과 成形性의 Balance가 우수하고 樹脂의 特性을 갖는 대표적 Grade로 모든 용도에 넓게 利用된다.

② 고내열 고강도 Grade

AN함량이 가장 많고 강성, 내충격성, 내열성 및 내약품성 등 AS樹脂의 特性을 가장 잘 갖추고 있는 Grade로 Battery Case, 일회용 라이터 等 使用條件이 까다로운 용도에 使用되고 있다. 그러나 이 Grade는 AS樹脂 중에서도 가장 流動性이 나쁘게 自然色의 색조가 강하기 때문에 제품의 색채 Design에 주의를 요한다.

③ 고유동, 고투명 Grade

流動性 개량하고 自然色의 황색조를 없앤 맑은 색 Grade로 成形 Cycle을 향상시킴과 同時에 大形 成形品에 적절하며, 근래에 그 수요가 증대하고 있다. 그러나 AN含量이 比較的 적기 때문에 내약품성, 내충격성 또는 강성 等의 問題가 發生하는 경우가 있으므로 주의를 요한다.

④ 고무강화 Grade

약간의 Butadien 고무의 첨가에 따라 충격강도를 개량한 것으로 본래 고강성의 ABS와 유사하나 관습적으로 강화AS로 부른다. 용도는 중형의 Battery Case에 거의 한정되어 있다.

⑤ 난연 Grade

전기용품의 안전규격 강화에 따라 미국 수출품의 주종을 이루고 있어서 수요가 증가하고 있는 Grade임. Plastic의 난연화는 염소, 취소 등의 할로겐 화합물을 첨가하는 기법이 있고, 난연효과를 더욱 높이기 위해 인화합물이나 삼산화 안티몬 등의 무기물을 병행하는 경우가 많지만 AS수지를 시초로 하여 투명 Plastic의 경우 그 투명성을 유지하기 위해 상용성이 없는 무기물 등은 사용하기 어려운 기술적인 문제가 있어 시판되고 있는 Grade는 지금껏 아직 적다.

또 이 Grade는 난연제를 첨가하기 때문에 강성, 내열성, 내후성이 낮아지고, 특히 成形時의 열안정성이 나빠진다.

⑥ Glass 섬유강화 Grade

1965년 前부터 섬유강화 열가소성 수지(FRTP)가 알미늄 다이캐스트 등 경량급 제품 경량화, 합리화를 목적으로 한 소재로서 주목되고 있다.

PS수지는 강성, 내열성이 부족하여 고도의 物性이 要求되는 分野에는 적용하지 못하였다.

AS수지는 인장강도, 굴곡강도가 높아 FRTP 중에서도 상위이며, 보강효과가 현저하여 Glass 강화 AS수지는 Glass 含量 20% 정도에서 熱變形 溫度(HDT)가 100℃를 넘으며 내약품성, 도장, 접착 등 2차 가공성이 높아 저렴한 일반강화 재료로서 自動車部品을 중심으로 용도를 확대 금후기대를 모으는 材料이다.

⑦ AS의 용도

- 전기: TV MASK, 선풍기 날개, 전축뚜껑, 전력계, COVER, 녹음기, 냉장고, Tray, Juicer, Mixer 부품, Tape Reel
- 자동차: Lamp Cover, Battery Case, Meter Cover, 게시판, Meter Box
- 기타 기기: 시계 Cover, 복사기 Cover, Oil Cleaner, Type Writer 부품
- 잡화: 칫솔, 빗, 펜, 화장품용기, 일회용 라이터

⑧ 實用例

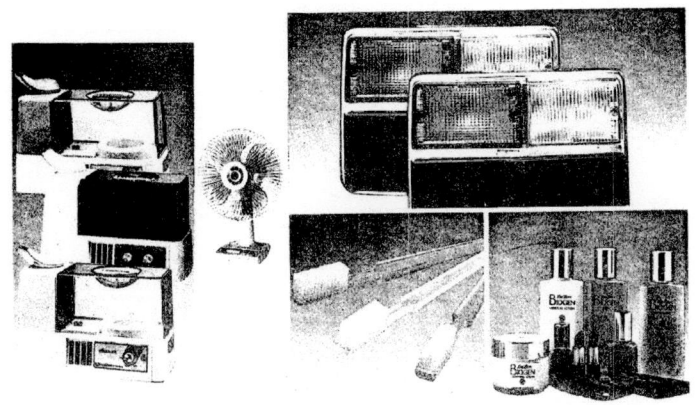

3. ABS수지

AN(Acrylonitrile), BD(Butadiene), SM(Styrene Monomer)의 3개의 단량체를 공중합 시킨 수지

1) 性　質

① ABS수지는 이 樹脂를 構成하는 3개의 단량체 特性 즉 SM의 成形性, AN의 강성, 내약품성, BD의 내충격성 등 각 단량체의 장점만을 종합한 樹脂로서 3개의 단량체의 조성비에 따라 또한 分子量의 크기에 따라 物成이 달라진다.

② ABS수지의 特性變化는 各單量體의 조성비 變化外에 Rubber의 Particle Size가 크면 충격강도가 커지게 되나 인장강도는 떨어진다. 또한 A/S의 分子量이 커지게 되면 충격강도, 인장강도 등은 向上되나 流動性이 떨어진다.

③ ABS수지 一般的 性質의 상호관계

- 유동성   α   1 / 충격강도
- 인장강도   α   1 / 충격강도
- 인장강도   α   열변형강도
- 인장강도   α   경   도

④ 전기적 性質

- ABS 樹脂의 電氣的 性質은 통상의 Styrene계 樹脂와 비슷하며, PVC보다는 못함
- 파괴전압: $12 \sim 18 kV / mm$(PVC $18 \sim 35 kV / mm$)
- 체적 고유저항: $10^{13} \sim 10^{16} \Omega \cdot cm$
- ABS樹脂의 實用面에서 必要한 特性은 전기저항성과 대전방지성이며, 대전방지를 위해서는 일반적으로 2~3%의 대전방지제를 첨가한다.

2) ABS Resin의 종류 및 용도

① 고내충격 Grade
- 特性: ABS樹脂 중 가장 높은 충격강도를 갖는 고내충격용 Grade로서 저온에서 性能이 우수하므로 매우 높은 충격강도와 상당한 저온 특성이 요구되는 분야에 적합하다.
- 용도: 헬멧, 금전등록기, 구두뒷굽, 스키, 보빙, 롤러스케이트, Pipe, 가방류, 자동차의 Radiator Grille, 진공소제기, Wheel 등 높은 충격강도가 要求되는 제품

② 내충격 Grade
- 특성: ABS일반 Grade로서 충격강도, 강성, 광택도, 가공성, 내염성 등은 제물성 Balance가 가장 적절히 조화되어 응용분야가 가장 넓으며, 사출성형에 적합한 Grade이다.
- 용도
  가전제품: TV, Radio, 선풍기, 스텐드, Mixer, 전자밥솥, 진공소제기, Switch

Panel類, VTR Housing
자동차부품: Console Box, Column Cover, Switch Knob類
사무기기: 계산기, 금전등록기
기타: 전화기, 인터폰, 보빙, 잡화류 일체

③ 고강성 Grade
- 特性: ABS수지 중 경도가 가장 높은 고강성 Grade로서 높은 인장특성을 갖는 외에 표면광택이 뛰어나고 내마모성, 내약품성이 우수하며 사출성형이 좋고 용도에 따라 壓出成形에도 좋은 Grade이다.
- 용도
  사출: 전화기, 인터폰, Cassette, Radio, Video Tape Case, 사진기 Enclosure, 진공소제기, Switch Knob, 선풍기, Neck 부분, 화장품 Case, 타자기, 기타 가전기기 일체
  壓出: 자동차 내장재, 기기 Case, 각종 Sheet, 기타 壓出部品 일체

④ 도금용 Grade
- 特性: 도금 Grade로서 고충격강도의 ABS樹脂로서 成形性 및 치수 安定性이 우수하며 금속표면 처리가 용이하여 우수한 표면결과를 나타낼 수 있으며 부분도 금과 정교한 成形이 可能함에 따라 세밀한 Design도 可能하다.
- 용도: 냉장고 손잡이, Knob類, 자동차의 Wheel Cap, TV앞면 Frame, 화장품 Case, 명판 등 도금이 필요한 모든 제품.

⑤ 壓出 Grade
- 특성: 壓出 및 壓出後 二次가공에 우수한 특성을 갖도록 Rubber 含量을 A/S 分子量을 조절한 壓出 Grade로서 뛰어난 機械的 강도와 높은 경도 및 충격 강도가 우수한 Grade이다.
- 용도: 냉장고 Inner−box, 욕조, 자동차 내장 Sheet, 휴대용 가방, 각종 Sheet (포장재用) 等 壓出用部品

⑥ 내열성 Grade
- 특성: 내열 온도가 높고 우수한 내충격성 특성을 갖고 있어 자동차의 各種部品 및 공업재료 등 내열 내충격을 요구하는 分野에 使用되는 Grade이다.
- 용도: 자동차 부품의 계기판, 라디에타 그릴, Meter Case, Switch Panel, Glove box lid, 조명기기, 전기다리미, 손잡이 등 내열성이 要求되는 일체의 제품

⑦ 초내열성 Grade
- 特性: 내열온도가 극히 높고, 고도의 機械的 강도와 내 Creep성을 갖고 있어 자동차 부품, 공업재료 等 특별히 내열성이 要求되는 分野에 使用되도록 제조된 Grade이다.
- 용도
  자동차부품: 계기판, Meter Case, Glove box lid, Room mirror Case, Car stereo Case
  전기전자부품: Hair dryer Case, 전자레인지 부품, 세탁기 및 Cleaner부품, 에어콘부품, 전기다리미 손잡이, 전기오븐 부품, 조명기기 등

⑧ 난연용 Grade
- 特性: 난연 Grade의 결점인 내열성과 내충격성을 향상시킨 Grade로서 유동성이 좋아 사출성형에 적합하며 자기 소화성이 要求되는 分野에 使用하는 Grade이다.
- 용도: TV, Computer enclosure, 복사기 enclosure, VTR 하우징, 라디오, 오디오제품, 선풍기, 진공소제기, 에어콘, 세탁기, Facsimilye enclosure, 기타 各種 전기, 전자기기의 하우징 및 部品

⑨ 기타 특수 Grade
- 대전방지 Grade
- 무독성 Grade
- 발포 Grade
- 투명 ABS Grade

3) ABS樹脂의 도금

ABS수지는 AS수지상에 고무입자가 산재하는 상태의 구조를 갖고 있으며 Etching 에 의해서 수지표면에서 고무입자가 선택적으로 산화 용출되고 그 용출된 부분에 도 금액이 들어가 Anchor 역할을 하게 되어 금속 피막이 입혀진다.

① 장 점

ABS의 도금은 금속재료에 비해 가볍고, 내식성이 우수하고 복잡한 형태의 물건 도 쉽게 얻을 수 있고 또한 Cost면에서도 유리한 利點이 있다.

② 단 점

ABS도금의 경우 成形品의 조그마한 불량도 도금 후에는 뚜렷하게 나타나게 된 다. 따라서 예비건조에 특히 유의하여야 하며 다른 수지외의 혼용을 절대 피하 여야 한다. 또한 가급적 이형제의 使用은 하지 않는 것이 좋다.

4) 實用例

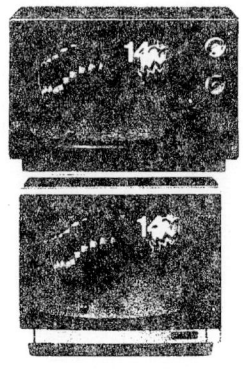
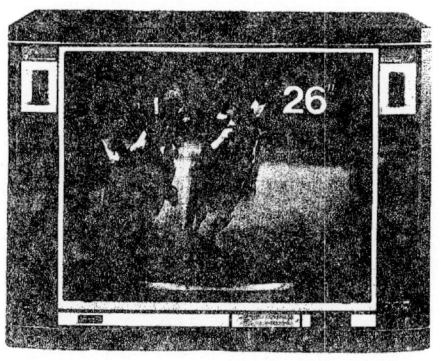

5) ABS RESIN 물성비교표

LUCKY ABS

ABS RESIN 물성표(Ⅰ)

구분항목	단위	시험법(ASTM)	HI-100	HI-121	HI-151	MP-211	HF-350	HF-380	NT-520	*RS-600	SH-610	BS-620	HT-700	*HI-153
기계적성질														
인장강도	kg / ㎠	D638	380	450	500	450	420	470	470	520	470	380	550	500
신 율	%	D638	30	25	23	25	30	27	26	26	32	80	20	23
굴곡강도	kg / ㎠	D790	630	750	850	750	700	800	800	900	800	620	950	850
굴곡탄성율	kg / ㎠	D790	19,000	23,000	27,000	23,000	23,000	26,000	26,000	28,000	24,000	17,000	29,000	27,000
아이죠드충격강도	kg · cm / cm	D256	40	30	20	30	22	18	18	15	28	42	7	20
로크웰강도		D785	90	102	108	102	102	107	107	109	105	82	110	108
열적성질														
열변형온도	℃	D648	85	87	88	87	86	88	86	89	87	83	88	88
연화점	℃	D1525	97	99	97	99	96	98	99	104	101	96	102	103
선팽창계수														

구분항목	단위	시험법(ASTM)	HI-100	HI-121	HI-151	MP-211	HF-350	HF-380	NT-520	*RS-600	SH-610	BS-620	HT-700	*HI-153
난연성		UL-94		HB	HB	HB		HB		HB				HB
		UL-94		HB	HB	HB		HB		HB				HB
물리적 성질														
비중		D792	1.03	1.04	1.05	1.04	1.04	1.05	1.05	1.07	1.04	1.03	1.05	1.05
흡수율	%													
성형수축율	mm / mm	D955	0.003~0.005	0.003~0.005	0.003~0.005	0.003~0.005	0.004~0.006	0.004~0.006	0.004~0.006	0.004~0.007	0.004~0.007	0.004~0.007	0.003~0.006	0.003~0.005
유동성	g / 10min	D1238	10	12	18	12	41	38	38	13	12	1.1	12	18
전기적성질														
체적고유저항	Ω · cm	D257		2.4×10^{16}	1.3×10^{16}	3×10^{16}		2.1×10^{16}		4.5×10^{16}				
절연파괴강도	KV / mm													
유전율														
내아-크성	sec	D495		106	133	102		87		96				
유전정접														
특 징			고내충격용	내충격용	내충격용	도금용	고유동용	고유동용	무독용	압출용	압출용	압출용	고강성용	내후성 고객택용

ABS RESIN 물성표(Ⅱ)

구분항목	*NS-161	PT-270	HR-420	ER-461	ER-462	ER-463	XR-401	XR-403	XR-404	XR-405	XR-407	XR-409	XR-409H	비고
기계적성질														
인장강도	500	370	550	420	450	470	460	480	460	480	570	500	510	50㎜/min
신 율	30	25	30	30	30	30	38	30	35	40	35	30	30	50㎜/min
굴곡강도	850	620	900	690	740	790	780	830	780	780	990	820	840	15㎜/min
굴곡탄성율	28,000	19,000	27,000	22,500	23,000	25,000	24,700	25,700	23,700	24,000	29,000	25,900	25,800	15㎜/min
아이조드충격강도	10	36	15	28	20	15	14	14	10	14	5	11	10	
록크웰강도	110	95	105	100	106	108	105	106	104	107	111	108	110	R-Scale
열적성질														
열변형온도	88	85	100	98	99	100	105	100	111	115	109	116	118	18.6㎏/㎠
연화점	102	97	114	113	115	117	127	117	132	138	125	140	145	
선팽창계수														
난연성	HB	HB	HB				HB	HB	HB		HB			1/8"
	HB	HB	HB				HB	HB	HB		HB			1/16"
물리적 성질														
비 중	1.05	1.05	1.05	1.05	1.05	1.05	1.05	1.05	1.05	1.05	1.08	1.04	1.04	23℃
흡수율														

구분항목	*NS-161	PT-270	HR-420	ER-461	ER-462	ER-463	XR-401	XR-403	XR-404	XR-405	XR-407	XR-409	XR-409H	비 고
성형수축률	0.004~0.006	0.004~0.006	0.004~0.007	0.004~0.007	0.004~0.007	0.004~0.007	0.004~0.007	0.004~0.007	0.004~0.007	0.004~0.007	0.003~0.005	0.003~0.005	0.003~0.005	
유동성	30	24	1.7	5.0	5.5	7.0	6.0	11.0	3.0	3.0	8.0	4.0	3.2	220℃, 10kg
전기적성질														
체적고유저항		6.9×10^{15}	2.2×10^{10}				2.1×10^{16}							
절연파괴강도														
유전율														
내아-크성		109	113				92	92	92		100			
유전정접														
특 징	대전방지용	도장용	내열용	내열내충격용	내열내충격용	내열내충격용	초내열용	초내열용	초내열용	초내열용	초내열용	극초내열용	극초내열용	

주) 1. 상기 수치는 일정조건하(23℃ RH50%)에서 측정된 대표치이며 보증치수는 아닙니다.
2. 시편은 Natural color시료 성형품임
* : 착색품 기준

ABS RESIN 물성표(Ⅲ)

구분항목	단위	시험법(ASTM)	AF-302	AF-303	AF-303S	AF-305	*AF-307	**AF-308	AF-312	AF-315	AF-322	AF-325	AF-335	BF-501	비고
기계적성질															
인장강도	kg / ㎠	D638	420	440	430	420	420	480	420	440	440	420	420	470	50㎜ / min
신 율	%	D638	25	25	18	25	25	16	18	25	25	18	25	20	50㎜ / min
굽힘강도	kg / ㎠	D790	770	780	750	770	720	850	730	790	790	730	770	770	15㎜ / min
굽힘탄성율	kg / ㎠	D790	26,000	26,000	26,000	26,000	22,300	29,000	26,000	28,000	28,000	26,000	26,000	25,000	15㎜ / min
아이조드 충격강도	kg · cm / cm	D256	16	15	18	14	13	14	18	15	15	17	14	15	
록크웰강도		D785	102	103	102	102	102	107	102	104	104	102	102	108	R-Scale
열적성질															
열변형온도	℃	D648	80	83	81	80	94	88	81	85	85	81	80	77	18.6kg / ㎠ 1 / 2"
연화점	℃	D1525	90	92	90	90	114	95	90	92	92	89	90	87	
선팽창계수															
난연성		UL-94	V-0	V-0	V-0	V-0 5V	V-1	V-2	V-0	V-0 5V	V-0	V-0 5V	V-0 5V	V-0	1 / 8"
		UL-94	V-0	V-2	V-0	V-0	V-1	V-2	V-0	V-0	V-0	V-0	V-0	V-1	1 / 16"

구분항목	단위	시험법(ASTM)	AF-302	AF-303	AF-303S	AF-305	*AF-307	**AF-308	AF-312	AF-315	AF-322	AF-325	AF-335	BF-501	비고
물리적 성질															
비중		D792	1.21	1.20	1.19	1.21	1.18	1.12	1.20	1.21	1.21	1.20	1.22	1.19	23℃
흡수율	%														
성형수축률	mm/mm	D955	0.003~0.006	0.003~0.006	0.004~0.007	0.003~0.006	0.003~0.006	0.002~0.005	0.004~0.007	0.003~0.006	0.003~0.006	0.004~0.007	0.003~0.006	0.004~0.007	23℃
유동성	g/10min	D1238	55	55	75	55	6	85	70	45	45	70	55	54	220℃, 10kg
전기적성질															
체적고유저항	Ω·cm	D257	4.2×10^{16}	6.7×10^{16}	2.1×10^{16}	1.3×10^{15}			1.9×10^{15}	5.4×10^{14}		2.0×10^{15}		3.4×10^{15}	
절연파괴강도	KV/mm														
유전율															
내아-크성	sec	D495	30	59	64	66			49	72		61		65	
유전정접															
특징			내후성 난연용	일반 난연용	고유동성 난연용	내후성 난연용	내열 난연용	일반난연용	고유동성 난연용	고강성 난연용	고강성 난연용	고유동성 난연용	초내후성 난연용	난연용	

주) 1. 상기 수치는 일정조건하(23℃ RH50%)에서 측정된 대표치이며 보증수치는 아닙니다.
2. 시편은 Natural color 시출성형품임
* :난연성 UL-94 1/4" V-0
** :난연성 UL-94 1/4" V-2

한남화약㈜ HANALAC

試驗項目	主要試驗條件	單位	710 鍍金用	710 高剛性	720 V 帶電防止用	720 G 高光澤性	740 超高衝擊性	750 一般用	760 塗裝用	770 押出用	770SR 押出用	780 高流動性	790 高衝擊性 押出用	730 耐熱性	H-2938 耐熱性	HU-600 超耐熱性	HU-621 耐熱性 高衝擊性	HU-630 超耐熱性 高剛性	HU-650 極超耐 熱性	HU-670 極超耐 熱性
																			HU Series	
引張强度		kg/cm²	450	580	550	580	420	480	370	500	550	480	430	480	490	550	460	600	550	650
伸率		%	30	20	20	20	60	25	40	50	25	25	120	30	25	30	40	15	30	15
屈曲强度		kg/cm²	650	750	730	750	600	670	600	600	750	650	540	700	750	750	600	900	750	990
屈曲彈性率		kg/cm²	23,000	26,000	26,000	26,000	21,000	24,000	21,000	20,000	26,000	23,000	18,000	22,000	23,000	23,500	20,000	25,000	23,500	30,000
Izod衝擊强度	두께6.4mm Notched	kg·cm/cm	25	16	14	16	31	23	35	26	24	21	40	22	20	13	27	10	16	7
Rockwell硬度		R Scale	105	115	115	115	98	108	100	104	112	108	96	110	102	108	100	110	108	118
加熱變形溫度	Unannealed 6.4mm 18.6kg/cm²	℃	85	88	87	88	80	85	83	85	88	85	81	93	98	104	97	110	113	115
加熱變形溫度	Annealed	℃	95	97	97	97	90	95	93	95	97	95	91	102	107	114	107	119	121	124
Vicat 軟化點		℃	95	99	98	99	92	95	94	95	99	95	93	107	115	123	112	125	133	136
Melt Index	200℃, 荷重21.6kg	g/10min	40	30	60	40	30	50	20	13	30	65	5	20	10	7	10	8	5	8
成形收縮率		%	0.4–0.7	0.4–0.7	0.4–0.7	0.4–0.7	0.4–0.7	0.4–0.7	0.4–0.7	0.4–0.7	0.4–0.7	0.4–0.7	0.4–0.7	0.4–0.7	0.4–0.7	0.4–0.7	0.4–0.7	0.4–0.7	0.4–0.7	0.4–0.7
比重			1.04	1.04	1.04	1.04	1.04	1.04	1.04	1.04	1.04	1.04	1.04	1.05	1.05	1.05	1.05	1.05	1.05	1.05
誘電率		$\times 10^6$ Hz	2.8↓	2.8↓	2.8↓	2.8↓	2.8↓	2.8↓	2.8↓	2.8↓	2.8↓	2.8↓	2.8↓	2.8↓	2.8↓	2.8↓	2.8↓	2.8↓	2.8↓	2.8↓
耐電壓		V/min	550↑	550↑	550↑	550↑	550↑	550↑	550↑	550↑	550↑	550↑	550↑	550↑	550↑	550↑	550↑	550↑	550↑	550↑
體積抵抗率		Ω·cm	10^{16}↑	10^{16}↑	10^{16}↑	10^{16}↑	10^{16}↑	10^{16}↑	10^{16}↑	10^{16}↑	10^{16}↑	10^{16}↑	10^{10}↑	10^{16}↑	10^{16}↑	10^{16}↑	10^{16}↑	10^{16}↑	10^{10}↑	10^{10}↑
吸收率		%	0.3	0.3	0.3	0.3	0.3	0.3	0.3	0.3	0.3	0.3	0.3	0.3	0.3	0.3	0.3	0.3	0.3	0.3
燃燒性	UI94*	Class	HB	HB			HB	HB	HB	HB	HB	HB	HB	HB	HB	HB	HB	HB	HB	HB
食品衛生性	FDA**	合否	適合	適合				適合	適合	適合		適合				適合				

難燃用 ABS 樹脂

試驗項目	主要試驗條件	單位	HFA-700 高衝擊性	HFA-450 超難燃性	HFA-451 良流動性	HFB-701	HFB-702	HFA-460U 超耐候性難燃性	HFA-700HT 超耐熱性
						PVC Blend			
引張强度		kg/cm²	430	420	430	420	450	430	520
伸率		%	40	40	35	40	35	40	40
屈曲强度		kg/cm²	610	600	600	630	600	640	700
屈曲彈性率		kg/cm²	22,000	21,000	22,000	21,000	21,000	23,000	24,000
Izod衝擊强度	두께 3.2mm, Notched	kg·cm/cm	16.0	13.0	14.5	15.0	12.0	12.0	13.5
Rockwell硬度		R Scale	103	105	102	110	110	102	103
加熱變形溫度	Unannealed (6.4mm 18.6kg/cm²)	℃	75	76	76	68	69	78	96
加熱變形溫度	Annealed (6.4mm 18.6kg/cm²)	℃	85	86	86	78	79	89	106
Vicat 軟化點		℃	90	92	90	80	81	93	110
Melt Index	200℃, 荷重 5kg	g/10min	125	110	150	120	150	90	30
燃燒性	$\frac{1}{16}$ 인치(1.6mm)	Class	V-0	V-0	V-1	V-0	V-1	V-0	V-0
燃燒性	$\frac{1}{8}$ 인치(3.2mm)	Class	V-0	5V V-0	V-0	V-0	V-0	V-0	V-0
燃燒性	$\frac{1}{4}$ 인치(6.4mm)	Class	V-0	5V V-0	V-0	V-0	V-0	V-0	V-0

極超耐熱 ABS 樹脂

試驗項目	試驗條件	單 位	規格 (ASTM)	GX-ST (一般用)	GX-HI (高衝擊用)	GX-HT (耐熱用)
引張强度		kg / ㎠	D638	450	420	470
伸 率		%	D638	30	30	28
屈曲强度		kg / ㎠	D790	600	590	620
屈曲彈性率		kg / ㎠	D790	23,000	21,000	25,000
Izod 衝擊强度	6.4㎜(Notched)	kg · cm / cm	D256	12	15	10
Rockwell 硬度		R Rsale	D785	110	109	115
熱變形溫度	6.4㎜, 18.6㎏ / ㎠ Unannealed	℃	D648	115	110	120
Melt Index	200℃, 하중 21.6㎏	g / min	D1238	2.0	2.0	1.5
比 重		-	D792	1.06-1.08	1.06-1.08	1.06-1.08

4. MS수지

Styrene 樹脂에 MMA(Methy-Methacrylate)를 첨가 공중합시킨 樹脂로서 物理的, 機械的 및 熱的 性質의 균형을 잘 이룬 熱可塑性 樹脂이며 크게 일반투명 GP-MS, 고강도 투명 TR-MS, 중충격 HI-MS 및 고충격 HI-MS로 구분된다.

착색, 사출, 압출, 중공성형 等 1차 성형가공성과 도장, 인쇄, 스탬핑, 접착 等 2차 가공성이 우수하고 용도에 따라 Grade를 선택할 수 있다.

1) 特 徵

투명성, 내광성, 내후성에 폴리스티렌의 우수한 成形性을 합친 樹脂로서 인장강도, 내한성도 높다.

2) MS수지의 Grade

① 일반투명 GP-MS수지(General purpose MS Resin)
  • 特性: 투명용으로서 착색이 자유로우며 높은 유동성과 견고성, 내열성을 가진

다. 또한 우수한 成形性으로서 Cycle 이 단축되어 生産能率의 向上을 가져온다.
- 용도: 가전부품, 장식품, 일용잡화, 가정용품, 단열재

② **고강도 투명 TR-MS수지(Transparent MS resin)**
- 特性: 고투명용으로서 착색이 자유로우며, 고강도성을 지녀 AS, SAN 대체용으로 적당하다.
  MMS와 SM의 공중합으로 인한 우수한 成形性, 투명성, 내약품성, 고인장강도 等의 特性을 가지고 있다.
- 용도: 가전부품, 고급용기, 자동차 부품, 사무용품, 약전부품

③ **중충격 MI-MS수지(Medium Impact MS resin)**
- 特性: HI-MS와 GP-MS의 Blending으로서 만들어지여 혼합비율에 따라 區分된다. 成形品의 特性에 따라서 적당한 物性을 선택할 수 있는 장점이 있고 또한 우수한 표면광택과 착색이 자유로우며 成形이 용이하다.
- 용도: 카셋트 테이프, 인터폰, 카셋트 하우징, 라디오 케이스, 유제품 용기, 가전부품, 일용잡화 등

④ **내충격 HI-MS수지(High Impact MS resin)**
- 特性: 내충격용으로서 뛰어난 물성을 가지며 또한 우수한 物理的, 電氣的 特性과 함께 내광성 및 熱에 대한 安定性을 겸비하고 있어 各種 家電部品을 비롯 광범위한 용도에 使用되고 있다.
- 용도: 가전부품, 산업기기 부품, 스포츠용품, 가정용품, 사무용품, 유제품용기, 청량음료용기, 식품포장 등

⑤ **EPMS수지(Expandable MS resin)**
  MMA와 SM의 공중합체에 발포제를 침투시킨 발포용 樹脂이다.
- 特性: 완충성과 熱, 습기, 소음에 대한 차단성을 가지며, 내구성이 충분하고 成形性 및 二次 가공성이 우수하다. 또한 매끈한 표면과 규칙적 구조를 갖는 EPMS 成形品은 높은 단열성, 탄력성, 굴곡강도, 낮은 흡습성

을 가지고 용도에 따라 일반용과 난연용으로 구분된다.

- 용도: 건축용 단열재, 식품용기, 포장용재

⑥ MBS수지(MMA—Butadiene—Styrene)

- 特性: 내충격 강도, 투명성 및 무독성을 특징으로 한다.

  各種 射出成形, 壓出成形, 진공성형 등 1차가공성이 적합하기 때문에 복잡한 구의 成形品으로서 적당하다.

- 용도: 각종 과자류, 농산물류의 포장용재, 화장품 용기, 일상용품, 가전부품, 시트, 필름

3) 實用例

4) MS, MBS수지 물성비교표

MBS Resin

(1) Lucky

구 분	단 위	시험법 (ASTM)	MB830	MB840	MB850
충격강도	kg · cm / cm	D256	>20	>20	>20
인장강도	kg / cm²	D638	500	530	540
신 율	%	D638	35	30	30

구 분	단 위	시험법 (ASTM)	MB830	MB840	MB850
Stress Whitening			정 상	우 수	특히우수
특 징			불투명용	투명용	무백화용
용 도			파이프	Bottle	sheet
			피 팅	Sheet	Film
			이형압출	Film	
			Sheet		
			Film, Bottle 등		

(2) 한남화학(주)

試驗項目	主要試驗條件		單 位	MBS550 高透明性· 高剛性	MBS560 高衝擊性· 高耐熱性
引張强度			kg / ㎠	590	550
引張彈性率			kg / ㎠	26,000	25,000
伸 率			%	20	40
屈曲强度			kg / ㎠	750	650
屈曲彈性率			kg / ㎠	26,000	22,000
Izod 衝擊强度	3.2㎜, Notched		kg · cm / cm	7.5	10.0
Rockwell 硬度		L Scale		70	80
		M Scale		40	50
熱變形溫度	6.4㎜ 18.6㎏ / ㎠	Unannealed	℃	82	85
		Annealed		93	97
Vicat 軟化點			℃	98	102
Melt Index	230℃, 5㎏ / ㎠		g / 10min	8.0	6.0
成形收縮率			%	0.3~0.6	0.3~0.6
比 重				1.10	1.10
吸水率			%	0.2~0.6	0.2~0.6
食品衛生性			合否	適合	適合

(3) 신아화학

항목 Items	시험방법 ASTM	단위 Unit	Injection Molding MBS – 850	Extrusion Molding MBS – 880
충격강도 Izod impact strength	D – 256	kg · cm / cm	8.0	8.0
인장강도 Tensile strength	D – 638	kg / cm²	500	450
신율 Elongation	D – 638	%	35	25
굴곡강도 Flexural strength	D – 790	kg / cm²	550	570
가열변형온도 H. D. T	D – 648 Anealed	℃	83	83
비중 Specific gravity	D – 792	–	1.07	1.07
유동성 Melt flow index	D – 1238 G	g / 10min	1.5	2.5
경도 Rockwellhardness	D – 785	L scale	90	90
무독성 Non – toxic			pass	pass
용도 Applications			• 가전부품 • 화장품용기 • 일상용품 • Home electric appliances • Cosmetic containers	• 시트 • 필름 • 식품포장용 용기 • Sheet • Film • Food packages

MS수지

구분 Grade	구분 Grade	충격강도 Izod impact strength ASTM D-256 Notched kg·cm/cm	인장강도 Tensile strength ASTM D-638 kg/cm²	신율 Elongation ASTM D-638 %	굴곡강도 Flexural strength ASTM D-790 kg/cm²	굴곡탄성율 Flexural modulus ASTM D-790 kg/cm²	가열변형온도 H.D.T ASTM D-648 ℃ Anealed	비중 Specific gravity ASTM D-792	유동성 Melt flow index ASTMD-1238 "G"g/10min	경도 Rockwell hardness ASTM D-785 I scale	경도 Rockwell hardness ASTM D-785 M scale	난연규격 Flamability UL94
GP	110	2.5	500	3.0	780	30,000	91	1.05	4.8	92	63	HB
GP	110F	2.5	460	3.0	740	30,000	91	1.05	8.0	90	60	
GP	1000	2.9	510	3.3	820	30,000	92	1.05	4.0	93	65	
TR	2000 STAR	2.5	590	4.0	860	35,000	92	1.06	3.8	94	67	
TR	2000	2.6	630	4.0	900	37,000	92	1.07	2.4	95	70	HB
MI	3300	7.8	300	40	440	25,000	89	1.04	7.5	75	35	HB
MI	3300H	6.0	330	30	480	25,000	90	1.04	8.0	80	42	
MI	IBM	7.5	260	40	390	24,000	89	1.04	7.5	72	30	
MI	IBH	5.5	300	27	475	25,000	91	1.04	8.5	75	35	
HI	3000TV	9.5	290	50	420	25,000	91	1.04	5.0	65	20	HB
HI	3000IM	9.0	280	50	400	24,000	91	1.04	6.0	67	23	HB
HI	3000SH	8.0	250	50	360	22,000	87	1.04	5.5	60	10	HB
HI	3000IB	9.0	240	45	370	22,000	87	1.04	7.5	68	25	
HI	3003V	8.0	260	40	360	22,000	90	1.16	5.5	60	10	V-0
HI	4000V	25.0	360	120	540	50,000	82	1.19	8.0	63	15	V-0

EPMS 수지

특성 Properties / 구분 Grade		색상 Color	입경분포 Bead size distribution Std mesh	입경분포 Bead size distribution mm	적정발포율 Recommended expansion Times	적정비중 Typical density g / cm³	건축용 Insulation board	대형성형물 large parts packaging	중형성형물 Medium parts packaging	소형성형물 Small parts packaging	식품용기 cup containers	포장용 General packaging
일반용 General purpose	CL-1600	백색 White	14-18	1.12-1.45	62	0.016						
	CL-2000		18-25	0.86-1.12	50	0.020						
	CL-2500		25-30	0.60-0.86	40	0.025						
성에너지용 Fast cycle	CL-1600F	백색 White	14-18	1.12-1.45	62	0.016						
	CL-2000F		18-25	0.86-1.12	55	0.018						
	CL-2500F		25-30	0.60-0.86	45	0.022						
	CL-3000F		30-35	0.50-0.60	25	0.040						
	CL-4000F		35-40	0.40-0.50	20	0.050						
난연용 Self-extinguishable	SE-1600	청색 Blue	14-16	1.12-1.45	62	0.016						
	SE-2000I		16-18	1.03-1.12	55	0.018						
	SE-2000	녹색 Green	20-25	0.86-1.03	50	0.020						
	SE-2500		25-30	0.60-0.86	40	0.025						
	SE-1600W	백색 White	14-16	1.12-1.45	62	0.016						
	SE-2000IW		16-18	1.03-1.12	55	0.018						
	SE-2000W		20-25	0.86-1.03	50	0.020						
	SE-2500W		25-30	0.60-0.86	40	0.025						

용도 Applications

5. 염화비닐수지(Poly Vinyl Chloride Resin, P.V.C)

아세틸렌과 염화수소가 반응하여 생긴 염화비닐의 중합물을 염화비닐수지라 한다. 可塑劑를 첨가하여 만든 제품을 가소제품 또는 연질비닐이라 하고, 可塑劑를 전연 넣지 않거나 또는 극히 소량을 넣은 제품을 경질비닐이라 한다.

1) 특 징

① 化學的 性質 및 物理的 性質이 우수하다(내수성, 내산성, 내알칼리성, 무독, 전기절연성 등).
② 가격에 비해 강도, 치수안정성, 2차가공이 용이하다.
③ 내열온도가 낮고 열안정성이 충분하지 못하다.

2) 용 도

① 연질제품(가소제 30% 이상)
   필름, 시트, 레저, 전선피복, 의료기구 부품

② 경질제품(가소제 20% 이하)
   관(Pipe), 평판, 골판, 전기기구 부품
   1.5.3. PVC樹脂를 常溫에서 低粘度의 流動體로 加工하는 方法
① Paste ● Plastisol: PVC resin을 溶媒를 使用하지 않고 可塑劑를 使用하여 分散시킨 方法
   ● Orgnosol: PVC resin을 少量의 稀釋劑를 使用하여 分散시킨 方法
② PVC latex: PVC resin을 물을 分散媒로 하여 分散시킨 方法
③ PVC溶液: PVC resin을 Ketone 類와 같은 強한 溶媒에 溶解시킨 溶液으로서 利用하는 方法.

表 1.18 PVC溶液, latex, Paste의 比較

	PVC 溶液	PVC latex	PVC Paste	
			Plas tisol	Organosol
膠質狀態	分子 Collorid溶液	PVC-可塑劑- 물의 Sol	PVC-可塑劑 Sol	PVC-可塑劑- 희석제의 Sol
용매 또는 희석제	多量必要	不要	不要	小量必要
가공설비비	大	小	小	小
Resin	공중합	순PVC및공중합체	순PVC	순PVC및공중합체
液中의 成膜固形分	〈20~30%	〈50~60%	〈100%	〉80%
1회도장에 의한부착량	小	中	大	中
가열건조 시의휘발물	있음(용매)	있음(물)	없음	있음(희석제)
가열건조시 의부피변화	크다	중간	작다	중간
도장속도	느리다	빠르다	빠르다	빠르다
도장시紙布 의수축	없음	있음	없음	없음
화재및위생 상의위험	크다	없다	없다	중간
寒期의 凝固凍結	없음	있음	없음	없음

• 可塑劑: DOP, n-DOP, DOA, DOS, DOZ
• 稀釋劑: Spirit A, DOSB, Isopar, Pansolv H

4) PVC수지물성 비교표
LUCKY PVC

(1) STRAIGHT RESIN

가. 일반용

항목 품종	중합도		입 도	겉보기비중	진비중	휘발분
	DP	K-Value	%	g / ㎖	-	%
	KSM3002	DIN 53726	45Mesh통과	KSM3002	ASTM D792	KSM3002
LS 250	2500	92	100	0.45	1.4	Max0.3
LS 170	1700	77	100	0.45	1.4	Max0.3
LS 130	1300	72	100	0.48	1.4	Max0.3
LS 100	1000	66	100	0.50	1.4	Max0.3
LS 080	800	61	100	0.52	1.4	Max0.5
LS 070	700	58	100	0.53	1.4	Max0.5
LM 100	1000	66	100	0.58	1.4	Max0.2
LM 080	800	61	100	0.60	1.4	Max0.2
LM 070	700	58	100	0.60	1.4	Max0.2

나. 특수용

항목 품종	중합도		입 도	겉보기비중	진비중	휘발분	초산비닐 함양
	DP	K-Value	%	g / ㎖	-	%	%
	KSM3002	DIN 53726	45Mesh통과	KSM 3002	ASTM D792	KSM3002	-
LC070	700	57	100	0.60	1.38	Max2.0	Max10
LC050M	500	51	100	0.50	1.35	Max3.0	Max15
LC050R	500	51	100	0.50	1.35	Max3.0	Max10
LC051R	500	51	100	0.50	1.35	Max3.0	Max12
LB250	1200	70	100	0.55	1.40	Max0.1	-
LB150	1000	66	100	0.50	1.40	Max0.5	-
LB100	1000	66	100	0.50	1.40	Max0.5	-
LS100N	1000	66	100	0.50	1.40	Max0.3	-
LS080N	800	61	100	0.52	1.40	Max0.5	-
LS070N	700	57	100	0.52	1.40	Max0.5	-
LM080N	800	61	100	0.60	1.40	Max0.2	-

(2) PASTE RESIN

항목 품종	중합도		겉보기비중	휘발분	Brookfield점도 (CPS)		Severs점도 (gr/sec)	
	DP	V – Value	g / ㎖	%	6RPM	12RPM	4Bar	8Bar
	KSM3002	DIN 53726	ASTM D792	KSM3002	ASTM D1824		ASTM D1823	
LP170	1650	76	0.38	Max1.2	5200	4700	1.05	1.83
LP170I	1650	76	0.38	Max1.2	3800	3400	2.85	2.90
LP090	900	63	0.37	Max1.2	3500	3300	2.21	3.65
LP120H	1650	76	0.36	Max1.2	3700	3100	2.16	3.40
LP130A	1300	71	0.37	Max1.2	4500	4100	1.28	2.49
PB1752	2000	79	0.38	Max1.2	3900	3800	0.80	1.22
PB1302	1300	71	0.38	Max1.2	3500	3400	0.64	1.10
PB1202	1100	67	0.38	Max1.2	5400	5100	0.65	1.11
PB1152C	1100	67	0.38	Max1.2	50000	45000	1.60	2.99
PE1311	1300	71	0.38	Max1.2	75000	70000	4.70	9.50
LK120	1200	69	0.35	Max1.5	3500	3500	0.40	0.60
PA1302	1200	69	0.38	Max1.5	5400	5300	0.60	1.37

한국프라스틱공업(주) PVC

	단 위	중합도 –	K – 값 –	겉보기비중 g / CC	입 도 42Mesh통과 %	휘발분 %
STRAIGHT RES IN	P – 800	800±50	60 – 63	0.5이상	100	0.3이하
	P – 1000	1000±50	65 – 67	0.5 〃	100	0.3 〃
	SP – 1000	1000±50	65 – 67	0.56 〃	100	0.3 〃
	P – 1300	1300±50	70 – 72	0.48 〃	100	0.3 〃
	P – 1700	1700±50	75 – 77	0.48 〃	100	0.3 〃
	P – 2500	2500±50	85 – 87	0.45 〃	100	0.3 〃
COPOLYMER	CP – 705	720±50	58 – 60	0.45 〃	100	0.3 〃
	CP – 450	500±50	51 – 53	0.45 〃	100	0.3 〃
	CP – 427	450±50	49 – 52	0.45 〃	100	0.3 〃
	CP – 443	400±50	47 – 51	0.45 〃	100	4 〃
GRAFT MER	GP – 1000	1000±50	65 – 67	0.45 〃	100	0.3 〃
	GP – 800	800±50	60 – 63	0.45 〃	100	0.3 〃

		중합도	K - 값	겉보기비중	입 도	휘발분
PASTE RESIN	KH - 10	1700		0.25 〃	100	0.5 〃
	KH - 20	1700		0.25 〃	100	0.5 〃
	KH - 31	1700		0.25 〃	100	0.5 〃
	KM - 30	1300		0.25 〃	100	0.5 〃
	KM - 31	1300		0.25 〃	100	0.5 〃
	KL - 10	1000		0.25 〃	100	0.5 〃
	KL - 31	1000		0.25 〃	100	0.5 〃
	KLM - 12	1000		0.30 〃	100	1.0 〃
	KCM - 12	1400		0.25 〃	100	0.5 〃
	KB - 10	450		0.30 〃	100	0.5 〃
	KBM - 4			0.40 〃	100	0.8 〃
	KBM - 10	1000		0.40 〃	60Mesh100	0.8 〃
	KBM - 11	1000		0.40 〃	60Mesh100	1.0 〃

6. Polycarbonate 수지(PC)

Polycarbonate에는 一般으로 2價 Hydrogen 化合物과 탄산과의 縮合에 따라 形成시킨 Polyester이다.

1956年 Dr Schmell에 의해 2價 하이드로키시 化合物로서 芳香族系의 것을 使用하는 것에 내열성이 뛰어난 열가소성 수지를 얻는 것이 발표되었다.

1) 製造法

① 솔벤트法(溶劑法) → 직접법

2價 하이드로키시 化合物의 Alkali 수용액 有機溶劑(例 메치렌 크로라이드)의 현탁액에 氣化 포스겐을 불어 넣은 것에 따라 高重合度의 Polycarbonate를 얻는 方法이다. 이 方法은 대단히 高重合度까지 자유로이 製造可能하다는 特徵을 갖는 반면 有機溶劑에 溶解하므로 樹脂의 精製, 分離라는 工程을 必要로 한다.

② Ester교환법(용융법) → 간접법

1價 하이드로키시 化合物과 포스겐과를 미리 Corbonate 結合을 形成시킨 후 용융 상태에 대하여 1價 하이드로키시 化合物과를 교환縮合을 행하는 것이다. 이 방법은 제품이 균일 용융물로서 갖추어진 특징이 있으며 高分子量의 것이 可能하다.

2) 特 性

① 내충격성, 저온특성(−18℃), 내열성, 전기적 특성, 치수안정성 등이 양호하다.
② 내크리프성이 양호하다.   ③ 내용성이 나쁘다.
④ 응력균열(Stress Craking)을 일으키기 쉽다.

3) Grade특성

① 투명성 개량 Grade
  • 특성: 특히 투명성이 우수하여 착색이 자유롭다.
  • 용도: 특히 높은 강도를 필요로 하는 성형품
        가장 일반성형품에 적합하다.
        High flow를 요구하는 성형품에 적합하다.
② 硝子 섬유 강화 Grade
  • 특성: 硝子 섬유의 분산성이 극히 양호하다.
        기계적 성질, 열적 성질, 치수안전성이 양호하다.
③ 난연 Grade
  • 특성: 대표적인 난연성개량 Grade이다.
        硝子 단섬유가 포함된 난연 Grade도 있다.
④ 내마찰, 내마모성 Grade
  • 특성: 불소를 포함하여 내마찰, 마모성이 향상된 Grade임
        넓은 속도 범위에 대하여 표준적 마찰, 마모특성을 갖고 있다.
        고속도 마찰특성이 우수하다.
⑤ 이형성 향상 Grade
  • 특성: 이형성이 우수하다.

초자 단섬유 포함한 Grade는 이형성이 극히 우수하다.

⑥ 내후성 Grade
- 특성: 내후성이 적합하다

⑦ 粉末成形 Grade
- 특성: 분말성형에 적합하다.

⑧ 耐 Tracking Grade

流動性 向上 Grade

발포 Grade

4) 용 도

① 기계부품

베어링, 나사류, 캠, 기어, 레버, 각종 벨브 등
② 전기부품

마이크로 스위치, 호빙단자, 마이크로 모우터, 하우징 등
③ 자동차 부품

오일게이지, 기화기부품 등
④ 의료기구

주사기, 시약병 등
⑤ 일용품, 잡화 등

5) 實用例

G.E PLASTICS
LEXAN·····Polycabonate

6) Poly carbonate 물성표

성 질	시험방법ASTM	단 위	121	141L	141	161	101	181	920 940 950	500 503	3412	3414
물리적성질												
비 중	D792	-	1.20	1.20	1.20	1.20	1.20	1.20	1.21	1.25	1.35	1.43
흡수율	D570	%	0.15	0.15	0.15	0.15	0.15	0.15	0.15	0.12	0.16	0.14
성형수축률	D955	mm / mm	0.005-0.007	0.005-0.007	0.005-0.007	0.005-0.007	0.005-0.007	0.005-0.007	0.005-0.007	0.002-0.004	0.001-0.003	0.0015-0.0025
선팽창계수	D696	m / m / ℃	6.75×10^{-5}	6.75×10^{-5}	6.75×10^{-5}	6.75×10^{-5}	6.75×10^{-5}	6.75×10^{-5}	6.75×10^{-5}	3.22×10^{-5}	2.68×10^{-5}	2.18×10^{-5}
빛투과율	D1003	%	89	89	89	89	89	89	85	-	-	-
열작성질												
열변형온도	D648	℃	129	132	132	132	132	135	132	142	146	146
난연성	D194	UL	V-2	V-2	V-2	V-2	V-2	V-2	V-0	V-0	V-1	V-1
기계적성질												
인장강도	D638	kg / cm	631	631	631	631	631	631	631	658	1124	1304
신 도	D638	%	125	130	130	130	135	135	90	10-20	4-6	3-5
굴곡강도	D790	kg / cm	982	982	982	996	996	996	926	1.054	1.304	1.614
굴곡탄성율	D790	kg / cm	24.500	24.500	24.500	24.500	24.500	24.500	22.800	35.100	56.200	77.200
충격강도(IZOD)(Notched)	D256	kg.cm / cm	69.4	74.8	80.1	80.1	90.8	96.1	64	10	10	10
경 도 (Rockwell)	D785	R - Scale	118	118	118	118	118	118	118	124	122	120
전기적성질												
내아크성	D495	sec	120	120	120	120	120	120	120	120	120	120
유전율	D150		2.96	2.96	2.96	2.96	2.96	2.96	2.96	3.05	3.13	3.31
절연파괴전압	D149	KV / mm	15.0	15.0	15.0	15.0	15.0	15.0	16.7	17.7	19.3	18.7
특 성			저점도		중점도		고점도	초고점도	난 연	고강성 (10%G / G)	G / F30%	G / F30%

성 질	단 위	3414	150 1500	PPC4701	PPC4701	PPC4701	HF	HP4	BE1230	BE2130	WR2210 WR2310	OQ1
물리적성질												
비중	-	1.52	1.20	1.20	1.20	1.20	1.20	1.20	1.20	1.20	1.19	1.20
흡수율	%	0.12	0.15	0.16	0.19	-	-	-	-	-	-	-
성형수축률	mm/mm	0.001-0.002	0.005-0.007	0.007-0.008	0.008-0.01	0.005-0.007	0.005-0.007	0.005-0.007	0.005-0.007	0.005-0.007	0.005-0.007	0.005-0.007
선팽창계수	m/m/℃	1.67×10^{-5}	6.75×10^{-5}	9.2×10^{-5}	8.1×10^{-5}	-	-	-	-	-	-	-
빛투과율	%	-	88-89	85	85	89	89	-	-	-	-	90
열적성질												
열변형온도	℃	146	132	152	163	127	132	110	110	107	132	-
난연성	UL	V-1	HB	V-2	HB	V-2	V-2	V-0	V-0	V-0	HB	-
기계적성질												
인장강도	kg/cm²	1.614	631	652	652	631	631	562	635	562	592	638
신도	%	3-5	110	122	78	120	130	-	-	-	115	40-80
굴곡강도	kg/cm²	1.809	947	968	990	947	982	912	947	912	877	955
굴곡탄성율	kg/cm²	98.200	24.500	20.700	23.718	23.508	24.500	22.810	22.810	21.033	21.754	22.385
충격강도IZOD (Notched)	kgcm/cm	13	64-85	53.5	53.5	64	80.1	10-20	10-20	10-20	64	10
경도(Rockwell)	R-Scale	119	118	122	127	-	-	-	-	-	-	-
전기적성질												
내아크성	sec	120	120	-	-	-	-	-	-	-	-	-
유전율	-	3.48	2.96	3.0	3.1	-	-	-	-	-	-	-
절연파괴전압	KV/mm	17.7	15.0	20.3	20.1	-	-	-	-	-	-	-
특 성		G/F 40%		내 열	초내열	고유동	의료기기용		사무기기용		내마모	Compact Disc

7. Acetal 수지(polyacetal resin)

Polyacetal 수지는 Poly Oxicy metyrene(P.O.M)수지라 불리며 포름알데히드의 반복
단위로부터 되는 직쇄구조의 결정성 열가소성 수지이다. 포름알데히드(HCHO)를 주원
료로 얻어지는 중합체로 大別하면 Homopolymer와 Copolymer가 있다.

1) 제조공정

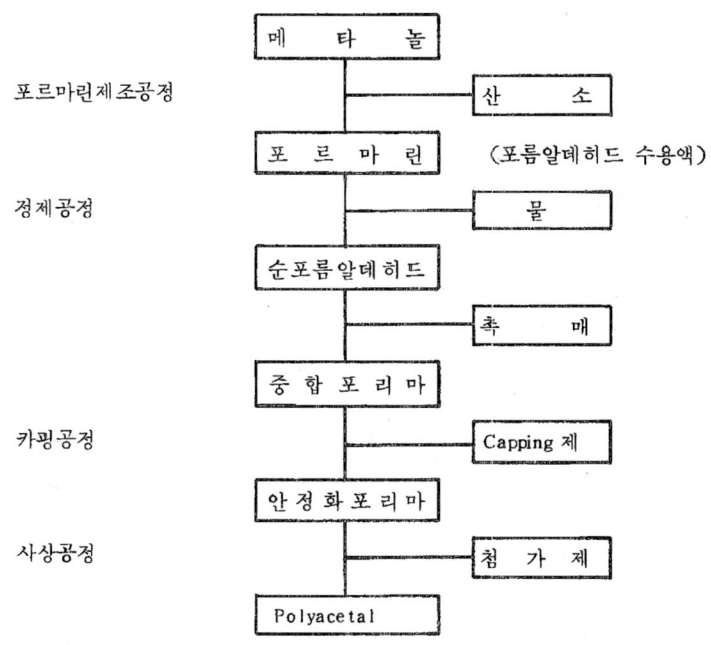

2) Polyacetal의 特徵

Polyacetal수지는 Engineering Plastic의 일종으로 그 뛰어난 性能으로 보다 넓은 용
도에 사용된다. 기계공업부품이나 정밀성형부품에 필요한 특성을 갖추고 있다.

① Polyacetal의 **長點**

- 강도, 강성이 높다.
- 사용온도 범위가 넓다.
- Creep 저항이 크고 탄성회복이 우수하다.
- 내피로성이 좋고 반복, 충격 진동에 강하다.
- 마찰, 마모특성이 우수하다.
- 화학약품 특히 유지, 유기용제에 대해 강하다.
- 습도, 수분의 영향이 적다.
- 치수안정성이 좋다.
- 전기절연성, 내Arc성이 우수하다.
- 내후성이 약간 떨어진다.
- 고온에서 가수분해 한다.
- 徐燃性이다.
- 표면활성의 결핍 및 도장이나 접착에 특별한 기술을 필요로 한다.

3) Polyacetal수지의 Homopolymer와 Copolymer의 차이점

① Homopolymer의 **利點**

- 강성이 높고 내피로성, 내반복 충격성, 내마모성 등 기계적 성질이 우수하다.
- 융점, 열변형 온도가 높다.

② Copolymer의 **利點**

- 강성이 낮은 정도만큼 유연성이 풍부하다.
- Alkali 性 약품이 약간 강하다.

4) 용 도

① 전기기기 부품

- 선풍기 부품(Neck piece, Push)
- 세탁기 metal case

- Tape record 부품(Roller, 하브) 및 Cassette player
- TV Tuner, preset 板
- Coil bobbin, Relay 부품

② 자동차 부품

- Seed meter, Wiper motor 용
- Car heat fan
- 가솔린 Tank의 Cap
- Door Lock
- 각종 Gear, Cam

③ 기계부품

- 각종 Conveyor 부품(Plate conveyor. foil conveyor roller)
- 사무기기용 bearing
- Bolt, Nut
- Pump부품

④ 기 타

- 사무기기용 기구 부품
- AI chassis 부품
- Pipe Coupling
- 샤워 헤드
- 헤어캇트의 로라
- 낚시대 릴 부품

5) Polyacetal 물성비교표

Acetal 물성비교표

物 性	ASTM 미국재료 시험규격	單 位	Dupont						Cellanese		
			強靭性 "델린"500	一般用 "델린"500	高流動性 "델린"900	強靭性 "델린"II100	一般用 "델린"II500	高流動性 "델린"II900	M-25 타입	M-90 타입	M-270 타입
破斷時引張伸張度 (5.1㎜/분)	D638	%									
-55℃			40	15	10	40	15	10	-	-	-
23℃			85	50	25	85	50	25	75	60	40
70℃			400	250	180	400	250	180	>250	>250	>250
100℃			600	>300	>260	600	>300	>260	-	-	-
122℃			600	>300	>260	600	>300	>260	-	-	-
引張强度 (5.1㎜/분)	D638	kg/㎠									
-55℃			1,030	1,030	1,030	1,030	1,030	1,030	-	-	-
23℃			700	700	700	700	700	700	620	620	620
70℃			490	490	490	490	490	490	350	350	350
100℃			370	370	370	370	370	370	-	-	-
122℃			270	270	270	270	270	270	-	-	-
引張彈性係數(5.1㎜/분) 23℃	D638	kg/㎠	33,060	34,500	37,300	33,060	34,500	37,300	28,800	28,800	28,000
剪斷强度(1.3㎜/분) 23℃	D732	kg/㎠	670	670	670	670	670	670	540	540	540

物 性	ASTM 미국재료 시험규격	單 位	Dupont						Cellanese		
			强靭性 "델린"500	一般用 "델린"500	高流動性 "델린"900	强靭性 "델린"II100	一般用 "델린"II500	高流動性 "델린"II900	M-25 타입	M-90 타입	M-270 타입
屈曲彈性係數(1.3mm/분)	D790	kg/cm²									
-55℃			42,200	46,400	48,500	42,200	46,400	48,500	–	–	–
23℃			29,200	31,700	33,100	29,200	31,700	33,100	26,400	26,400	26,400
70℃			16,200	17,600	17,600	16,200	17,600	17,600	12,700	12,700	12,700
100℃			10,550	11,300	10,550	10,550	11,300	10,550	–	–	–
122℃			7,000	7,700	7,700	7,000	7,700	7,700	–	–	–
屈曲降伏强度(1.3mm/분) 23℃	D790	kg/cm²	1,010	990	980	1,010	990	980	–	–	–
壓縮强度(1.3mm/분)	D695	kg/cm²									
23℃ 1% 變形			370	370	350	370	370	350	317	317	317
23℃ 10% 變形			1,270	1,270	1,240	1,270	1,270	1,240	1,126	1,126	1,126
荷重下의 變形(140kg/cm²50℃)	D621	%	0.5	0.5	0.5	0.5	0.5	0.5	–	–	–
變形溫度	D648	℃									
18.6kg/cm²			136	136	136	136	136	136	110	110	110
4.6kg/cm²			172	172	172	172	172	172	158	158	158
而屈曲疲勞限界	D671	kg/cm²									
50% RH 100만 싸이클			330	320	320	330	320	320	–	–	–
23℃			330	320	320	330	320	320	–	–	–
아이조드 衝擊	D256	cm-kg/cm²									
-40℃			9.8	6.5	5.4	9.8	6.5	5.4	6.5	5.4	4.3
23℃			13.6	8.2	7.1	13.6	8.2	7.1	13.6	7.1	5.4

物 性	ASTM 미국재료 시험규격	單 位	Dupont						Cellanese		
			強靭性 "딜린" 100	一般用 "딜린" 500	高流動性 "딜린" 900	強靭性 "딜린" II 100	一般用 "딜린" II 500	高流動性 "딜린" II 900	M-25 타입	M-90 타입	M-270 타입
引張衝擊抵抗 23℃	D1822 long	$cm \cdot kg / cm^2$	536	429	257	536	429	257	193	150	129
노치없는 충격 23℃	D256	$cm-kg / cm$ (Notch 部)	NO BREAK	220	160	NO BREAK	220	160	136	109	92
融 點	D2133	℃	175	175	175	175	175	175	165	165	165
線彫係數 -40~29℃		10^3 $cm / cm℃$	10.4	10.4	10.4	10.4	10.4	10.4	8.5	10.4	8.5
29~60℃			12.2	12.9	12.9	12.2	12.9	12.9	8.5	12.2	8.5
60~104℃			13.7	13.7	13.7	13.7	13.7	13.7	-	13.7	-
105~150℃			14.9	14.9	14.9	14.9	14.9	14.9	-	14.9	-
熱傳導率		$Kcal / M^2 / hr / ℃ / M$	0.20	0.20	0.20	0.20	0.20	0.20	0.12	0.12	0.12
體積抵抗率 23℃, 0.2% H_2O	D257	obm.cm	10^{15}	10^{15}	10^{15}	10^{15}	10^{15}	10^{15}	10^{14}	10^{14}	10^{14}
誘電率 50% RH, 23℃, 10^2-10^6 CPS	D150	-	3.7	3.7	3.7	3.7	3.7	3.7	3.7	3.7	3.7
力率 50% RH, 23℃, 10^6 CPS	D150	-	0.005	0.005	0.005	0.005	0.005	0.005	0.001	0.001	0.001
絕緣强度 短時間(2.3mm)	D149	MV / m	19.7	19.7	19.7	19.7	19.7	19.7	19.7	19.7	19.7

物 性	ASTM 미국재료 시험규격	單 位	Dupont 强韌性 "델린" 100	Dupont 一般用 "델린" 500	Dupont 高流動性 "델린" 900	Dupont 强韌性 "델린" II 100	Dupont 一般用 "델린" II 500	Dupont 高流動性 "델린" II 900	Cellanese M-25 타입	Cellanese M-90 타입	Cellanese M-270 타임
아아크抵抗 (3.1㎜)	D495	秒									
아아크정지시 자동소화			220	220	220	220	220	220	240	240	240
트래킹			NO TRACKING	NO TRACKING	NO TRACKING	NO TRACKING	NO TRACKING	NO TRACKING	NO TRACKING	NO TRACKING	NO TRACKING
比 重	D792	-	1.42	1.42	1.42	1.42	1.42	1.42	1.41	1.41	1.41
吸水率	D570	%									
24時間水浸 23℃			0.21	0.21	0.21	0.25	0.25	0.25	0.22	0.22	0.22
平衡 50% RH, 23℃			0.22	0.22	0.22	0.22	0.22	0.22	0.22	0.22	0.22
平衡水浸 23℃			0.90	0.90	0.90	0.90	0.90	0.90	0.90	0.90	0.90
燃消性	UL94	-	94HB	94HB	94HB	94HB	94HB	94HB	94HB	94HB	94HB
로크웰强度	D785	-	M94 R120	M94 R120	M94 R120	M94 R120	M94 R120	M94 R120	M80	M80	M80
摩擦係數(無潤滑) 트러스트											
23℃정摩擦 베어링		-	0.25	0.25	0.25	0.25	0.25	0.25	-	-	-
23℃動摩擦 시험			0.35	0.35	0.35	0.35	0.35	0.35	-	-	-

8. Acrylic Resin

1) 제조공정

Methacrylic 산 metyl을 주성분으로 한 중합체이다. 거의가 板狀 제품으로서 군용항 공기 등에 공급되고 있으며, 사출성형 재료로는 펠레트 모양이다. 성형상 필요한 유동 성에 중점을 둔 종류이고 성형품의 내열성, 내크레이징성에 중점을 두어서 개량된 여러 가지 종류가 있다.

2) 특징과 Grade

① 특 성
- 표면 광택이 좋고 투명도가 특히 우수하다.
- 기계적 성질이 우수하다.
- 내후성, 내산성, 내알칼리성, 내가솔린성이 좋다.
- 장기간 지나도 거의 변색하지 않는다.

② Grade
- 流動性 Grade:
  낮은 Cylinder 온도에서 gate와 runner의 작은 면적에도 사출시 유동성이 좋다.
- 열저항, 기계강도 면에서의 중간 Grade
- 내충격 Grade
  판상(板狀) 제품의 압출성형에 사용됨
  사출 성형시 sprue, runner, gate의 직경이 커야 한다.
  melt viscosity가 높다.
- 고 열저항, 기계적 강도 Grade
  자동차의 미등 렌즈, 반사경 light의 부착물

3) 용 도

창 유리, 자동차 부품, 조명기구, 광고장식, 잡화 등에 사용

4) 實用例

5) Acrylic 수지 물성비교표

PMMA RESIN물성표－LUCKY

규격 시험항목	단 위	ASTM 시험방법	IH－ 830	IG－ 840	IF－ 850	IF－ 870	EH－ 910	EG－ 920	EG－ 930	EF－ 940	CH－ 910	CG－ 920	CF－ 940
비 중		D792	1.18	1.18	1.18	1.18	1.18	1.18	1.18	1.18	1.18	1.18	1.18
성형수축률	%	D995 －51	0.2 －0.6	0.2 －0.6	0.2 －0.6	0.2 －0.6	0.2 －0.6	0.2 －0.6	0.2 －0.6	0.2 －0.6	0.2 －0.6	0.2 －0.6	0.2 －0.6
굴곡강도	kg / cm	D790	1,330	1,220	1,120	900	1,330	1,300	1,300	1,200	1,350	1,220	1,300
굴곡탄성율	kg / cm	D790	33,000	33,000	32,000	32,000	33,000	33,000	33,000	32,000	33,000	33,000	33,000
인장강도	kg / cm	D638	740	710	690	650	740	730	710	690	740	710	730
신 율	%	D638	3.5	3.5	3	2.5	3.5	3.5	3	3	3.5	3	3
충격강도 (Notched)	kg－cm / cm	D256	2.0	2.0	2.0	2.0	2.0	2.0	2.0	2.0	2.0	2.0	2.0
Rockwell 경도	M－ Scale	D785	97	93	89	84	97	93	93	89	97	93	89
열변형온도	℃	D648	98	96	90	86	98	96	96	92	98	96	96
Vicat 연화점	℃	D1525	105	100	90	85	105	100	100	90	105	100	100
Melt Flow Index	g / 10min	D1238	2.3	5.8	12.5	23	1.0	1.6	2.2	3.0	1.0	1.6	5.8
투과율	%	D1003	92	92	92	92	92	92	92	92	92	92	92
굴절도	－	D542	1.49	1.49	1.49	1.49	1.49	1.49	1.49	1.49	1.49	1.49	1.49
절연파괴 강도	KV / mm	D149	20	20	20	20	20	20	20	20	20	20	20
난연성	1 / 8 ″ 1 / 16 ″	UL－94	HB	HB	HB	HB	HB	HB	HB	HB			

9. Polyethylene(PE)수지

Polyethylene수지는 에틸렌의 고압중압에 의해 생기는 포화의 고분자 탄화수소이다.
폴리에틸렌의 공업적 중압법에는 고압법, 중압법, 저압법으로 분류되며 일반적으로
고압법 폴리에틸렌은 저·중밀도이고, 중·저압법 폴리에틸렌은 고밀도로 나타낸다.

1) 特 徵

- 비중이 작고 충격에 강하다.
- 흡습성이 거의 없고, 저온에서 취화하지 않는다.
- 내약품성, 전기절연성, 내수성이 매우 양호하다.

2) 용 도

- 필름, 시이트
- 전기 절연재료
- 불화수소용기 및 각종 용기
- 자동차부품
- 포장재료
- 완구, 일용품, 잡화

3) Poly Ethylene수지 물성비교표

대한유화공업(주) - 유와이덴

物性	試驗方法 Method	單位 Unit	射出成形用 Injection Molding						中空成形用 Blow Molding					延伸用 Stretched Tape			필름用 Film				파이프用 Pipe	
			M830	M850	M850U	M680	M690	M691	B300	B502	B303	B603	B305	E308	E309	E509	F307	F500	UG403	UG403H	P301	P550
溶融指數	ASTM D1238	g / 10 min	3	5	5	8	12	20	<0.1	0.2	0.3	0.3	0.5	0.8	0.9	0.9	0.7	0.08	0.3	0.3	0.1	7
密度	ASTM D792	g / ㎤	0.960	0.963	0.963	0963	0.963	0.963	0.988	0.950	0.954	0.953	0.955	0.956	0.954	0.956	0.956	0.951	0.936	0.935	0.952	0.945
成形線收縮率	KPIC Method	%	1.5~2.5	1.5~2.5	1.5~2.5	1.5~2.5	1.5~2.5	1.5~2.5	1.5~2.5	1.5~2.5	1.5~2.5	1.5~2.5	1.5~2.5	1.5~2.5	1.5~2.5	1.5~2.5	1.5~2.5	1.5~2.5	1.5~2.5	1.5~2.5	1.5~2.5	1.5~2.5
吸水率	ASTM D570	%	<0.01	<0.01	<0.01	<0.01	<0.01	<0.01	<0.01	<0.01	<0.01	<0.01	<0.01	<0.01	<0.01	<0.01	<0.01	<0.01	<0.01	<0.01	<0.01	<0.01
引張强度(降伏點)	ASTM D638	kg / ㎠	280	300	300	290	280	280	280	280	280	280	280	280	280	280	280	270	250	250	280	220
伸度(破斷點)	ASTM D638	%	>600	>600	>600	>600	>600	>600	>600	>600	>600	>600	>600	>600	>600	>600	>600	>600	>600	>600	>600	>600
屈曲彈性率	ASTM D790	kg / ㎠	10,000	11,000	11,000	11,000	11,000	11,000	9,000	9,000	9,000	9,000	9,000	8,000	8,000	8,000	8,000	8,000	4,000	4,000	8,000	6,000
硬度	ASTM D785	R scale	62	62	62	60	60	60	54	54	54	54	54	55	55	55	55	55	-	-	52	40
衝擊强度	ASTM D256	kg cm / cm	20	13	13	8	4	1.5	65	90	80	50	75	60	80	50	60	110	60	60	100	20
耐스트레스크래킹	ASTM D1693	hr	5	3	3	3	2	1.5	200	120	50	>100	35	15	15	10	20	>100	>1,000	>1,000	200	10
融點	ASTM D3418	℃	130	130	130	130	129	129	127	127	129	129	129	129	130	129	129	129	123	123	128	127
軟化點	ASTM D1525	℃	127	127	127	127	125	125	127	127	127	127	127	127	127	127	127	124	110	110	124	118
熱變形溫度	ASTM D648	℃	67	67	67	67	67	67	65	65	65	65	65	65	65	65	65	62	52	52	62	58
低溫脆化溫度	STM D746	℃	<-70	<-70	<-70	<-70	<-70	<-70	<-70	<-70	<-70	<-70	<-70	<-70	<-70	<-70	<-70	<-70	<-70	<-70	<-70	<-70
線膨脹係數	ASTM D696	10^{-4} cm / cm ℃	1.5	1.5	1.5	1.5	1.5	1.5	1.5	1.5	1.5	1.5	1.5	1.5	1.5	1.5	1.5	1.5	2.0	2.0	1.5	1.5
比熱	KPIC Method	cal / g ℃	0.45	0.45	0.45	0.45	0.45	0.45	-	0.45	0.45	0.45	0.45	0.45	0.45	0.45	0.45	0.45	0.55	0.55	0.45	0.45
體積固有抵抗	ASTM D257	10^{17} ohm cm	1	1	1	1	1	1	-	1	1	1	1	1	1	1	1	1	1	1	1	1
誘電率	ASTM D150		2.3	2.3	2.3	2.3	2.3	2.3	-	2.3	2.3	2.3	2.3	2.3	2.3	2.3	2.3	2.3	2.3	2.3	2.3	2.3
誘電正接	ASTM D150	10^{-4}	2	2	2	2	2	2	-	2	2	2	2	2	2	2	2	2	-	-	2	2
絶緣耐力(單時間法)	ASTM D149	KV / mm	48	48	48	48	48	48	-	48	48	48	48	48	48	48	48	48	-	-	48	48

(2) 오남석유화학(주)

성형	물성 단위 시험방법 Grade	용융수지 g/10min D1238	밀도 g/cc D1505	항복점응력 kg/cm² D638	파단점항장력 kg/cm² D638	파단점신장율 % D638	굴곡강성율 Ton/cm² D747	표면경도 R D785	충격강도 (IZOD) kg·cm/cm D256	耐 Stress Cracking性 F₅₀HR D1693	軟化點 ℃ D1525	융점 ℃ D2117	취하온도 ℃ D747
사출 성형	1300J	13.0	0.695	300	150	500	12	65	5	3	122	131	<-80
	2100J	6.0	0.695	260	200	>500	8	55	8	8	116	127	<-80
	2200J	5.0	0.698	320	200	>500	12	65	10	4	124	134	<-80
	2208J	5.0	0.698	320	200	>500	12	65	10	4	124	134	<-80
사출 중공 성형	5200B	0.35	0.964	290	370	>500	12	60	>50	40	128	132	<-80
	6200B	0.35	0.956	280	320	>500	11	55	12	500	123	130	<-80
	8200B	0.03	0.956	250	400	>500	10	55	>50	>1,000	123	132	<-80
	5200B	0.08	0.954	270	350	>500	8	50	>20	>30	125	132	<-80
	5000SR	0.40	0.598	290	300	>500	9	55	10	150	124	131	<-80
	5200S	0.32	0.964	250	370	>500	12	60	>50	40	128	132	<-80
	3300F	1.10	0.954	230	350	>500	8	50	>20	30	126	134	<-80
	7000F	0.04	0.956	230	300	>500	10	55	30	>1,000	124	131	<-80
압출 성형	8000F	0.03	0.950	210	350	>500	8	50	>50	>1,000	122	130	<-80
	5000H	0.12	0.960	270	300	>500	10	60	15	>500	125	132	<-80
	6200M	0.35	0.958	280	320	>500	11	55	12	>500	123	132	<-80
	6300M	0.12	0.952	220	300	>500	8	50	12	>1,000	122	131	<-80
	6205E	0.40	0.954	220	320	>500	8	55	>20	>500	127	132	<-80
	7000FT	0.03	1.280	180	190	>500	10	60	>50	>500	124	131	<-80
	8100MX	0.02	0.955	250	350	>500	8	55	>50	>500	124	131	<-80

10. Polyamide수지

酸아미드基 CONH를 지닌 高分子重合物을 Polyamide樹脂라고 부르며 結晶性이며 水素結合을 지녀 매우 강인하며 인장강도, 굽힘강도, 충격강도가 강하다 굉장히 강한 화학섬유인 나일론은 아디핀酸과 헥사메틸렌 디아민 또는 ß-카프롤락탐이 縮重合해서 만들어진 Polyamide 系의 樹脂이다.

1) HIGH Cycle Grade

① 특 성
- 강성, 경도, 내아모성 향상
- 인장항복 강도, 열변형온도 향상
- 신도 및 충격강도 저하
- 치수안정성 향상

② 용 도
- 차량부품: FASTENER, Oil Strainer, Cost Roll
- 전기부품: Coil Bobbin
- 기계부품: 농기구 부품
- 기타 NYLON Pin 단추

2) GLASS Fiber 강화 Grade

① 특 성
- 비강화 Nylon에 비해 현격한 물성의 향상
  인장강도, stiffness, 충격강도, 내피로성, Creep 저항, 기계물성의 고온특성, 치수안정성, 열변형온도, 내유성 등의 현격한 향상
- 유리섬유 함량 변화에 따른 다양한 기능의 Engineering Plastic
- 빠른 결정화 속도에 의한 성형 Cycle 단축

- 고부가 가치의 제품

② 장 점

- 뛰어난 강성: 제품설계의 다양성
- 치수안정성: 뛰어난 품질보증, 내구성
- 고온특성: 200℃ 이하의 광범위한 온도 및 기계적 응력에서 장시간 사용
- 내약품성, 내열특성

③ 용 도

- 자동차 부품: Lock Housing, Radiator Bonnet, Disc brake 부품
- 전기전자부품: Reed Relay With Coil former
- 하우징 및 Case: Electrical insulator, 전선 Bobbin Handle
- 기계부품: Ball balue, 관계용수부품, Fan Racquet Wheel 및 복사기 부품

3) Super Touch Grade

① 특 징

내충격성을 현저하게 향상시킨 엔지니어링 프라스틱으로서 상온건조시의 Izod
충격치는 Nylon6의 일반 Grade에 비하여 10배 이상을 나타낸다.

② 장 점

- 뛰어난 강인성: 제품설계의 다양성 및 품질향상, 뛰어난 내구성
- 뛰어난 저온특성: 40℃ 이상의 광범위한 온도 및 기계적응력에서 장시간 사용 가능
- 내약품성, 내열성
- 뛰어난 유동특성
- 양호한 표면상태 및 착색성

③ 용 도

상온 및 저온 내충격을 이용한 내충격 응용분야

- HELMET과 Other Protective device
- Housing류: 자동차의 Chain대용, power, paws 전동공구
- Machinery parts: Gear wheel, Motor cycle sprockets, Impeller, Motor fan 등
- Sports equipments and Toys: Roller skate Plate, Tennis Racket yoke 등
- Fasteners
- Automiles: 디스크, 브레이크

4) 난연 Nylon Grade

① 특 성

전기 전자제품의 부품 및 건축용, 전기용품의 대단히 중요한 소재이다.

② 장 점

- UL94V−0 획득
- Mechanical property 유지, 작업성 양호

③ 용 도

- Electrical part: Electrical Swich Gear 등
- Coil Bobbin 등

5) Mineral Filled Grade

① 특 징

Nylon 수지 본래의 좋은 특성을 유지하면서 Nylon6의 문제점인 내열성 부족, 치수안정성의 불량을 다양한 Mineral Filler를 보강함으로서 GF강화와 같은 효과를 나타내 주며 GF Nylon이 지니는 배향에서 오는 문제점과 가격의 상승 가공의 문제점 등을 해결하고 있다.

② **장 점**

- 수분흡수에 의한 치수불안성의 개선 및 내열성 및 난연성 향상
- Nylon66 및 기타 Fibber 보강수지의 대체
- 기계, 자동차 부품용으로 금속재료 대체 가능

③ **용 도**

- 전기부품: 각종 Motor 배전부품, 열기구부품, 음향기기 Housing, 전동공구 Housing
- 자동차부품: Engine Room내 부품, Shaft, 내장재부품, Lamp Housing, Lever 등
- 가전부품: Coil Bobbin, Switch connetor, Fan

6) Poly Amide수지 물성 비교표

동양나이론 (주)

토프라미드(Nylon6)

성질	기계적성질								열적성질				전기적성질		기타		
품명	점도	비중	인장항복강도	파단신도 (2.5%흡수시)	굽힘강도	굽힘모듀러스	충격강도	로크웰경도	선팽창계수	융점	열전도도	열변형온도	절연파괴강도	유전상수	흡수율	수축률	난연성
단위	-	-	kg/cm²	%	kg/cm²	kg/cm²	kgcm/cm	R	cm/cm.℃ $(\times10^{-4})$	℃	W/m °K	18.6kg/cm² ℃	KV/mm	10^4CPS	%	%	UL
측정법 (ASTM)	-	D792	D638	D638	D790	D790	D256	D785	D596	D789		D648	D149	D150	D570	D955	UL-94
1011	저	1.14	750	140		24,000	7.5	120	0.8	215	1.7	65	19	2.8	1.5	1.0~1.5	HB
1021	중	1.14	800	140		28,000	7.5	120	0.8	215	1.7	65	19	3.5	1.5	1.1~1.4	HB
1031	고	1.14	800	140		28,000	8.0	120	-	215	1.7	-	-	-	1.5	1.1~1.4	HB
1011 R	저	1.14	750	140		24,000	7.5	120	0.8	215	1.7	-	19	2.8	1.5	1.1~1.4	HB
1015 CR	저	1.14	770	30		25,000	7.5	120	0.8	215	1.7	-	19	-	1.3	0.7~1.4	HB
1013 TP	저	1.14	750	100		24,500	7.5	120	0.8	215	1.7	-	19	-	1.5	-	HB
1011 GF	저	1.36	1700	5		75,000	13	120	0.3	215	6.4	205	-	-	11.1	0.1~0.9	HB
1021 GF	중	1.36	1750	4		80,000	12.0	120	0.3	215	-	208	-	-	1.1	0.2~0.8	HB
1011 IG4	저	1.27	1300	12		40,000	20.0	120	0.5	215	-	-	-	-	0.9	0.3	HB
1021 SG6	중	1.3	1560	10		46,000	22.0	120	-	215	-	206	-	-	0.9	0.1~0.9	HB
1011 GSW	저	1.54	1550	3		75,500	9.0	122	0.3	215	-	-	-	3.8	1.1	0.1~0.9	V-0

성 질 (단 위)	점도 (-)	비중	인장 항복강도 (kg/cm²)	파단신도 (2.5%흡수시) (%)	굽힘강도 (kg/cm²)	굽힘 모듀러스 (kg/cm²)	충격강도 (kgcm/cm)	로크웰 경도 (R)	선팽창계수 (cm/cm·℃ ×10⁻⁴)	융점 (℃)	열전도도 (W/m °K)	열변형 온도 (18.6kg/cm²℃)	절연파괴 강도 (kV/mm)	유전 상수 (10⁴CPS)	흡수율 (%)	수축률 (%)	난연성 (UL)
1011 GSW	저	1.53	1560	3		75,000	10.0	122	0.3	215	-	-	-	3.8	1.1	0.1~0.9	V-2
1021MF	중	1.37	900	5		72,000	8.0	120	0.4	215	0.2	175	-	4.0	1.0	0.4~0.6	HB
1021 STM	중	1.25	720	20		30,000	9.0	120	-	215	-	95	-	-	1.0	0.3~0.7	HB
1011 SW	저	1.17	750	20		28,000	7.5	120	0.8	215	1.7	-	-	-	1.2	1.0~1.3	V0
1011 SM	저	1.14	750	50		25,000	5.5	120	-	215	1.7	-	-	-	1.6	1.1~1.4	V2
1011 SMC	저	1.14	750	50		25,000	6.0	120	-	215	-	-	-	-	1.6	1.1~1.4	V2
1021 ST	중	1.07	520	NB		14,000	-	105	1.1	215	-	-	-	3.0	1.2	1.3~1.8	HB
1021 HI	중	1.10	550	180		21,000	25.0	110	0.9	215	1.7	-	-	-	1.4	-	HB
1031 CH	고	1.10	650	>200		17,000	12.0	115	-	215	-	65	-	-	1.3	1.0~1.6	HB
1025 A	중	1.15	840	30		29,000	7.0	120	0.6	215	1.7	-	-	-	1.4	0.6~0.9	HB
1023 TF	중	1.14	800	100		26,000	8.0	120	0.8	215	1.7	-	-	-	1.5	-	HB
1033 T	고	1.14	800	130		28,000	8.0	120	0.8	215	1.7	-	-	-	1.5	-	HB
1012 H	저	1.14	750	100		24,000	7.5	120	0.8	215	-	65	-	-	1.5	-	HB
1022 H	중	1.14	800	100		28,000	7.5	120	0.8	215	1.7	-	20	-	-	-	HB
1012 HJ	저	1.14	750	140		24,000	7.5	120	0.8	215	1.7	-	19	-	1.5	-	HB
1013 HD	저	1.14	750	80		27,000	7.5	120	0.8	215	1.7	-	19	-	-	-	HB
1022 HSM	중	1.14	800	120		27,000	7.5	120	0.8	215	-	-	-	-	1.5	-	V2
1031 NF	고	1.14	800	130		-	8.0	120	0.8	215	-	-	-	-	1.5	-	HB

동양나이론(주)
토프라미드(Nylon 66)

성질	점도	비중	기계적성질							열적성질			전기적성질		기타		난연성
			인장항복강도	파단신도 25%흡수시	굽힘강도	굽힘모듀라스	충격강도	로크웰경도	선팽창계수	융점	열전도도	열변형온도 (18.6kg/cm²)	절연파괴강도	유전상수	흡수율	수축률	
단위	-		kg/cm²	%	kg/cm²	kg/cm²	kg.cm/cm	R	cm/cm℃ (×10⁻⁴)	℃	m/m°K	℃	KV/mm	10⁶CPS	%	%	UL
측정법 (ASTM)	-	D792	D638	D638	D790	D790	D256	D785	D596	D789	-	D648	D149	D150	D570	D955	UL-94
2011	저	1.14	830	60	1,050	28,000	5.0	120	0.7	255	0.25	75	3.2	3.2	1.2	0.8~2.0	V-2
2021	중	1.14	850	60	1,100	28,500	5.5	120	0.7	255	0.25	75	3.2	3.2	1.2	0.8~2.0	V-2
2031	고	1.14	880	60	1,200	30,000	6.0	120	0.45	255	0.25	75	3.2	3.2	1.2	0.8~2.0	V-2
2110 R	저	1.14	830	60	1,050	28,000	5.0	120	0.7	255	0.25	75	3.2	3.2	1.2	0.8~2.0	V-2
2120 R	중	1.14	850	60	1,100	28,500	5.5	120	0.7	255	0.25	75	3.2	3.2	1.2	0.8~2.0	V-2
2110 CR	저	1.14	850	60	-	29,000	4.5	120	0.7	255	0.25	95	3.2	3.2	1.1	1.1	V-2
2210 HR	저	1.14	830	60	1,050	28,000	5.0	120	0.7	255	0.25	75	3.2	3.2	1.2	0.8~2.0	V-2
2220 HS	중	1.14	850	60	1,100	28,500	5.5	120	0.7	255	0.25	75	3.2	3.2	1.2	0.8~2.0	V-2
2211 HSR	저	1.14	850	60	1,100	29,000	4.5	120	0.7	255	0.25	95	3.2	3.2	1.1	1.1	V-2
2021 SW	중	1.31	840	10	-	32,000	4.0	120	-	255	-	105	-	-	1.2	-	V-0
2310 SW	저	1.31	840	10	-	32,000	4.0	120	-	255	-	105	-	-	1.2	-	V-0
2322 SW	중	1.31	850	10	-	33,000	4.0	120	-	255	-	105	-	-	1.2	-	V-0
2411 GF	중	1.38	1,800	5	2,600	90,000	11.0	122	0.23	255	-	250	4.5	4.5	0.7	-	HB
2421 GF	중	1.38	1,850	5	2,700	91,000	11.0	122	0.23	255	-	250	4.5	4.5	0.7	-	HB

성질	점도	기계적성질								열적성질			전기적성질		기타		
		비중	인장항복강도	파단신도 25%흡수시	굴곡강도	굴곡모듀러스	충격강도	크로웰경도	선팽창계수	융점	열전도도	열변형온도 (18.6kg/cm²)	절연파괴강도	유전상수	흡수율	수축률	난연성
단위	-		kg/cm²	%	kg/cm²	kg/cm²	kg.cm/cm	R	cm/cm℃ ($\times 10^{-4}$)	℃	m/m°K	℃	KV/mm	10^4CPS	%	%	UL
2412 GH	저	1.38	1,800	5	2,600	90,000	11.0	122	0.23	255	-	250	4.5	4.5	0.7	-	HB
2422 GH	중	1.38	1,850	5	2,700	91,000	11.0	122	0.23	255	-	250	4.5	4.5	0.7	-	HB
2422 GHR	중	1.38	1,850	5	2,700	91,000	11.0	122	0.23	255	-	250	-	4.5	0.7	-	HB
2413 GW	저	1.56	1,500	4	2,400	95,000	10.0	120	-	255	-	242	-	3.6	-	-	V-0
2423 GW	중	1.56	1,550	4	2,400	95,000	10.0	120	-	255	-	242	-	3.6	-	-	V-0
2427 SG6	중	1.33	1,600	10	2,100	70,000	21	122	-	255	-	240	-	-	0.7	-	HB
2512 MF	저	1.5	1,020	4	1,500	73,000	4.0	120	0.6	255	0.25	230	-	3.7	0.8	0.9~1.6	HB
2527 STM	중	1.42	800	20	-	46,000	13	120	0.54	255	-	175	-	-	-	1.0	HB
2620 A	중	1.15	950	13	1,200	30,500	5.0	120	0.7	255	-	105	-	-	1.4	1.5	HB
2720 HI	중	1.09	630	80	-	20,000	24	115	-	255	-	75	-	3.1	1.2	1.5	HB
2710 ST	저	1.08	530	60	-	17,000	90	112	-	255	-	70	-	3.2	1.2	1.5	HB
2720 ST	중	1.08	560	60	-	17,500	90	112	-	255	-	70	-	3.2	1.2	1.5	HB

주식회사 코오롱
KOPA (Nylon6, Nylon 66)

성 질	측정방법(ASTM)	단 위	NYLON6(KOPA® 6)											
	Grade		KN-111	KN-131	KN-171	KN-133HR	KN-126 KN-136	KN-133G30	KN-133MT	KN-133MX	KN-133MS	KN-173HI	KN-173 G30HIS	KN-173FL
점 도		-	저점도	중점도	고점도	중점도	중점도	중점도	중점도	중점도	중점도	고점도	고점도	고점도
비 중	D792	-	1.14	1.14	1.14	1.14	1.14	1.36	1.37	1.25	1.16	1.08	1.30	1.12
융 점	DSC	℃	220	220	220	220	220	220	220	220	220	215~220	215~220	215~220
흡수율	D570	%	1.8	1.8	1.8	1.8	1.8	0.8	0.9	1.0	1.7	1.1	0.7	1.7
성형수축율	D955	%	1.2~1.5	1.2~1.5	1.2~1.5	1.2~1.5	1.2~1.5	0.5~0.7	0.4~0.7	0.8~1.0	1.1~1.2	1.1~1.3	0.6~0.9	1.2~1.5
인장강도	D638	kg/cm²	850	800	750	800	850	1750	900	800	900	500	1000	500
신 도	D638	%	150	150	150	150	50	5	6	5	15	200	8	200
굴곡강도	D790	kg/cm²	1100	1080	1050	1080	1100	2300	1500	1200	1200	600	1500	650
굴곡탄성율	D790	kg/cm²	25000	24000	22000	24000	25000	73000	40000	32000	28000	14000	45000	12000
충격강도(IZOD,Notched)	D256	kg·cm/cm	6.5	7	7.5	7	7.3	14	7.0	8.0	5.5	No Break	18	8.5
경도(로크웰)	D785	R-Scale	120	120	120	120	120	120	120	120	121	105	119	105
선팽창계수	D696	cm/cm/℃	0.8×10^{-4}	0.8×10^{-4}	0.8×10^{-4}	0.75×10^{4}	0.8×10^{4}	0.3×10^{-4}	0.4×100^{-4}	0.5×10^{-4}	0.7×10^{-4}	1.1×10^{-4}	5×10^{-4}	1.0×10^{-4}
열변형온도	D 648	℃	180	180	180	180	180	207	200	190	190	145	200	175
난연성	UL 94	-				V-2		HB						
내아크성	D 495	sec	120	120	120	120	120	130	136	136	133	125	136	125
유전율	D 150	-	3.4	3.4	3.4	3.4	3.4	3.6	3.2	3.2	3.0	3.0	3.4	3.0
절연파괴전압	D 149	KV/㎜	20	20	20	20	20	21	22	22	20	20	21	19
특성			이형 그레이드	이형 그레이드	이형 그레이드	내열 그레이드	속형 그레이드	G/F강화 그레이드	미네랄강화 그레이드	미네랄강화 그레이드	내마모 그레이드	내충격 그레이드	G/F내충격 그레이드	유연 그레이드

물리적성질 / 기계적성질 / 열적성질 / 전기적성질

성질	측정방법(ASTM)	단위	KN-132VO	KN-132 G30VO	KN-177N	KN-57N	KN-141U	KN124U KN124M	KN331 KN311R	KN333HR	KN333G30	KN333HI	KN333 G30HI	KN332VO	KN332 G30VO	KNKN-333MS
			NYLON6(KOPA® 6)						NYLON66(KOPA®66)							
점도	-	-	중점도	중점도	고점도	고점도	저점도	중점도	중점도	중점도	중점도	중점도	중점도	중점도	중점도	중점도
비중	D792	-	1.16	1.37	1.14	1.14	1.14	1.14	1.14	1.14	1.37	1.07	1.35	1.16	1.38	1.16
융점	DSC	℃	220	220	220	215	220	220	255	255	255	255	255	255	255	255
흡수율	D570	%	1.6	0.7	1.8	1.5			1.3	1.3	0.6	0.9	0.5	1.2	0.6	1.3
성형수축율	D955	%	1.0~1.2	0.6~0.8	1.2~1.5	1.6			1.0~1.2	1.0~1.2	0.3~1.1	1.3~1.8	1.5	1.5~1.8	0.3~1.1	1.0~1.2
인장강도	D638	kg/cm²	850	1600	750	730	850	800	850	850	1900	500	1350	800	1750	950
신도	D638	%	20	5	150	170	150	150	55	55	3.5	80	5.8	15	4.5	13
굴곡강도	D790	kg/cm²	1300	2500	1050	1000	1100	1080	1200	1200	2700	560	2000	1300	2800	1250
굴곡탄성율	D790	kg/cm²	31000	75000	22000	20000	25000	25000	29000	29000	29000	15000	52000	31000	85000	29500
충격강도 (IZOD,Notched)	D256	kgcm/cm	7	10.5	7.5	8	6.5	7	5.0	5.0	11.0	No Break	20	4.0	8.0	5.0
경도(로크웰)	D785	R-Scale	120	120	120	118	120	120	120	120	121	105	115	120	120	120
선팽창계수	D696	cm/cm/℃	0.9×10⁻⁴	0.3×10⁻⁴	0.8×10⁻⁴	0.9×10⁻⁴	0.8×10⁻⁴	0.8×10⁻⁴	0.7×10⁻⁴	0.7×10⁻⁴	0.2×10⁻⁴	1.0×10⁻⁴	1.0×10⁻⁴	0.7×10⁻⁴	0.2×10⁻⁴	0.7×10⁻⁴
열변형온도	D648	℃	190	203	180	175	180	180	230	230	250	215	246	235	250	230
난연성	UL94	-	V-0	V-0					V-2	V-2	HB		V-0	V-0	V-0	
내아크성	D495	sec	115	130			120	120	128	128	135	130	136	125	134	128
유전율	D150	-	3.4	3.5			3.4	3.4	3.3	3.3	3.5	2.9	3.2	3.2	3.4	3.3
절연파괴전압	D149	kV/mm	20	21	21		20	20	19	24	21	20	21	20	21	19
특성			난연성 그레이드	G/F강화 난연 그레이드	모노 플라멘트 그레이드	모노 플라멘트 그레이드	전선 코팅 그레이드	전선 코팅 그레이드	이형 그레이드	내열성 그레이드	G/F강화 그레이드	내충격 그레이드	G/F강화 내충격 그레이드	난연성 그레이드	G/F강화 난연 그레이드	내마모성 그레이드

(물리적 성질 / 기계적 성질 / 열적 성질 / 전기적 성질)

11. Polypropylene 樹脂(P.P)

Polypropylene은 Propylene Monomer를 공중합 시켜서 만든 수지로 기계적 성질이 우수해서 필름류나 성형품으로서 튼튼한 제품을 만들 수 있다.

1) 特　徵

① 가볍고 아름답다.

Polypropylene은 合成樹脂中에서 가장 비중이 작고(0.90~0.91) 輕量性이 요구되는 분야에 적합하며 가격면에서도 유리하다. 또한 아름다운 광택이 상품가치를 높여준다.

② 熱에 강하다.

汎用樹脂中에서 가장 融點이 높고 또한 結晶性樹脂이므로 軟化點이 融點에 가깝고 사용가능온도가 높다.

③ 강인성, 표면경도가 우수하다.

④ 電氣的 性質이 우수하다.

體積抵抗率, 誘電特性, 耐Arc性이 우수하며 절연 耐力도 큰 樹脂임.

⑤ 化學的 性質이 안정하다.

吸濕性이 적어 거의 Acid나 Alkali, 有機溶濟에 강하며 Stress Cracking 현상도 일어나지 않는다.

⑥ Hinge 特性

박막의 휨 강도가 커 數10萬回의 휨에 견디게 하기 위해 容器와 CAP과를 一體로한 제품을 만들 수 있다.

2) Grade 및 용도

① Minereal Filled Grade

MF-PP는 PP 본래의 특성을 유지하고 내열성, 치수안정성, 표면경질성 등을 향상시킨 樹脂

가. 特　性
- 내열성, 치수안정성이 우수하다.
- 외관이 양호하고 성형 불량이 적다.

나. 용　도
- 자동차부품: Radiator Grill, Lamp Housing 등
- 가전부품: Juser, Mixer 부품, 각종 Housing 류
- 기타 내열 Container, Tray, 식품용기 등

② Glass Fiber 강화 Grade

PP와 Glass Fiber 간의 계면 접착이 크게 강화되어 강성 내충격성, 내열성이 매우 우수하고 PP 본래의 좋은 특성을 유지한다.

가. 특　성
- 강성, 내열성, 내충격성이 뛰어나다.
- 내 Creep性 및 피로특성이 우수하다.
- 저온에서도 우수한 충격강도를 유지한다.
- 내수성, 내약품성, 전기적 성질이 뛰어나다.
- 수축률이 낮고 치수안정성이 양호하다.

나. 용　도
- 자동차: Fender Apron, Hose Elbow 등
- 전기전자: Switch Cover, 세탁기 Pulley, 전동공구 Housing 등
- 기타: 내열 Container

③ 내충격 Grade (EMPP)

열가소성의 특성을 유지하면서 Rubber와 유사한 탄성을 갖는 Grade이다.

가. 특 징

- 넓은 온도 범위에서 뛰어난 내충격성 및 유연성을 갖는다.(30~70℃)
- 탄성 및 변형회복력이 우수하다.
- 내후성, 내유성이 우수하다.

나. 용 도

- 자동차: Bumper, Air Spoiler
- 전기부품: 전선피복, Connecter, Jacket 류

④ High Gloss Grade (고광택)

MF-PP보다 광택이 우수하고 내충격성이 향상된 복합 PP로 ABS 대체가 가능하다.

가. 특 성

- 표면광택도가 우수하고 내열강성과 비중의 Balance가 우수하다.
- 내열 노화성이 우수하다.

나. 용 도

각종 가전·가정용품으로 표면 광택이 요구되는 분야(ABS 대체분야)

⑤ PP-SR(내 SCRATCH)

PP-SR은 특수 Filler 강화 Polypropylene수지로 PP의 결점인 낮은 표면경도를 내열 ABS 이상 수준으로 향상시킨 내 Scratch성 복합수지이다.

가. 특 징

- 내열 ABS를 능가하는 표면경도를 갖는다.
- 고강도, 강성, 내열성을 갖는다.

나. 용 도

- 자동차: Console Box, Instrument Panel, Glove Box 등
- 기타 Container Housing 등에 있어 내 Scratch성을 요하는 분야

3) PP Resin 물성비교표

대한유화공업(주)
유와포리푸로

物性	試驗方法 Method	單位 Unit	射出成形用 Injection Molding								延伸用 Stretched Tape				필름用 Film			纖維用 Fiber			Lami用
			1014	1016	4017	2014	2057	2614	2918	2958	5012	5014	5014 U	5014 L	1077	1088	5056	5016	5016 H	5030	7099
溶融指數	ASTM D1238	g/10min	3.5	5	8	5	4	4	4	3	2	3.5	3.5	2	7	10	4	6	15	30	25
密度	ASTM D792	g/㎤	0.90	0.90	0.90	1.00	0.94	1.32	1.00	0.94	0.90	0.90	0.90	0.90	0.90	0.90	0.90	0.90	0.90	0.90	0.91
成形線收縮率	KPIC Method	%	1.0~2.0	1.0~2.0	1.0~2.0	1.0~2.0	1.0~2.0	0.8~1.2	1.0~2.0	1.0~2.0	1.5~2.2	1.0~2.0	1.0~2.0	1.5~2.2	1.0~2.0	1.0~2.0	1.0~2.0	1.0~2.0	1.0~2.0	1.0~2.0	1.0~2.0
吸收率	ASTM D570	%	<0.01	<0.01	<0.01	<0.01	<0.01	<0.01	<0.01	<0.01	<0.01	<0.01	<0.01	<0.01	<0.01	<0.01	<0.01	<0.01	<0.01	<0.01	<0.01
引張强度(降伏點)	ASTM D638	kg/㎠	370	370	380	380	380	300	340	370	360	370	370	360	390	370	360	370	390	380	320
伸度(破斷點)	ASTM D638	%	>500	>500	>500	60	130	60	60	130	>500	>500	>500	<500	<500	<500	>500	>500	>500	>500	>500
屈曲彈性率	ASTM D790	kg/㎠	14,000	15,000	15,000	18,000	16,000	30,000	14,000	14,000	12,000	14,000	14,000	12,000	15,000	15,000	15,000	15,000	15,000	13,000	10,000
硬度	ASTM D785	R scale	103	103	105	104	104	104	107	106	102	105	105	101	106	108	104	103	105	103	90
衝擊强度	ASTM D256	kg cm/cm	3.5	3.0	3.0	3.0	3.0	3.0	8.0	10.0	4.0	3.5	3.5	4.0	3.0	2.5	3.5	3.0	2.5	2.0	2.0
融點	ASTM D3418	℃	162	163	163	166	166	166	103	103	162	162	162	162	163	163	162	163	163	162	160
軟化點	ASTM D1525	℃	154	155	155	152	154	155	151	153	154	154	154	154	155	155	154	155	155	154	150
熱變形温度	ASTM D648	℃	110	110	110	94	96	130	90	94	105	110	110	105	110	110	110	110	110	105	90
線膨脹係數	ASTM D696	10^{-5}cm/cm℃	11	11	11	11	10.6	9.5	11	11	11	11	11	11	11	11	11	11	11	11	11
比率	KPIC Method	cal/g℃	0.46	0.46	0.46	-	-	-	-	-	0.46	0.46	0.46	0.46	0.46	0.46	0.46	0.46	0.46	0.46	0.46
熱傳導度	KPIC Method	10^{-4}cal cm/㎠ sec℃	3	3	3	-	-	-	-	-	3	3	3	3	3	3	3	3	3	3	3
體積固有低抗	ASTM D257	10^{17}ohm cm	1	1	1	1	1	1	1	1	1	1	1	1	1	1	1	1	1	1	1
誘電率	ASTM D150		2.3	2.3	2.3	2.5	2.5	2.4	2.5	2.5	2.3	2.3	2.3	2.3	2.3	2.3	2.3	2.3	2.3	2.3	2.3
誘電正接	ASTM D150	10^{4}	2	2	2	-	-	-	-	-	2	2	2	2	2	2	2	2	2	2	2
絕綠耐力(單時間法)	ASTM D149	KV/mm	40	40	40	40	40	40	40	40	40	40	40	40	40	40	40	40	40	40	40
耐Arc性	ASTM D495	sec	130	130	130	-	-	-	-	-	130	130	130	130	130	130	130	130	130	130	130

호프렌

오남석유화학(주)

성형방법 / 측정방법		물성	용융지수 (M.I) g/10min D1238	성형 수축률 %	항복점 응력 kg/cm² D638	파단점 신장률 % D638	굽힘 강성도 kg/cm² D747	굽힘 탄성률 kg/cm² D790	표면 경도 R D785	연화점 ℃ D1525	열변형 온도 ℃ D648	취하 온도 ℃ D746	충격강도(IZOD) 23℃ kgcm/cm D256	충격강도(IZOD) -10℃ kgcm/cm D256
시출성형	일반용	J-120	1.5	1.6~1.7	330	>500	11,000	17,000	100	151	115	7	3.8	2.2
		J-130	4.0	"	340	"	12,000	18,000	103	"	120	15	3.0	1.9
		J-150	8.0	"	350	"	13,000	19,000	105	153	125	25	2.2	1.6
		J-160	14.0	"	360	"	14,000	20,000	107	"	130	>30	1.9	1.3
		JF-150	8.0	"	350	"	13,000	19,000	105	"	125	25	2.2	1.6
		JT-170	20.0	"	400	<100	14,000	20,000	107	"	139	>30	1.9	1.3
	중공성형	B-110	0.5	-	320	>500	10,000	16,000	100	150	110	15	3.8	2.2
압출성형	FLAT YARN	Y-130	4.0	-	340	"	12,000	18,000	103	151	120	"	3.0	1.9
	LAMINATION	L-270	24.0	-	300	300	-	9,000	90		90	-	-	-
	FIBER	FR-130	4.0	-	340	>500	12,000	18,000	103	151	120	>20	3.0	-
		FR-160	15.0	-	360	>500	13,000	19,000	107	153	130	>30	1.9	-
		FR-170	40.0	-	340	-	12,000	"	105	153	127	>30	2.0	-

코프렌(Co-Polymer)

물 성	용융지수 (M.I.) g/10min	성형 수축률 %	항복점 응력 kg/cm²	파단점 신장률 %	굴곡 강성도 kg/cm²	굴곡 탄성률 kg/cm²	표면 경도 R	연화점 ℃	열변형 온도 ℃	취하 온도 ℃	충격강도(IZOD) 23℃ kgcm/cm	충격강도(IZOD) -10℃ kgcm/cm
시험방법	D1238		D638	D638	D747	D790	D785	D1525	D648	D746	D256	
B - 310	0.5	-	290	〉500	8,300	12,000	95	145	110	-15	13.2	3.2
J - 320	1.5	1.6~1.7	〃	〃	8,800	13,000	〃	〃	113	-20	〃	4.3
J - 330	4.0	〃	〃	〃	9,200	14,000	〃	〃	115	-12	9.2	3.8
J - 350	8.0	〃	〃	〃	9,700	15,000	〃	〃	115	-5	7.8	3.2
J - 370	30.0	〃	〃	〈100	-	20,000	〃	〃	120	-5	7.5	3.5
J - 380	60.0	〃	〃	〃	-	20,000	〃	〃	120	-5	7.0	3.2
JI - 320	1.5	〃	〃	〉500	8,800	13,000	〃	〃	110	-20	13.2	4.3
JI - 330	4.0	〃	〃	〃	9,200	14,000	〃	〃	113	-12	9.2	3.8
JI - 350	8.0	〃	〃	〃	9,700	15,000	〃	〃	115	-5	7.8	3.2
JI - 360	15.0	〃	〃	〃	10,200	15,000	〃	〃	〃	〃	6.5	3.0
JI - 330	4.0	〃	〃	〃	9,200	14,000	〃	〃	113	-12	9.2	3.8

성형방법: 중규성험 / 일반용 / 고압용 / 시층성험

오프렌(Homo Polymer)

기본물성

특 성	용융지수(MI)	항복점응력	파단점신장률	굴곡강성도	표면경도	연화점(VICAT), 1kg
단 위	g / 10min	kg / cm²	%	kg / cm²	R	℃
시험방법	D1238	D638	D638	D747	D785	D1525
FI-160	12.0	360	>500	14,000	107	153
FC-150	8.0	360	>500	14,000	107	153
FO-120	2.0	340	>500	11,000	100	151

필름물성

특 성	투 명	마찰계수	항복점응력	파단점신장률	Yang율	충격강도 23℃	충격강도 5℃	Heat Seal 온도	투습도	산소투과율
단 위	%	-	kg / cm²	%	kg / cm²	kg - cm / mm	kg - cm / mm	℃	g / m² - 24HR	cm³cm / sec cm Hg
시험방법	JISK-6714	HPC-methed	D882	D882	HPC	HPC	HPC		JIS Z0208	D1434
FI-160	<3	<0.3	240	>500	9,000	100	<5	160	10-11	$(1-2) \times 10^{10}$
FC-150	<4	<0.3	240	>500	"	"	<5	160	"	"
FO-120	<2	<0.3	>1800	>150	>20,000	200	200	-	5-6	$(0.8-0.9) \times 10^{10}$

호남석유화학(주)
포프렌(복합강화 PP)

항 목		용융지수	밀 도	성형온도	성형수축률 MD	TD	항복점응력	판단점신장률	굴곡탄성률	표면경도	열변형온도 (18.6kg/cm²)	충격강도(IZOD) 23℃	-10℃	난연성
시험법 (ASTM)		D1328	D791		HPC		D638	D638	D790	D785	D648	D256		UL
단위		8/10min	g/cm³	℃	%		kg/cm²	%	kg/cm²	Rscale	℃	kg cm/cm		
내열강성	A352	10.0	1.07	230~250	1.2	1.3	360	50	30,000	94		7.5	5.0	HB
	353	9.0	1.16	〃	1.0	1.1	350	40	40,000	92		6.0	4.0	HB
	354	8.0	1.24	240~260	0.9	1.0	330	30	48,000	90		5.0	3.0	HB
	353B	8.5	1.07	230~250	1.2	1.4	300	50	25,000	90		4.0	2.5	HB
	AE3534	6.0	1.12	〃	1.1	1.3	270	150	23,000	88		15	6.0	
	A311	0.5	0.96	240~260	1.5	1.4	280	400	12,000	92		NB	7.0	HB
광고택성	B352	10.0	1.07	230~250	1.5	1.7	300	40	18,500	101		10.5	5.0	HB
	B352D	10.0	1.07	〃	1.5	1.7	300	40	20,000	103		8.5	4.5	HB
고중광성	C355B	7.0	1.42	240~260	1.3	1.4	200	30	30,000	90		5.5	3.0	HB
난연성	V235	5.0	1.31	230~250	1.2	1.4	380	15	27,000	90		4.0	3.0	V0
	V251	8.0	0.98	180~200	1.6	1.8	360	100	20,000	105		3.7	2.0	V0
	V451	8.0	0.95	〃	1.6	1.8	340	100	15,000	95		9.0	5.0	V2
	V411	1.0	0.95	210~220	1.7	1.8	260	400	13,000	95		12.0	7.0	V2
유리섬유강화	G151		0.96	220~240	0.8	1.4	600	3	23,000	105	141	7.0		HB
	G152		1.03	〃	0.6	1.2	800	3	38,000	107	150	9.0		HB
	G153		1.12	230~250	0.4	1.0	950	3	52,000	110	152	11.0		HB
	G451		0.97	220~240	0.8	1.4	570	3	21,000	97	139	8.5		
	G452		1.04	〃	0.6	1.2	730	3	32,000	100	139	10.0		
	G453		1.12	230~250	0.4	1.0	860	3	48,000	103	152	13		
고충격성	E353C	4.0	0.91	220~230	1.2	1.4	200	>500	7,000	75		NB	NB	
	E315	0.25	0.90	240~260			160	>500	7,000	52		NB	NB	
	EH314	0.4	0.91	〃			140	>500	5,000			NB	NB	

호남석유화학(주)

하이소토마(열가소성 엘라스토마)

물성항목	단위	시험방법	시험조건	저경도 Grade 5030N/5030B (N | B)	저경도 Grade 6030N/6030B (N | B)	중경도 Grade 9020N	중경도 Grade 9070N/9070B (N | B)	중경도 Grade 2600B (N | B)	고경도 Grade 3800N/3800B (N | B)	고경도 Grade 4800N/4800B (N | B)
			(압출용)	압출용	압출용	압출용	사출용		사출용	사출용
밀도	g/cm³	ASTM D1505	밀도包配管 N(Natural)/B(Black)	0.89	0.89	0.89	0.89	0.89	0.89	0.89
용융지수	g/10min	ASTM D1238	230℃ 2.16kg	- | -	- | -	-	20 | 15	- | 10	25 | 15	25 | 15
			230℃ 10kg	50 | 15	50 | 25	12	- | -	-	- | -	- | -
100% 인장응력	kg/cm²	JISK 6301	시험편: JIS 3호 단벨 / 인장속도: 200mm/min	13	16	50	50	70	85	100
파단점항장력	kg/cm²			46	50	90	130	150	175	190
파단점신도	%			500	500	600	700	600	600	600
굴곡탄성률	kg/cm²	ASTM D790	2mm두께 Sheet	500 이하	500 이하	600	1500	2500	3200	4500
비틀림강도	"	ASTM D1043		15	20	80	140	180	450	640
충격강도(IZOD)	kgcm/cm	ASTM D256	Notched 23℃	NB	NB	NB	NB	NB	NB	NB
			-30℃	NB	NB	NB	NB	NB	NB	NB
경도 JIS-A	도	JISK 6301	순간치 5초후	50	60	90	90	-	-	-
경도 Shore-D	-	ASTM D2240		-	-	-	-	38	41	47
취하온도	℃	JISK 6301	승온속도 50℃/hr 1kg하중 1mm침입시온도	-60 이하	-60 이하	-60 이하	-60 이하	-60	-60	-55
연화온도	℃	ASTM D1525		95	100	115	115	146	148	150
영구신도	%	HPC Method	-	5	8	30	32	34	37	40
압축영구줄	%	JISK 6301	25℃ 22시간	22	23	-	-	34	-	-
			70℃ 22시간	32	34	-	-	-	-	-
주요용도				• 자동차 내장재 • 호스류 등		• 토목자재, 건재 등 • 스포츠용품 등			• Bumper, Grille 등 대형부품 자동차 외장재, Cover재료 등	

4) 使用 例

12. PBT(Polybutylene Terephthalate)

PST는 Dimethyl terephthalate(또는 terephthalic acid)와 1.4－butanediol과의 縮合에 의해 얻어지는 열가소성 Polyester이다.

1) 장단점

항 목		비강화 Grade	강화 Grade
	내열성	$4.6kg/cm^2$ 하중에서 열변형온도가 150℃ 이상이다.	$18.6kg/cm^2$ 하중에서 열변형온도가 200℃ 이상이다.
	기계적성질	흡습성은 Nylon과 Polyacetal의 중간이다.	강도·강성은 우수한 Balance를 얻을 수 있다.
		흡습시 강도변화는 거의 없다.	
치수안정성		흡습시 치수변화는 거의 없다.	
전기적성질		전기적 성질은 우수하다.	
내양품성		거의 유기용제 및 약산에 강하다.	

항 목	비강화 Grade	강화 Grade
성형성	매우 좋다.	흐름성이 우수하다. 성형 cycle이 짧다.
표면광택	Polyacetal보다 미관이 아주 우수한 성형품을 얻을 수 있다.	FRTP는 상당히 우수한 표면광택을 가진다.
내마모성	매우 우수하다.	
내알칼리성	알칼리성 및 뜨거운 물에 약하다.	
내열성	18.6㎏ / ㎠ 하중에서 열변형온도가 56~65℃	
내충격성	NOTCH 효과가 크다.	

2) 一般特性

- 자기 소화성
- 성형성이 우수하다.
- 흡수율이 낮기 때문에 치수안정성이 뛰어나다.
- 내약품성이 매우 우수하다.
- 전기 절연성이 우수하다.
- 마찰 마모특성이 좋다.
- 내후성이 우수하다.

3) 용 도

① BASE 비강화 Grade

가. 특 성

　일반특성을 가지며 특히 사출작업성이 양호하다.

나. 용 도

- 기계부품: 베아링, 기어, Fastener 등
- 전기, 전자부품: TV 부품, VTR 부품, 보빈, 사무기기부품

② Glass fiber 강화 Grade

가. 특 성

- 현격한 물성의 향상

  인장, 굴곡강도, 강성, 충격강도, 내피로성, Creep저항, 고온특성, 치수안정성, 내유성 등이 우수

- 유리섬유 함량변화에 따른 다양한 기능의 용도개발 가능

- 빠른 결정화 속도에 의한 성형 Cycle Time의 단축

나. 용 도

- 자동차부품: Distributer Cap, Fuse Case, Speed meter gear 등

- 전기 전자부품: 라디오, TV 부품, Connector Bobbin Fuse Holder 등

③ 난연 Glass fibber 강화 Grade

가. 특 성

난연 GF 강화 Grade는 GF 강화 Grade의 우수한 기계적 성질에 난연성을 보강한 소재임

나. 용 도

- 전기 전자부품: Transformer, Relay 부품, Plug, Connector 등

- 기타 Hair Dryer, Motor Housing 등

4) PBT 물성비교표

Lucky(럭키)
Lupox(PBT)

성질	시험방법(ASTM)	단위	GP-1000	HV-1010	HV-1020	GP-1001-F	HI-1002	HI-1002-F	GP-1006-F	GP-2150	GP-2151-F	HI-2152	GP-2156-F	GP-2300	GP-2301-F	HI-2302	HI-2302-F
			1000 Series							200 Series							
비중	D792	-	1.31	1.31	1.31	1.42	1.25	1.36	1.42	1.42	1.53	1.35	1.52	1.52	1.66	1.44	1.58
성형수축		cm/cm ×10^{-3}	17-23	17-23	17-23	10-17	20-21	20-21	10-17	6-14	6-14	8-12	6-14	4-10	4-10	6-10	6-10
인장강도	D638	kg/cm²	560	550	560	600	500	510	580	950	1100	900	1000	1300	1430	1050	1100
신율	D638	%	20	>150	>200	30	100	>50	10	3	2	4	2	3	3	4	2.5
굴곡강도	D790	kg/cm²	900	900	950	1100	740	850	1030	1400	1670	1300	1600	2000	2150	1700	1800
굴곡탄성율	D790	kg/cm²	25.000	25.000	27.000	28.000	20.000	24.000	35.000	50.000	60.000	40.000	60.000	90.000	98.000	65.000	85.000
Izod충격강도 Notched	D256	kg.cm/cm	2.5	3.5	4.5	3.0	85	55	3.0	6.0	5.0	12.0	5.0	8.0	7.2	16.5	11.5
Izod충격강도 Unnotched	D256	kg.cm/cm	-	-	-	-	N.B	N.B	-	-	55	50	-	-	-	65	60
Rockwell경도	D785	M(R)	(117)	(117)	(117)	80	(113)	(114)	78	90	90	(115)	90	92	93	(113)	(112)
열변형온도	D648 (18.6kg/cm²)	℃	60	60	60	71	75	83	70	200	200	147	200	210	210	150	165
선팽창계수	D696	mm/mm/℃	10×10^{-5}	10×10^{-5}	10×10^{-5}	9.5×10^{-5}	11×10^{-5}	10×10^{-5}	10×10^{-5}	4×10^{-5}	4.5×10^{-5}	5.5×10^{-5}	4.5×10^{-5}	3×10^{-5}	3×10^{-5}	4×10^{-5}	4×10^{-5}
난연성	UL94 (두께: inch)	-	HB (1/32")	HB (1/32")	HB (1/32")	V-0 (1/32")	(HB)	V-0 (1/16")	V-0 (1/32")	HB (1/32")	V-0 (1/32")	(HB)	V-0 (1/32")	HB (1/32")	V-0 (1/32")	(HB)	V-0 (1/16")
체적고유저항	D257	Ω cm×10^{16}	0.1	0.1	4.0	0.1	0.1	1.0	1.0	1.0	0.1	0.1	1.0	1.0	1.0	0.3	0.1
유전정접 (100Hz)	D150	-	0.003	0.003	0.003	0.003	0.004	0.004	0.003	0.002	0.002	0.003	0.002	0.002	0.002	0.003	0.003
유전정접 (10^{6}Hz)	D150	-	0.02	0.02	0.02	0.02	0.03	0.03	0.02	0.02	0.02	0.03	0.02	0.02	0.02	0.03	0.03
유전율 (100Hz)	D150	-	3.3	3.3	3.3	3.3	3.3	3.3	3.3	3.6	3.7	3.6	3.8	3.8	3.8	3.9	3.8
유전율 (10^{6}Hz)	D150	-	3.1	3.1	3.1	3.1	3.1	3.1	3.1	3.4	3.4	3.6	3.4	3.7	3.7	3.8	3.8
내아크성	D495	초	180	180	180	115	145	100	70	130	130	80	87	125	120	65	47
특징			비강화 유동성 양호	비강화 중점도	비강화 고점도	비강화 난연	비강화 내충격	비강화 내충격 난연	비강화 내충격 난연	유동성 양호	난연	내충격	내충격 난연	일반용	일반용 난연	내충격 난연	내충격 난연

Material property comparison table — 제품별 물성표

성질	단위	시험방법(ASTM)	HI-2302 A-F	HI-2303	GP-2306 -F	HI-2307	HM-2400	LW-3350	LW-4302 -F	EE-435 -F	EE-4400	EE-440 -F	LW-4402 A	SG-5150	SG-5151 -F	SG-5300	SG-5301 -F	LW-5303	LW-5303 -F	TE-50002 -B	TE-5002 B-F	TE-5008B	TE-5009
(제품명 / 계열)			2000Series				3000Series			4000 Series				5000Series									
비중	-	D792	1.57	1.46	1.65	1.44	1.63	1.53	1.58	1.69	1.65	1.75	1.59	1.42	1.50	1.54	1.66	1.51	1.55	1.55	1.42	1.22	1.24
성형수축	cm/cm $\times 10^{-3}$		6-10	6-9	4-10	6-10	3-7	5-7	5-7	3-7	3-7	2-5	3-7	6-10	6-10	4-8	4-8	2-4	2-5	10-15	10-15	10-15	7-11
인장강도	kg/cm²	D638	1000	1100	1300	900	1450	600	850	780	1000	1000	850	800	850	1350	1430	1200	1150	520	520	500	540
신율	%	D638	2.5	3.5	3	4	2	2	1	3	3	3	3	2	2	3	2	3	3	200	50	150	>150
굴곡강도	kg/cm²	D790	1600	1800	2050	1450	2200	1100	1500	1600	1600	1600	1250	1300	1350	1980	2030	1850	1800	780	780	750	890
굴곡탄성율	kg/cm²	D790	80,000	75,000	95,000	60,000	100,000	18,000	90,000	95,000	95,000	100,000	70,000	46,000	50,000	85,000	100,000	70,000	70,000	25,000	25,000	24,000	24,000
Izod 충격강도 Notched	kg.cm/cm	D256	11.0	16.5	7.0	13.5	8.5	2.0	2.5	3.7	5.5	3.5	8.0	4.0	4.2	6.5	7.0	8.5	7.5	67	65	75	84
Izod 충격강도 Unnotched	kg.cm/cm	D256	60	65	-	55	-	-	-	-	-	-	60	-	-	-	-	79	80	N.B	N.B	N.B	N.B
Rockwell경도	M(R)	D785	(110)	(110)	92	(110)	94	80	85	86	86	86	79	82	90	85	90	79	80	(113)	(112)	(113)	(116)
열변형온도	℃	D648 (18.6kg/cm²)	140	140	210	195	215	160	200	200	205	205	175	190	188	198	197	193	165	95	90	95	100
선팽창계수	mm/mm/℃	D696	4×10^{-5}	4×10^{-5}	4×10^{-5}	4×10^{-5}	3×10^{-5}	4×10^{-5}	5×10^{-5}	3×10^{-5}	3×10^{-5}	3×10^{-5}	3×10^{-5}	5×10^{-5}	4×10^{-5}	5×10^{-5}	5×10^{-5}	3×10^{-5}	3×10^{-5}	9.5×10^{-5}	9.5×10^{-5}	9.5×10^{-5}	9.0×10^{-5}
난연성	-	UL94 (두께:inch)	V-0 (1/32")	(HB)	V-0 (1/32")	(HB)	(HB)	(HB)	V-0 (1/32")	V-0 (1/32")	(HB)	V-0 (1/32")	(HB)	(HB)	V-0 (1/32")	(HB)	V-0 (1/32")	(HB)	V-0 (1/32")	(HB)	V-0 (1/32")	(HB)	(HB)
체적고유저항	$\Omega\cdot cm \times 10^{16}$	D257	18	20	24	21	25	22	24	23	24	25	23	19	21	21	22	25	25	20	22	20	20
			0.1	0.1	0.5	0.1	1.0	1.0	0.2	1.3	1.0	1.0	1.0	2.3	1.5	2.9	2.0	0.1	0.1	4.0	4.0	4.0	4.0
유전정접 (100Hz)	-	D150	0.003	0.003	0.002	0.003	0.002	0.002	-	0.002	0.002	0.002	0.003	0.002	0.003	0.002	0.002	0.002	0.002	0.003	0.003	0.003	0.003
유전정접 (10^6Hz)	-	D150	0.03	0.03	0.02	0.03	0.02	0.02	-	0.015	0.016	0.016	0.03	0.02	0.02	0.02	0.01	0.01	0.01	0.03	0.03	0.03	0.03
유전율 (100Hz)	-	D150	3.9	3.9	3.8	3.9	3.8	3.6	-	-	-	-	4.0	3.6	3.6	3.8	3.8	3.6	3.6	3.3	3.3	3.3	3.3
유전율 (10^6Hz)	-		3.8	3.8	3.7	3.8	3.7	3.2	3.3	3.3	3.5	3.5	3.9	3.5	3.5	3.7	3.7	3.5	3.5	3.2	3.2	3.2	3.2
내아크성	초	D495	45	70	87	125	125	125	110	120	120	120	120	127	68	135	86	70	90	70	50	70	70
특징			내충격 난연 내후성	내충격 난연 저휨	내후성 난연 내열성	내후성 내열성	고강성	저휨	저휨 내충격 난연	내아크성 난연 내절연성	내아크성 내절연성 내열성 난연	내전압 내아크성 내절연성 난연	저휨 내충격 난연	외관 개량	외관개량 고강성 난연	외관개량 고강성	외관개량 난연	저휨 고강성 내충격 난연	저휨 고강성 난연	내충격	내충격 난연	내충격 고유동성	내충격(저온충격강 우수) 내후성

동양나이론(주)
토팩스(PBT)

성질	성질	단 위	측정법ASTM	4010	4320SW	4322SWN	4410GF	4417SG	4701GW	4413GWN	4710ST	4510MF	4511IW	4514MGW
기계적성질	비 중		D-792	1.31	1.41	1.42	1.52	1.47	1.64	1.65	1.25	1.52	1.55	1.74
	인장항복강도	kg/cm²	D-638	580	620	630	1400	900	1360	1450	410	630	560	820
	파단신도(2.5%휴수시)	%	D-638	300	50	50~80	5	4	5	4	280	–	3	3
	굴힘강도	kg/cm²	D-790					1360			485	1120	914	1300
	굴힘모듀러스	kg/cm²	D-790	25,000	28,000	30,000	90,000	65,000	90,000	90,000	15,000	–	–	–
	충격강도(Notched)	kg.cm/cm	D-256	4.0	3.0	4.0	9.0	23.0	7.3	8.0	95	5.5	7.5	3.7
	록크웰강도	R-Scale	D-785	117	118	118	118	–	120	120	–	–	–	–
	선팽창계수	cm/cm(×10⁴)	D-596	1.3	0.9	0.9	0.3		0.3	0.3	–	–	–	–
열적성질	융 점	℃	D-789	222	222	222	222	222	222	222	222	222	222	222
	열전도도	w/m°k	-	–	–	–	–	–	0.24	–	–	–	–	–
	열변형온도 4.6 kg/cm²	℃	D-648	154	164	164	217	190	–	218	132	182	210	215
	열변형온도 18.6kg/cm²	℃	"	56	65	65	212	–	212	210	–	–	–	–
전기적성질	절연파괴강도	KV/mm	D-149	15	17	17	23	22	20	20	14	20	–	23
	유전상수	10⁶Hz	D-150	3.2	3.2	3.2	3.8	3.9	3.7	3.7	3.2	3.5	3.5	3.9
	내Arc성	SEC	D-495	120	70	75	83	100	80	80	133	–	115	–
	체적저항	Ωcm	D-257	4.0×10¹⁶	2.1×10¹⁶	2.1×10¹⁶	1.0×10¹⁶	10¹⁶	3.3×10¹⁶	3.3×10¹⁶	10¹⁶	10¹⁶	10¹⁶	10¹⁶
기 타	흡수율	%	D-570	0.06	0.06	0.06	0.06	0.08	0.06	0.06	0.10	0.05	0.07	0.04
	수축률	%	D-955	1.7~2.3	1.2~1.8	1.0~1.7	0.3~0.6	0.3~1.3	0.3~0.6	0.3~0.6	1.7~1.8	–	–	0.5~0.7
	난연성		UL-94	HB	V-0	V-0	HB	HB	V-0	V-0	HB	HB	HB	V-0

주식회사 코오롱

SPESIN ······ PBT

Grade			SPESN			
			KP210	KP210 V0	KP213 G30	KP212 G30
성질	측정방법ASTM	단위				
물리적성질	점 도	–	–	중점도	중점도	중점도	중점도
	비 중	D792	–	1.31	1.41	1.52	1.63
	융 점	DSC	℃	224	224	224	224
	흡수율	D570	%	0.08	0.06	0.05	0.05
	성형수축률		%	1.7 – 2.3	1.7 – 2.3	0.3 – 0.7	0.3 – 0.7
	선팽창계수	D696	cm / cm / ℃	0.8×10^{-4}	0.7×10^{-4}	0.5×10^{-4}	0.5×10^{-4}
기계적성질	인장강도	D638	kg / ㎠	600	630	1,400	1,350
	신 도	D638	%	200	30	5	5
	굴곡강도	D790	kg / ㎠	900	1100	2,150	2,100
	굴곡탄성율	D790	kg / ㎠	25,000	30,000	85,000	90,000
	충격강도 (IZOD, Notched)	D256	kg. cm / cm	5	4	9	8
	열변형온도(4.6kg / ㎠)	D648	℃	155	165	215	218
	경도 (Rockwell)	D785	Rs cale	118	119	119	120
전기적성질	내아크성	D495	sec	180	85	130	110
	유전율	D150	–	3.3	3.3	3.6	3.6
	절연파괴전압	D140	KV / min	23	25	28	26
특 성						

5) 實用 例

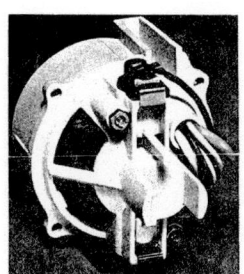

청소기 Motor
Housing(전기부품)

13. FR-PET(Glass Fiber Reinforced Polyethylene Terephthalate)

FR-PET는 Polyethylene Terephthalate(PET) 수지에 Glass Fiber 및 무기 충진재를 보강한 Engineering Plastic이다. 종래의 PET 수지는 결정화 속도가 매우 느려 일반 사출성형용으로는 사용되지 못하였으나 FR-PET는 특수 첨가제를 사용하여 일반 사출성형과정에서는 높은 결정화 속도를 가지므로 매우 좋은 사출성형성을 나타낸다. 또한 유동성, 내열성, 기계적성질, 전기적특성, 내약품성이 우수하므로 각종 기기 Housing 류 전기 전자부품 등 고기능을 요하는 용도에 사용된다.

1) 特 徵

- 내열성이 우수하다.
- 탄성 계수가 크다.
- Creep 저항이 우수하다.
- 피로강도가 우수하다.
- 전기적 특성이 좋으며 온도, 습도의 영향이 작다.
- 유기용제, 油類에 대하여 저항성이 우수하다.
- 흡수율이 작기 때문에 치수안정성이 우수하다.

2) FR-PET 물성비교표

구 분 / 성 질	단 위	시험방법 (ASTM)	Lucky-Lupox 2000 Series GP-2300	GP-2301 -F	HM-2450	HM -2554	4000 Series LW-4350	Kolon Kolon-KOPET 중점도	중점도
비 중	-	D792	1.57	1.67	1.69	1.80	1.58	1.55	1.65
성형수축	cm / cm × 10^{-3}	-	2-9	2-9	2-8	2-7	4-8	2-8	2-8
인장강도	kg / cm²	D638	1680	1500	1950	2000	980	1600	1500
신 율	%	D638	2.8	2.0	2.4	1.9	2.2	3.3	3.6
굴곡강도	kg / cm²	D790	2380	2250	2800	3100	1500	2400	2300
굴곡탄성율	kg / cm²	D790	92,000	94,000	140,000	180,000	97,000	98,000	105,000
Izod 충격강도 Notched	kg. cm / cm	D256	9.5	8.3	11.5	11.5	6.3	10	8
Izod 충격강도 Unnotched	kg. cm / cm	D256	-	-	-	-	-	-	-
Rockwell경도	M(R)	D785	97	98	98	98	98	(120)	(120)
열변형온도	℃	D648(18.6kg / cm²)	223	224	225	227	220	250	250
선팽창계수	mm / mm / ℃	D696	3×10^{-5}	3×10^{-5}	2.4×10^{-5}	-	-	1.8×10^{-5}	2.5×10^{-5}
난연성	-	UL94 (두께: inch)	(HB)	V-O(1/32")	(HB)	(HB)	(HB)		
절연파괴전압	KV / mm	D149	22	17	21	-	23	35	32
체적고유저항	Ω cm × 10^{16}	D257	0.1	0.1	0.1	-	0.1	-	-
유전정접	-	100Hz D150 10^{16}Hz	0.005 0.012	0.007 0.01	0.005 0.011	-	0.008 0.01	-	-
유전율	-	100Hz D150 10^{16}Hz	3.6 3.5	3.6 3.6	4.0 3.9	-	3.8 3.7	3.9 -	3.9 -
내아크성	초	D495	72	70	126	-	123	117	110
특 성			일반용	난연성	고강성	고강성	저왜곡성		

3) Grade

- 표준 Grade { • 장섬유 Type
  • 난연 Grade
- 난연 Grade { • 장섬유 Type
  단섬유 Type

4) 용 도

- 우수한 내열성, 기계적강도, 전기특성, 내유성이 요구되는 분야에 사용한다.
- 사용온도 범위가 넓은 분야에 사용
- 스위치 Base, Print Motor, Silk Plate

5) 實用 例

보빈

콘덴서케이스

14. M - PPO

樹脂(Modified Poly Phenylene Oxide) Polyacetal과 -COC-의 에테르를 결합시킨 방향족의 Polyeter 수지 (PPO)이다.

열가소성 수지이며 기계적 성질과 내열성이 뛰어난 수지이다. 인장강도, 굽힘강도, 충격강도가 크고 굳다. 하중을 가했을 때의 변형이 작고 내열성이 강하고 열변형 온도는 193℃라는 높은 값을 지니고 있다.

전기 절연성이 좋고 특히 고주파 손실이 적다.

1) 特 徵

- 전기적 성질이 우수하다.
- 기계적 특성은 매우 우수한 Balance를 가진 수지이다.
- 내열성이 우수하다.
- 내수성, 내열수성이 매우 우수하다.
- 자기 소화성을 가진 수지이다.

2) 용 도

계기 Panel, Radiator Grill, Speaker Grill, Fuse Box, Relay Case, Connector, Hub Cap.

3) M-PPO 수지물성비교표

효성 BASF(주)
luranyl

		Grade	시험방법(ASTM)	단위	KR2401	KR2402	KR2403G4	KR2403G6	KR2420	KR2421	KR2450	KR2451	KR2452	KR2453G4	KR2454G4
		성 질													
기계적성질		인장강도	D638	kg/cm²	530	694	867	1,020	510	500	561	643	663	612	918
		신율	D638	%	4	5	2	1.5	4	5	8	5	7	7	2
		굴곡강도	D790	kg/cm²	867	1,000	1,224	1,326	918	612	969	1,020	1,071	1,040	1,224
		충격강도(IZOD, Notched)	D256	kg.cm/cm	31	35	7	6	42	48	25	28	37	30	8
열적성질		열변형온도	D648	℃	90	110	128	137	100	106	90	87	115	95	135
		선팽창계수	D696(10^{-5})	cm/mm/℃	6-7	6-7	3-4	3-4	6-7	6-7	6-7	6-7	6-7	6-7	3-4
전기적성질		유전율(10^6Hz)	D150	-	2.6	2.6	2.9	2.9	2.7	2.7	2.8	2.7	2.7	2.7	3.0
		유전정접(10^6Hz)	D150	-	0.001	0.001	0.001	0.001	0.001	0.001	0.0015	0.002	0.002	0.002	0.002
		절연파괴전압	D149	KV/mm	80	80	80	80	80	80	80	80	80	80	80
물리적성질		비중	D792	-	1.07	1.07	1.20	1.26	1.06	1.06	1.15	1.11	1.08	1.11	1.20
		흡수율	D570	%	0.1	0.1	0.1	0.1	0.1	0.1	0.15	0.15	0.15	0.15	0.15
		난연성	UL94	-	HB	HB	HB	HB	HB	HB	V-0	V-1	V-1	V-1	V-1

GE PLASTIC

Noryl……modified Polyphenylene Oxide

	성 질	시험방법ASTM	단 위	N-190	SE-100	N-225	731	SE1	N-300	GFN2	GFN3
열적성질	열변형온도	D648	℃	88	100	107	129	129	149	143	149
	선팽창계수	D696	10^{-5} m / m / ℃	7.2	6.8	6.8	5.9	5.9	5.4	3.6	2.5
기계적성질	인장강도	D638	kg / ㎠	491	547	562	658	658	772	1017	1,185
	충격강도(IZOD) d	D256	kg.cm / cm	37	27	32	27	27	53	12	12
	굴곡강도	D790	kg / ㎠	575	896	772	947	947	1,060	1,298	1,404
	굴곡탄성율	D790	kg / ㎠	22,810	25,240	24,210	25,240	25,240	24,550	52,700	77,200
	경 도	D785	Scale	R115	R115	R116	R119	R119	R119	L106	L108
전기적성질	절연파괴전압	D149	KV / mm	25	16	25	22	20	20	16	22
	유전율	D150	60Hz23℃	2.78	2.65	2.79	2.65	2.69	2.69	2.86	2.93
	유전정접	D150	60Hz23℃	0.0046	0.0007	0.0031	0.0004	0.0007	0.003	0.0008	0.0009
물리적성질	비 중	D792		1.08	1.10	1.09	1.06	1.06	1.06	1.21	1.27
	성형수축률	D955	10^{-3}mm / mm	5-7	5-7	5-7	5-7	5-7	5-7	2-4	1-3
	흡수율	D570	%	0.07	0.07	0.07	0.06	0.07	0.06	0.06	0.06
	난연성	UL94		V-0	V-1	V-0	HB	V-1	V-0	HB	HB
UL연속사용온도			℃	80	80	80	90	105	105	90	90
특 성					일반용					G / F20% G / F30%	

성 질	시험방법ASTM	단 위	FN-215	722	844	PN235	1222	888	PX1265	1390
열변형온도	D648	℃	82	99	113	113	113	118	129	143
선팽창계수	D696	10^{-5} m / m / ℃	6.8	8.3	7.7	7.9	8.3	7.0	5.2	6.5

성 질		시험방법ASTM	단 위	N-190	SE-100	N-225	731	N-300	SE1	GFN2	GFN3
기계적성질	인장강도	D638	kg/cm²	245	400	491	491	512	456	631	702
	충격강도	D256	kg.cm/cm	-	32	26.7	26.7	26.7	32	26.7	29.4
	굴곡강도	D790	kg/cm²	490	562	652	688	737	592	842	982
	굴곡탄성율	D790	kg/cm²	11,298	17,550	23,225	21,050	24,550		22,800	24,550
	경 도	D785	S scale	-	-	-	-	-	-	-	-
전기적성질	절연파괴전압	D149	KV/mm	7.49	-	-	-	-	-	-	-
	유전율	D150	10⁶Hz	2.18	-	-	-	-	-	-	-
	유전정접	D150	10⁶Hz	0.0039	-	-	-	-	-	-	-
물리적성질	비중	D792		0.85	1.06	1.06	1.05	1.06	1.06	1.06	1.06
	성형수축율	D955	10^{-3}mm/mm	6-8	5-7	5-7	5-7	5-7	5.7	5-7	5-7
	흡수율	D570	%	0.06	0.07	0.07	0.07	0.07	0.07	0.07	0.07
	난연성	UL94		V-0	-	-	-	-	-	-	-
UL연속사용온도			℃	-	-	-	-	-	-	-	-
특 성				발포용					자동차용		

	SEI-GFN2	SEI-GFN3	HS1000	HS2000	SPN410	SPN420	RFN420	RFN430	EN185	EN212	EN265	PC180	UV-180
	132	135	88	110	99	110	132	135	85	100	129	82	82
	2.6	2.5	5.4	4.5	-	-	-	-	7.4	6.8	5.9	5.4	6.4
	1,017	1,256	652	772	365	448	877	1,017	456	547	658	491	527
	12	12	16-21	16-21	37.4	29.4	3	8	37	27	27	27	21
	1,298	1,404	982	1,124	512	603	1,185	1,304	582	896	947	582	772

	SEI-GFN2	SEI-GFN3	HS1000	HS2000	SPN410	SPN420	RFN420	RFN430	EN185	EN212	EN265	PC180	UV-180
	52,700	77,200	29,824	35,100	17,894	21,754	52,700	70,200	24,500	25,240	25,240	22,800	24,550
	L106	L108	R121	R121	–	–	–	–	R123	R115	R119	R111	R117
	24	21	16	19	–	–	–	–	25	16	20	20	20
	2.98	3.15	3.00	3.00	–	–	–	–	2.80	2.65	2.69	2.74	2.91
	0.0016	0.002	0.0047	0.0047	–	–	–	–	0.0004	0.0007	0.0007	0.0043	0.007
	1.30	1.36	1.25	1.24	1.06	1.07	1.21	1.27	1.06	1.10	1.06	1.09	1.09
	2-4	1-3	5-7	5-7	5-7	5-7	2-4	1-3	–	5-7	5-7	5-7	5-7
	0.06	0.06	0.07	0.07	0.07	0.07	0.06	0.06	0.07	0.07	0.07	0.06	0.06
	V-1	V-1	V-0	V-0	HB	HB	HB	HB	V-1	V-1	V-1	V-2	V-0
	105	105	85	85	–	–	–	–	50	80	105	–	–

G / F20% G / F30%　　　　　　　　고생산성용　　　　　　　　알콜용

	1391	EM5100	EM5101	EM5102	EM5103	EM7101	EM6100	GUX7302	GTX810	GTX820	GTX830	GTX901	GTX96
	149	112	112	118	130	100	110	121	188	221	235	112	143
	7.4	10-41	10-13	9-10	10-13	–	10-14	–	4-5	3-4	2-3	9-12.6	9-12.6
	702	512	456	554	582	351	400	524	947	1,262	1,614	550	603
	26.7	32.2	37.6	32.2	32.2		45.1	95.5	8	8	10.5	17.5	21.5
	912						599	852	1,304	1,754	2,281	772	772
	23,225	22,440	20,700	23,225	23,225	18,666	19,716	44,197					
	–	–	–	–	–	–	–	–	R119	R119	R120	R116	R116
	–	–	–	–	–	–	–	–	–	–	–	–	–
	–	–	–	–	–	–	–	–	–	–	–	–	–
	1.06	1.06	1.06	1.06	1.06	1.06	1.06	1.12	1.16	1.24	1.33	1.10	1.10

	SEI-GFN2	SEI-GFN3	HS1000	HS2000	SPN410	SPN420	RFN420	RFN430	EN185	EN212	EN265	PC180	UV-180
	5~7	5~7	5~7	5~7	5~7	5~7	5~7	2.5	5~10	4~6	4~6	12~16	12~16
	0.07	0.07	0.07	0.07	0.07	0.07	-	-	0.5	0.5	0.5	0.3	0.5
	-	-	-	-	-	-	-	-	-	-	HB	HB	HB
	-	-	-	-	-	-	-	-	-	-	-		

에너지절약용   내약품성 (NORYI과 Nylon의 alloy)

15. GLASS FIBER 첨가 PLASTICS의 이방성

수지	특성 / 두께(mm)	굴곡강도 (kg/cm²)		굴곡탄성율 (×10³ kg/cm²)		충격강도 (kg·cm/cm) (IZOD, NOTCH)		성형수축률 (×10⁻³ cm/cm)	
		유동방향	직각방향	유동방향	직각방향	유동방향	직각방향	유동방향	직각방향
POLYACETAL (GLASS FIBER 0)	2	746	843	26.6	29.5	6.2	5.1	20.0	19.4
	3	850	931	23.5	26.7	5.0	5.2	21.0	20.5
	4	973	1,020	24.1	25.7	5.4	4.6	21.5	21.0

수지	두께(mm)	굽힘강도 (kg/cm²)		굽힘탄성율 (×10³ kg/cm²)		충격강도 (kg.cm/cm) (IZOD, NOTCH)		성형수축률 (×10⁻³ cm/cm)	
		유동방향	직각방향	유동방향	직각방향	유동방향	직각방향	유동방향	직각방향
PBT (GLASS FIBER 0%)	2	795	816	26.2	25.3	5.1	5.0	14.0	13.5
	3	873	897	24.3	25.2	4.5	4.1	15.0	14.0
	4	953	969	24.9	25.5	4.2	4.0	15.0	14.5
PBT (GLASS FIBER 30%)	2	1,760	820	84.8	37.7	6.6	2.9	2.0	8.0
	3	1,980	932	88.7	39.7	7.9	3.4	2.4	12.5
	4	1,990	876	87.6	42.8	6.7	3.3	4.0	14.5
NYLON 6 (GLASS FIBER 0)	2	978	997	29.1	30.8	3.3	3.0	9.0	8.0
	3	850	931	23.5	26.7	2.9	2.5	11.3	11.5
	4	-	-	-	-	-	-	13.0	12.8
NYLON 6 (GLASS FIBER 30%)	2	2,290	1,200	90.9	45.6	7.8	2.9	1.5	7.4
	3	2,410	1,320		44.8	8.0	3.4	2.2	9.0
	4	2,450	1,440	87.0	46.0	8.1	3.8	4.4	10.2
PET (GLASS FIBER 30%)	2	1,890	936	97.7	46.8	4.3	1.8	1.6	7.5
	3	2,030	956	102.5	49.0	5.1	2.1	2.0	4.0
	4	2,090	1,820	97.9	51.1	5.0	2.5	3.0	5.0

16. 정밀 성형을 위한 실체 가공 조건

엔지니어링 플라스틱에는 결정성 수지와 비결정성 수지로 구분할 수 있는데 비결정성 수지에는 ABS, SMA, PC 등이 있으며 결정성 수지에는 PBT, PET, NYLON, POM 등이 있다. 일반적으로 엔지니어링 플라스틱은 가공 전 건조를 시키는데 제습 건조기를 사용하는 것이 좋으나 열풍 건조기로도 건조시킬 수 있다.

ABS-공기 중에서 약간의 수분만을 흡수하므로 건조가 불필요하나 표면 문제가 발생할 우려가 있을 경우에는 건조를 하며 특히 전기 도금용인 경우에는 특히 건조에 주의해야 한다. 열풍 건조기 사용 시 tray 두께가 최대 5㎝ 이하로 적재하고 90~95℃에서 2시간 정도 건조하며 ABS / PVC 경우는 70~80℃에서 2시간, ABS / PC 경우는 105~110℃에서 4시간 건조 시킨다. scrap 사용률은 20% 정도이다.

PBT-수분율이 최대한 0.05% 이하여야 하므로 제습건조기 사용 시는 120℃에서 2~4시간, 열풍건조기 사용 시에는 tray 두께를 2.5㎝ 이내로 2~4시간 건조하되 강화 Grade는 65~95℃에서 비강화 Grade는 100~120℃에서 행한다.

PET-수지온도가 280~310℃에서 가공하며 난연 Grade 경우는 최대 300℃ 이내이어야 한다. 함수율은 0.02% 이하 이어야 하므로 120℃에서 2~4시간 제습 건조기를 사용해야 하며 결정화도를 촉진키 위해 금형온도는 100~110℃를 유지하는 것이 좋다. 재생률은 25% 정도이다.

NYlon-건조가 그렇게 필요치 않으나 표면 문제시에는 80℃에서 4~12시간 건조하는 것이 좋으며 특히 shear나 가수분해에 민감치 않으므로 사출 속도를 올리는 것이 좋다. 열 안정성이 좋으므로 재생률은 비강화 grade는 50%까지 강화 grade는 25%까지 사용한다.

POM-homopolymer는 가공온도가 205~225℃, copolymer는 175~210℃ 정도이며 최대 250℃를 넘으면 안 된다. PVC와 POM은 서로 가공온도에서 분해 시키므로 PVC와 가공기기를 같이 사용하지 말아야 하며 screw compression ratio (L / D)가 3~4 정도로 높은 것을 사용한다. POM은 결정화도가 높아 체적 변화가 크므로 1 / 2″이상의 두께 성형은 힘들다.

Phenylene Ether-jetting 방지를 위해 fan gate나 tab gate를 사용하는 것이 좋으며 gate land가 0.02~0.04″로 작아야 압력 손실과 미리 냉각하는 것을 방지할 수 있다. 수지온도를 조절하기 위해서 되도록이면 shear를 많이 걸지 않는 것이 좋다.

PPO-대기 중 수분 흡수가 거의 없으므로 건조가 거의 불필요하나 건조 시에는 tray에서 1/2″이내 두께로 8시간 이내 건조시킨다.

PPS-성형품 사용온도가 80℃ 이상일 경우는 금형온도를 135~150℃로 올려야 결정화도가 높아져 인장강도, 열변형온도, soldering 온도가 높아진다. 금형온도가 95℃ 이하인 경우는 비정형을 이루며 충격강도가 증가한다.

Polysulfone-shear rate 증가에 따른 점도 감소가 적어 flow가 나쁘다.(Newtonian fluid와 유사) 금형온도는 두께가 0.075~0.1″ 경우는 95℃ 정도이며 얇은 경우는 150~165℃ 정도로 해야 잔류응력이 작고 내화학성 및 열적 특성이 좋다.

17. Enginnering Plastic의 특성비교에 따른 resin 선정

Glass 섬유 강화

특성＼순위	1위	2위	3위	4위	비 고
내열성	PET	PBT	Nylon 66	Acetal	
충격강도	Nylon 66	Acetal	PBT	PET	
굽힘강도	Acetal	Nylon 66	PET	PBT	
강성	PET	PBT	Acetal	Nylon66	
마찰성	PET	PBT	Nylon 66	Aceta	
내약품성	PET	PBT	Acetal	Nylon 66	
전기특성	PBT	PET	Acetal	Nylon 66	
성형성	Acetal	PBT =	PET =	Nylon 66	

제2장 열경화성 수지

1. 페놀樹脂(Phenol resins)

이 수지는 제일 오랜 역사를 가지고 있는 수지로 일명 Bakelite라고도 부르며, 값이 싸고 특성이 좋기 때문에 넓은 分野에 使用되고 있다. 空間網狀構造를 지닌 이 플라스틱 재료는 石炭酸 (페놀)과 포르말린을 반응하여 充填材나 滑劑 따위를 가하여 만들어진다.

적층판이나 成形品이 만들어지는 데 목재펄프를 충전한 것은 싸지만 내습성, 내열성이 뒤떨어져 사용할 수 있는 온도는 120℃정도까지이며 145℃를 초과하면 타서 변질한다.

木綿布를 충전한 적층판은 이 성질이 개선되며, 고급 成形材料에는 雲母를 충전한 것이 있는데, 耐熱性이 강할 뿐만 아니라 전기절연성이 좋아서 전기절연물로서 使用된다.

이 수지에는 石炭酸(페놀) 대신에 레조르신 등을 사용한 것이 있고 또 포르말린 대신에 푸르푸랄 등이 사용될 때가 있다.

Phenol 樹脂로부터는 燒着와니스 등도 만들어지고 또 스티롤수지, 에폭시수지 등과 共重合樹脂가 만들어진다. 페롤수지에 고무질을 섞어서 내충격성을 증가한 것도 만들어진다.

2. 유리아 수지(Urea Resins)

유리아(요소)와 알데히드류(主로 포름알데히드, 포르말린)와의 縮合反應에 의해 얻어지는 樹脂片物質을 主體로 하는 合成樹脂로 비교적 成形하기 쉽다.

자유로이 착색할 수 있고 成形하기 쉬우므로 캐비닛, 플러크, 소켓, 조명기구와 같은 전기부품을 만들며 식기류도 만든다.

적층판 化粧板 등에 使用되며 耐水紙, 木材合板用의 접착제도 만든다.

3. Melamine 수지

멜라민과 알데히드류(主로 포름알데히드)와의 縮重合反應으로 얻어지는 樹脂狀物質을 주체로 하는 合成樹脂로 空間網狀構造를 지면 表面硬度가 매우 크다.

전기절연성이 좋고 또 有害成分이 녹아 나오지 않으므로 전기부품, 식기, 일용품과 같은 成形品이 만들어진다. 이 수지는 燒着塗料로서 化粧板을 만드는데 使用된다.

耐熱性이 강하고 表面硬度가 큰 것이 特徵이며 積層板, 電氣用部品, 컵, 접시 등 아름다운 일용품이 만들어진다. 종이類에 含浸시켜서 내습지, 절연지가 만들어진다.

4. 크실렌 樹脂

크실렌 樹脂는 크실렌 포르말린을 縮重合시켜서 만든다. 크실렌 樹脂의 耐藥品性은 페놀수지보다 앞서며 전기열전도성도 페놀수지보다 좋고 흡습성이 작으므로 電氣用의 積層板이 만들어지며 燒着와 니스도 만들어지고 있다.

5. 디알릴 프탈레이트 樹脂

폴리에스테르 樹脂의 일종으로 알릴알코올과 프탈산을 縮合시키면 디알릴 프탈레이트 樹脂가 生成된다.

디알릴 프탈레이트 樹脂는 전기절연성이 좋고 成形品에서 아민류가 스며 나오지 않으므로 전기금속부품에 녹이 생길 위험이 없기 때문에 電氣絶緣部品 成形材料로서 많이 使用되고 있다.

디알릴 프탈레이트 수지(DAP수지)를 가지고 成形材料, 적층판이 만들어지고 있으며 특히 유리포를 사용한 積層板은 가볍고 강한 材料로서 우주개발용의 航空機用에 使用된다. 디알릴 프탈레이트를 使用한 絶緣테이프도 만들어지고 있다.

6. 불포화 Polyester 樹脂(Unsaturated Polyester Resirns)

불포화 多價有機 카르본산과 多價 알코올을 縮合시키면 불포화 Polyester가 만들어진다. 有機酸과 알코올類의 種類가 다르면 여러 가지 性質의 것이 만들어지며 종류도 많고 여러 가지 용도에 使用된다.

<표1>은 대표적인 불포화 Polyester 樹脂, 無水 말레인산과 에틸렌 글리콜의 縮重合 폴리에스테르 樹脂의 제조공정을 표시한 것이다.

注型樹脂, 成形材料, 積層板 등이 만들어질 뿐만 아니라 폴리에스테르 필름(마일러)이나 합성섬유까지 만들어진다. 유리布(글래스 클로스)에 폴리에스테르 수지를 含浸시켜서 만든 成形品, 적층품은 强化 플라스틱 (FRP)이라고 불리며 대단히 기계 강도가 좋다. 즉, 가볍고 강한 成形品이 만들어지며 大形도 成形할 수 있으므로 선박, 차량, 항공기의 구조체나 보우트까지 만들어진다. <표2>에서는 폴리에스테르 수지, 디알릴프탈레이트 수지로 만든 강화 플라스틱과 다른 재료와 비교해서 가볍고 강하다는 것을 알 수 있다.

폴리에스테르 수지는 電氣部品 등의 封入에 使用되며 또 폴리에스테르 塗料 등도 만들어지고 전선의 피복에도 使用되고 있다. 成形材料, 도료 따위에 使用되는 알키드 수지는 일반적으로 二堪性有機酸과 多價 알코올이 化合해서 만들어진 것이다.

7. 프탈산 樹脂(알키드 수지)

폴리에스테르 수지의 일종으로 프탈산 無水物, 유기산 및 글리세린을 반응시켜 만들고 주로 수지재료로서 사용되며 또는 다른 수지에 혼합해서 사용되며 값이 싸므로 많은 양이 사용된다.

8. Epoxy 樹脂

에폭시 수지는 상당히 용도가 넓은 수지이며 성형재료, 접착제나 도료만이 아니라 注入成形樹脂로도 되고 게다가 어떠한 용도에도 매우 훌륭한 성질을 나타낸다.

\<표1\> Polyester 樹脂의 製造工程

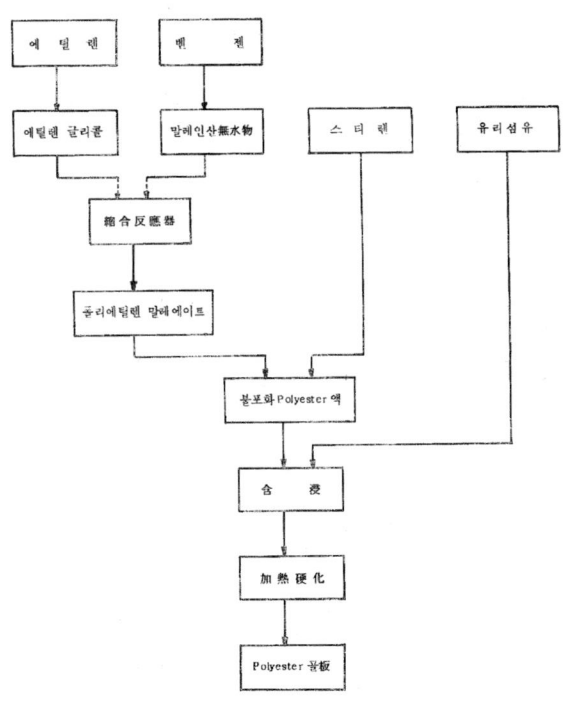

<표2> FRP(强化 플라스틱)와 다른 재료와의 强度比較

수지 항목	比 重	인장강도 (kg / ㎟)	비항장력 (kg / ㎟)	샤르미충격치 (kg - cm / ㎟)
GLASS 클로스충진 Polyester 成形品	1.7	40.8	24.0	1.38
DAP Glass 클로스충진 成形品	1.7	33~45	19.4~26.5	1~1.4
Expoxy수 지 금속섬유충진품	1.8	33.5	18.6	-
페놀Glass클로스충진품	1.8~2.0	15~20	14.3~14.6	0.8~0.9
Nylon 6	1.09~1.14	4.9~7.7	4.4~6.9	0.054
경질염화비닐수지	1.35~1.45	3.5~6.3	2.4~2.5	0.02~0.05
듀랄루민	2.8	38~44	13.6~15.7	2~4
알루미늄	2.7	7~11	2.6~4.1	6~9
경 강	7.85	58~70	7.4~8.9	4
목재 (强化木)	1.3~1.4	19~20	14.3~14.6	0.8~0.9

$$비행장력 = \frac{인간강도}{비중}$$

에폭시 수지는 분자 속에 $-CH - CH_2 \overset{/\,O\,\backslash}{}$ 基가 들어 있는 구조를 지닌 것이며 아민류, 폴리아미드수지, 유기산과 같은 경화제를 혼합해서 경화시킨다. 에폭시 수지는 전기특성이 좋으므로 전기부품이 만들어지며 적층판, 프린트 배선기판이 만들어진다. 전자부품이나 금속체를 에폭시 수지로 封入成形할 때도 있다.

에폭시 수지의 注入成形은 폴리에스테르 수지의 주입 성형보다 용이하며 전기적 성질도 좋으므로 전기전자부품의 埋入에는 에폭시 수지가 많이 사용되고 있다.

클로로설포화 폴리에틸렌이나 多黃化 고무를 혼합하면 유연하게 된다.

제3장 재료선정의 고려사항

1. Cost

1) 무게당의 코스트
2) 비중당의 코스트
3) 부피당의 코스트

2. 性　能

1) 기계적 강도
2) 열적 특성
3) 전기적 특성
4) 내약품성
5) 내구성
6) 치수 안전성

3. 設　計

1) 設計의 特徵
2) 設計의 자유도
3) 외관

4) 조립의 삭감 또는 생략

4. 成形性

1) 成形法
2) 成形의 용이성
3) 成形 Cycle
4) 금형 Cost

5. 2차 가공

1) 표면상태
2) 바탕색
3) 사상가공의 용이성
4) 접합
5) 장식(도장 Hotstamping, 도금, 진공증착)

6. 취급 수송 보관

1) 파손의 가능성
2) 흠나기 쉬운 정도
3) 전체 무게
4) 온도

제4장 성형재료의 선택

1. 應用分野別의 選擇

1) 一般構造部品

<표1>

成形材料		메라민수지	페놀수지	유리아수지	ABS수지	폴리에틸렌	폴리프로필렌	폴리스티렌	AS수지	염화비닐수지(경질)
一般的要求條件	剛性이 우수한 것	○	○	○						
	내충격성이 우수한 것				○	○				○
	치수安定性이 양호한 것									○
	전기절연성이 좋은 것				○	○	○	○	○	○
	저렴한 가격일 것	○	○	○	○	○	○	○	○	○
	착색성, 외관이 양호한 것	○		○	○			○		○
	성형가공이 양호한 것	○	○	○	○	○	○	○	○	○
	난연성일 것	○	○	○						○
	내약품성, 내용성이 좋은 것	○				○	○			
使用例	전화기 받침대		○		○					○
	각종 Cover류		○		○	○	○		○	
	Button, 손잡이류	○			○			○		
使用例	절연판, 단자판	○	○		○	○	○	○		○
	Coil bobbin류		○							○
	각종 판넬		○		○					
	Case, 상자류		○		○				○	○
	SPEAKER 상자							○		
	라디오정면판				○					
	절연와사류		○					○	○	
	배선 Holder		○		○	○				

註) 유리아 수지는 전화기 받침대, Button, 손잡이 등에 사용하였으나 현재는 재료의 품질이 불량하여 대부분 사용하지 않음.

2) 하중과 충격이 걸리는 기계부품

<표2>

	成形材料	디아릴프탈레이트수지	GF페놀수지	불포화폴리에스테르	아세탈수지	GF아세탈수지	나일론	GF나일론	폴리페닐렌옥사이드	폴리카보네이트	GF폴리카보네이트	GF폴리에스테르	폴리설폰
一般的 要求條件	기계적 강도가 좋은 것	○	○	○	○	○	○	○	○	○	○	○	○
	내충격성이 우수한 것		○	○			○		○	○	○	○	
	내 Creep性이 좋은 것	○	○	○					○	○	○	○	○
	내피로성이 좋은 것				○	○							
	고온에서 안정성이 좋은 것											○	○
使用例	단자판	○	○	○					○	○			
	콘넥타류	○	○								○		
	보 빈				○	○	○	○				○	
	치 차				○		○						
	도수계수치차피니온						○						
	절연와샤				○		○						
	나사류									○			
	손잡이류			○						○			
	특수상자류	○								○		○	
	단자Cover										○		
	IC소켓												○

비고: 成形材料 중 GF가 붙는 것은 유리섬유가 들어있음.

3) 마모 마찰을 받는 기계부품

<표3>

	成形材料	아세탈수지	불소수지	나일론	고밀도 폴리에틸렌	폴리프로필렌
一般的 要求條件	내마모성이 좋은 것	○	○	○	○	
	마찰계수가 작은 것	○	○	○	○	○
	형태안정성이 좋은 것	○				
	내열성이 좋은 것		○			
	부식성이 없을 것	○	○		○	○
使用例	활동부	○	○	○	○	○
	치차, 축	○	○	○		
	전화기 캠			○		
	릴레이	○		○		

註) 내마모성은 마찰조건과 상대재료에 따라 다르므로 주의를 요함.

4) 고급전기 절열부품

<표4>

成形材料		디아릴프탈레이트수지	에폭시수지	실리콘수지	불소수지	폴리페닐렌옥사이드	폴리카보네이트	폴리에틸렌	폴리프로필렌	폴리스틸렌	AS수지	폴리설폰
一般的要求條件	고도의 체적저항율과 표면저항율을 가진 것	○	○	○	○	○	○	○	○	○	○	○
	절연저항의 흡습노화가 적은 것				○	○		○	○	○		
	부식성이 없는 것				○	○		○	○	○		○
	내식성이 좋다	○		○	○	○						○
	내후성이 좋다.	○		○	○							
使用例	콘넥타류	○				○	○					
	소켓트류	○	○									○
	절연판, 단자판	○	○		○		○	○	○	○	○	
	회로부품의 봉지		○	○								

5) 고주파 전기부품

<표5>

成形材料		열경화성 폴리스티렌	불소수지	폴리페닐렌옥사이드	폴리에틸렌	폴리프로필렌	폴리스티렌
一般的要求條件	고주파에서 유전율과 유전정면 접촉이 적은 것	○	○	○	○	○	○
	유전율, 유전정면 접촉에 온도의존성이 적을 것		○		○	○	○
	흡습성이 적을 것	○	○	○		○	○
	내열성이 좋은 것		○	○			
	내후성이 좋은 것		○				
使用例	소자지지 및 용량조절	○	○				○
	同軸管의 내부도체 지지	○	○				
	移相器	○					○
	콘넥터류		○		○		
	동축 Cable 절연체		○		○		○

6) 정밀기구 전기부품

<표6>

成形材料		디아릴프탈레이트수지	에폭시수지	GF페놀수지	아세탈수지	GF아세탈수지	폴리페닐렌옥사이드	폴리카보네이트	GF폴리카보네이트	GF폴리에스텔	폴리설폰
一般的要求條件	전기절연성이 우수한 것	○	○	○	○	○	○	○	○	○	○
	흡습성이 적은 것	○	○	○			○		○	○	
	치수 안정성, 형태 안정성이 좋은 것	○	○	○	○	○	○		○	○	○
	내열성이 좋은 것	○		○			○			○	○
	열팽창계수가 작은 것			○		○			○	○	
	기계적 강도가 높고 강성이 좋은 것			○	○	○					○
	부식성이 없는 것	○			○	○					
使用例	콘넥터류	○		○			○	○			
	절연체	○	○		○	○	○	○	○		
	단자판	○		○				○		○	
	가이드 레일							○			
	활자체	○									
	수직 유니트 후레임								○		
	IC소켓										○

7) 화학적, 열적 안정성을 요하는 부품

<표7>

成形材料		디아릴프랄레이드수지	GF페놀수지	폴리아미드	실리콘수지	불소수지	폴리페닐렌옥사이드	GF폴리에틸렌	폴리에틸렌	폴리프로필렌	폴리설폰
使用例	화학약품, 용제, 부식성가스에 대한 저항성이 우수한 것					○	○			○	
	연속 사용온도가 높은 것			○	○	○					
	열변형온도가 높은 것	○	○	○	○		○	○			○
	고온에서 특성 노화가 높은 것			○	○	○					○
	Relay 보빈										
	콘넥터류	○	○								
	Battery 부품					○			○	○	
	반도체 부품				○						
	단자판	○	○				○	○			
	IC 소켓										○

8) 투명성을 요하는 부품

<표8>

成形材料		아크릴 수지	셀룰로오스 유도체수지	아이오 노마	폴리카보 네이트	폴리스 틸렌	AS수 지	염화비 닐수지
一般的 要求 條件	광선 투과율이 큰 것	○	○	○	○	○	○	○
	내흡습성이 좋은 것	○						
	내후성이 좋은 것	○	○					○
	성형 가공성이 좋은 것	○		○		○	○	
	착색이 좋은 것	○	○			○	○	○
使用例	Relay Cover	○			○		○	
	점점 Cover	○			○		○	
	Start Cover				○	○	○	
	lamp Cover	○						
	누름 Button	○	○		○			
	눈금판	○						
	창문류	○				○	○	○
	손잡이판							○

제5장 열가소성 및 열경화성 수지의 특징 및 용도

1. 熱硬化性樹脂

<표9>

成形材料	特 徵	용도例
디아릴 프탈레이트수지	치수안정성이 우수하고 전기절연성, 내열성, 내습성이 양호(디아릴 이소프탈레이트 수지系는 특히 내열성이 좋다.), 착색이 가능함	Connector류, Plug, 절연판, 단자판
에폭시 수지	치수안정성, 전기절연성 양호, 내부와의 밀착성이 우수하다. 착색은 가능하지만 내후성이 약간 떨어진다. 무전해 도금이 가능하다.	Connector류, Lamp수신부, 속이 빈 Coil 보빈 핸드마이크 받침대 Condensor Case, 전자부품의 수지 봉지 활자체
메라민 수지	착색성 양호, 특성적으로는 유리아 수지보다 약간 양호, 내Arc성이 우수함	Button, 손잡이
페놀 수지	기계적, 전기적 특성, 내열성, 성형가공성, 가격 등 전반적으로 균형을 이룬 성형재료이며 일반적인 용도에 제일 적합하다. 열경화성 수지 중에서 제일 많이 사용한다. 종류가 다양하며 특성도 다르므로 적당한 재료선정이 필요함	각종 절연판, 단자판, Connetor류, Plug, 소켓트, 받침판, WSR Spring 모타
불포화 폴리에스텔 수지	치수안정성, 내Arc성이 비교적 양호함, 착색 가능함	절연판

成形材料	特 徵	용도例
폴리이미드	내열성이 실리콘 수지에 비하여 좋으며, 또 고온에서의 강도 유지율, 고온 하중하에서 치수 수안정성도 우수하다. 충진재에 의해서도 일반적으로 마찰계수가 적고, 내마모성은 양호함, 그러나 성형온도가 높고 이형성이 떨어지는 등 성형가공성에 약간 난점이 있으며 또 가격이 비싸다.	자유로이 움직이는 기구부품
실리콘 수지	내열성이 무척 양호하며, 강도는 약하다. 내용제성이 떨어지고 고가이며 열경화성 수지 중에서 절삭 가공하여 사용함	반도체부품의 수지 봉지
열경화성 폴리스티렌	유전특성, 내수성이 양호하면 환봉, 판 등의 소재에서 절삭 가공하여 사용함	무선기기의 절연체 압축판, 샤프트
유리아 수지	착색성이 양호하며, 기타 특성이나 결점도 없음, 성형재료와 구조재료로서 용도가 광범위하고 무전해 도금이 양호	타이프 Hole

2. 열가소성 수지

<표10>

成形材料	特 徵	用途例
ABS 수지	내충격성이 양호하며, 기타 특수한 특성이나 결점도 없음, 성형재료와 구조재료로서 용도가 광범위하고 무전해 도금이 양호	전화기 받침대, Case 도수계 Cover, 핸들 PANEL, 전연체, 무전해 도금부품, 보빈(내충격용)
아세탈 수지	기계적 강도가 높고, 강성이 우수하며 내마모성 치수안정성이 양호, 내약품성이 약간 떨어짐	치차, 축, 부시, Button 손잡이, Relay 보빈의 절연체
아크릴 수지	투명성, 내후성이 좋고, 성형가공성도 양호하다. 내열성, 내용제성, 내충격성이 떨어짐	조명 표시판, 눈금판 Relay Cover, 접점 Cover, lamp Cover
셀룰로오즈 유도체 수지	착색성, 외관이 양호 – 내충격성이 비교적 좋고 내습성, 전기적 특성, 내용제성이 떨어짐	Button, 손잡이, 표시판
불소 수지	전기절연성, 유전특성이 극히 양호, 내습성, 내약품성, 내용제성, 내열성이 우수한 성형재료이다. 종별특성은 약간 다르며 접착성이 약하고 고가임	치차, 축, 고주파용 절연판

成形材料	特 徵	用途例
나일론	기계적 강도가 높고 내구성이 비교적 양호하며 내마모성이 우수하며 자기 윤활성이 있다. 내습성이 약하고 종별로 약간의 차이가 있음	베아링, 치차축, Cam Friction piece, Coil bobbin, Bush
폴리페닐렌 옥사이드	기계적 강도가 높고 강성이 양호하며 내열성, 전기적 특성, 치수안정성이 우수하다. 내용제성과 성형가공이 약간 떨어지고 좀 고가이다	고신뢰도 Coil 부품
폴리카보네이트	내충격성, 치수안정성이 양호하고 내열성도 비교적 양호하지만 내약품성, 내용제성은 떨어진다.	Connector류, Plug 단자판, Case, Guide 레일, Relay Cover 보빈(내열용), 회로 Block
GF 폴리에스텔	기계적 특성, 내열성, 치수안정성이 양호하며 성형가공성, 내약품성(알칼리)이 다소 나쁘고 히glass 섬유가 들어 있지 않은 재료는 실용화되지 않았다.	Case
폴리에틸렌	전기적 특성, 특히 유전성이 양호하며, 내습성, 내마모성이 우수하며 강성, 내열성이 나쁘다. 내후성에 주의를 요하며 저밀도와 고밀도의 2종류가 있다. 특성은 상당히 차이가 있음	Button, 와샤, 단자 Cover, 배선 HOLDER 고주파 절연체, 용기, Battery 부품, 절연 Cover
폴리프로필렌	폴리에틸렌과 비슷한 성질을 가지고 있지만 강성, 내열성이 좀 우수하며 내반복 구부림의 성질이 양호하다. 내후성에 주의를 요하며 무전해 도금이 가능하다.	SPEAKER BOX, Bush, Spacer, 고주파 절연체
폴리스틸렌	전기적 특성, 특히 고주파의 유전특성이 양호하다. 투명성이 좋으며 외관이 양호하다. 내열성, 내용제성이 나쁘며 충격강도가 약하다. 내충격성 폴리스티렌은 유전특성, 투명성이 떨어진다.	Cover, 고주파 절연체, Case, 받침대, 손잡이
AS 수지	일반용 폴리스티렌보다 기계적 특성, 내열성, 내유성이 양호하다.	단자판, 단자 Cover, 케이스, 보빈, 조정판
폴리설폰	내열성이 양호하며 기계적 강도가 높고 강성이 양호하지만 내충격성, 내용제성은 약간 떨어진다.	IC 소켓트
염화비닐수지 (경질)	내약품성, 내후성이 비교적 양호하며 성형가공성, 내열성이 약간 떨어지며 안정제에 의한 특성이 다소 차이가 있다.	전화기 받침대, Number Plate, fing erplate, Bobbin, Bush

제6장 수지의 특성비교

1. 열경화성 수지

<표11>

特性項目 \ 成形材料		디아리프탈레이트수지	에폭시수지	메라민수지	페놀수지	불포화폴리에스텔수지	폴리이미드	실리콘수지	열경화성폴리에틸렌	유리아수지	비 고
成形性		○	○	◎	◎	△~○	△	△~○	×	◎	압축 이송 및 사출성형 용이하다
기계적성질	강성	◎	○~◎	◎	◎	○~◎	◎	◎	◎	◎	외력을 가했을때 변형이 잘되는 정도의 변형 저항을 나타냄
	강 도	○~◎	△~◎	○	△~◎	○~◎	◎	△	○	○	굴곡 인장 압축의 종합 강도를 표시함
	내충격성	×~○	×~○	×	×~◎	○~◎	◎	×~○	○	×	
기계적성질	절연성	○	○	×~△	×~△	△~○	○	○	◎	×~△	
	유전특성	△~○	△	×~△	×~△	△	△	△~○	◎	×	
내열성		○~◎	○	×~△	△~◎	○	○	◎	△	×~△	열변형 온도와 연속사용온도의 종합평가를 표시함
내습성		○~◎	○~◎	△~○	△~○	○	○	○	◎	×	
치수안정성		◎	○	△	△~○	○	○	◎	○~◎	×	성형후의 경시변화, 온습도에서 변화 및 Creep성의 정도에서의 평가를 표시
내약품성		○~◎	○~◎	△~○	△~○	△~○	△	△~○	○	×~△	
내용제성		◎	◎	○~◎	△~◎	△~○	○	○	△	△	
내후성		◎	△~○	○	△~○	○	○	○	△	△~○	
부식성		○	△~○	△	×~△	△~○	○	○	◎	×~△	금속의 화학부식 또는 식에 대한 정도
내연성*(1)		×	×	△	△	×	◎	○	×	△	
		△~○	△~○	○	○	△~○	-	-	-	○	
투명성		×	×	×	×	×	○	×	△~○	×~△	

成形材料 特性項目	디아리 프탈레 이트 수지	에폭시 수지	메라민 수지	페놀 수지	불포화 폴리에 스텔 수지	폴리 이미 드	실리콘 수지	열경화 성폴리 에틸렌	유리아 수지	비 고
기계 가공성	△	△~○	△	△~○	△	△	△	◎	△	가공의 난이성과 가공의 정 도에서 평가
금속 내부성	○	△~○	△	△~◎	△~○	△	△~○	×	×	
상대 가격	2~4	2~6	1~3	1~3	0.8~3	15~25	8~10	*(2)	0.5~1	페닐수지를 표준으로 한 비 율을 표시함. 단 변동사항이 있으므로 참고정도로 한다.

*(1) 上단: 난연제를 첨가하지 않는 경우.
下단: 난연제 첨가에 의하여 내연화된 경우의 특성 비교임.
*(2) 열경화성 폴리스티렌은 환봉이나 판으로 구입하며 또한 치수와 단위 중량에 따라 가격이 다르므로 비교할 수 없음.
비고: 1. 열경화성수지는 기본재료에 의한 특성의 상위점이 크므로 GLASS 섬유기재의 재료는 강도, 전기절연성, 내열성, 내습성, 치수안
정성이 좋다.
2. 특성의 범위가 큰 성형재료는 각각의 특성이 다르고 많은 종별이 있다.
3. 기호설명

◎: 매우 좋음	◎: 불연성			94V-0 40이상 산소지수
○: 좋음	○: 잘 타지 않음	}		
△: 약간 떨어짐	△: 자기소화성			94V-1 25~40
×: 아주 떨어짐	×: 느리게 타며 또한 타기 쉬움		}	94HB 25이하

2. 열가소성 수지

成形 材料 特性 項目		ABS 수지	아세 탈 수지	GF 충진 아세 탈 수지	아크 릴 수지	셀룰 로오 즈유 도체 수지	불소 수지	나일 론	GF 충진 나일 론	폴리 페닐 렌옥사 이드	폴리 카보 네이 트	GF 충진 폴리 카보 네이 트	GF 폴리 에스 텔	폴리 에틸 렌	폴리 프로 필렌	폴리 스틸 렌	AS수 지	폴리 설폰	염화 비닐 수지 (경 질)	비 고
成形性		◎	○	○	◎	○	×~ △	○	○	△	○	△	△	◎	◎	◎	◎	○	△	압축 및 성 사출 용 형의 정 이한 도
기계 적 성질	강 성	△	◎	◎	◎	△	×	△	◎	◎	○	◎	◎	×~ △	△	○			○	외 력 을 가 했 을 때 변형 이 잘되 는 정도 의 변형 저 항 을 표시

成形材料特性項目		ABS수지	아세탈수지	GF충진아세탈수지	아크릴수지	셀룰로오즈유도체수지	불소수지	나일론	GF충진나일론	폴리페닐렌옥사이드	폴리카보네이트	GF충진폴리카보네이트	GF폴리에스텔	폴리에틸렌	폴리프로필렌	폴리스틸렌	AS수지	폴리설폰	염화비닐수지(경질)	비 고
기계적성질	강도	△	◎	◎	○	△	△	○	◎	◎	○	◎	◎	△	△	△	○	◎	○	굴곡, 인장,압축의 종합 강도 표시
	내충격성	◎	△	△	×	○	○~◎	△~○	△	○	◎	◎	◎	△	△	×	×	△	○	
전기적성질	절연성	◎	○	○	○	△	◎	△	△	◎	○	○	○	◎	◎	◎	○	◎	○	
	유전특성	○	△~○	△~○	△	×	◎	△	△	○~◎	○	△	△	◎	◎	◎	○	○	△	
내열성		△~○	△	○	△	△	◎	△~○	◎	○~◎	○	◎	◎	×	△~○	×	×~△	◎	×	열변현온도와 연속사용 온도의 종합평가 표시
내습성		○	○	○	△	×	◎	×	×	◎	○	○	○	◎	◎	◎	○	○	○	
치수안정성		△	◎	◎	○	△	△	△	△	◎	◎	◎	◎	△	○	△	△	◎	○	성형후 경시변화 온습도에서 변화 및 Creep성 정도의 평가
내약품성		○	△	△	△	△	◎	○	○	◎	△	△	△	○	○	○	○	◎	○	
내용제성		×	◎	◎	×	×	◎	○	○	○	△	△	△	○	◎	◎	×	×	△	△
내후성		×~△	△	△	◎	◎	◎	○	○	△	△	△	△	△	×	△	△	○	△	
부식성		○	◎	◎	○	○	◎	○	○	◎	◎	◎	◎	◎	◎	◎	◎	◎	◎	금속의 화학부식 또는 전식에 대한 정도
내연성		×	×	×	×	×~△	◎	△	△	△	△	△	△	×	×	×	×	△	○~◎	
		△~○	△	△	△~○	△~○	−	○	○	○	○	○	○	△	△	△~○	△~○	○	−	
투명성		×~△	×	×	◎	×~○	×~△	×~△	×	×	○	△	×	×~△	△	◎	○	○	△~○	

成形 材料 特性 項目	ABS 수지	아세 탈 수지	GF 충진 아세 탈 수지	아크 릴 수지	셀룰 로오 즈유 도체 수지	불소 수지	나일 론	GF 충진 나 일론	폴리 페닐 렌 옥사 이드	폴리 카보 네이 트	GF 충진 폴리 카보 네이 트	GF 폴리 에스 텔	폴리 에틸 렌	폴리 프로 필렌	폴리 스틸 렌	AS수 지	폴리 설폰	염화 비닐 수지 (경 질)	비 고
기계 가공성	△~ ○	◎	*◎	○	○	△~ ◎	○~ ◎	*◎	◎	◎	*◎	△~ ○	△~ ○	△~ ○	△	△	◎	◎	가공의 난이성 과 가공품의 정도에서 평가
금속 내부성	○	○	○	△	◎	△~ ○	○	○	○	△	○	○	○~ ◎	◎	△~ ○	△~ ○	○	△~ ○	
상대 가격	0.2 ~ 1.7	2	2.5	1 ~ 1.7	1.2	18	1.4 ~ 5	1.5 ~ 6	2	2	2.4	2.5	0.4 ~ 0.6	0.4 ~ 0.8	0.4 ~ 0.7	0.7 ~ 1	3 ~ 4	0.5 ~ 1	페닐수지를 표 준으로 한 비 율을 표시함. 단, 변동사항 이 있으므로 참고 정도임.

1) 成形材料 중에서 GF 충진은 Glass Fiber를 충진하여 강화한 것.
2) 기계가공성의 *표는 성형재료의 절삭공구 손모에 주의를 요한다.
3) 불소수지의 성형성에서 PTFE(4불화 에틸렌수지)는 사출성형 불가능함. FEP(6불화)는 가능(△).
4) 불소수지의 내충격성에서는 FEP는 파괴되지 않음.
5) 불소수지의 상대가격은 PEP로 표시함. PTFE는 환봉과 판으로 구입하므로 치수에 따라 단위중량 가격차이가 크므로 비교가 불가능.
6) 폴리에틸렌의 내충격성에서 저밀도 Type는 파괴 안 됨.
7) 폴리에틸렌에서 내충격 Grade는 내충격성 유전특성은 ○임.
8) 염화비닐수지에는 가소제를 첨가한 연질 Type도 있으나 여기서는 평가대상으로 하지 않음.
9) 기호설명

◎: 매우 좋음.	○: 좋음	△: 약간 떨어짐	×: 떨어짐.

• 耐燃性 산소지수
◎: 不燃性   94V - 0   40이상
○: 잘 타지 않음.
△: 자기 소화성.   94V - 1   25~40
×: 서서히 타며 또한 타기 쉬움.   94HB   25이하

제7장 수지물성

1. 열경화성 수지

<표13>

성형재료 / 특성	단위	디아릴프탈레이트수지		에폭시수지			메라민수지	페놀수지		ASTM 시험방법
		GIASS수지	합성수지	GIASS섬유	무기질	저압성형용	유기질	유기질	마이카	
成形性	-	優(압·이·사)	良(압·이)	優(압·이)	優(압·이)	良~優(압·이)	優(압·이·사)	優(압·이·사)	良(압·이)	
압축성형 온도	℃	145~195	150~160	150~165	120~165	120~165	140~190	145~195	130~175	-
압축성형 압력	kg/cm²	35~280	35~280	21~350	7~210	3.5~70	110~560	140~350	140~350	-
사출성형 온도	℃	150~180	-	-	-	-	-	165~205	165~195	-
사출성형 압력	kg/cm²	140~420	-	-	-	-	-	700~1,400	560~1,330	-
성형수축률	%	0.1~0.5	0.9~1.1	0.1~0.5	0.2~0.8	0.4~1.0	0.5~1.5	0.4~0.9	0.2~0.6	-
비중	-	1.51~1.78	1.31~1.39	1.6~2.0	1.6~2.1	1.7~2.1	1.47~1.52	1.34~1.45	1.65~1.92	-
인장강도	kg/cm²	420~770	420~480	700~2,100	350~700	280~700	490~900	350~630	385~490	D-792
신률	%	-	-	4	-	-	0.6~0.9	0.4~0.8	0.13~0.5	D-638 D-651
압축강도	kg/cm²	1,750~2,450	1,320~2,100	1,750~2,800	1,260~2,800	1,260~2,100	2,810~3,160	1,540~2,520	1,750~2,100	D-695
굴곡강도	kg/cm²	770~1,750	495~560	700~4,200	560~1,050	420~1,400	700~1,120	490~980	560~840	D-790
굴곡 Modulus	×10⁴ kg/cm²	8~11	-	$1.8 \sim 3.3 \times 10^6$	$1.0 \sim 1.5 \times 10^6$	-	-	7.0~8.4	-	D-790
충격강도	kg·cm/cm	2.2~81.0	3.0~43.2	11~163	1.6~2.2	1.6~2.4	1.3~2.0	1.3~3.2	1.5~2.1	D-256
경도(로크웰)	HR	E80~87	M108~115	M100~110	M100~110	M100~112	M115~125	M110~115	E88	D-785

성형재료 / 특성	단위	열경화성 수지								ASTM 시험방법
		디아릴프탈레이트수지		에폭시수지			메라민수지	페놀수지		
종별 특성		GIASS수지	합성수지	GIASS섬유	무기질	저압성형용	유기질	유기질	마이카	
열전도율	$\times 10^{-4}$ cal/s/cm($℃/cm$)	5~15	5~6	4~10	4~30	4~10	7~10	4~8.2	10~14	C-177
비열	cal/℃/g (RT)	-	-	0.19	-	-	0.4	0.32~0.40	0.28~0.32	-
열팽창계수	$\times 10^{-5}/℃$	1.0~3.6	5.4~6.0	1.1~3.5	2.0~5.0	3.0~6.0	4.0	3.0~4.5	1.9~2.6	D-696
연속사용온도	℃	155	120~140	-	100	-	70	100	100~130	-
열변형온도	18.5kg/cm² ℃	℃	166~232	160~204	121~260	121~260	107~232			
열변형온도	4.6kg/cm² ℃	℃	-	-	-	-	-	-	-	
체적저항	Ωcm	10_{15}~10_{16}	10_{11}~10_{16}	10_{14}이상	10_{14}이상	10_{14}이상	10_{12}	10_9~10_{12}	10_{12}~10_{14}	D-257
절연파괴전압	KV/mm	16~18	16	12~16	12~16	10~16	11~12	10~16	7~16	D-149
유전율	- (10_6Hz)	3.4~4.5	3.3~3.6	3.5~5.0	3.5~5.0	3.0~5.0	7.2~8.4	4.0~6.0	4.5~6.6	D-150
耐 Arc 성	Sec	125~180	115~130	120~180	150~190	120~180	110~140	tracks	tracks	D-495
흡수율	%	0.12~0.35	0.2	0.05~0.2	0.04	0.03~0.2	0.1~0.6	0.3~1.2	0.01~0.05	D-570

註1) 成形性(成形法)의 난에서 압·이·사는 성형 가능한 방법을 표시함.
압: 압축성형 이: 이송성형 사: 사출성형
단, 열경화성 수지의 사출성형은 수지에 따라 불가능한 수지도 있음.
2) 환산계수

1kg/cm²=14.22 psi

$℃ = \dfrac{5}{9}(°F - 32°)$

1PSI=0.0703 kg/cm²

$°F = \dfrac{9}{5}(℃ + 32°)$

1kg·cm/cm=0.1837 ft lb/in

1V/mm=0.0254 V/mil

1ft lb/in=5.44 kg·cm/cm

1V/mil=39.37V/mm

2. 열가소성 수지

<표14>

特性 (단위)	열가소성수지														ASTM 시험방법
	ABS	PBT		PET	P·C		NYLON-6		NYLON-66		Acetal		PPO	NORYI	
	일반	일반	GF강화	GF강화	일반	GF강화	일반	GF강화	일반	GF강화	일반	GF강화	일반	일반	
成形 사출(압축)성형온도 (℃)	177~206	240~250	245~255	250~270	260~300	295~310	220~250	230~265	270~290	280~295	182~220	190~230	260~310	260~300	
사출(압축)성형압력 (kg/cm²)	560~950	490	550	800~1,000	1,000~1,300	1,150~1,400	350~600	1,000~1,250	300~500	1,000~1,300	750~1,100	750~1,300	850~1,260	850~1,260	
성형수축률 (%)	0.5	1~1.7	0.4~0.8	0.2~1	0.5~0.7	0.1~0.3	0.8~1.5	0.2~1	1.5	0.2~1	2~2.5	1.1~1.7	0.7	0.5~0.7	
物理的性質 비중 (kg/cm²)	1.06	1.31~1.41	1.41~1.8	1.6~1.7	1.2~1.25	1.35~1.52	1.13	1.4	1.14	1.4	1.41	1.54	1.06	1.06~1.1	D-792
투명성 (-)	불투	불투	불투	불투	투→불투	평투→불투	평투→불투	불투	평투→불투	불투	평투→불투	불투	불투	불투	
흡수율 (23℃, 24Hr)	0.15	0.08	0.06	0.1	0.15	0.16	2.7	1.2	2.5	0.6	0.22	0.19	0.03	0.07	D-570 (24hr水中)
기계적성질 인장강도 (kg/cm²)	460~530	530~600	880~1,210	1,150~1,450	600~670	1,200~1,300	490~860	1,900	630~840	1,750~1,880	620~720	770	820	550~680	D-638
신도 (%)	17	80~300	3~5	1.4~1.5	60~100	4	200	5.8	60	5	60~75	7	20~40	50~60	D-638
굴곡강도 (kg/cm²)	670~740	840~1,030	1,370~1,930	1,700~2,200	950	1,480~2,250	560~980	2,550	880~980	2,600	910	1,270	1,160	950	D-790
압축강도 (kg/cm²)	180~770	910~1,020	1,050~1,260	1,300~1,500	880	1,000~1,500	500~910	1,280	470~880	1,310	1,120~1,270	1,270	1,160	1,150	D-695
충격강도 Izod 노치 (kg·cm/cm)	6~10	4~6	4~10	4.5~13.5	12~14	11~13	8	8.7	5.5~11	8~12	7~9	4	10	25~27	D-256
경도 (Rockwell) (R-S cale)	M96	R117	R119	M80~100	M70~R118	M93	R114	R120	R118	R120	M94~R120	M90~R118	M78~R119	M78~R119	D-785

特性	단위	ABS 일반	PBT 일반	PBT GF강화	PET GF강화	P·C 일반	P·C GF강화	NYLON-6 일반	NYLON-6 GF강화	NYLON-66 일반	NYLON-66 GF강화	Acetal 일반	Acetal GF강화	PPO 일반	NOR YI 일반	ASTM 시험방법
電氣的性質 체적저항률	Ω-cm	10^{16}	10^{16}	10^{17}	10^{16}	10^{16}	10^{16}	10^{15}	10^{17}	10^{13}	10^{15}	10^{14}	10^{16}	10^{17}	10^{17}	D-257
절연파괴전압 단시간	KV/mm	12-16	23.2	30	32-35	16	18	17	20	15	22	18.6		20	20	D-149
유전률 (10^6Hz)	-	2.4-4.7	3.1	3.1-3.4	3.8-4.0	2.9	3.0-3.5	3.9-5.5	3.6	3.0-3.5		3.4	3.7	2.5	2.6	D-150
유전정접 (10^6Hz)	-	0.011		0.02	0.02	0.016	0.007	0.008	0.02	0.023	0.02	0.021	0.006	0.0009	0.0009	D-150
내 Arc성	sec	50-85	63-190	80-130	60-125	120	115	135	90	130-140	92	129	60	75	75	D-495
熱的性質 열팽창계수	10^{-5} cm/cm/℃	8-9.4	6.5-7.4	2.5-4	2.5	6.6	3.5	8.3	2.2	9.9	3	8.5	2-4.7	5.2	5.9	D-695
UL 장기사용온도	℃	60-95	120-130	130-140		110-115	120	65-110	65-110	65-106	85-105	90-105	85-105		105-110	
열변형온도 (18.6 kg/cm² 하중)	℃	74-107	65	193-208	235	138-140	146	63	210	75	240-251	110-124	117-163	174	130	D-648
耐燃性		94HB-94VO	94HB-94VO	94HB-94VO	94HB-94VO	94HB-94VO	94V2-94V0	94HB-94V2	94HB	94HB-94VO		94HB	94HB	94V1	z94V1	D-635

3. 材料 선정의 방법

1) 使用하는 成形材料의 應用分野와 基本的 要求條件과 必要條件을 잘 고려하여 表1-8(응용분야별 선택법)에서 해당되는 數種의 후보 成形材料를 선택한다.

2) 表9~10(特徵表) 및 表11~12(特性化比較表)에 依하여 후보성형재료의 특징과

전반적인 특성의 개요를 비교하여 제품의 요구조건과 성형재료의 제품특성에 영향을 미치는 諸因子를 충분히 고려하여 적당한 후보성형 재료범위를 좁혀간다.

3) 7.3.1. 및 7.3.2에서 선택된 후보 성형재료에서 비교 검토하고 요구조건과 대비하여 적당한 성형재료 또는 종별을 결정한다.

- 성형재료 선택상의 주의

  일반요구 조건 중에 "○"印이 있는 성형재료는 그 조건에 알맞은 것을 표시한다. 그러나 이것은 각 응용분야별로 비교한 것으로서 같은 요구조건이라도 응용분야에 따라 "○" 印의 有無가 다를 때가 있다. 使用例 중에 "○" 印은 현재 일반적으로 널리 사용되고 있는 것을 표시한다.

제8장 합성수지 재질 검사 방법

Plastic 부품의 재질검사는 주로 연소시험으로 판별하지만 판별이 곤란한 것에 있어서는 용제에 대한 용해성, 비중, 원소분석 등으로 검사를 한다.

1. 연소시험

부품 또는 그의 일부를 성냥, 라이타, 분젠버너, 알콜버너 등의 불꽃 속에 넣어서 다음 사항을 잘 관찰하여 비교하여 본다.

① 시료의 상태변화(軟化, 용융, 터짐, 갈라짐의 유무)

② 연소의 난이성

③ 불꽃의 색, 그을음(연기)의 나오는 상태

④ 버너 등의 불꽃에서 시료를 꺼냈을 때도 연소를 계속하는가의 여부

⑤ 냄새를 맡는다(불꽃에서 시료를 꺼내도 연소가 계속될 때는 불을 끄고서 즉시 냄새를 맡는다).

⑥ 이 시험은 난연처리를 한 합성수지로 만든 부품에는 적용할 수 없다.

2. 용제시험

용제시험은 메틸알코올에서 오른편 시약으로 시험해 나가며 용제를 시험판에 취하고 그 속에 플라스틱시료를 넣고 시료의 상태를 관찰한다.

<표1> 플라스틱의 연소실험

시험항목	연소시험							메틸 알코올
수지명	용융 ○ 비용융 ×	용융 온도(℃)	연소의 난이	화염제거 시	화염의성질	동선에의한 화염색반응 스펙트럼	냄 새	
페놀수지	×		난연	자기소화	황색		페놀냄새	N
유리아수지	×		난연	자기소화	황색끝: 담청 선단: 백화		포르말린	N
멜라민수지	×		난연	자기소화	담황		요소냄새	N
디아릴프 탈레이트수지	×		난연	자기소화	–			N
폴리에스테르 (열경화)	×		연소	연소	황색·흑연		스티렌 모노꺼 냄새	N
에폭시수지	×		난연	–				N
폴리우레탄	×		연소	–	유연흑연			N
실리콘수지(고체)	×		연소	–				N
염화비닐수지	○	80 – 160	난연	자기소화	황색	녹색	염산	N
석산비닐수지	○	80 – 140	난연	자기소화				S
폴리비닐부틸랄	○	160 – 220	연소	연소	청색상부 황색		부패한 버터냄새	S
폴리염화 비닐리텐	○	104 – 120	난연	자기소화	황색 착화곤란	녹색	염산	N
폴리에틸렌	○	135 – 250	연소	연소	흘러떨어 지는것 연소		파라핀 냄새	N
폴리프로필렌	○	170 – 240	연소	연소	청색화염 상부황색		담콤한 냄새	N
폴리스티렌	○	130 – 220	연소	연소	황색·연		스티롤 냄새	N
ABS수지	○	150 – 220	연소	연소	황색흑연		스티롤 냄새	N
AS수지	○	150 – 240	연소	연소	황색흑연		스티롤 냄새	N
메타크릴산 메틸수지	○	150 – 220	연소	연소	청색 상부황색		아크릴 니트릴 냄새	N
폴리아미드 나일론6	○	240 – 380	난연	–			과일냄새	N
폴리아미드 나일론66	○	240 – 380	난연	–	청색 상부황색		불에탄 羊毛냄새	N

시험항목 수지명	연소시험							메틸 알코올
	용융○ 비용융×	용융 온도(℃)	연소의 난이	화염 제거시	화염의 성질	동선에 의한 화 염색반응 스펙트럼	냄 새	
섬유소 에틸셀 룰로오스	○	150 – 220	연소	연소				S
부틸아세틸 셀룰로오스	○	150 – 240	연소	연소	황색 상부청색			N
폴리아세탈	○	200 – 240	연소	연소	담황색 용융		포르말린	N
폴리카보네이트	○	250 – 300	난연	자기소화	녹색 상부황색			N
폴리 4플루오르 화에틸렌	×		난연	자기소화	변형			N
열가소성섬유강 화 폴리에스테 르(FR – PET)	○	250	연소	연소	황적색 흑연			N
폴리페닐렌옥 시드	○	260 – 400	난연	자기소화				N

및 용제시험표

용 제 시 험								
아세톤	벤젠	톨루엔	m – 크레졸	트리클렌	4염화탄소	테트라히 드로푸란	포름산	물
N	N	N	N	N	N		팽윤분해	N
N	N	N	자촉분해	N	N	N	자촉분해	N
N	N	N	N	N	N	N	N	N
N	N	N	S	N	–	N	N	N
N	N	N	분해	N	N	N	N	N
N	N	N	N	N	N	N	분해	N
N	N	N	N	N	N	–	–	N
N	N	N(油S)	N	N	N	–	–	N
N	N	N	N	N	N	S	N	N
S	S	S	S	S	–	S	S	N
–	–	–	–	N	N	–	–	N
N	N	N	N	N	N	N	N	N
N(열S)	N(열S)	N	N	N	N	N	N	N
N	N	N	N	N	N	N	N	N

용 제 시 험								
아세톤	벤젠	톨루엔	m-크레졸	트리클렌	4염화탄소	테트라히드로푸란	포름산	물
S	S	S	N	S		-	-	N
자촉	자촉	자촉	-	S	자촉	-	-	N
		N	N	N		-		N
S	S	-	-	S	N	N		N
N	N	N	N	N	N	N	분해	N
N	N	N	N	N	N	N	분해	N
S	-	N	N	S	S	-		N
S	-	-	-	S	N			N
N	N	N	N	N	N	-	N	N
N	N	N	N	S	S	-	-	N
N	N	N	N	N	N			N
N	N	N	S	-	-	-	-	N
N	N	N	S	-	-		N	-

※ S: 용해 N: 불용해

표 2

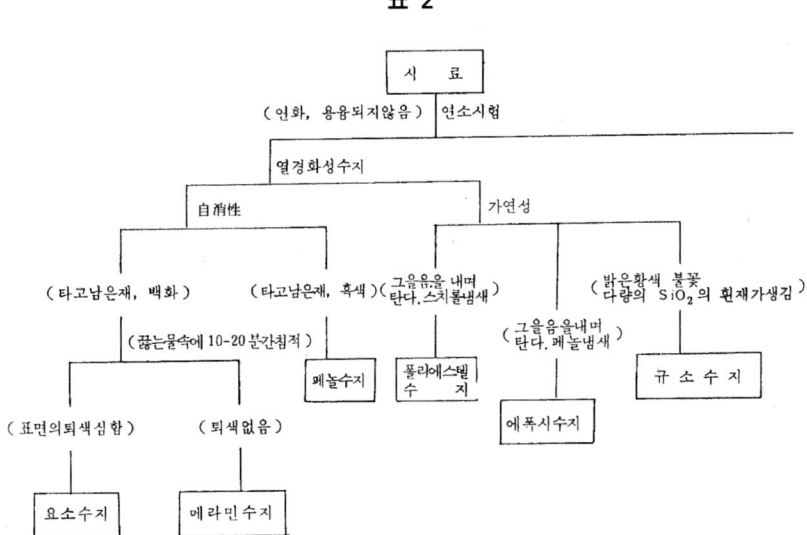

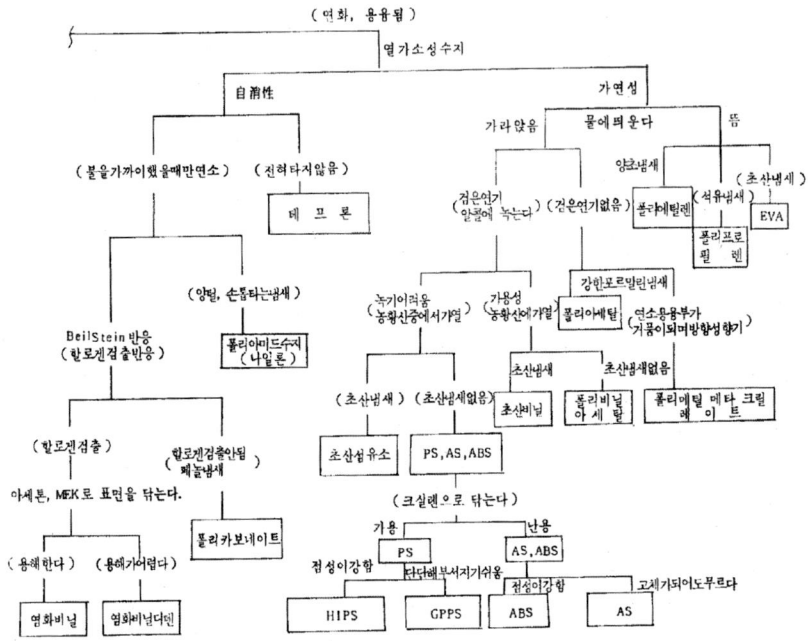

사출성형 공정은 ⅰ) filling stage, ⅱ) packing stage, ⅲ) holding stage로 구분할 수 있으며 수지를 loading하기 위한 back pressing 공정이 있다.

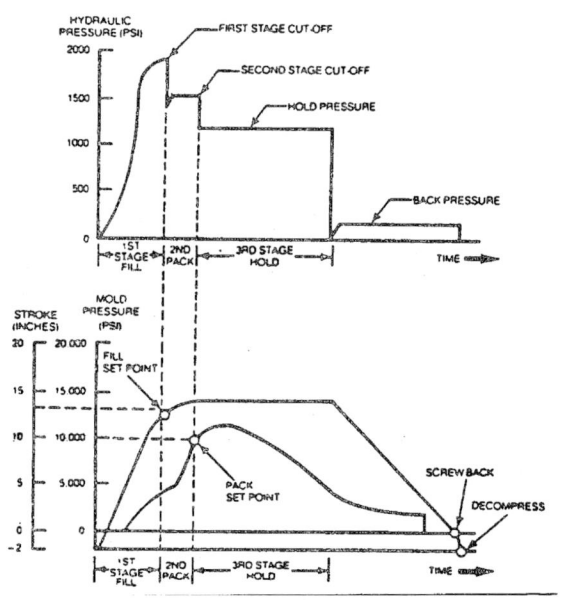

그림 9-1 3단계 사출성형 공정

수지가 금형의 Cavity를 충진 시키는 데에는 3단계가 있다. 즉 ⅰ) Filling phase, ⅱ) Pressurisation phase, ⅲ) Compensating phase가 있는데 Pressurisation phase에서 가압에 의해 15% 증량시키거나 보통 수지의 냉각 시 체적 변화가 약25% 정도이므로 나머지 잔여 체적수축은 Compensating Phase에서 보완하여 수축을 방지한다.

1. 수지의 Cavity 충진

응용된 수지가 Sprue, Runner, Gate를 통과하여 Cavity로 흐름에 따라 그 벽면에는 급냉한 표면층이 형성된다. 이 표면층은 급냉에 의해 Shear stress나 Orientation 정도가 매우 낮으며 용융된 수지와 마찰열을 일으킨다. Inj. Rate가 마찰열에 지배적인 영향을 주므로 높아질수록 발생된 열에 의해 표면층 두께가 얇아지며 금형온도나 수지온도를 높이면 표면층 두께가 얇아진다.

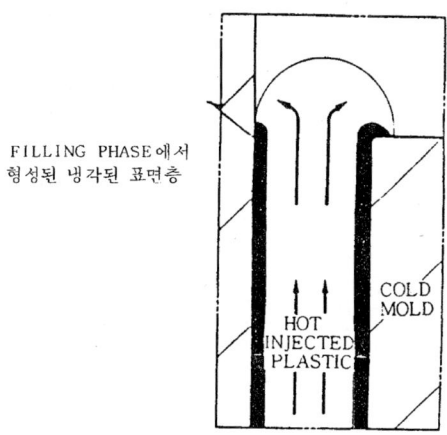

FILLING PHASE에서
형성된 냉각된 표면층

COLD MOLD

HOT INJECTED PLASTIC

그림 9-2. 수지의 Cavity내 수지거동

2. 잔류응력

잔류응력은 기계적, 열적 영향에 의해서 발생되며 성형품에 이방성을 주어 뒤틀림 현상, 수축률 및 기계적 성질의 이방성을 초래한다.

● 금형 Cavity 내에서의 비등은 Flow에 의한 Shear, Normal stress에 기인해서 발생되는 "Residual flow stress"와

● 급냉과정에서 수반된 불균등한 밀도변화에 기인해서 발생되는 "Residual thermal stress"가 복합되어 발생되는 복잡한계이므로 해석은 거의 불가능한 상태이다.

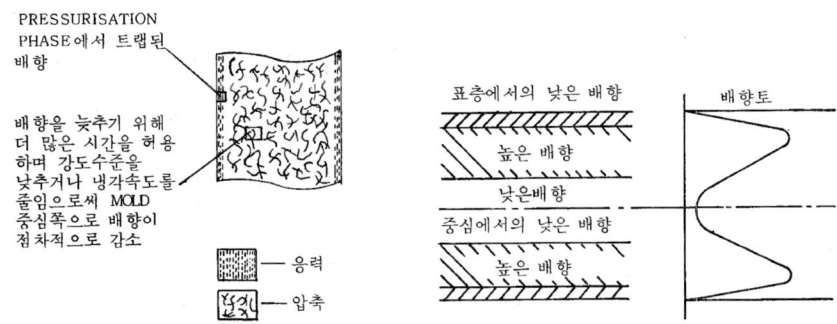

PRESSURISATION PHASE에서 트랩된 배향

배향을 늦추기 위해 더 많은 시간을 허용하며 강도수준을 낮추거나 냉각속도를 줄임으로써 MOLD 중심쪽으로 배향이 점차적으로 감소

▦ — 응력
▩ — 압축

표층에서의 낮은 배향
높은 배향
낮은배향
중심에서의 낮은 배향
높은 배향

배향토

그림 9-3 잔류응력 형성 과정

1) 충진 상태에서의 잔류응력

충진 상태에서는 표면 냉각층이 형성되는데 표면층의 금형쪽은 Shear rate가 없고 용융수지와 접촉된 부분의 Shear rate, Stress가 최대가 되어 용융수지 흐름이 멈추게 되면 분자배향(molecular orientation)이 고정되게 된다. Cavity의 Core 부분은 Shear rate, Stress가 매우 낮고 분자배향이 Relaxation될 수 있으므로 수지 흐름이 멈출 경우 양자의 불균형으로 Residual flow stress가 발생하게 된다. 이는 Flowrate, 금형 및 수지 온도, 압력, 물질에 따른 함수관계에 있으며 뒤틀림의 원인이 되고 있다.

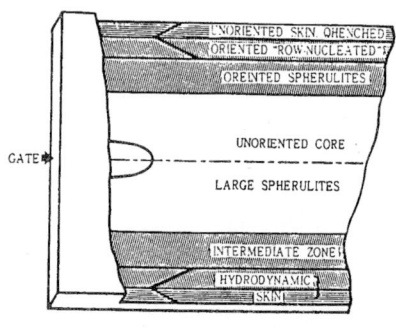

UNORIENTED SKIN QUENCHED
ORIENTED "ROW-NUCLEATED"
ORIENTED SPHERULITES
GATE
UNORIENTED CORE
LARGE SPHERULITES
INTERMEDIATE ZONE
HYDRODYNAMIC SKIN

그림 9-4
Semi-crystalline 수지의
morphology

2) Pressurisation phase에서의 잔류응력

Pressurisation phase에서는 금형 압력이 형성됨에 따라 Flow rate가 떨어지고 표면 냉각층 두께가 두꺼워진다.

3) 보압상태에서의 잔류응력

보압상태에서는 용융수지 흐름이 불안정하여 River delta 현상을 나타낸다. 이 현상은 실린더 온도의 민감한 변화가 본질적인 불안정성에 기인하여 증폭되어 발생한다. River delta flow는 분자배향을 매우 높혀 냉각된 부분과 수축률 차이로 커다란 tension을 주어 뒤틀림을 초래한다. 플라스틱 잔류응력의 대부분은 보압상태에서 발생하므로 Cavity가 완전히 충진될 때까지 어느 부분도 Overpacking되지 않도록 Design이 필요하다. 이를 Flow balancing principle이라 한다.

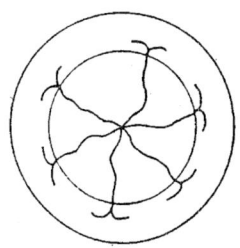

그림 9-5 River delta

3. 성형 조건에 의한 영향

수지 충진 시 용융수지는 금형과의 열전도에 의해 열손실을 갖고 Cavity 표면층과의 마찰로 열을 발생시켜 이의 차이로 실제온도가 변화한다.

그림 9-6에서 보는 바와 같이 용융수지가 상승함에 따라 Cavity를 충진시키는데 요구되는 압력과 Stress가 급강한다. 금형온도를 상승시키는 것도 유사한 영향을 주나 그 정도가 약하다. 그러나 냉각시간에는 그 영향이 더 크다.

그림 9-7에서 충진시간에 따른 압력의 변화를 도시하였다.

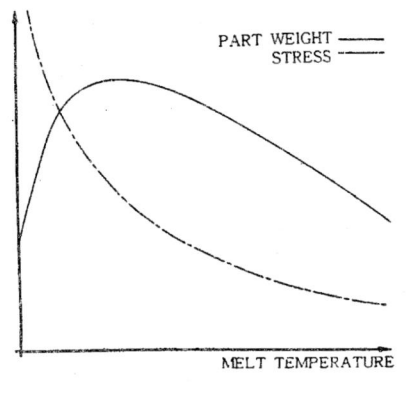

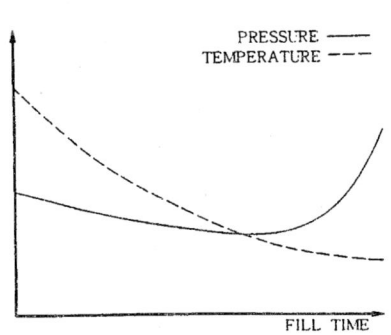

그림 9-6 수지 온도가
Stress에 미치는 영향

그림 9-7 충진시간의 영향

　Inj. rate가 높을 경우에는 Shear rate가 높아지며 충진에 요구되는 압력도 높아진다. 반대의 경우는 Shear rate가 떨어지거나 열손실이 커져 점도가 증가한다. 충진시간이 짧아지면 Flow rate가 높아져 압력이 증가하고 길어지면 열손실에 의한 고점도로 또한 압력이 높아지므로 최소의 압력이 요구되는 최적 조건이 존재한다(그림9-7).

　수지흐름 초기에는 열손실이 될 틈이 없으므로 Share rate에 의해 Stress가 결정되며 점점 감소되다. 수지흐름 말기에는 동일 Inj. speed에서 그림 9-8과 같은 현상을 보인다.

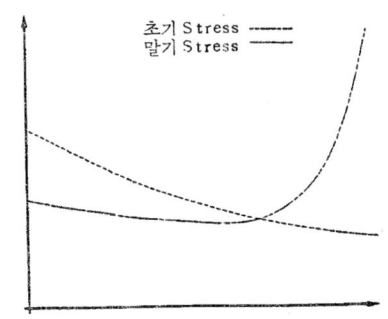

그림 9-8 수지유동 시점과 충진완료 시의 영향

상술한 바에 의하면 수지온도는 Stress 감소와 분해현상을 고려하고 금형온도는 Stress, 냉각시간, 표면상태를 참작하며 충진시간은 weld 부분이 취약하지 않을 정도로 느린 범위 내에서는 최적조건을 결정해야 한다.

4. 복잡한 금형내 수지흐름

1) 뒤틀림 현상

뒤틀림 현상은 수지의 흐름이 나쁠 때 발생하는 현상으로 그 원인은 4가지가 있는데 i) 수축률 차이, ii) 결정화도 차이, iii) 냉각속도 차이, iv) 과충진현상을 들 수 있다. 수축률 차이는 수지 보강제 및 분자배열에 의해서 발생하는데 배향된 부분의 수축률이 크다.

결정화도의 차이는 냉각속도가 늦은 부분에 결정화도가 높아지는 현상인데 그 부분은 수축률이 증가하게 된다. 냉각속도의 차이는 금형온도가 균일한 경우 용융수지의 차가운 부분이 더운 부분에 Tensile stress를 작용하여 뒤틀림 현상을 나타나게 하며 과충진현상은 기 서술된 "River delta flow"에 의해 Warpage를 일으킨다.

2) Racetrack 현상

성형품의 그림 9-9에서 보는 바와 같이 Base 부분에 비해 두꺼운 Rim이 있어 Rim을 완전히 충진 후 Base를 채울 경우에는 Base에서 용융수지가 만나는 곳에 기포가 생길 수 있다.

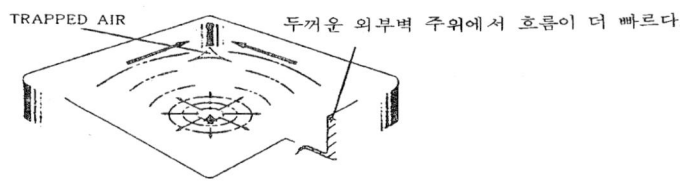

그림9-9 Racetrack 현상

3) 사출속도 변화

성형품이 양쪽으로 두꺼운 부분과 얇은 부분이 그림 9-10에서 표시한대로 공존할 경우에 사출속도를 낮추면 열손실이 커져 얇은 부분이 미성형되기 쉽고, 사출속도를 높히면 마찰열에 의한 열발생이 커져 두꺼운 부분이 오히려 미성형될 가능성이 있다.

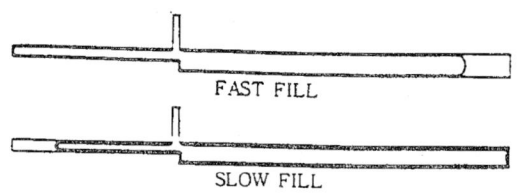

그림 9-10 사출속도에 의한 영향

4) Underflow 영향

그림 9-11에서와 같이 각 Gate에서 나온 수지가 Cavity 내에서 만나면 일단 흐름이 멈춰져 냉각이 되었다가 다시 용융되어 역류현상이 발생하는데 이는 성형품 표면 불량과 구조적 결점을 초래한다.

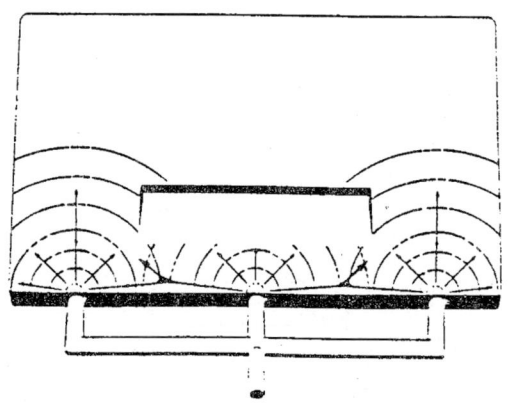

그림 9-11 Underflow 현상

5) Hesitation effect

성형품의 두께가 불균일할 경우 두꺼운 부분을 용융된 수지가 충진되는 동안 얇은
부분에 이미 부분적으로 충진된 수지가 냉각되고 두꺼운 부분에 충진 완료 후 얇은
부분의 냉각된 수지쪽으로 섞이면서 충진되어 문제점을 발생한다.

6) Weld–Line과 Meld–Line

Weld line은 그림 9-12에서 보는 바와 같이 반대방향의 flow가 만나는 지점에서
각 flow가 거의 냉각된 상태에서 서로 균일하게 섞이지를 못하며 Crack 발생지점이
된다. Meld Line은 각각의 용융된 수지가 용융된 상태에서 서로 평행방향으로 만나는
부분으로 Knit Line이라고도 칭한다.

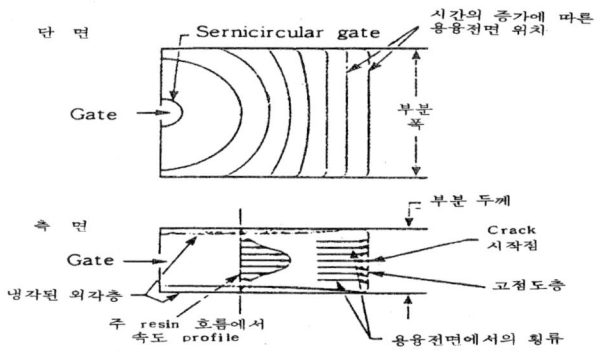

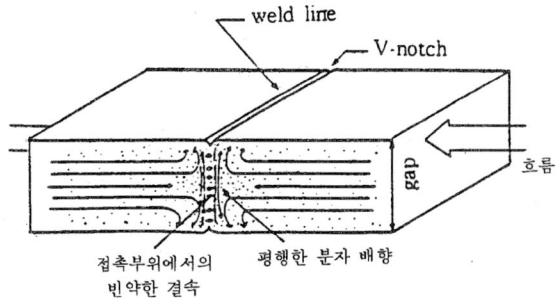

그림 9-12 Weld line 내부구조

7) Sink mark

성형품의 두꺼운 부분에 냉각 시 열적인 체적 감소로 발생하는 현상으로 주로 Rib, Boss 등에 발생한다. 사출성형 냉각 시 수지의 체적 감소율을 통상 25%로 사출압으로 약 15%는 압축할 수 있으나 잔여 체적 감소분은 Compensation flow로 Packing 하여야만 한다.

8) 다방향 수지흐름

용융수지가 Cavity에 완전히 충진되기 전 Cavity의 끝부분에 수지 흐름이 닿으면 다방향으로 배향을 일으켜 Flow mark, Stress, Warpage 현상을 발생시킨다.

9) 설계 시 기초원리

- 용융수지가 1방향으로 충진되도록 하여 1방향 배향이 되도록 한다.
- 각 수지흐름이 동시에 충진되고 같은 압력이 걸리도록 한다.
- 효과적인 충진을 위해 수지흐름에 $\triangle P / \triangle L$이 항상 일정하도록 한다.
- 충진 시 Share stress는 수지에 따라 수지특정에 표시된 것 이하가 되도록 한다.
- 뒤틀림 현상을 방지하기 위해 냉각속도를 균일하게 한다.
- 피할 수 없는 Weld, Meld line의 위치를 선정한다.
- Hesitation 효과를 없애기 위해 두꺼운 부분과 얇은 부분이 만나는 곳에서 되도록 이면 먼 곳에 Gate 위치를 설정한다.
- Underflow 효과를 없애도록 충진 완료 시에 만나도록 Gate 위치를 설정한다.
- 수치흐름의 균형을 위해 Flow leader나 Flow deflector를 사용한다.
  Flow leader - 부분적으로 두께를 증가시킨 홈
  Flow deflector - 부분적으로 두께를 감소시킨 홈
- 실린더에 오래 체류하여 수지온도를 올리는 것은 분해 가능성이 있으므로 Runner 에서 마찰열을 발생시켜 Stress를 떨어뜨리도록 Runner를 설계하되 Back flow를 방지할 수 있을 정도로 작게, Overpacking되지 않을 정도로 크게 하는 범위에서 정한다. 또한 Scrap량이 가능한 한 작게 되도록 한다.

5. 수지 특성

MATERIAL DATA

Material Code type		MoldTempoC	Barrel Melt Temp Range oC	Max.Melt oC	StressMaxx 1000	ShearRate x1000
ABS	−Acrylonitrilebutadeine styrene	60	200 − 260	280	300	50
ABS	−도금 grade	60	200 − 260	260	200	30
AP	−Aromatic Polyster					
EVA	−Ethylene Vinyl Acetate	20	140 − 220	220	100	30
GPPS	−Polystyrene(general purpose)	20	180 − 260	280	250	40
HIPS	−High impactpoly Styrene	20	200 − 260	280	300	40
LDPE	−Low densitypolyethylene	20	180 − 240	280	100	40
PA6	−Nylon6	80	230 − 280	320	500	60
PA66	−Nylon66	80	270 − 320	360	500	60
PA12	−Nylon612	80	230 − 280	320	500	60
PBT	−Polybuteneterephthalate	60	220 − 260	300	400	50
PC	−Polycarbonate	60	280 − 320	320	500	40
PES	−Polyethersulphone	150	310 − 400	400	500	50
PET	−Polyethylene	80	280 − 310	340	500	*
PMMA	−Polymethylmethacrylate	60	240 − 260	280	400	40
POM	−Polyoxymethylene polyformaldehyde(acetal)	60	190 − 230	240	450	*
PPO	−Polyphenylene Oxide(modified)	80	260 − 300	300	450	*
PPS	−Polypnenylenesulphide	100	310 − 340	360	500	50
PP	−Polypropylene	20	200 − 240	280	250	100
PSU	−Polysulphone	100	330 − 400	420	500	50
PUR	−Polyurethane	20	190 − 220	260	250	40
FPVC	−Flexible polyvinylchloride	20	140 − 200	*	150	20
RPVC	−Rigid polyvinylChloride	20	140 − 200	*	200	20
SAN	−Styrene crylonitrile	60	220 − 260	280	300	40
UP	−Unsaturatedpolyester	60				

범례 MOLD oC: 전형적인 성형온도(℃)

Barrel Melt: 전형적인 barrel 온도범위(Cavity로 들어가는 온도에 대해 20℃를 더한다)

MAX Melt ℃: 감소되기 전의 최대 공정온도(Barrel temperature)

MAX STRESS × 1000: Cavity에서 최대응력(MPa)

SHEAR RATE × 1000: Gate에서 최대 전단속도(sec^{-1})

전형적인 전단속도 범위: Runner 1000 −20,000 Gate 10,000 −100,000 Cavity 100 −5000

*주) 이 수치는 재료 공급자마다 그리고 등급마다 다르기 때문에 단지 지침으로써 주어진다. 명확한 자료를 위해서는 재료 표본이나 자료집을 점검한다.

6. 수축률

성형품의 수축률을 성형품의 기하학적 형상, 금형상의 문제, 성형조건 변화로 구분하여 살펴보면 그림 9-13에 표시한 바와 같다.

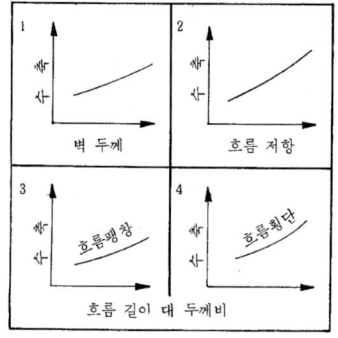

(a) part geometry의 함수로서의 수축

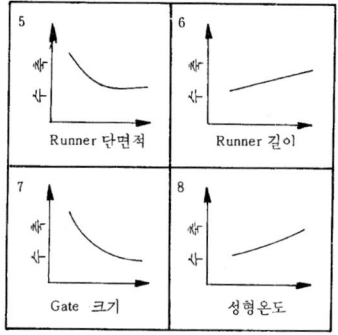

(b) 성형변수의 함수로서의 수축

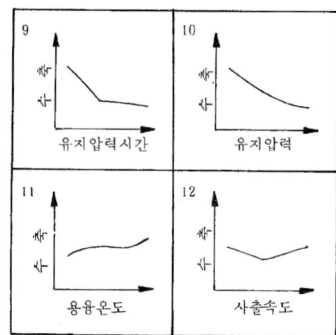

(c) 성형조건들의 함수로서의
수축

그림 9-13 수축률 변화

7. 냉 각

금형내에서의 수지냉각은 Fourier's law의 열전도식으로 표현된다.

$$\rho C \frac{\partial T}{\partial t} = K[\frac{\partial^2 T}{\partial x_1^2} + \frac{\partial^2 T}{\partial x_2^2} + \frac{\partial^2 T}{\partial x_3^2}]$$

결정성 수지의 경우에는 $\triangle H.dx / dt$가 첨가된다. 여기서 $\triangle H$는 용융열이며 dx / dt는 결정화 속도이다. 그러나 금형 내에서는 주로 수지에서 금형으로의 열전도가 대부분 이므로 다음과 같이 간추려진다.

$$\frac{\partial T}{\partial T} = \frac{K}{\rho C} \frac{\partial^2 T}{\partial x_2^2}$$

균일한 용융수지 온도(Tm)가 균일하고 금형온도(Tw) 및 열전도도(K / ρC)가 일정하 다고 가정하면 온도분포가 다음과 같다.

$$\frac{T - Tw}{Tm - Tw} = \frac{4}{\pi} \Sigma \frac{1}{(2n+1) e^{\frac{-(2n+1)^2 \pi a T}{4H^2}}} \cdot \sin \frac{(2n+1) \cdot \pi \times 2}{2H}$$

여기서 a는 K / ρC이다.

Cavity 중앙 부분이 용융온도에서 sealing 온도(Ts)까지 냉각되는데 소요되는 시간 은 다음과 같다.

$$Ts = \frac{4H2}{\pi^2 a} 1n[\frac{4}{\pi} \frac{Tm - Tw}{Tc - Tw}]$$

여기서 Fourier number($a Ts / (2H)^2$)인 무차원 변수가 고화시간에 중요함을 알 수 있다.

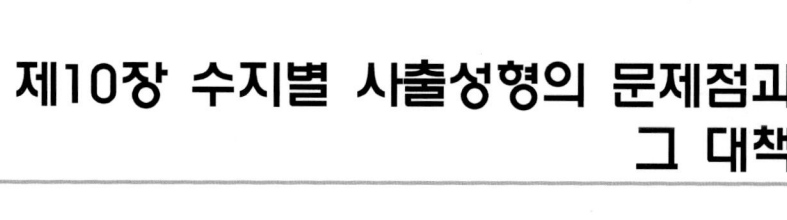

제10장 수지별 사출성형의 문제점과 그 대책

1. ABS 수지

불량현상	원 인	대 책
1. 충전부족 (Short-Shot): 금형내에수지가완전히충전되지않은상태에서냉각응고되는현상	1) 형기의 용량부족	① 용량, 가소화능력이 큰 성형기를 사용한다.
	2) 수지의 유동성 (流動性) 부족	① 실린더(Clyinder)온도를 올린다. ② 사출압력을 올린다. ③ 사출속도를 낮춘다. ④ 금형온도를 올린다.
	3) 유동저항 (流動抵抗)	① 노즐(Nozzle)입구를 크게 한다. ② 스프루(SPrue), 러너 (Runner), 게이트(Gate)를 크게 한다. ③ 러너 및 게이트 길이를 짧게 한다. ④ 게이트 위치를 조절한다. ⑤ 콜드 스러그 웰(Cold slug well)을 설치한다.
	4) 배기불량	① 사출속도를 낮춘다. ② 배기구(排氣構)를 설치한다. ③ 게이트 위치를 조정한다.
	5) 수지의 공급불량	① 사출속도를 낮춘다. ② 호퍼(Hopper)하부의 실린더 온도를내린다. ③ 사출시간을 길게 한다. ④ 펠렛형상이 균일한가 확인한다.
2. 플래시(Flash): 금형접합 부분 등의 틈새에서 재료(수지)가 빠져나와 굳어버리는 현상	1) 금형불량	① 금형 접합 불량을 수정한다. ② 접합면에 이물을 제거한다.
	2) 금형 결합력 부족	① 결합력을 올린다. ② 사출압력을 내린다. ③ 사출시간을 짧게 한다.
	3) 유동성(流動性)이너무　좋은 경우	① 실린더 온도를 내린다. ② 사출압력을 내린다. ③ 금형 온도를 내린다.

불량현상	원 인	대 책
3. 형(型) 수축(SinkMark): 꺼짐 현상	4) 수지 공급량의 과다	① 수지 공급량을 감소시킨다.
	1) 압축 불량	① 수지공급량을 증가시킨다. ② 사출속도를 빨리한다. ③ 사출압력을 올린다. ④ 사출시간을 길게 한다. ⑤ 스프루, 러너, 게이트를 크게 한다. ⑥ 게이트 위치를 수정한다. ⑦ 용량이 큰 성형기를 사용한다.
	2) 수축량이 많은 경우	① 실린더 온도를 내린다. ② 금형온도를 내린다.
	3) 냉각의 불균일	① 금형온도를 균일하게 한다. ② 금형의두께를 균일하게 한다.
4. 파상흔적 (Flow Martr): 흐름의. 자국이 생기는 현상	1) 수지의 점도(粘度)가 높다.	① 실린더 온도를 올린다. ② 사출속도를 올린다. ③ 금형온도를 올린다. ④ 콜드 슬러그 웰(cold Slug well)을 설치한다. ⑤ 스프루(Sprue), 러너(Runner), 게이트(Gote)를 크게 한다. ⑥ 게이트 위치를 수정한다.
	2) 수지온도가 불균일하다.	① 노즐(Nozzle)의 온도를 올린다. ② 노즐의 입구를 크게 한다.
	3) 금형온도가 불균일하다.	① 금형, 냉각계통을 수정한다. ② 금형의 두께를 균일하게 한다.
5. 은색흔적 (Silver Streak); 성형품 표면에 수지의 흐름 방향으로 나타나는 은색 줄	1) 수분(水分) 함유	① 실린더 온도를 내린다.
	2) 휘발성분 함유	① 수지의 건조를 충분히 한다. ② 금형온도를 내린다. ③ 스크류(screw)회전수를 줄인다. ④ 배기압력을 올린다. ⑤ 배기구를 설치한다. ⑥ 금형 모양을 수정하고 두께 변화를 적게한다. ⑦ 용량 및 가소화 능력이 큰 성형기를 사용한다.
	3) 수지온도가 낮다.	① 노즐, 스프루, 러너, 게이트를 크게 한다. ② 게이트 위치를 수정한다. ③ 콜드 슬러그 웰을 크게 한다.
	4) 금형면의 수분이나 이형제(離型劑)의 영향	① 금형면에 수분이나 이형제를 제거하고 냉각수의 유출을 막는다.
	5) 수지의 분해	① 펠렛의 형상을 균일하게 한다.
	6) 다른 종류의 수지 혼입	① 다른 종류의 수지 유입을 막고 실린더청소에 주의할 것.
6. 표면의 이색 흔적	1) 휘발성분의 영향	① 실린더 온도를 내린다. ② 사출압력을 올린다. ③ 사출시간을 길게 한다. ④ 노즐, 스프루, 러너, 게이트 등을 크게 한다. ⑤ 수지의 건조를 철저히 한다.
	2) 이형제(離型劑)의 영향	① 금형면의 이형제를 제거해 본다. ② 이형제 사용량을 줄인다.

불량현상	원 인	대 책
7. 웰드라인(weld Line)	1) 수지의 분산유입	① 게이트 위치와 숫자를 수정한다. ② 금형의 얇은 부분을 수정한다.
	2) 유동성(流動性) 부족	① 수지온도를 올린다. ② 금형온도를 올린다. ③ 사출압력을 올린다. ④ 사출속도를 줄인다. ⑤ 노즐, 스프루, 러너, 게이트를 크게 하고 러너와 게이트 길이는 짧게 한다.
	3) 공기 및 휘발성분	① 금형면의 이형제(離型劑)를 제거한다. ② 배기구를 설치한다. ③ 수지의 건조를 충분히 한다.
8. 이형불량(離型不良)	1) 과충전(過充塡)	① 사출압력을 내린다. ② 실린더온도를 내린다. ③ 사출시간을 짧게 한다.
	2) 금형불량	① 이형제를 사용한다. ② 고정측과 가동측의 금형온도를 조절한다. ③ 이형 핀(Ejector pin)을 조절한다.
9. 기타 표면불량	1) 광택불량	① 이형제 사용량을 줄인다. ② 사출압력을 올리고 사출속도를 빨리한다. ③ 실린더 및 금형온도를 올린다.
	2) 외관의 흠 및 손상	① 금형의 언더 컷(Under-Cut)부분을 연마한다. ② 금형재료를 경질재로 바꾼다. ③ 실린더 온도를 적절히 보수 수정한다.
	3) 색상의 변화가 심하다.	① 실린더 온도를 낮춘다. ② 금형온도를 올린다. ③ 이물(異物)의 혼입 여부를 점검한다. ④ 재료의 예비건조를 충분히 한다. ⑤ 게이트, 스프루, 러너를 크게 한다. ⑥ 게이트를 짧게 한다.

2. PS사출성형의 불량현상과 대책

사출성형의 문제점은 금형을 교체하거나, 새로운 원료를 성형할 때 자주 발생하며 통상적인 성형작업과정에서도 발생할 수 있다.

1) 사출성형 시에 발생하는 불량현상의 분류와 대비책문제점의 원인은 다음과 같다

  ○ 기계
  ○ 금형

    ○ 작업조건

         시　간

         온　도

         압　력

    ○ 원료

    ○ 성형품설계

    ○ 관리

　사출성형 작업에서 가장 이상적인 것은 위와 같은 원인으로 발생한 문제를 해결하는 것보다 문제를 미연에 방지하는 것이다. 문제를 미연에 방지하고 나아가서 작업과정에서 발생할 수도 있는 문제를 신속, 정확히 해결하기 위해서는 다음과 같은 관리가 필요하다.

① 품질관리가 중요하다.

　문제점을 해결하기 전에 문제점이 무엇인지를 정확히 알아야 한다. 문제점을 알기 위해서는 철저한 품질관리가 필요하다. 품질관리는 고객이 제품에 대해 문제점을 지적했을 때 시작해서는 안 된다. 원료의 구매에서 제품으로 완성되어 판매될 때까지의 모든 과정을 관리하여야 한다.

　설비가 부적합하고 효과적이지 못하며 지속적인 관리계획이 없다면 일정한 상태의 우수한 품질을 갖춘 사출성형품을 얻기 힘들다.

　금형은 항상 좋은 상태로 유지해야하며 금형온도조절기, 표면연마장치, 마무리손실도구 및 각종 계측기와 같은 보조장비도 쉽게 이용할 수 있어야 한다.

② 철저한 관리가 필요하다.

　작업장은 양호한 조명, 깨끗하고 조용하며 편안한 작업환경, 최대한의 안전 보장 등이 필요하다. 성형공장에서 청결을 유지하기란 쉬운일이 아니다. 흩어진 수지가루, 유압장치에서 새어나온 기름, 바닥에 설치된 여러 가지 기구 등이 좋은 관리를 어렵게 만드는 요인이 될 수 있다.

　그러나 관리소홀로 인해 발생할 수도 있는 제품의 불량요인과 위험, 유해요인들은 철저한 관리를 통해 반드시 제거되어야 한다.

③ 대화가 중요하다.

　대화의 부족과 기록소홀은 성형 시에 문제발생의 요인이다. 기술이 거의 없는 사람도 사출성형조작을 할 수 있으나 이러한 조작자들과 효과적으로 대화를 하기란 매우 어렵다.

적당한 교육없이는 이해하기 어려운 정보에 관해서 대화해야 할 때 특히 어려우므로 작업자의 수준을 높일 수 있을 때까지 사내훈련에 세심한 신경을 기울여야 할 것이다.

④ 성형조건이 정확히 관리되어야 한다.

성형된 성형품은 성형 시 원료에 가해지는 온도, 시간, 압력의 결과이다. 실제로 성형에서 온도, 압력, 시간의 평형조건은 불확실하며, 지극히 상호의존적이다.

예를 들어서 작업자가 성형 시에 작업정지 시간을 길게 할 경우 원료의 온도가 변화되면서 이때 온도가 필요이상 올라갈 경우 열화와 연소를 일으킬 수 있다. 온도가 높으면 원료의 점도가 낮아져 과충전으로 인한 flash를 발생시키며, 압력을 더욱 효과적으로 전달하게 되어 금형의 과충전에 의한 점착현상(Sticking)도 일으킬 수 있다. 따라서 작업자는 금형을 청소하기 위해 기계를 멈추어야 하고 실린더를 깨끗이 닦아낸 후 성형을 다시 시작해야 한다.

이때 원료가 처음 몇 차례 사출될 동안에는 너무 차서 금형을 완전히 채우지 못하고 수축을 발생시키며 금형온도에 영향을 미칠 수 있다.

따라서 문제점을 해결하려고 시도하기 전에 다음과 같은 조건에 대한 주의 깊은 관리가 필요하다.

- ○ 일정한 기계조작
- ○ 일정한 온도조절
- ○ 일정한 금형조작
- ○ 일정한 Cycle Time

위와 같은 조건으로 용융수지를 캐비티에 균일하게 충전하는 것은 단일 캐비티 금형에서도 중요하지만 다(multi) 캐비티금형에서 더욱 중요하다. 하나의 캐비티를 다른 캐비티보다 먼저 충전하면 먼저 충전된 캐비티의 Gate가 굳어서 완전히 충전시킬 수 없을 것이다. 캐비티의 충전이 너무 늦으면 과충전을 야기해 점착현상을 일으키고 과중한 내부응력을 받게 된다. 때문에 휨현상과 수축현상도 서로 상이하게 나타날 수 있다.

어떤 캐비티가 충전되기 시작하고 Gate가 굳은 후 연이은 (2차)압력으로 Gate가 충전되기 시작하고 Gate가 다시 열려 충전을 시작한다. 이것을 방해충전(Interrupted filling)이라 부르며 여러 종류의 문제를 야기한다. 조작자에 의해서 야기되는 문제와 기계에 의해서 야기되는 문제들은 다음과 같다.

- 형체력 용량
- 가소화 용량 및 가소화 형식
- 이형방법

그러나, 이중에서 작업자가 직접적으로 조절할 수 있는 것은 없다. 용융수지의 온도 대신에 실린더와 노즐의 온도를 측정하고 실린더, 금형, 노즐내의 용융수지의 압력보다는 사출실린더 후부의 오일압력을 측정한다. 성형 시에 발생하는 문제점에 영향을 미치는 작업조건은 크게 시간, 온도, 압력으로 나눌 수 있다.

"시간"은 다음과 같은 요인에 의해 영향을 받는다.

- 주기지연시간(cycle delay time)
- 사출속도(injection speed)
- 사출전진시간(injection forward time)
- 스크류회전시간(screw rotation time)
- 냉각시간(curing time)
- 형판가동시간(platen motion time)
- 성형물 이형시간
- 사출기 작동문 개폐시간(time to open and close gate)

"온도"와 관련된 인자의 몇 가지를 보면,

- 실린더 온도
- 노즐 온도
- 금형 온도
- 호퍼내의 원료온도
- 대기온도(실내온도)
- Oil온도

성형에서의 문제가 온도와 결부된다면 기계의 온도조절기구를 검사하는 것이 좋다. 온도감지장치(Thermocouple)는 주기적으로 끊는 물을 사용해서 사용오차(실제온도와 감지온도차이)를 반드시 보정해주어야 한다. 또한 band heater일 경우 정기적으로 각 band를 전류계로 check 해야 하고 연속접속장치(Relay)가 가열장치에 설치되어 있는 경우에도 주기적인 검사를 실시해야 한다.

"압력"의 영향은 다음에서 발견된다.

- clamp압력(형체압)
- 사출압
- 스크류염력(Torque)
- 스크류속도
- 배압
- 스크류의 구조
- 원료공급

다른 하나의 중요한 인자는 "원료"와 관계있는 문제들이다.

- 점도-온도특성
- 점도-전단력 특성
- 고화온도
- 결정화 특성
- 원료의 형태 및 크기
- 이형성
- 착색제
- 첨가제
- 원료공급을 원활히 할 수 있는 외부 윤활특성
- 기계적 성질

2) 불량현상을 해결하기 위한 장비와 업무원칙

문제점 해결에 필요한 기본 장비로는 다음의 것들이 있다.

① 금형과 실린더온도 및 원료 온도를 측정하기 위한 온도계
② 전압계, 전류계, 저항계
③ 초시계
④ 마이크로미터, 버어니어 캘리퍼스, 자
⑤ 저울
⑥ 확대경
⑦ 칼
⑧ Birefringence(편향)를 검사하는 편광판

⑨ 성형품에 표시하기 위한 필기구(유성펜, 색연필) 견출지

⑩ 성형조건, 상태, 결과를 기록할 수 있는 기록표

문제점을 해결하기 위해서는 업무를 진행하는데 다음과 같은 몇 가지 기본 원칙들이 있다.

① 실행하기 전에 생각한다.

② 다른 사람과 상의한다.

③ 어떤 일이 발생했으며 무엇을 기대하는지를 상의한다.

④ 한번에 한 가지씩 시도할 것이며 변화의 결과가 나올 때까지 계속한다.

⑤ 가능하면 양산상태를 면밀히 관찰해 본다.

⑥ 다른 사람의 경험을 이용하고 작업에 관련된 직반장, 금형설치 및 작업조건 관리자 품질관리자 작업자의 조언을 받는다.

⑦ 성형된 부품, 금형, 원료 및 기계를 시각적으로 주의 깊게 조사한다.

⑧ 조건수정을 하여야 할 경우 원상태로 가장 복귀시키기 쉬운 조건부터 바꾸고 (금형을 변경하기 보다는 성형조건) 가장 쉽게 바꿀 수 있는 것을 먼저 변경해 본다.

⑨ 반드시 해보아야 할 것이 있으면 시간에 관계없이 하라. 예를 들면 제품의 오염이 실린더에서 발생하는 요인으로 판단되면 실린더를 해체하여 그 요인을 없애거나 금형을 다른 기계로 옮겨야 한다. 두 가지 모두 시간을 소비하는 일이다. 그러나 빨리 시작하면 문제도 빨리 해결될 것이다.

⑩ 판단을 정확히 한다.

어떤 일을 실행에 옮기기 전에 문제의 요인이 될 수 있는 가능영역을 좁혀야 한다. 즉, 기계, 금형, 작업조건, 재료 부품설계 및 관리로 나누어서 생각하는 것이 좋다. 몇 가지 간단한 방법을 보면,

① 원료를 바꾼다. 같은 원료회사, 다른 원료회사 혹은 재생공장 등으로부터 구입한 다른 원료로 시도한다. 똑같은 문제가 반복되면 원료의 문제가 아니다.

② 문제가 어떤 금형의 똑같은 위치에서 나타나면 플런져로부터 Nozzle, sprue, 런너, 게이트를 통해 흘러가는 흐름형태와 방법에 의해 야기된 문제일 것이다.

③ 다(multi)캐비티금형의 여러 캐비티나 같은 캐비티에서 문제가 발생하면 그 문

제는 게이트나 런너의 구조 혹은 캐비티로부터 야기된다고 볼 수 있다.

④ 문제점이 불규칙적으로 발생한다면 기계 상태가 문제가 되기 쉽고, 특히 Heating band나 온도 조절장치에 문제가 있을 수 있다. 이때 가능하다면 금형을 타기계로 옮겨 시험해 본다.

⑤ 문제가 발생했다 안했다 하거나 작업자에 따라 변하면 작업자의 행동의 차이를 관찰한다.

⑥ 원료의 종류를 바꾸어 보면 문제를 정확히 알 수 있다.

3) 사출성형 시에 자주 발생하는 성형불량을 분류하면

① 충전부족(Short shot)

② 형수축, 꺼짐(Sink mark)

③ 웰드라인(Weld line)

④ 파상흔적(Flow mark)

⑤ 표면불량(Dull surface)

⑥ 기포(Void)

⑦ 색상불균일

⑧ 탄화물의 생성으로 인한 흑줄

⑨ 플래시(Flash)

⑩ 성형품의 변형(Parts distort)

⑪ 은색흔적(Silver streak)

⑫ 박리현상(Laminations)

⑬ 성형품에 잔금(Craze)이 발생

⑭ 박힘흔적(Sticking mark)

⑮ 금형에 성형품이 박힘

발생의 중요성과 빈도 순서로 문제점을 구분하기란 불가능하다. 또한 그 성형불량 원인을 정확히 구분하는 것도 쉽지는 않지만 위의 성형불량에 대한 원인과 해결방법을 다음의 표와 같이 정리할 수 있다.

사출성형

사출성형의 불량현상과 대책	용융 수지 온도를 올린다.	용융 수지 온도를 내린다.	노즐 온도를 올린다.	노즐 온도를 내린다.	성형 주기(Cycle tle)를 길게 한다.	성형 주기를 짧게 한다.	사출 압력을 올린다.	사출 압력을 내린다.	보압을 내린다.	보압을 올린다.	사출 속도를 올린다.	사출 속도를 내린다.	사출 시간을 늘린다.	사출 시간을 줄인다.	보압 시간을 늘린다.	보압 시간을 줄인다.	냉각 시간을 늘린다.	냉각 시간을 줄인다.	계량을 늘린다. (Injection stroke)
충진부족(Short shot)	○		○		○		○				○		○						○
힘수축, 꺼짐(Sink mark)							○		○				○		○		○		○
웰드라인(Weld line)	○		○				○				○								
파상흔적(Flow mark)	○		○				○		○		○				○				
표면불량(Dull surface)			○			○													
기포(Void)		○				○			○			○			○				
색상불균일		○				○													
탄화물의 생성으로 인한 흑줄		○				○		○				○							
플래시(Flash)		○		○				○		○		○				○			
성형품의 변형(Parts distort)	○				○			○		○		○		○		○			
은색흔적(Silven streak)	○	○						○											○
박리현상(Laminations)	○	○																	
성형품의 진금(Graze)이 발생	○							○		○				○					
박힘흔적(Sticking mark)	○							○		○				○				○	
금형에 성형품이 박힘		○						○		○				○				○	

구분	조치 내용	1	2	3	4	5	6	7	8	9	10	11	12	13	14
타	착색 안료를 적게 사용한다.			○	○		○								
	습기 많은 물질을 적게 사용한다.			○						○				○	
기	건조한 원료를 사용한다.					○	○		○		○				
	금형에 분사하는 이형제를 줄인다.			○		○			○						
	오염 되지 않은 원료를 사용한다.			○		○						○	○		
	금형 내의 드래프트를 늘린다.												○		○
	금형의 강도를 늘린다.	○								○	○				○
	금형 이젝터핀의 균형을 유지한다.									○			○	○	○
	냉각 슬라이 그웰의 설계를 바로 개선한다.			○											
	냉각 슬라이 그웰을 크게 한다.				○										
금 형	금형 에배기구를 늘려 설치한다.	○		○		○	○		○		○				○
	런너 크기를 늘린다.	○	○	○	○	○	○				○				
	금형 충진의 균형을 유지한다.			○							○				
	게이트의 크기를 줄인다.											○	○		
	게이트의 크기를 늘린다.	○	○		○	○	○	○							
	성형품 두께를 줄인다.		○			○									
	성형품 두께를 늘린다.	○		○											
	제품 설계를 적절히 한다.		○	○	○		○			○	○	○		○	○
	냉각수로를 적절히 한다.	○			○		○				○			○	
	금형 온도를 올려 가며 내린다.		○				○								
	금형 온도를 내린다.									○	○				○
	금형 온도를 올린다.	○		○	○	○					○		○	○	
기	항체 력이 큰 사출기를 사용한다.	○								○					
	스크류배압을 낮춘다.								○						
	스크류배압을 높인다.					○									
	곡선을 줄인다.	○										○			
	곡선을 늘린다.														
	계량을 줄인다. (Injection stroke)									○					○

3. PS압출성형의 불량현상과 대책

1) 시트압출

문제점	발생원인	해결방법
압출방향으로 줄무늬	다이라인	다이립을 청소한다.
	수 분	예비건조하거나 배기장치가 설비된 압출기를 사용한다.
	롤의 끄을림	롤의 표면을 다시 폴리싱(polishing)한다.
	필름라미네이트 (Laminating roll)가 너무차다.	라미네이팅롤(Laminating roll)의 온도를 올린다.
압출직각 방향으로의 줄무늬	롤에 엉겨 붙음	롤온도, 용융수지온도 혹은 시트와 롤사이의 블로우에 어 온도를 낮춘다.
	take-off나 다이에서 시끄러운 잡음	take-off를 고치고 다이지지대를 개선한다.
압출품표면의 곡선	용융수지의 혼합부족	다른 스크류를 사용한다. 압출압력을 높인다. 스크류속도를 낮춘다. 온도를 낮춘다.
	롤의 맞물림사이에 큰 롤링뱅크 (rolling bank)	롤사이의 압력을 줄인다. 다이에서 시트의 두께를 일정하게 한다. take-off속도를 빠르게 한다.
	필름 라미네트가 너무 뜨겁다. (어떤 가장 자리에 작은 곡선).	라미네이팅 롤의 온도를 낮춘다. 롤표면을 검사한다. 가능하면 롤의 내부를 청소한다.
반절이나 얽은 자국	용융수지의 혼합부족	적절한 스크류를 사용한다. 압력을 높인다. 온도와 스크류속도를 낮춘다.
	수분	예비건조하거나 배기장치가 설비된 압출기를 사용한다.
	롤이 지나치게 차다.	롤 온도를 올린다.
	오 염	더욱 세밀한 스크린을 사용한다. 다이를 청소하며 원료의 취급을 개선한다.
	갇힌공기	다른 스크류를 사용한다. 배기장치가 설비된 압출기를 사용한다. 압력을 높이고 후미실린더의 온도와 스크류속도를 낮춘다.
	롤의 더러움	부드러운 헝겊으로 잘 닦는다.
접힘현상		중간롤의 온도를 올린다. 바닥롤의 온도를 올리거나 내리고 인장을 늘리거나 올리며 드라프트를 없앤다. 외부가열기를 가장자리에 놓는다.
두께의 불균일		압출량이 일정한지를 검사한다. 교정볼트가 깨어졌는지를 검사한다. 원료의 균일성을 검사한다. 온도와 압력의 변화를 검사한다. 무거운 다이를 사용한다.
거친표면	광택부족	다이에서의 용융수지온도를 올린다. 보조광내기장치를 사용한다.

2) 필 름

문 제 점	해 결 방 법
외관불량	원료를 바꾸거나 작업온도를 높인다. 캐스트 필름인 경우 - 다이와 냉각면 사이의 거리를 줄인다. 튜블리(tubular)필름인 경우 - 블로우(blow)비율을 올리고 결빙선(frost line)을 늘린다.
필름사이의 미끄럼성 부족 일정방향으로 필름이 취약(splitty)	이형제를 첨가한다. 용융온도를 높인다. 듀블러의 경우 - 라이너속도와 블로우비의 관계가 균형을 이루도록 조정한다. 캐스트인 경우 - 드로우다운(drawdown)을 최소화한다. 성형온도를 올린다. 갭(gap)을 줄이고, 립(lip)구멍을 작게 한다. 양 경우 - 다이라인이 원인인지를 검사한다.
전반적인 필름의 취약	양 경우 - 강한 수지로 바꾼다. 수지의 열화를 검사한다. 튜블러의 경우 - 블로우비를 늘리고 라이너속도를 빠르게 한다. 결빙선을 줄인다.
필름의 변색 및 줄무늬	원료의 착색상태와 조건을 검사한다. 취약을 방지하기 위해 냉각기를 작동한다.
지나친 fisheyes: 필름에 나타나는 타원형의 작은 반점	전체 조작을 검사하여 오염의 원인을 찾아낸다. 더욱 일관성 있는 생산라인을 선택한다. 추천된 작업시작 및 종료방법을 반드시 따른다. 분쇄품의 첨가를 삼가거나 양을 줄인다. 진공이송기의 공기정화상태를 점검한다.
버블의 파괴	호퍼는 반드시 덮고 일정량을 항상 공급한다. 공장내의 환기상태를 검사하여 압출기내로 더러운 공기가 유입되지 않도록 한다. 다이를 자주 청소한다. 다이에서 원료가 타지 않도록 주의를 기울인다. 원료가 오염되었는지를 철저히 검사한다.
버블의 파괴	드로우다운이 한계선을 초과함 - 온도를 올린다. 다른 수지를 사용한다. 용융수지의 혼합을 더욱 균일하게 한다. 수지내의 습기를 건조에 의해 제거한다. 편육을 검사한다.
다이라인(grooves)	다이를 청소한다. 충천된 작업시작 및 종료방법을 반드시 따른다. 다이립(Lip)의 닉(nick)이나 버(burr)등을 검사한다.
두께의 변화	다이구멍을 검사한다. 다이가열장치의 고장, 다이의 국부과열 혹은 과냉동을 조사한다. 균일한 냉각공기를 사용한다. 에어링의 중심이 맞지 않는다. 에어링에 이물질이 혼입되었는지 검사한다. 외부로부터 바람이 통하지 않도록 한다.
버블의 불안정(흔들리거나 떨때)	결빙선이 지나치게 높거나 낮다. 블로우비를 줄인다.(넓은 다이를 사용하거나 필름을 작게 한다). 다이에서 용융수지온도가 균일한지를 검사한다. 필름의 냉각이 지나치거나 불충분하다. 버블내 공기압의 균일성을 검사한다. 아이리스(iris), 팽창만드렐(mendrel)과 같은 안전장치를 사용한다. 외부로부터 바람이 통하지 않도록 한다.
표면의 주름 발생	필름두께가 불균일하거나 지나치게 빳빳하다. 안정판 및 아이들롤의 표면이 파손되었거나 조정이 잘못되지 않았나를 검사한다. 인취장치배열이 다이로부터 잘못되어 있다. 수지의 슬립이 부족하여 마찰이 과도하다. 블로우비가 지나치게 크다.

문 제 점	해 결 방 법
블록킹(blocking)	냉각을 향상시키거나 온도를 낮추어 작업한다. 닙롤 바로 뒤에 2번째 버블을 만든다. 안티블록킹 첨가제를 사용한다. 닙롤압력을 검사한다. 버블내에 공기대신에 질소를 사용하다.
필름두께가 세로방향으로 불균일	바렐, 다이온도조정이 적합하지 않다. 스크류회전속도가 지나치게 커 압출량이 일정하지 않다. 인취롤의 회전이 고르지 않다. 안정판의 마찰이 지나치게 크다.
필름두께가 가로방향으로 불균일	다이의 온도에 편차가 있거나 개구간격이 일정하지 않다. 에어링의 비정상블로우비가 지나치게 크다.

4. PS열성형의 불량현상과 대책

문 제 점	발 생 원 인	해 결 방 법
1. 수포 혹은 기포	1) 지나친 급속가열	① 가열기온도를 낮춘다. ② 가열을 서서히 한다. ③ 가열기와 시트의 거리를 멀리 한다.
	2) 지나친 수분함량	① 예비건조한다. ② 예비가열한다. ③ 양측에서 가열한다. ④ 원료를 사용할 때까지 반수포장을 뜯지 않는다.
	3) 불균일한 가열	① 방해판, 마스크, 스크린을 부착해서 스크린한다. ② 가열기와 스크린의 고장여부를 확인한다.
	4) 시트형태의 잘못	① 적당한 시트행태를 사용한다.
2. 불완전성형	1) 시트가 지나치게 차다.	① 시트를 오랫동안 가열한다. ② 가열기의 온도를 올린다. ③ 더 많은 가열기를 사용한다. ④ 문제가 같은 부분에서 계속 발생하면 가열이 균일한가를 검사한다.
	2) 시트를 집어넣기전에 클램핑프레임이 가열되지 않았다.	① 시트를 넣기 전에 클램핑 프레임을 예비 가열 한다.
	3) 진공의 불충분	① 진공홀이 막혔는지를 검사한다. ② 진공홀의 수를 늘린다. ③ 진공홀의 크기를 늘린다.
	4) 진공이 걸리는 속도의 불충분	① 가능하면 홀 대신에 진공슬롯(slot)을 사용한다. ② 진공 서지(surge)를 부가한다. ③ 티이와 엘보우-연결부위의 날카로운 각도를 피하기 위해 진공라인과 벨브를 넓힌다. ④ 진공의 유출을 검사한다. ⑤ 진공시스템을 검사한다.
	5) 불충분한 압력	① 금형이 견디어 낸다면 금형표면 반대쪽에 20~30 Psi 공기압을 사용한다. ② 프레임 보조장치를 사용한다. ③ 플러그, 실리콘슬랩고무 등과 같은 압력보조장치를 사용한다.

문 제 점	발 생 원 인	해 결 방 법
3 시트의 그을림	1) 시트표면의 과열	① 가열주기를 짧게 한다. ② 가열을 서서히 한다.
4. 변 색	1) 가열의 불충분	① 가열주기를 길게 한다. ② 가열을 서서히 한다.
	2) 지나친 가열	① 가열기온도를 내린다. ② 가열주기를 짧게 한다.
	3) 금형이 지나치게 차다.	① 금형온도를 올린다.
	4) 보조장치가 지나치게 차다.	① 보조장치의 온도를 올린다.
	5) 시트의 지나친 스트레치	① 시트의 두께를 늘리고 스트레치가 잘되는 원료를 사용한다. ② 금형설계를 바꾼다.
	6) 완전한 성형이전의 시트의 냉각	① 금형을 시트로 더욱 빨리 이동시킨다. ② 진공제거 속도를 늘린다. ③ 금형과 플러그가 뜨거운지를 확인한다.
	7) 금형설계의 잘못	① 드로우(draw)의 깊이를 줄인다. ② 금형의 드라프트(레이퍼)를 늘린다. ③ 반지름을 크게 한다.
	8) 시트원료가 적당하지 않다.	① 다른 시트나 다른 수지를 사용한다.
	9) 분쇄품의 무분별한 사용	① 분쇄품의 양과 질을 잘 조절한다.
5. 시트의 백화 현상	1) 차가운 상태에서 시트의 스트레치	① 시트의 열을 올린다. 드래이프(drape)와 진공의 속도를 빠르게 한다.
	2) 건조착색된 시트원료	① 다른 착색방법을 취한다. ② 표면처리한다.
6. 거미줄 모양(Webbing), 브릿징(bridging), 주름(wrinkling)	1) 시트의 과열로 수지량의 쏠림	① 가열시간을 짧게 한다. ② 가열기 거리를 길게 한다. ③ 가열기 온도를 내린다.
	2) 수지의 용융강도가 너무 낮음 (지나친 색(sag))	① 유동성이 낮은 수지를 사용한다. ② 분자배향을 크게 한다. ③ 가능한한 최소의 시트온도를 사용한다.
	3) 시트의 분자배량의 과대 혹은 과속	① 시트의 분자배량을 늘리거나 줄인다.
	4) 진공의 불충분	① 진공계를 검사한다. ② 진공구멍과 슬롯(slot)을 늘린다.
	5) 당김율 (draw ratio)의 과대, 금형설계의 잘못	① 금형을 재설계한다. ② 숫금형대신에 암금형을 사용한다. ③ 테이크엎(take-up)블록을 사용한다. ④ 드라프트를 늘린다. ⑤ 성형품이 1개이상이면 서로 멀리 띠운다. ⑥ 금형과 보조물의 운동을 빠르게 한다. ⑦ 그리드, 플러그, 링보조물 등을 재설계한다.
7. 성형품의 금형면에 뽀록지(nipple)	1) 시트의 과열	① 가열시간을 짧게 한다. ② 가열기 온도를 줄인다.
	2) 진공홀의 과대	① 진공홀을 작게 한다.
8. 지나친 늘어짐(sag)	1) 시트의 과열	① 가열시간을 짧게 한다. ② 가열기온도를 내린다.
	2) 수지의 지나친 유동성	① 유동성이 낮은 수지를 사용한다. ② 분자배량이 큰 시트를 사용한다.

문 제 점	발 생 원 인	해 결 방 법
9. 칠마크 (chill mark) 혹은 마크 오프(Mark off)라인	1) 너무 낮은 플러그어시스트 온도	① 플러그어시스트 온도를 올린다. ② 목재플러그어시스트를 사용한다. ③ 솜 따위로 플러그를 덮는다.
	2) 너무 낮은 금형온도	① 금형온도를 올린다.
	3) 금형 온도조절의 부적합	① 수냉튜브나 찬넬(Channel)의 수를 늘린다.
	4) 시트의 과열	① 가열시간을 줄인다. ② 서서히 가열한다. ③ 성형전에 공기로 과열된 시트표면을 약간 냉각한다.
	5) 기술미비	① 다른 성형기술을 사용한다.
10. 표면의 거칠음	1) 금형표면에 갇힌 공기에 의 한 얽은 자국	① 거친 금형표면을 연마한다. ② 여러개의 진공홀을 덧붙인다.
	2) 진공빈약	① 진공홀을 첨가한다. ② 고립된 부분에 얽은 자국이 나타나면 그면에 진공홀을 첨가하고 진 공홀의 막힘을 검사한다.
	3) 금형의 과열	① 금형온도를 내린다.
	4) 금형의 과냉	① 금형온도를 올린다.
	5) 금형조정의 부적정	① 투명시트의 성형 시에는 페놀금형을 피한다. ② 알루미늄금형을 사용한다.
	6) 금형표면의 거칠음	① 표면을 매끄럽게 한다. ② 금형원료를 바꾼다.
	7) 시트의 오염	① 시트를 깨끗이 한다.
	8) 금형의 오염	① 금형을 청소한다.
	9) 대기의 오염	① 열성형의 환경을 깨끗이 한다.
	10) 시트원료의 오염	① 분쇄품을 사용할 때는 청결을 철저히 유지하고 다른 원료와 분리하 여 저장한다.
	11) 시트의 긁힘	① 종이 따위로 분리하여 시트를 저장한다. ② 시트를 윤낸다.
11. 성형품 표면의 밝은 줄 무늬	1) 문제되는 표면부분의 시트 과열	① 그을린 부분의 온도를 내린다. ② 과열방지를 위해 스크린와이어로 가열기를 감싼다. ③ 가열주기를 느리게 한다. ④ 가열기와 시트사이의 거리를 늘린다.
12. 금형에서 이형 후 심한 수축이나 변형	1) 금형에서 성형품의 조기 이형	① 냉각시간을 늘린다. ② 냉각 픽스쳐(fixture)를 사용한다. ③ 성형품의 급냉을 위해 팬(fan)이나 증기분무를 사용한다.
	2) 금형의 과열	① 금형온도를 내린다.
13. 성형품의 접힘현상	1) 성형품의 냉각불 균일	① 냉각수 찬넬이나 튜브를 금형에 덧붙인다 ② 냉각수 흐름의 방해여부를 검사한다.
	2) 편 육	① 예비스트레치나 플러깅(plugging)기술을 향상시킨다. ② 플러그보조물을 사용한다. ③ 시트가열의 불균일을 검사한다. ④ 시트두께를 검사한다.

문 제 점	발 생 원 인	해 결 방 법
13. 성형품의 접힘현상	3) 금형설계의 취약	① 진공홀을 더한다. ② 금형에 외호를 더한다. ③ 진공홀의 막힘을 검사한다.
	4) 성형품설계의 취약	① 리브 등으로 큰 평면을 없앤다.
	5) 금형온도의 과냉	① 금형온도를 올린다.
14. 편육(벽두께의 불균일)	1) 부적당한 시트색(Sheet sag)	① 다른 성형기술을 사용한다. ② 진공 스닢백(snag back)기술을 사용한다. ③ 역진공 스닢백을 사용한다. ④ 빌로우엎(billow-up)플러그 보조물이나 진공스닢백을 사용한다. ⑤ 유동성이 다른 수지를 사용한다. ⑥ 분자배량이 큰 시트를 사용한다.
	2) 시트두께의 변화	① 시트의 질을 높이다.
	3) 시트의 국부과열 혹은 과냉	① 열분포의 균일화를 위해 가열기술을 향상시킨다. 필요한 경에 스크린이나 그늘(Shade)를 사용한다. ② 가열장치의 기능을 잘 파악한다.
	4) 기계주위의 공기의 흐름	① 가열과 성형부분을 닫는다.
	5) 지나친 색(sag)	① 스크린을 사용하거나 다른 온도조절 기술을 사용한다. ② 유동성이 낮은 수지를 이용한다. ③ 분자배향이 심한 시트를 사용한다.
	6) 금형과 과냉	① 적절한 온도까지 금형을 균일하게 가열한다. ② 스케일이나 플러깅(Plugging)을 위해 온도조절계를 검사한다.
	7) 프레임으로부터 시트의 미끄러짐	① 압력이 일정하게 하도록 클램핑프페임(clamping frame)을 조정한다. ② 시트두께의 변화를 검사한다. ③ 시트를 넣기 전에 프레임을 적절한 온도까지 가열한다. ④ 가열의 불균일성을 검사한다.
15. 불균일한 예비스트레치	1) 불균일한 시트두께	① 시트공급자와 상의한다. ② 속크(soak)형 가열기로 시트를 서서히 가열한다.
	2) 시트의 불균일한 가열	① 가열기의 고장을 확인한다. ② 가열기의 스크린을 검사한다. ③ 필요하면 가열기를 스크린한다.
	3) 떠도는 공기의 흐름	① 기계를 보호한다.
16. 성형품 구석 등의 수축	1) 진공의 부적당	① 진공의 유출을 검사한다. ② 진공서지(Surge)를 더한다. ③ 진공홀의 막힘을 검사한다. ④ 진공홀을 더한다.
	2) 지나치게 매끄러운 금형표현	① 금형표면에서의 시끄러운 소음을 제거한다.
17. 깊은 성형품에서 지나치게 얇은 코너	1) 성형기술의 취약	① 빌로우엎(billow-up)플러그보조와 같은 다른 성형기술을 검사한다.
	2) 시트의 발육 3) 시트온도의 변화	① 시트의 두께를 늘린다. ① 열이 구석까지 미치도록 스크린을 더한다. ② 원료의 이동을 정확히 검사할 수 있도록 성형전에 시트에 표시하여 검사한다.
	4) 금형온도의 변화	① 온도조설계를 균일하게 조정한다.
	5) 부적당한 원료선택	① 시트공급자, 원료공급자와 상의한다.

문 제 점	발 생 원 인	해 결 방 법
18. 금형에 눌어붙음	1) 지나치게 높은 성형품온도	① 냉각시간을 늘린다. ② 금형온도를 약간 낮춘다.
	2) 금형내의 드라프트 부족	① 테이퍼를 늘린다. ② 암금형을 사용한다. ③ 성형품을 가능한한 빨리 금형에서 꺼낸다.
	3) 금형 언더컷	① 스트리핑(Stripping)프레임을 사용한다. ② 공기-이젝트 공기압을 늘린다. ③ 성형품을 가능한한 빨리 금형에서 꺼낸다.
	4) 목재 금형	① 바솔린(vasoline)으로 기름칠한다. ② 테프론스프레이를 사용한다.
19. 시트의 플러그어시스트에 눌어붙음	1) 부적절한 금속플러그어시스트 온도	① 플러그온도를 내린다. ② 이형제를 사용한다. ③ 테프론코드를 사용한다. ④ 플러그를 헝겊 등으로 감싼다.
	2) 목재 플러그어시스트	① 플러그를 헝겊 등으로 감싼다. ② 바솔린칠을 한다. ③ 이형제를 사용한다. ④ 테프론 스프레이를 사용한다.
20. 성형 시 시트의 뜯어짐	1) 금형의 설계	① 구석의 모진 곳을 없앤다.
	2) 시트의 과열	① 가열시간과 온도를 줄인다. ② 가열의 균일성을 검사한다. ③ 시트를 예열한다.
	3) 시트의 과냉(얇은 시트)	① 가열시간과 온도를 늘린다. ② 가열의 균일성을 검사한다. ③ 시트를 예열한다.
21. 사용중 구석의 깨짐	1) 응력집중	① 필렛을 늘린다. ② 편광등으로 투명도를 측정한다. ③ 시트의 온도를 올린다. ④ 충격저항이 큰 수지를 사용한다.
	2) 설계불량	① 설계를 재평가한다.

4. PS의 사출 블로우 성형시에 발생하는 불량현상과 대책

구분	대책 \ 성형불량	충전부족 (Short shot)	플래시(Flash)	실의 발생	가스의 발생	웰드라인
성형조건	용융수지 온도를 올린다.	○				○
	용융수지 온도를 내린다.		○	○		
	캐비티 온도를 올린다.	○				○
	캐비티 온도를 내린다.					
	코어 base 온도를 올린다.	○				○
	코어 base 온도를 내린다.		○			
	코어 온도를 올린다.	○				○
	코어 온도를 내린다.		○			
	하트런너 온도를 올린다.	○				○
	하트런너 온도를 내린다.		○	○	○	
	사출압력을 올린다.	○				○
	사출압력을 내린다.		○			
	시크릿배압을 내린다.			○		
	노즐닫힘시간을 늘린다.			○		
	블로우시간을 늘린다.					
	형개속도를 빠르게 한다.					
	사출속도를 빠르게 한다.					○
	사출속도를 느리게 한다.				○	
	사출수지량을 늘린다.	○				
	사출수지량을 줄인다.		○			
	사출시간을 길게 한다.	○				
	사출시간을 짧게 한다.		○			
금형	air slit의 막힘을 검사한다.					
	캐비티 band의 마모를 검사한다.				○	
	캐비티 내면을 손질한다.					
	하트런너 노즐의 막힘을 검사한다.	○				
	블로우금형의 냉각수를 검사한다.					
	블로우금형의 냉각수 유출량을 늘린다.					
	코아 표면에 부착된 기름을 제거한다.				○	
	코아의 치수점				○	○
조작조건	블로우금형이 열리는 시간을 빠르게 한다.					
	블로우금형이 열리는 시간을 느리게 한다.					
	블로우금형후퇴시간을 늘린다.					
	블로우금형후퇴시간을 줄인다.					
	진공해제를 느리게 한다.					
	jet air량을 늘린다.					
원료	사출에 적당한 수지를 사용한다.			○	○	○
	블로우성형에 적당한 수지를 사용한다.					

	대책	성형불량영	Parison의 수축	불균일 부족	과열 부족	용융면 부족	용융부 편육	구부변형
원료	펠릿성형에적당한수지펠릿성여한다							
	사출에적당한수지펠릿성여한다							
구조작조	jet흐름이일어난다							
	진공흠짐펠릿기리격한다							
	펠릿아금형화퍼시건이흘인다							
	펠릿아금형화퍼시건이일린다							
	펠릿아금형열리시건이니리격한다							
	펠릿아금형열리시건이빨리격한다							
형금	금형의정아찰						○	
	금형표면영바착피기뱀에격가한다							
	펠릿아금형이냉각수야흘양이일린다							○
	펠릿아금형이냉각수뱀정성한다							○
	하비린다노챌의하금이뱀정성한다							
	캐비티뱀의에선정한다							
	캐비티 band 의이금머뱀정성한다							
	air slit 이라금이뱀정성한다		○			○		
성형조건	사출시건이짧게격한다							
	사출시건이길게격한다		○					
	사출수지양이흘인다							
	사출수지양이일린다							
	사출속도뱀니리격한다							
	사출속도뱀빨리격한다							
	형개속도뱀빨리격한다				○			
	펠릿아시건이일린다		○					○
	노챌란하형시건이일린다							
	시키빱봄흐폐에욱린다							
	사출하폐란이욱린다							
	사출하폐란이엔린다			○	○			
	하비린다언노뱀욱린다			○				
	하비린다언노뱀엔린다		○					
	금하언노뱀욱린다				○		○	
	금하언노뱀엔린다	○	○					
	금하 base 언노뱀욱린다				○		○	
	금하 base 언노뱀엔린다	○	○					
	캐비티언노뱀욱린다	○		○				
	캐비티언노뱀엔린다		○					
	여양수지언노뱀욱린다			○				
	여양수지언노뱀엔린다		○					

4. PS의 사출 블로우 성형시에 발생하는 불량현상 과대책

대책	성형불량	표면의 거칠음	불로 아금함에 성형불의 잔류	코어에 Parison의 잔류
원료			○	
건조작조				
				○
			○	
			○	
성금				○
	○			
		○		
건조성형			○	
				○

4. PS의 사출 불로 성형시에 발생하는 불량현상과 대책

성형불량 / 표면의 거칠음 / 불로 아금함에 성형불의 잔류 / 코어에 Parison의 잔류

대책	성형불량성	성형품의 낙하 불안정성	파상흔적 (flow mark)
펠릿 성형영 적당한지 블성 여0한다			
성충영 적당한지 블성 여0한다			
jet 류0을 블린다			
진공 흡착 블니기 켜한다	○		
펠릿 아 금형 압픽 시간을 줄인다	○		
펠릿 아 금형 압픽 시간을 블린다			
펠릿 아 금형으 열리 쇼 시간을 니기 켜한다			
펠릿 아 금형으 열리 쇼 시간을 블리 켜한다			
금형의 치아침			
금형 표면영 파치 미기 블영을 적지한다			
펠릿 아 금형이 냉각수 야 블0영을 블린다			
펠릿 아 금형이 냉각수 블검성 한다			
하 티 린그 노 쳐이 하0영을 검성한다			
캐비티 두린영에 손칭한다			
캐비티 b an d 이 담 머 블검성한다			
air slit 이 하0영을 검성한다			
사충시간영 쫘켜한다			
사충시간영 겨한다			
사충사치영을 줄인다			
사충사치영을 블린다			
사충속 도 블니기 켜한다			
사충속 도 블블리 켜한다			
향켜속 도 블블리 켜한다			
펠릿 아 시간영을 블린다			
노 쳐힌영 시간영을 블린다			
시기 블블홈영을 줄린다			
사충햐막영을 줄린다			
사충햐막영에 블린다			
하 티 린그 어 노 블줄린다			
하 티 린그 어 노 블에린다			○
금향 어 노 블줄린다			
금향 어 노 블에린다			○
금향 ba se 어 노 블줄린다			
금향 ba se 어 노 블에린다			
캐비티 어 노 블줄린다			
캐비티 어 노 블에린다			
영영사치 어 노 블줄린다			
영영사치 어 노 블에린다			

4. PS의 사출 성형에서 발생하는 불량현상과 대책

5. FR HIPS 수지

불량현상	원 인	대 책
1. 연소(성형품 전체 변색)	1) 수지온도가 지나치게 높다.	① 실린더 온도를 내린다. ② 스크류 회전수를 줄인다. ③ 스크류 배압(背壓)을 내린다. ④ 사출속도를 낮춘다. ⑤ 열전대(熱電對)를 점검한다.
	2) 노즐, 스크류, 실린더 등에 Dead Space가 존재한다.	① Dead Space가 없는 것으로 교환한다. ② 노즐 및 실린더의 분해 청소를 충분히 한다.
	3) 실린더 체류시간이 길다.	① 실린더 체류시간을 짧게 한다. ② 적당한 사출용량의 성형기로 변경한다.
2. 연소(Weld부위)	1) 가스 배기 불량	① Weld 부위에 배기장치를 설치한다. ② 사출속도를 줄인다. ③ 게이트를 크게하거나 게이트 수를 늘린다.
3. 연소(특정위치 및 특정 게이트 부위)	1) 게이트의 발열(發熱)	① 게이트의 단면적을 크게 한다. ② 게이트의 수를 늘린다. ③ 성형품의 두께를 늘린다. ④ 사출속도를 늦춘다. ⑤ 수지온도를 높인다.
4. 충전부족 (Short Shot)	1) 금형내의 유동성 부족	① 성형품의 두께를 늘린다. ② 게이트를 크게하거나 게이트 수를 늘린다. ③ 수지온도, 사출압력을 높인다.
5. 은색흔적 (silver streak)	1) 건조부족	① 수지의 건조를 충분히 한다. ② 스크류의 배기압력을 높게 한다. ③ 사출속도를 늦춘다.
6. 금형의 부식	1) 수지의 분해	① 연소 및 변색의 발생이 없는 성형조건으로 조정한다.
	2) 보관 불량	① 표면을 청결하게 유지한다. ② 방청제를 발라둔다.

6. P.P(Polypropylene)수지

불량현상	원 인	대 책
1. 충전부족 (Short Shot)	1) 재료공급 불충분	① 재료공급량을 증가시킨다. ② 재료의 낙하, 스크류에 이송을 체크한다.
	2) 압력부족	① 사출압력을 높인다. ② 사출가압(加壓) 시간을 증가시킨다. ③ 사출속도를 크게 한다.
	3) 수지온도가 너무 낮다.	① 실린더 온도를 올린다. ② 성형 사이클(Cycle)을 길게 한다.
	4) 사출시간이 적다.	① 사출시간을 길게 한다.
	5) 금형온도가 너무 낮다.	① 금형온도를 높게 한다.
	6) Shot 량에 비해 실린더가열 용량이 적다.	① 성형기 용량이 큰것을 사용한다.
	7) 러너, 게이트가 적어서 흐름을 방해하고 있다.	① 러너와 게이트를 크게 한다. ② 러너와 게이트에 이물이 낌을 체크한다.
	8) 금형내의 공기의 배기압력	① 금형의 최종 충전 부분에 공기 배기구를 설치한다. ② 게이트의 위치를 바꾼다.
2. 형수축 (Sinkmark): 꺼짐	1) 캐비티(Cavity)내의 유효압력의 부족	① 사출압력을 크게 한다. ② 사출시간을 길게 한다. ③ 사출속도를 조절 한다. ④ 게이트, 러너, 스프루 및 노즐을 크게 한다.
	2) 금형온도가 높거나 불균일하다.	① 금형온도를 내리고 균일하게 한다.
	3) 게이트 위치 불량 및 수량부족	① 게이트의 위치를 적당한 곳으로 이동하고 게이트 수를 늘린다.
	4) 재료공급이 적다.	① 재료 공급량을 증가시킨다.
	5) 성형품두께의 불균일	① 성형품 두께를 체크하고 가능한 균일하도록 수정한다.
3. 미성형	1) 캐비티(Cavity)내의 유효압력 부족	① 사출압력을 크게 한다. ② 사출가압시간을 올린다. ③ 사출속도를 조절한다. ④ 게이트, 러너, 스프루를 크게 한다.
	2) 수지의 온도가 부적당	① 실린더 온도를 조절한다.
	3) 금형온도가 너무 낮다.	① 금형온도를 올린다.
	4) 두께가 너무 두껍다.	① 적당한 온수로 천천히 냉각한다. ② 살 두께를 얇게 한다.
	5) 게이트 불량	① 게이트 위치를 조절한다. ② 게이트 수를 늘린다.

불량현상	원 인	대 책
4. 표면불량 (Weld불량 및 Flow Mark)	1) 수지온도가 부적당	① 실린더 온도를 조절한다.
	2) 게이트 불량	① 게이트간의 거리를 짧게 한다. ② 게이트와 러너를 크게 한다.
	3) 사출압력이 너무낮다.	① 사출압력을 올린다. ② 사출가압시간을 증가시킨다.
	4) 재료중에 수분이나 휘발성분이 포함되어 있다.	① 재료의 예비건조를 충분히 한다.
	5) 캐비티 표면이 오염되어 있다.	① 용제로 닦아 깨끗이 한다. ② 이형제 사용을 줄인다.
	6) 금형온도가 너무 낮다.	① 금형온도를 올린다.
	7) 공기배출불량	① 금형 최종 충전부에 공기 배기구 설치한다. ② 게이트 위치를 변경한다. ③ 성형품의 단면을 바꾸어 캐비티 내의 재료흐름을 좋게 한다.
5. 연 소	1) 공기 배출 불량	① 배기구를 설치하여 배기를 양호하게 한다. ② 금형체결 압력을 내린다.
	2) 수지온도가 너무 높다.	① 실린더 온도를 낮춘다. ② 실린더에 수지의 장시간 체류를 방지한다.
	3) 사출압력이 높다.	① 사출압력을 내린다. ② 사출가압시간을 줄인다. ③ 재료 공급량을 감소시킨다.
5. 연 소	4) 금형내의 공기 유입	① 캐비티내의 수지 흐름이 균일하도록 게이트 위치를 변경한다. ② 사출속도를 늦춘다.
6. 성형품에 플래시 (Flash)현상	1) 수지의 과열	① 실린더 온도를 내린다. ② 성형 사이클(Cycle)을 단축한다.
	2) 사출압력이 너무 강하다.	① 사출압을 내린다. ② 사출가압시간을 줄인다. ③ 사출속도를 늦춘다.
	3) 형체압력에 비해 사출물의 투명면적이 너무크다.	① 용량이 큰 성형기를 사용한다. ② 캐비티 수를 줄인다.
	4) 재료의 공급 과잉	① 재료공급량을 조절한다. ② 사출압력을 낮춘다. ③ 사출시간을 짧게 한다.
	5) 금형내의 압력 배분이 불균일하다.	① 캐비티의 위치를 일정하게 조절한다. ② 성형품 단면을 균일하게 한다.

7. 나일론(Nylon)수지

불량현상	원 인	대 책
1. 충전부족 (ShortShot)	1) 성형기 용량 부족	① 용량이 큰 성형기를 사용한다.
	2) 수지의 유동성 부족	① 사출압력을 높게 한다. ② 수지의 양을 늘리고, 점도가 낮은 수지를 사용한다. ③ 노즐 및 실린더 온도를 올린다. ④ 금형 온도를 올린다.
	3) 게이트 단면적이 적고 성형품의 두께가 얇다.	① 사출속도를 빠르게 한다. ② 노즐이 막혀있지 않은지 확인한다. ③ 게이트의 단면적을 크게 하고 성형품 두께를 키운다.
	4) 배기불량	① 배기구를 설치한다.
2. 파상흔적 (FlowMark)	1) 수지의 냉각이 불균일	① 노즐온도를 높인다. ② 노즐입구를 크게 한다.
	2) 수지의 점도가 높다.	① 사출속도를 올린다. ② 사출압력을 높인다. ③ 실린더 온도를 올린다. ④ 금형온도를 높인다. ⑤ 표면 윤활제를 선택 사용한다.
	3) 금형의 급속냉각으로 온도의 불균일	① 금형 냉각수 위치를 게이트로부터 멀리한다. ② 게이트 크기를 늘린다. ③ 수지의 주입량을 줄인다.
3. 은색흔적 (Silver Streak)	1) 재료에 수분, 습기를 함유	① 재료의 예비건조를 충분히 한다.
	2) 재료에 이종의 수지가 혼입	① 다른 종류의 재료가 섞였나 확인한다. ② 실린더 청소를 철저히 한다.
	3) 성형중 공기혼입이 있다.	① 사출속도를 줄인다. ② 러너, 게이트를 적당히 조절한다. ③ 금형온도를 올린다. ④ 게이트 위치를 바꾼다.
4. 웰드라인 (Weldline)	1) 수지의 분산유입	① 게이트 위치를 바꾼다. ② 게이트 수를 조절한다.
	2) 수지의 용융상태 불량	① 수지 온도를 올린다. ② 사출압력을 높인다. ③ 게이트 위치를 바꾸고 게이트 수를 늘린다. ④ 점도가 낮은 재료를 사용한다. ⑤ 사출속도를 빠르게 한다.

불량현상	원 인	대 책
5. 공공(호孔)현상: 성형품 내부에 빈 공간이 생기는 현상(void)	1) 재료의 용융상태 불량	① 사출압력을 높게 한다. ② 실린더 설정온도를 낮춘다. ③ 사출시간을 길게 한다. ④ 금형온도를 낮게 하고 균일하게 유지한다. ⑤ 게이트를 크게, 러너는 짧게 한다. ⑥ 재료의 건조를 충분히 한다. ⑦ 점도가 높은 수지를 선택한다.
	2) 성형품 두께의 불량	① 성형품 두께를 $6m/m$이하로 줄이고 균일 하게 한다. ② 공기가 유입하지 않도록 주의하고 게이트 위치를 조절한다.
6. 형(型)수축 (Sink Mark)	1) 냉각불량	① 금형온도를 균일하게 유지한다. ② 성형품의 두께 변화를 적게 한다.
	2) 압축불량	① 재료의 충전량을 늘린다. ② 사출속도를 빠르게 한다. ③ 사출시간을 길게 한다. ④ 사출압력을 높인다. ⑤ 실린더 설정온도를 낮춘다. ⑥ 러너길이를 짧게 하고 게이트를 크게 한다. ⑦ 금형온도를 낮춘다. ⑧ 게이트 위치를 바꾼다.
7. 휨(Warpage)	1) 잔류 응력에 의한 변형	① 사출압을 낮게 한다. ② 실린더 온도를 낮춘다. ③ 냉각시간을 길게 한다. ④ 성형품 두께를 균일하게 한다. ⑤ 언더 컷(Under-Cut)을 없앤다. ⑥ 밀핀(Ejector pin)을 균일하게 작동 시킨다. ⑦ 게이트 위치를 바꾼다. ⑧ 금형온도를 낮춘다.
8. 이형(離型)불량	1) 성형의 잔류 압력이 너무 크다.	① 사출압력을 낮게 한다. ② 언더 컷(Under-Cut)을 없앤다. ③ 금형온도를 알맞게 조절한다. ④ 실린더 설정온도를 낮춘다. ⑤ 이형제를 사용한다.
9. 변 색	1) 재료 (수지)의 열 분해	① 실린더 온도를 낮춘다. ② 사출속도를 낮춘다. ③ 램(Lam)이 후퇴해 있는 시간을 줄인다. ④ 가스 배출공을 크게 한다. ⑤ 게이트를 크게 한다.

8. PBT수지

문제점	대 책
1. 강도 부족	① 건조 조건에 맞게 충분히 건조한다. ② 수지온도를 낮추고 체류시간을 줄인다. ③ 러너 및 게이트를 크게 하고 길이를 짧게 한다. ④ 금형온도를 낮춘다. ⑤ 캐비티(Cavity)용량의 2~3배 정도의 사출용량의 성형기를 사용한다. ⑥ 재생 수지 사용을 줄인다.
2. 뒤틀림	① 금형온도를 낮추고 냉각시간을 늘인다. ② 사출압력을 변화시킨다. ③ 수지 온도를 낮춘다. ④ 금형의 양편 온도가 같게 한다. ⑤ 게이트 위치를 바꾸고 수를 늘린다. ⑥ 성형품의 두께를 일정하게 한다. ⑦ 유리섬유 이외의 충진재를 사용한 내왜곡성 수지를 사용한다. ⑧ 성형품의 형상에 따라 뒤틀림을 방지하도록 금형온도를 부분에 따라 다르게 놓는다.
3. 표면흠집 및 기포형성	① 사출압력을 높인다. ② 사출속도를 높인다. ③ 금형온도를 높인다. (기포형성) ④ 금형 온도를 낮춘다. (표면흠집) ⑤ 스프루 및 러너, 게이트를 크게 한다. ⑥ 게이트 위치를 두꺼운 부분으로 옮긴다.
4. SHOT량이 작거나 표면불량	① 충분한 수지를 공급한다. ② 사출량을 높인다. ③ 수지 온도를 높인다. ④ 금형 온도를 높인다. ⑤ 총괄 사이클 시간을 길게 한다. ⑥ 용량이 큰 성형기를 사용한다. ⑦ 스프루 및 게이트를 크게 한다.
5. 플레시(Flash): 바리	① 수지 온도를 낮춘다. ② 사출압을 낮춘다. ③ 총괄 사이클 시간을 줄인다. ④ 플런저(Plunger)전진 시간을 줄인다. ⑤ 금형의 닫힘 상태를 검토한다. ⑥ 계량을 줄인다. ⑦ 금형 조임쇠를 조인다. ⑧ 금형 통풍구(Vent)를 개선한다.
6. 노즐 막힘	① 노즐 온도를 높인다. ② 수지온도를 높인다.(특히 노즐쪽) ③ 금형온도를 높인다. ④ 사이클 시간을 줄인다. ⑤ 사출압력을 높인다. ⑥ 직경이 큰 노즐을 사용한다. ⑦ 반복하여 성형한다.

문제점	대　책
7. 변색	① 실린더를 깨끗이 청소해 준다. ② 수지온도를 낮춘다. ③ 노즐온도를 낮춘다. ④ 총괄 사이클 시간을 줄인다. ⑤ 금형에 통풍구를 설치한다.
8. 연소 흔적	① 플런저(Plunger) 속도를 줄인다. ② 사출압력을 줄인다. ③ 금형 캐비티의 통풍구를 개선한다. ④ 게이트 위치를 옮긴다. ⑤ 사이클 시간을 줄인다. ⑥ 수지온도를 낮춘다. ⑦ 사출속도를 늦춘다.
9. 웰드 라인(Weld – Line)	① 게이트 위치를 변경한다. ② Weld 되는 부분에 통풍구를 설치한다. ③ 수지 및 금형온도를 높인다. ④ 사출 속도를 높인다. ⑤ 사출압력을 높인다.
10. 스크류(Screw)회전불능	① 수지온도, 특히 호퍼(Hopper)측 온도를 230℃이상으로 올린다. ② 배압을 낮춘다. ③ 회전수를 줄인다.
11. 캐비티에 달라붙음	① 사출압을 낮춘다. ② 플런저(Plunger) 전진 시간을 줄인다. ③ 금형 닫힘 시간을 늘린다. ④ 금형온도를 낮춘다. ⑤ 수치 및 노즐 온도를 낮춘다. ⑥ 적절한 이형제를 사용한다.
12. 성형품이 크다.	① 사출압을 낮춘다. ② 보압 및 보압시간을 줄인다. ③ 금형 온도를 60℃이상으로 높인다. ④ 유리섬유 함량을 낮추어 수축률을 크게 한다.
13. 성형품이 작다.	① 사출압을 높인다. ② 보압 및 보압시간을 늘인다. ③ 금형온도를 낮춰 결정화 속도를 감소시킨다. ④ 케이트 크기를 크게 하고 길이를 짧게 한다. ⑤ 러너, 스프루, 노즐 직경을 크게 한다. ⑥ 유리섬유함량을 높여 수축률을 작게 한다.
14. Zetting	① 사출속도를 낮춘다. ② 사출압력을 낮춘다. ③ 게이트 크기를 크게 한다.

9. PET / PC 수지

문제점	대 책
1. 게이트 Splay 또는 Zetting	① 금형온도를 올린다. ② 게이트 크기를 넓힌다. ③ 사출압을 낮춘다. ④ 사출속도를 낮춘다.
2. SHOT 량이 적거나 웰드라인 불량	① 금형온도를 올린다. ② 게이트 크기를 넓힌다. ③ 사출압을 높인다. ④ 사출속도를 높인다. ⑤ 배출구를 개선한다.
3. 플래시(바리)	① 금형온도를 올린다. ② 크램프(Clamp) 압력을 올린다. ③ 사출압을 낮춘다. ④ 사출속도를 낮춘다.
4. 뒤틀림	① 금형온도를 낮춘다. ② 사출압을 낮춘다. ③ 냉각 시간을 증가시킨다. ④ 사출속도를 높인다.
5. 형 수축(SINK MARK)	① 금형온도를 낮춘다. ② 게이트를 크게 한다. ③ 사출압력을 높인다. ④ 사출속도를 높인다. ⑤ 배출구를 개선한다.
6. 기포형성	① 금형온도를 높인다. ② 게이트를 넓힌다. ③ 사출압을 높인다. ④ 배압을 높인다. ⑤ 냉각시간을 증가시킨다.
7. 염료 분산 불량	① 게이트 크기를 크게 한다. ② 배압을 높인다. ③ 스크류 속도를 높인다. ④ 사출속도를 낮춘다.
8. 이형 불량	① 금형온도를 낮춘다. ② 사출압을 낮춘다. ③ 냉각시간을 짧게 한다. ④ 사출속도를 낮춘다. ⑤ 이형제 사용량을 증가시킨다.
9. 변색	① 수지온도를 낮춘다. ② 노즐온도를 낮춘다. ③ 사이클(Cycle) 시간을 낮춘다. ④ 오염 여부를 점검하여 오염물질을 　　제거한다. ⑤ 배출구(Vent)를 개선한다.

10. NORYL수지

문제점	대 책
1. 은색흔적(Silver Streak)	① 수지온도를 낮춘다. ② 게이트를 크게 한다. ③ 가스 배출구를 개선한다. ④ 수지의 건조를 충분히 한다.
2. 기포형성	① 금형온도를 높인다. ② 게이트를 크게 하고 길이를 짧게 한다. ③ 가스 배출구를 설치한다. ④ 리브(Rib)등을 보강하고 두께를 고루게 한다. ⑤ 성형온도를 낮춘다.
3. 연소	① 성형온도를 낮춘다. ② 게이트 크기를 크게 한다. ③ 가스 배출구를 개선한다.
4. 웰드라인 불량(Weld Line)	① 성형온도를 높인다. ② 금형온도를 높인다. ③ 사출속도를 빠르게 한다. ④ 가스 배출구를 개선한다.
5. 형수축(Sink Mark)	① 사출압력을 높인다. ② 성형온도를 내린다. ③ 금형 온도를 내린다. ④ 게이트를 크게 한다. ⑤ 게이트의 길이를 짧게 한다. ⑥ 가스 배출구를 충분히 설치한다. ⑦ 성형품 두께의 치수를 검토 수정한다.
6. 파상흔적(FlowMark)	① 사출속도를 늦춘다. ② 성형온도를 올린다. ③ 게이트를 크게 한다. ④ 게이트 위치를 변경한다.
7. 흑점(黑點)	① 실린더와 스크류를 분리하여 청소한다. ② Lot를 올린다.
8. 박리(剝離)	① 금형온도를 올린다. ② 실린더 및 스크류를 분리하여 청소한다.

11. 강화PP수지

문제점	대 책
1. 미성형	① 수지온도 및 금형온도를 올린다. ② 게이트를 크게 한다. ③ 사출압력 및 사출속도를 높인다. ④ 보압시간을 늘린다. ⑤ 계량시간 및 체류시간을 늘린다. ⑥ 최대 사출용량을 높인다.
2. 형수축(sink Mark)	① 수지 및 금형 온도를 높인다. ② 게이트를 크게 한다. ③ 냉각시간 및 보압시간을 길게 한다. ④ 계량시간 및 체류시간을 길게 한다. ⑤ 최대 사출용량을 높인다.
3. 흠집	① 수지 및 금형 온도를 높인다. ② 사출압력 및 사출속도를 높인다. ③ 게이트를 크게 한다. ④ 사출 용량을 늘린다. ⑤ 계량시간 및 체류시간을 늘린다.
4. 은색흔적(SilverStreak)	① 수지 및 금형 온도를 높인다. ② 스크류 속도 및 사출속도를 낮춘다. ③ 사출압을 높인다. ④ 게이트를 크게 한다. ⑤ 수지에 수분을 제거한다.
5. 표면 불량	① 배압을 높인다. ② 스크류 및 사출속도를 높인다.
6. 기포 형성	① 수지 및 금형 온도를 낮춘다. ② 사출압력 및 사출속도를 높인다. ③ 게이트를 크게 한다. ④ 배압을 높인다. ⑤ 계량시간 및 체류시간을 늘린다. ⑥ 최대 사출용량을 올린다.
7. 변색	① 수지온도를 낮춘다. ② 사출압력을 낮춘다. ③ 스크류 속도를 낮춘다. ④ 사출속도를 낮춘다. ⑤ 가스 배출구를 개선한다. ⑥ 최대 사출용량을 낮춘다.
8. 성형품이 클 경우	① 수지온도 및 금형온도를 높인다. ② 사출압력 및 사출속도를 낮춘다. ③ 보압 시간을 낮춘다.
9. 성형품이 작을 경우	① 수지온도 및 금형온도를 낮춘다. ② 사출압력 및 사출속도를 높인다. ③ 게이트를 크게 한다. ④ 가스 배출구를 설치한다.

문제점	대 책
10. 웰드라인 (Weld Line)	① 수지온도 및 금형온도를 높인다. ② 사출압력 및 사출속도를 높인다. ③ 게이트를 크게 한다. ④ 배압을 높인다. ⑤ 가스 배출구를 설치한다. ⑥ 사출용량을 높인다.
11. 플래시(바리)	① 수지 및 금형온도를 낮춘다. ② 사출압력 및 사출속도를 줄인다. ③ 보압시간을 길게 한다. ④ 체류시간을 짧게 한다. ⑤ 형체력을 증가시킨다.
12. 이형불량	① 금형온도를 낮춘다. ② 사출압을 낮춘다. ③ 보압시간을 줄인다. ④ 냉각시간을 적당하게 조절한다. ⑤ 밀핀 (Ejector pin)을 보강한다.

12. ACETAL수지

문제점	대 책
1. 충전부족(ShortShot)	① 사출압력을 체크 조절한다. ② 러너, 게이트, 스프루의 크기를 크게 한다. ③ 게이트 위치를 조정한다. ④ 사출 실린더의 전진 상태를 조정한다. ⑤ 가스 배출구를 점검 한다. ⑥ 사출시간을 길게 한다. ⑦ 수지 및 금형 온도를 높인다. ⑧ 성형품의 두께를 너무 얇지 않도록 설계한다.
2. 플래시(바리)	①사출압력을 낮춘다. ② 사출속도를 낮춘다. ③ 금형 체결력을 높인다. ④ 실린더 온도를 낮춘다. ⑤ 각이진 모서리를 점검하여 보강한다.
3. 형 수축(Sink Mark)	① 사출압력을 높인다. ② 사출시간을 길게 한다. ③ 실린더 온도를 낮춘다. ④ 러너, 스프루, 게이트 크기를 크게 한다. ⑤ 실린더 용량을 크게 한다. ⑥ 성형품의 두께를 너무 두껍지 않도록 설계한다. ⑦ 게이트의 위치를 조절하고 수를 늘인다.

문제점	대 책
4. 은색흔적(SilverStreak)	① 실린더 내부를 청결하게 유지한다. ② 공기 및 수분의 혼입을 방지한다. ③ 게이트를 크게 한다. ④ 실린더 온도를 낮춘다. ⑤ 사출압력 및 사출속도를 낮춘다. ⑥ 재생수지의 사용량을 줄인다.
5. 흑색흔적(Black Streak)	① 실린더 온도를 낮춘다. ② 게이트 크기를 크게 한다. ③ 이종 재료의 혼입이 있는지 점검한다. ④ 수지의 교체, 변색은 완전한가 점검한다.
6. 연소	① 게이트의 위치를 바꾼다. ② 가스 배출구를 점검 보강한다. ③ 사출압력을 낮춘다. ④ 사출속도를 낮춘다. ⑤ 실린더 온도 및 금형온도를 내린다. ⑥ 방청제, 기름등이 금형내에 부착되어 있는지 점검한다.
7. 파상흔적(Flow Mark)	① 게이트를 크게 한다. ② 게이트의 위치를 확인 수정한다. ③ 이종 재료의 혼입이 있는지 점검한다. ④ 금형 및 실린더 온도를 높인다. ⑤ 수지 온도를 높인다. ⑥ 사출압을 체크 조정한다. ⑦ 성형품의 두께를 가능한 일정하게 한다.
8. 웰드불량(Weld)	① 사출압력을 높인다. ② 금형온도 및 실린더 온도를 높인다. ③ 수분 및 휘발분의 혼입을 방지 한다. ④ 이물 재료의 혼입을 방지한다. ⑤ 게이트 수량 및 위치를 확인 수정한다. ⑥ 가스 배출구를 점검한다. ⑦ 금형에 기름등이 부착되어 있는지 확인 제거한다. ⑧ 수지의 온도를 적당히 조절한다. ⑨ 성형품 두께의 급격한 변화를 줄인다.
9. 휨	① 냉각수 홀의 배치를 체크 조정한다. ② 게이트 크기를 알맞게 조절한다. ③ 게이트의 종류 및 위치를 점검 조정한다. ④ 사출압을 낮춘다. ⑤ 사출시간 및 속도를 알맞게 조절한다. ⑥ 언더컷(Under-Cut)에 무리가 없는가를 점검한다. ⑦ 냉각시간을 알맞게 조정한다.

문제점	대 책
10. 이형불량	① 사출속도를 알맞게 조정한다. ② 사출압력을 낮춘다. ③ 사출시간을 짧게 한다. ④ 냉각시간을 적당하게 조정한다. ⑤ 노즐 부분에 수지가 남아 있지 않은가 점검한다. ⑥ 밀핀(Ejector pin)의 위치 및 수량을 점검 조정한다. ⑦ 성형품의 구배는 충분하게 되어 있는지 점검한다. ⑧ 모서리 부분의 R가공은 충분한지 점검 한다. ⑨ 성형품과 금형사이에 진공이 된 것은 없는지 점검한다. ⑩ 금형의 사상 연마는 잘 되어 있는지 점검한다.
11. 금형에 침전물 혼입(외관불량 및 치수불량)	① 사출용량을 작게 한다. ② 수지의 실린더내 체류시간을 줄인다. ③ 사출압력을 낮춘다. ④ 사출속도를 줄인다. ⑤ 실린더 온도를 낮춘다. ⑥ 가스 배기구를 점검 보강한다. ⑦ 수분 및 휘발분 혼입을 방지한다. ⑧ 게이트를 크게 하고 위치를 조정한다.
12. 변색, 광택불량	① 스크류의 수지 혼합 작동은 충분한지 점검한다. ② 금형 표면의 연마 상태를 점검한다. ③ 금형표면에 부착이물질이 있는지 점검 제거한다. ④ 스크류의 회전속도를 조절한다. ⑤ 배압을 측정 알맞게 조정한다. ⑥ 재생 수지의 사용량을 조정한다. ⑦ 착색제 사용에 이상이 없는지 점검한다.
13. 성형품의 치수불량	① 사출압력은 적당한지 점검한다. ② 사출시간을 길게 한다. ③ 냉각시간은 충분한지 점검한다. ④ 금형 온도를 적당히 조정한다. ⑤ 금형의 형합 상태는 양호한지 점검한다. ⑥ 역류방지 장치에 이상이 없는지 체크한다. ⑦ 스크류 전진시간이 일정한지 점검한다. ⑧ 게이트의 크기 및 위치를 점검 조정한다. ⑨ 원료의 혼합 상태가 양호한지 점검한다. ⑩ 성형품의 두께가 가능한 일정하도록 한다. ⑪ 계량에 이상이 없는지 점검한다. ⑫ 수지의 유동성이 좋은 것을 사용한다.
14. 강도 부족	① 게이트의 크기를 조정한다. ② 금형온도가 너무 높지 않도록 조절한다. ③ 사출압력이 너무 낮지 않도록 조절한다. ④ 사출시간을 길게 한다. ⑤ 이물 재료의 혼입을 방지한다. ⑥ 재생수지의 사용량을 줄인다. ⑦ 성형품 설계 시 모서리 R가공을 충분히 고려하여 설계한다. ⑧ 무리한 언더컷(Under Cut)이 없는지 점검 수정한다. ⑨ 살두께가 너무 두껍거나 너무 얇지 않도록 두께를 가능한 일정하게 한다.

제11장 수지별 사출성형의 실례

1. ABS 수지

1) TV캐비넷의 성형 실례 (1)

항 목	성 형 조 건					
재 료	FR ABS LIGHT GREY					
성형품	TV 전면 캐비넷 중량: 800g 평균살두께: 2.8m / m					
게이트	4점 터널 게이트(TUNNEL GATE)					
성형기	일본제강소 V −110C −800(100oz)					
실란더온도(℃)	H_5 180	H_4 200	H_3 205	H_2 210	H_1 185	DH 175
수지온도	220℃					
금형온도	이돈형: 60℃ 고정형: 50℃					
사출압력	100㎏ / ㎠ (Gauge)					
사이클	사출13초, 냉각25초, 전 사이클70초					

2) TV 캐비넷의 성형실례 (2)

항 목	성 형 조 건					
재 료	FR ABS BLACK					
성형품	TV BACK COVER 중량: 1300g, 평균살두께: 3.0m / m					
게이트	DIRECT GATE					
성형기	신석 스체베 SN630 (84oz)					
실린더온도(℃)	H_5 175	H_4 185	H_3 195	H_2 195	H_1 203	DH 185

항 목	성 형 조 건
수지온도	228℃
금형온도	이동형: 70℃ 고정형: 50℃
사출압력	115 ㎏ / ㎠ (Gauge)
사이클	사출15초, 냉각40초, 전사이클75초

2. HIPS 수지

항 목		성 형 조 건					
수 지		SEMI	VS1	VS1	VS7	VS7	VS51
성형품		VTR COVER	BACK COVER	CABINET	CABINET	CABINET	CABINET
성형품중량		520g	1900g	1350g	1200g	1200g	1380g
게이트		SIDE GATE	DIRECT GATE	TUNNEL GATE	TUNNEL GATE	TUNNEL GATE	TUNNEL GATE
성형기		미쓰비시 600EXL	미쓰비시 1200EXL	미쓰비시 800EL	동지 IS-630 A	동지 IS-515 AN	신석 SN 630
노즐온도	℃	180	230	190	210	185	180
실린더온도(전)	℃	180	235	225	220	205	190
〃 (중)	℃	170	225	210	210	180	190
〃 (후)	℃	160	160	190	190	170	160
금형온도	℃	40~45	30~45	45	45	40~50	40~50
사출압력	㎏ / ㎠	125	95	100	110	80	95
사출유지압력	㎏ / ㎠	105	60	85	90	75	80
사출시간	초	25	20	25	22	20	18
냉각시간	초	40	70	50	65	40	45
스큐류회전수	r.p.m	59	46	61	56	70	51
스큐류배압	㎏ / ㎠	7	10	15	10	10	12
사출속도	㎜ / 초	20	35	25	25	25	20
수지온도	℃	213	240	245	230	228	222
예비건조	℃ × hr	75 × 3	75 × 3	75 × 3	75 × 3	75 × 3	80 × 3

3. NYLON 수지

항 목	성 형 조 건		
수지명	1015 CR(N-6)		
성형품	하우징(housing) 1500 × 60 × 20 두께: 3m / m		
성형기	도시바 IS-60B(4.5oz)		
실린더온도(℃)	전부 240	중부 250	후부 230
노즐온도(℃)	230		
금형온도(℃)	80~85		
사출압력(1차)	1200kg / ㎠		
사출압력(2차)	950kg / ㎠		
사출시간	5초 일반 N-6:5초		
냉각시간	3초 일반 N-6:5초		
전사이클	8초 일반 N-6:5초		
1Shot중량	60gr.		

4. PBT 수지

1) PBT수지 성형 실례(1)

항 목		성 형 조 건			
수 지		G1030	G2030	N1000	G2830
성형기		명기(名機) SJ-35A형	명기 SJ-35A형	일강 N-95	명기 SJ-35B형
건조조건(℃ × hr)		140 × 2	120 × 4	120 × 3	120 × 3
금형온도(℃)		100	100	40	80
실린더온도(℃)		270	250	250	260
사출압력	1차(kg / ㎠)	830	740	400	게이지55 / 100
	2차(kg / ㎠)	800	710	·	게이지52 / 110

항 목		성 형 조 건			
스큐류	회전수(r.p.m)	80	80	62	60
	회전력	중	중	·	·
	배압(게이지압)	7	6	0	0
성형사이클	보압(초)	10	10	10	10
	냉각(초)	30	30	10	15
	중(초)	8	8	5	15
성형품특성	인장강도(kg / ㎠)	1320	1089	·	1320
	인장신축도(%)	2.3	1.5	·	·
	굽힘강도(kg / ㎠)	1930	1712	·	·
	IZod충격강도 (kg / ㎠)	8	5.8	·	·
	열변형온도 (18.6kg / ㎠)	207	204.5℃	·	·

2) PBT 수지 성형 실례(2)

항 목		성 형 조 건	
수 지		미강화 PBT	유리섬유 및 광물성 충진제강화 PBT
실린더온도(℃)	후 부	225 – 235	230 – 245
	중 부	230 – 240	235 – 250
	전 부	235 – 245	240 – 250
노즐온도(℃)		235 – 245	240 – 260
수지온도(℃)		235 – 245	240 – 260
금형온도(℃)		40 – 80	50 – 100
사출압력(kg / ㎠)	1 차	400 – 700	700 – 1250
	2 차	350 – 550	400 – 850
	배 압	0 – 40	0 – 40
스크류회전수(r.p.m)		70 – 100	40 – 75

5. PBT수지

항 목		성 형 조 건
실린더온도(℃)	후 부	270 – 290
	중 부	270 – 290
	전 부	270 – 300
노즐온도(℃)		295 – 305
수지온도(℃)		295 – 310
금형온도(℃)		95 – 120
사출압력(kg / ㎠)	1차	600 – 1200
	2차	300 – 800
	배 압	0 – 40
스크류회전수(r.p.m)		30 – 80

6. NORYL 수지

항 목		성 형 조 건			
수 지		SE – 90	PX – 844	SE – 90	SE – 100
성형품		금전등록기	자동차용 전면그릴	TV 배면카바	컴퓨터 DISPLAY카바
성형품중량		1250g	1350g	1170g	3150g
성형기		IS – 630A (도시바 60oz)	1600ESL – 265 (미쓰비시 265oz)	미쓰비시 600 ton	IS – 800AN (도시바 130oz)
실린다 온도(℃)	후 부	210	240	220	240
	중 부	250	270	240	275
	전 부	260	285	240	285
	Head	270		.	295
	노 즐	230	270	210	295
사출압력	(kg / ㎠)	120	130	135	120
사출행정	(㎜)	255	160	125	450
사출시간	(sec)	10	14	16	10
사출속도	(㎜ / sec)	4	7.5	10	7

항 목		성 형 조 건			
사출유지 압력	(kg / ㎠)	80	100	·	70
사출보압 시간	(sec)	15	18	15	15
냉각시간	(sec)	50	70	50	60
금형온도	(℃)	70～90	75～90	70	70
배압	(kg / ㎠)	10	15	15	10
스크류회 전수	(r.p.m)	20	30	40	60

7. PC 수지

항 목		성 형 조 건		
수 지		랙산 141	랙산 3414	랙산 500
수지온도(℃)	후 부	260	295	290
	중 부	280	295	290
	전 부	280	310	305
	노즐부	270	300	300
금형온도(℃)	이동형	85	105	100
	고정형	85	105	100
사출속도		중－고속	중－고속	중－고속
스크류회전수(r.p.m)		40－90	40－90	40－90
배압(게이지압)(kg / ㎠)		4－14	4－14	4－14
사출압(kg / ㎠)		1000－1250	1150－1400	1100－1300

8. POLYOLEFIN 수지

항 목		성 형 조 건	
수 지		일반 POLYOLEFIN	MICA 보강 POLYOLEFIN
성형품		평판 (두께 3m / m)	평판 (두께 2m / m)
성형품중량		252g	75g
실린더온도(℃)	후 부	200	210
	중 부	250	230
	전 부	250	230
노즐온도(℃)		240	230
금형온도(℃)		80	60
사출온도		최대	최대
사출압력(kg / ㎠)	1차	1200	450
	2차	900	
보압시간(sec)		5	·
냉각시간(sec)		30	30
스크류직경(m / m)		58	·
스크류압출비		3.5	·
스크류L / D		16	·
스크류회전수 (r.p.m)		60	·
스크류배압(kg / ㎠)		없음	없음
사출시간 (sec)		·	10
전사이클시간 (sec)		45	50

9. POLYACETAL 수지

항 목	성형조건							
수 지	일반	일반	일반	일반	고유동	고유동	glass 20%	glass 20%
성형품	축수 부품	자동 차부품	축수 부품	권취기	소형 기어	농업 기계	전기 스위치	자동차 부품
성형품중량(g)	6	27	120	570	0.5	8	1	56
게이트종류	다이야 후레밍 게이트	1점 TUNNEL 게이트	2점 핀게 이트	다이야 후레임 게이트	3점 핀 게이트	1점 핀게이트	1점 핀게이트	4점 핀게이트
성형기용량(oz)	1	3.5	5	25	1	4.5	2	8
실린더온도(℃)	210	190	200	200	200	200	190	195
금형온도(℃)	85	70	120	70	80	115	60	60
사출압력 (kg / ㎠)	900	750	1100	1000	720	650	1000	1300
사출시간(sec)	3	8	20	15	2	24	7	14
냉각시간(sec)	10	20	20	55	5	10	6	35

제12장 2차 가공의 종류 및 방법

1. Styrene Molded Articles의 도장

이 방법은 Styrene molded articles의 다양한 색상을 얻기 위해 사용해 왔으며, TV의 테두리, 냉장고의 문자 또는 장난감의 장식 등 표면처리에 사용되는 방법이다.

Lacquer Coating은 어떠한 색상도 가능하며, mold물 뿐만 아니라, 금속, 형광물질, 전기 전도체 등에도 효과가 크다. 또한 lacquer coating은 Styrene molded parts를 보호해주는 이점도 가지고 있으며, 아주 간단한 장비와 기술로서 아름다운 효과를 낼 수 있다고 하겠다.

Styrene molded articles의 lacquering은 설계자나 생산자가 널리 적용할 수 있으며, 기본 원리를 이해하고 작업에 적합한 장비와 원료를 가지고 있을 때 쉽게 적용할 수 있다.

1) Lacquering(도장)의 이점

섬세하고 아름다운 lacquering은 소비자의 이목을 끌 수 있으며, 전자제품 등의 판매량을 증진시킬 수 있다. lacquering은 시각적인 대조를 이용하는 수단의 한 방법으로 靜的인 상태에서 먼지낌 등을 감소시킬 수 있으며, 여러 가지 색상을 이용하여 미세한 Weld line, 표면경화(수축), 홈 등이 있는 部品 등을 완전하게 은폐시킬 수 있다.

2) Lacquering에 필요한 조건

Molded Styrene은 마치 유리처럼 단단하다.

따라서, 응집력(Adhesion)은 피막의 형성에 중요한 비중을 차지하고 있다. 실제로

피막형성은 온도, 습도, 표면장력의 변화에 따르기 때문이다.

Styrene은 많은 표준 도장용 Solvent와 접촉시켰을 때 Crazing(잔금)이 생기며 가벼운 접촉(접촉횟수가 적을 때)에 대해서는 아직까지 응집력이 좋은 제품이다. 현재까지도 Styrene molded article은 어느 정도 취성(내부응력)이 있다. 비록 Annealing(풀림)을 할지라도 이러한 Solvent에 의한 잔금(금형제품을 약하게 만든다). 때문에 도장용 展色劑나 thinner의 선택은 중요하다.

따라서 Styrene lacquer형성을 위해서는 아래 조건을 고려해서 선택해야 한다.

① 모든 條件下에서의 應集力
② 表面에 對한 視覺的인 問題
③ 색상과 特別한 效果에 대한 충분한 고려
④ 광택
⑤ 빠른 응용이 가능한 간단한 방법
⑥ 건조시간
⑦ 화학저항
⑧ 단가
⑨ 유독성
⑩ 가연성
⑪ 유효성
⑫ 연속성

經驗에 의하면 피막형성은 Styrene Plastic에는 적합하나 가연성 수지에 대해서는 적합하지 않음을 나타내고 있다.

3) Lacquering을 爲한 表面條件

(1) Mold사출 이형제(Release Agents)

일부 mold는 무리 없는 사출을 위하여 소량의 release agents를 필요로 한다. 그러나 도장해야 될 사출물은 사출기에 윤활유의 사용을 억제해야 한다. 때문에 mold에 윤활을 할 때에는 에틸 알콜의 혼합물이나 글리세린을 사용함으로써 도장의 응집력을 감소시키지 않고 윤활이 잘 되게 해야 한다.

(2) 세척(Clearing)

아연산염과 같이 에틸 알코올이나 글리세린이 아닌 것으로 윤활했을 경우에는 아래와 같이 희석한 용액으로 세척해야 한다.

- 1 방법 75% / 체적……공업용 (95%)2 − B알코올
  25% / 체적……에틸 아세테이트
- 2 방법 50% / 체적……공업용 (95%)2 − B알코올
  25% / 체적……에틸 아세테이트
  15% / 체적……부타놀
  10% / 체적……

몇 종류의 상업용 thinner도 역시 윤활유(劑)를 세척할 수 있다. 良貸의 제품을 만들기 위해서는 응축된 grease나 lint 등을 제거해야 한다. Styrene molded parts 는 보관하는 동안 먼지가 쌓이므로 항상 외부에 포장을 해 두어야 한다. 먼지나 오물은 Spray나 blowing으로 제거한 다음 젖은 수건으로 닦도록 한다.

(3) Molding(성형)

성형기술은 도장과 밀접한 관계가 있다.

심한 표면강화, flow mark, weld line 등은 세척 시 세척액 침투 등으로 도장면이 취약해지며, 날카로운 경계선이 나타나므로 수지온도, 금형온도, 사출압 등으로 상기 현상을 제거시켜야 한다.

4) Lacquering 方法

(1) 분무(Spraying)

약 80％정도로 희석된 도료가 신속하면서 경제적이다. 또한 도료는 처음 사용된 thinner(물론 잔금이 생기지 않는)로 희석하고 항상 사용했던 장비를 사용해야 된다. 도료를 처음 분무했을 때 건조시간은 도료나 thinner에 의해 달라지나 보통 5~60분이 다. 초기 건조시간이 지나면 손을 댈 수 있으나 최대응집력은 약 2~8시간 후에나 나타난다.

(2) 닦기(Wiping)

Dial의 숫자나 문자를 새겨 넣을 때는 솔(brush)이나 걸레를 사용한다. thinner 사용 시 thinner가 떨어지거나 흐르게 되면 lacquer가 지워지게 되므로 thinner는 사용하지 않는다. 또한 도장이 끝나고 약10~30초 경과 후 Solvent를 묻힌 걸레로 도장주위부터 닦아내면 쉽게 닦을 수 있다.

(3) 굴리기(Rolling)

Rubber나 그와 비슷한 재질의 roller를 사용하여 도장하는 방법으로서 도료는 흐르지 않을 정도의 충분한 점성을 가져야 한다.

이 방법은 Print가계에서 손으로 Print하는 것과 유사한 方法이다.

(4) 담그기(Dipping)

이 방법은 보통 Spraying보다 비용이 적게 드는데 이는 필요장비가 적기 때문이다.

필요장비는 lacquer와 thinner를 배합하기 위한 용기(tank)와 건조 및 탈수에 필요한 Conveyer 뿐이다.

담그기는 표면을 완전히 피막하는 작업에만 사용되기 때문에 Spraying만큼 많이 사용되지는 않는다. 또한 가격이 싸다는 이점이 있으나 도장 표면의 불규칙, 탈수 시 피막이 고르지 않은 등의 단점이 있다.

담그기 도료는 염료에 따라 분류할 수 있으며 Styrene 표면은 염료와 Solvent의 적당한 혼입에 의하여 색상이 나타나나 종종 원환에는 잔금이 생긴다. 담그기에 의한 피막은 도료가 Plastic표면에 접촉되어 지기 보다는 연속적으로 형성되는 얇은 도료피막의 증발에 의한다.

(5) 솔질하기(Brushing)

Brushing은 나무나 다른 재료를 칠하는 것과 동일한 방법으로 소량의 작업 또는 마무리 작업 등에 사용하며, 다양한 색상을 이용할 수 있다.

그러나 이 방법은 시간이 오래 걸리고 부정확하며 가격도 다른 방법보다 비싸다.

Flow pencil로서 유용하게 작업할 수 있다.

2. HIPS의 Printing과 Hot Stamping

1) Silk Screening

Silk Screening Printing의 한 방법으로 널리 사용되며, 현대의 모든 Screen은 나이론 같은 인조섬유로 되어있다.

이 방법은 값이 싸며, 좋은 효과를 얻을 수 있다. 또한 이 작업은 많은 투자나 기계특별한 공구, 정교한 장비도 필요하지 않는다. 필요로 하는 모든 장비는 Silk Screen을 꼭 붙들어 줄 나무틀과 이중의 나무사이에 단단한 고무날이 들어있는 걸레뿐이다. 잉크나 lacquer가 Printing하는 데 사용된다.

Silk Screening에는 약간의 원판이 필요하다. 원판은 Printing Plate보다 값이 싸며 Silk Screen작업이 필요할 때에는 Screen을 전문적으로 만드는 곳에 의뢰해서 만드는 것이 유리하다.

Printing 절차는 매우 간단하여 Printing해야 할 재료에 나무틀로 조여진 Screen을 접촉시키고 Screen 표면에 잉크를 묻혀서 Printing하면 된다. 이때 고무걸레는 가로지를 수 있도록 하며, 움직여서 Screen을 통하여 잉크가 Printing되어야 할 표면에 묻도록 한 다음 Screen을 들어 올리면 된다.

Printing표면의 크기와 형태에 따라 다를 수 있으나 기능공의 경우 시간당 300여개를 Printing할 수 있다.

또한 정확하게 Screen을 도안하면 여러 색상의 Printing도 가능하다.

Silk Screen 원판은 사용 후 깨끗하게 닦아 보관하면 상당히 오랜 기간 동안 사용할 수 있다.

2) Hot Stamping

Styrene부품에 문자나 숫자, 무늬 등을 인쇄할 경우 Hot-Stamping을 사용한다. 작업방법은 색상이 있는 泊(조각 foil)을 Styrere표면에 위치시킨 다음 뜨거운 die로 泊을 누르면 색상이 Styrere에 Stamping되며, 수동, 반자동, 자동으로 구분된다. 泊의 종류는 금, 은, 검정, 흰색 등 거의 모든 색상이 가능하며, 밝은 색 어두운 색 등 다양하게 할 수 있다.

Stamping 시 die의 가열온도는 150~300°F(약65~150℃)정도이다. Hot Stamping은 Printing작업에 많이 사용되며 그 결과는 매우 훌륭하다.

長點을 열거하연 다음과 같다.

① 불규칙 표면을 장식할 수 있다.

② 한번의 작업으로 양각할 수 있다.

③ 금형으로 문자나 장식을 만들 필요가 없다.

④ 경제적이다.

Hot Stamping의 자동화 장비는 설치비가 많이 드나 긴 행정, 크기, 날카롭기에 관계없이 Stamping할 수 있으며, 대량생산의 이점이 있다.

3. Wood Grain

1) Wood Grain의 목적

Wood Grain hot Stamping m / c를 이용하여 Plastic성형품에 금속광택, 나무결모양 꽃모양, 문자, 숫자 등을 가열가공에 의하여 새겨(轉寫), 미적 감각을 높이고 고급제품화 함으로서 시장성을 좋게 하기 위함이다.

2) Foil

(1) Foil의 구조

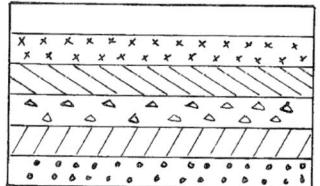

Polyester Film
剝離層(박리층)
Top coat(증착층 등의 보호)
眞空蒸着層(안료, 금속 등)
Under coat(상 · 하층의 이동방지)
감열(感熱) 접착제층(Hot melt type)

(2) Foil 적용수지

- 일반적 형태: Polystyrene, AS, ABS, Acryl, PVC.
- 특수한 형태: Polypropylene, metal, Glass.

(3) Foil의 종류

- Wood Grain foils

  Walnut teak rosewood 등과 같은 종류의 Wood Grain도 natural wood finish로 제품표면에 입힐 수 있다.

- Multicolor foils

  여러 가지 색상의 foils을 이용하여 다양하게 제품의 색상을 구사할 수 있다.

- Brushed metallizing foils

  Plastics에다 brushed finish을 하여 실제로 알루미늄과 크롬의 금속표면처럼 보이게 한다.

3) Wood grain hot stamping machine의 적용범위.

이 hydraulic roll-on M/C은 둥근 comers(최소반경1~2㎜)를 가진 TV Cabinet나 이와 유사한 제품을 Hot Stamping할 수 있고 제품모양은 정방형, 직사각형, 원형, 타원형, 다각형도 가능하다.

Pressure sensor와 tachometer(회전속도계)를 가진 특수한 Servol-Control System으로 되어 있어 계속적으로 일정한 압력과 변환속도를 유지한다. 고정구가 multi cavity tooling으로 되어 있으면 한번 운전에 한 부분 이상 hot Stamping도 가능하다. 이 기계는 foil을 푸는 쪽에 자동 foil인장 조정장치(Automatic Foil Tension Control)가 되어 있어 양산 중에 자동적으로 Foil roil의 Dia를 유지한다.

Foil 이송장치(Foil feeding system)에 의해 foil이 감기는 쪽에 Air operated foil guiding system이 있어 foil web가 똑바르게 유지되도록 한다. 자동 foil 인장조정 장치로 필요하면 각 Corners에 인장력을 증가시킬 수 있다.

직사각형이나 타원형 Cabinet일 경우 긴 길이와 짧은 길이의 비가 3:1을 초과하는 제품에는 사용할 수 없다.

4) Fixture 설계 시 유의사항

① 회전중심에서 Stamping할 면까지의 거리는 같게 한다.
   그림에서 A＝B여야 한다.

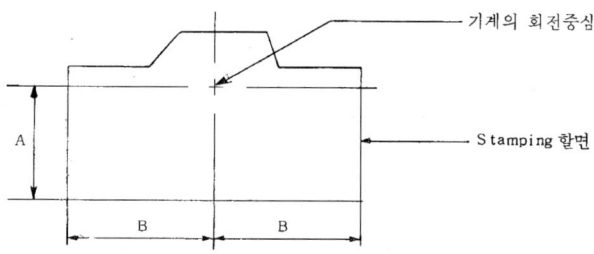

② Jig는 제품의 내부와 꼭 닮아야 하며 Fitting이 양호해야 한다.
③ Stamping할 면의 중심과 Silicone roller면 중심은 일치하도록 해야 한다.

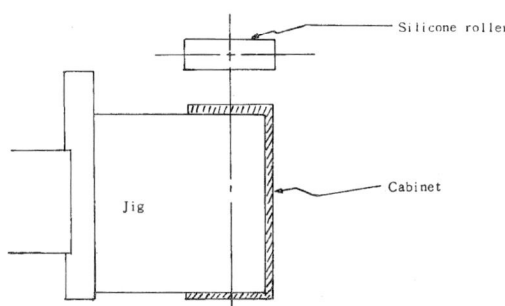

④ Taper진 Cabinet에 Stamping할 경우 50%는 Rotary jig를 경사시키고 50%는
   Silicone roller를 경사시켜 Stamping할 면과 Silicone roller면이 평형되도록 한다.

4. Fixture의 역학적인 고찰

Jig가 6개의 육각렌치 bolts로 고정되어 있고 회전하지 않을 때 Jig무게중심까지의 거리
를 L이라고 하여 bolts에 미치는 전단력과 moment에 의한 인장력에 대해 고찰해 본다.

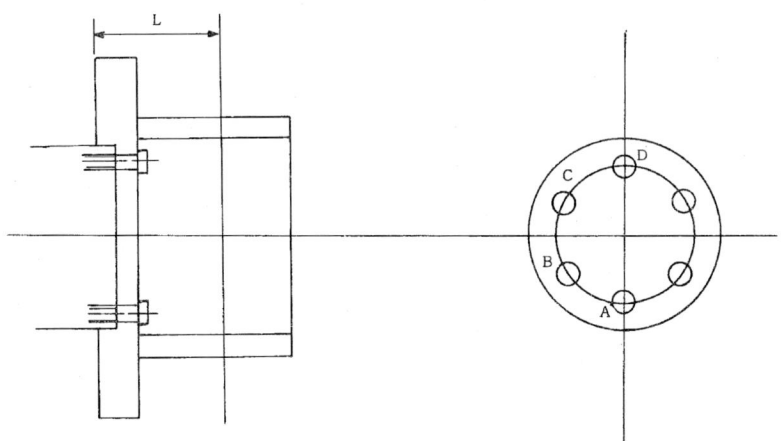

각 bolts는 jig의 자중 W_1과 Silicone roller가 누르는 힘 W_2의 합력 W의 힘을 받으므로

$$W = \sqrt{W_1^2 + W_2^2} \cdots\cdots\cdots\cdots\cdots\cdots\cdots\cdots\cdots\cdots\cdots\cdots\cdots(1)$$

전단력이 균등하게 작용한다고 하연 bolt마다의 전단력 τ는

$$\tau = \frac{2W}{3\pi d_1^2} \cdots\cdots\cdots\cdots\cdots\cdots\cdots\cdots\cdots\cdots\cdots (2)$$

(단, d_1은 bolt의 골지름이다)

다음은 인장력에 의한 moment를 계산하기 위해 맨 아래 bolt로부터 차례로 A, B, C, D기호를 붙이고 각각에 작용하는 인장력을 W_a, W_b, W_c, W_d, A로부터 거리를 r_a, r_b, r_c, r_d라고 하면 Moment의 균형조건으로부터

$$WL = \Upsilon_a W_a + 2\Upsilon_b W_b + 2\Upsilon_c W_c + \Upsilon_d W_d \cdots\cdots\cdots\cdots\cdots\cdots\cdots(3)$$

인장력에 의한 변형량은 비례하므로

$$\frac{W_a}{\Upsilon_a} = \frac{W_b}{\Upsilon_b} = \frac{W_c}{\Upsilon_c} = \frac{W_d}{\Upsilon_d} \cdots\cdots\cdots\cdots\cdots\cdots\cdots\cdots (4)$$

(3)(4)에서

$$WL = w_d \left(\frac{r_a^2}{r_d} + 2\frac{r_b^2}{r_d} + 2\frac{r_c^2}{r_d} + r_d \right) \cdots\cdots\cdots\cdots\cdots (5)$$

이때 bolt의 중심원 지름을 D_b라 하면

$$r_a = 0, \ r_b = \frac{D_b}{2}cos60^\circ = \frac{D_b}{4}, \ r_c = \frac{3D_b}{4}, \ r_d = D_b \text{ 이며}$$

이 값을 (5)식에 대입하면

$$W_d = WL \times \frac{4}{9D_b}$$

최대 인장응력 δ_t는

$$\delta_t = \frac{4\,W_d}{\pi d_1^2} \cdots\cdots\cdots\cdots\cdots\cdots\cdots\cdots\cdots\cdots (6)$$

최대 주응력 δ_{max}은

$$\delta_{max} = \frac{\delta_t}{2} + \sqrt{\frac{\delta_t^2}{4} + \tau} = \frac{2w_d + \sqrt{(2w_d)^2 + (\frac{2}{3}w)^2}}{\pi d_1^2} \cdots\cdots (7)$$

예) C / TV 14″ FRONT COVER Woodgrain jig에 대한 검토 Woodgrain hot stamping machine(G−500S)이 M=12인 육각 bolt 6개로 jig를 취부하고 있고 bolt의 중심원 지름이 200㎜일 경우 jig의 한계중량을 구해본다.

M=12일 때 bolt의 골지름 $d_1 = 10.106$㎜이므로 앞식(2)에서

$$\tau = \frac{2w}{3\pi d_1^2} = \frac{2w}{3\pi \times 10.106^2} = 2.078 \times 10^{-3} W$$

jig무게 준심까지의 거리 L=160㎜라면

$$W_d = W \times 160 \times \frac{4}{9 \times 200} = 0.356\,W$$

앞식 (6)에서

$$\delta_t = \frac{4w_d}{\pi d_1^2} = \frac{4 \times 0.356\,W}{\pi \times (10.106)^2} = 4.438 \times 10^{-3} W$$

따라서 앞식 (7)에서 최대주응력 δ_{max}은

$$\delta_{max} = \frac{2 \times 0.356w + \sqrt{(2 \times 0.356w)^2 + (\frac{2}{3}w)^2}}{\pi \times 10.106^2} = 5.259 \times 10^{-3} W$$

여기서 $\delta_{max} = 12$kg/㎟라면

W =2281.8(kg)

Silicone roller가 누르는 힘 $W_2 = 700$kg이면

$$W_1 = \sqrt{W^2 - W_2^2} = \sqrt{(2281.8)^2 - (700)^2} \fallingdotseq 2172\,(kg)$$

따라서 현재 사용 중인 Wood grain jig중량이 100~200kg이라 할 때 안전하다고 할 수 있다.

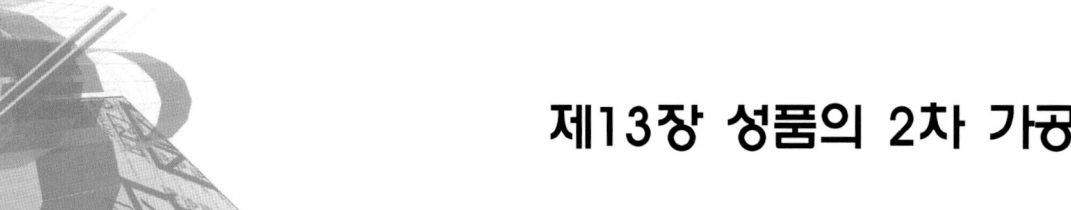

제13장 성품의 2차 가공

1. 도장(塗裝)

1) 도장이 되는 재질

Polystyrene, AS, ABS, 메타크릴수지가 실용적이고 그 외 대부분의 Plastic에 도장이 가능하다. 그러나 내약품성이 큰 것, 예를 들면 Polystyrene, Polypropylene 등은 전처리를 하지 않으면 도장이 되지 않는다.

2. 도장색

색을 맞추기 위한 색 견본은 가능한 한 동일재질에 도장한 견본이 좋다.

3. 도막강도(塗膜强度)

성형할 때 이형제(離型劑)를 사용하면 도장의 밀착도가 저하함으로 이형을 좋게 하기 위하여 성형품에 발구배를 충분히 주어야 한다. 일반적으로 성형품의 용도, 형상, 재질 등에 따라 협의상 시험법(試驗法)을 정한다.

4. 시험법(例) - 도장 및 진공증착(眞空蒸着)

1) 표면도장의 경우는 pin으로 1㎜ 모눈 100개를 만들고 세로테이프로 벗겨져 95개 남아 있을 것.

2) 세로테이프로 벗겨서 이상이 없을 것(비파괴 시험)

3) 내충격(耐衝擊): 25D 강철공에 300g의 하중을 걸은 추를 500㎜위에서 떨어뜨려 한 시간 방치 후 도막에 이상(갈라짐, 뜸, 벗겨짐)이 없을 것.

4) 냉열(冷熱) Cycle: 65℃ 한 시간, -20℃ 한 시간을 1Cycle로 하여 3Cycle 후 (2) 항의 테이프 시험을 실시한다.
   이때 외관에 이상(비뚤어짐, Crack)이 없을 것.

5) 내습(耐濕): 습도 90%이상, 40℃에서 72시간 방치하여 4시간 후 외관(광택, 색조)에 이상이 없을 것.

6) 내후(耐候): 워터메타 $62^{\pm2}$℃, 100시간 후 퇴색, 변색이 없을 것.

7) 염무(鹽霧): 5%(3%) NAC1소금물의 역무시험기 8(5)시간 수선 및 상온건조 2시간 후 외관에 이상(녹, 변색)이 없을 것.

8) 내세제(耐洗劑): 중성세제 5%용액 상온 24시간 담금 후 외관에 이상(변색, 뜸)이 없을 것.

註) ( )內의 수치는 진공증착시험법임.

제14장 접착제

1. 접착제의 형태

Styrene 접착제는 주로 점성 및 건조시간에 의하여 다음과 같이 분류된다.

1) 점성(粘性)에 의한 분류

(1) Thin 접착제

물과 같이 흘러내리는 접착제로서 보통 Solvents나 Solvents혼합물이며 건조시간이 빠르다.

(2) Medium 접착제

기름과 같은 점성을 가진 접착제로서 원칙적으로 높은 비등점의 Solvents를 포함하며, 종종 소량의 Plasticizers(可塑劑)나 resins(수지)를 포함하고 있다.

(3) Heavy 접착제

풀과 같이 흐름이 거의 없는 접착제로서 Solvents에 resins이나 Plasticizers가 융해된 것이다. 이 접착제군은 보통 건조가 아주 느리므로 필요시에는 건조증가율(increased drying rates)을 짜 두어 건조시간 단축 등에 적용할 수 있다.

2) 건조시간에 의한 분류

(1) Fast

빨리 Setting되는 접착제로서 20초나 그 이하의 첫 번째 Setting 시간을 가지며 주로 빨리 증발하는 Selvents로 되어있다.

적용이 쉽기 때문에 빨리 건조되는 접착제는 특히 빠른 접착이 요구되는 toy나 novelty(방물류) 등에 적용될 수 있다.

(2) medium

중간 Setting접착제로서 큰 구성물체를 접착시키기에 사용하기는 곤란한 속도비로 좀더 빠른 건조를 요하는 것에 사용되거나 fast접착 시 접합에 발생되는 공간을 적당히 채우기 위해 사용한다.

(3) 천천히 Setting되는 접착제

Polystyrene＋Polystyrene, ABS＋ABS접합뿐 아니라, 유리, 강철, 목재와 같은 非Plastic,＋Plastic, 취급이 쉽고 crazing(잔금)이 생기기 쉬운 접합, 오프셋트 등 비교적 Set－up시간이 느린 곳에도 적합하다.

3) 특수 접착제

3－1－1, 3－1－2의 범례에 분류되지 않은 접착제의 대표적인 것은 압력에 의해 접착되는 접착제이다. 이러한 형태의 접착제는 보통 두 표면을 함께 접합시키는 데 적용된다. 접착표면은 접합 시 건조되어야 하고 건조 후 오랜 접합을 위해서 함께 압력이 주어져야 한다.

4) 접착제 선택

모든 접합에 있어서 접착제의 선택은 지금까지의 모든 사항이 고려되어야 한다. 즉, 접착할 부분의 형태와 크기, 원하는 생산속도, 마무리된 접합체의 외형과 용도에 따라 결정되며 특히 Styrene의 Crazing(잔금)이 아닌 외형불량은 접착제의 잘못된 선택에 의한 것일 수도 있다. 결국 접착제의 올바른 선택은 매우 중요하다.

Crazing은 넓은 의미의 Cracks으로서 Crazing이 너무 미세한 경우 haze(안개와 같은)처럼 부식된다. Crazing을 발생시키는 원인으로서는 접착제에 함유된 Solvents나 주조조건 등이다.

접착제는 Polystyrene을 주조하는 동안 수축방향에 직접적인 영향을 미치며, 압축과 인장응력을 일으키는 원인이 되기도 한다.

예를 들면 사출성형기로부터 성형된 부품에 이형제 제거 후 접착표면의 강한 인장 하에서 빨리 건조되는 접착제를 즉시 적용하연 Plastic의 일시적인 팽창과 건조에 따르는 수축으로 인하여 craze된 접합면이 나타난다.

일반적으로 천천히 Setting되는 접착제는 빨리 Setting되는 접착제보다 잔금이 덜 가며, 이는 재료응력이 없어지거나 중화하는데 더 많은 시간이 필요하기 때문이다.

2. 접착제 성분

1) PS+PS접착제

Toshiba Chemical의 AS-141-1, AS-141-2, AS-141-3이며, 이것의 화학성분은 PS=5% 신나(도루엠)=32%
메치렌 클로라이드=63%이다.

2) ABS+ABS접착제

TC사의 AS-321-1, AS-321-2, AS-321-3이며, 화학성분은 ABS=5%, 아세톤 95%

3) AS+AS접착제

TC사의 AS-421-1, AS-421-2, AS-421-3.

화학성분은 AS＝5% 메치렌 클로라이드＝95%

※ 참고
- 예를 들어 전면 마스크 PS와 boss ABS일 경우에는 ABS 접착제의 AS－321－1
  을 사용한다.
  이유) 용융성이 강한 재료가 우선권이 있음.
      AS－321＞AS－141
- AS접착제의 경우
  AS－421－1＞AS－421－2＞AS－421－3.
  AS－421－1에 비해 AS多, 메치렌클로라이드 少

제15장 POLYPROPYLENE의 착색 및 2차 가공

1. 착 색

Polypropylene은 착색 belt, master back 등의 방법으로 아름답고 균일한 착색이 가능하다. Dry Coloring은 Cost가 낮은 반면에 안료의 분산이 불충분하여 색 얼룩이 생기기 쉬운 결점이 있는데 최근에는 극히 분산성이 높은 dry coloring이 가능하게 되었다.

Polypropylene의 안료농도가 낮은 투명용 청, 녹, pink 등의 dry coloring품은 잡화 등에 사용되며 특징이 있는 광택, 색조, 투명성 등에서 타수지에서는 찾아볼 수 없는 우수한 외관을 갖는다. dry coloring에 있어 안료의 분산성을 좋게 하기 위하여 다음과 같은 사항을 생각할 수 있다.

① Screw형 사출 성형기를 사용한다.

② 높은 사출압에서 성형한다.

③ ram Speed를 빠르게 한다.(사출속도를 빠르게 한다).

④ 소량의 온륜제(溫潤劑)를 사용한다.

⑤ 분산이 같은 안료를 선택한다(분산제를 사용한다).

⑥ 안료와 수지의 혼합법을 채택한다.

⑦ 램프러에서 혼합한 경우보다 mixer에서 혼합한 것이 안료의 분산이 좋은 경우가 있다.

⑧ 제한 gate를 이용한다.

⑨ 작고형의 잘린 Pallet가 안료 분산은 좋으며, Hot Cut의 Polypropylene은 조건에 알맞다.

이상과 같이 Polypropylene은 안료에 따라 자유로운 착색이 가능한데 안료의 종류에 따라 성형수축률이 약간 다르다.

표1에 안료와 성형수축률의 관계를 나타낸다.

특히 키나크리드계 안료 및 후탈시아계 안료는 다른 안료에 비해 수축률을 크게 하는 경향이 있으므로 동일 성형품을 여러 색으로 성형할 경우에는 주의를 요한다.

착색에 의한 물성의 변화는 거의 없지만 일반적으로 착색으로 인해 내열열화성은 나빠지고 내후성은 좋아진다.

표1. 안료와 성형수축률의 관계

안 료	수축률(%)
아나타제 티탄(Titanium)	1.86
루칠형 티탄	1.86
키나트리드 pink	1.79
카드늄 red	1.69
〃 orange	1.61
〃 yellow	1.63
시안 blue	1.79
〃 green	1.80
군청 blak	1.72
카본 blak	1.69

주) ① 150 × 100 × 40 × 2t의 direct gate상의 장변의 수축률
   ② 성형온도 250℃, #1014사용
   ③ 안료%: 50〜400gr / 50kg p.p

2. 도장(塗裝)

성형품의 도장은 적절한 표면처리에 따라 접착성, 외관 등이 양호하나 현재는 미처리 경우에도 충분한 접착성을 갖는 도료를 시판하고 있다.

3. 인쇄(印刷)

성형품은 Silk Screen으로 인쇄할 수 있다. 표면처리를 하면 Polyethylene용 Silk Screen 인쇄로 충분히 접착하는 것이 있으며, 또 현재는 표면처리를 하지 않아도 충분히 접착하는 것이 있다.

Polyethylene용 잉크도 시판되고 있다.

4. 그림넣는 성형

그림넣는 성형은 미국 아비산사의 특허(No 504185)와 Chisso가 응용연구 개발한 것으로 아름답고 견고하게 할 수 있다.

성형품의 장식은 도장, 인쇄, Hot Stamping 등에 의해서도 할 수 있으며, 그림넣은 성형품은 이런 어떤 방법보다도 선명하고 견고하다. 이 새로운 성형법은 인쇄된 film의 비 인쇄면을 금형에 대고 정전기를 이용 금형에 고착시킨 후 사출성형을 행해 성형품 표면에 인쇄된 film을 용착시키는 것으로 다음과 같은 특징이 있다.

① 인쇄면이 표면에 나오지 않고 Polypro film으로 덮힌 상태로 있기 때문에 마찰 등에 의해 색이 벗겨지는 일이 없다.

② film의 인쇄는 성형품에 직접하는 인쇄에 비해 다색, 고속인쇄가 가능하고 또 선명하므로 성형품에 직접 인쇄 및 도장에서는 얻을 수 없는 아름다운 장식을 능률적으로 얻을 수 있다.

5. 접착(接着)

Polypropylene 성형품에 적합한 접합제는 Hot mold type, 용제 type, emazol type 등이 시판되고 있다.

특히, 큰 접착강도를 필요로 할 경우에는 Polypro 성형품을 미리 Cr산 처리, 염처리, 코로나 방전 등의 전처리로 행한 후 열 경화성의 접착제(Epoxy계, polyurethane)를 사용함에 의해 해결될 수 있다.

6. 용착(溶着)

접착제를 사용하지 않고 Polypropylene끼리를 강력히 접착하는 방법으로 용착이 있다. 용착방법은 다음과 같다.
① Spin welding
② Hot jet에 의한 용착
③ 초음파에 의한 용착
④ 열판에 의한 용착

Spin welding은 원형의 단면적을 가진 두 개의 성형품을 서로 접촉시키면서 회전시켜 발생하는 마찰열에 의해 용착시키는 방법이다. 회전속도는 접촉부에서 400㎝/sec, 압입 3.5~7㎏/㎠ 정도가 적합하다. Spin welding 접합 예로서는 Polypropylene 2중 Cap bobbin이 있다. Hot jet에 의한 용착은 보통 Φ3㎜의 환봉을 사용해 접합을 시킨다. 초음파에 의한 용착은 초음파 용착기를 사용한다.
 그 밖의 가열된 금속판, 인두 등과 접촉시켜 그 열로서 부분적으로 Polypropylene을 용융 접착시키는 방법도 있다.

제16장 PLASTIC도금법

1. ABS 수지도금

아크리로니토릴, 부타젠, 스틸렌 모두 중합한 ABS 수지는 전기적으로 부도체이다. 따라서 금속 도금과 같이 도금을 실시하기 위해서는 적어도 수지표면을 전기적인 도체로 하지 않으면 안 된다.

이 도체 피막을 만드는 것에는 다음과 같은 방법이 있다.

① 전도성 프라스틱의 이용
② 전도성 페인트의 이용
③ 카본 분말을 도포하는 방법
④ Paper Plating의 이용
⑤ 화학 도금의 이용

우선 가장 넓게, 많이 공업화 되어 있는 화학 도금방법(별명 무전해 도금방법)에는 2종류가 있고 화학동 및 화학니켈 도금 등이 있다.

이 화학도금 공정까지를 일반적인 전처리 공정이라 한다.

2. 전처리 공정(Electroless Plating)

1) 락크처리

성형품의 형상, 크기, 유효면의 위치 등에 따라, 각각 바네의 강도, 접점의수, 위치 및 크기를 계산하고, 성형품에 젖혀짐이 발생하지 않도록, 각 처리액 떠내는 것이 적도록 방향을 충분히 고려하고, 끊김을 내지 않도록 취급한다.

2) 탈 지

성형품의 표면에는 성형 시 및 수송 시에 먼지나 유지류가 붙기 쉬우며 이 불순물을 제거하기 위한 목적으로 행할 수 있다.

탈지액 중에서 유지류는 알칼리제로 유화분해 되고, 계면 활성제로 분산된다. 따라서 알칼리제로 유화 분해 불가능한 유지류는 절대 사용 않도록 주의하지 않으면 안 된다.

욕조성	알칼리제	10~20%
	계면활성제	1~2%
조작조건	온도	50~60℃
	시간	10~15분

3) 수 세

수세 또는 탈세는 각 공정의 종류에 따라 사용이 분리되며, 반드시 2~3회 이상 행하지 않으면 안 된다. 또 전공정의 종류에 따라서는 공기교반 및 분무에 따른 세조를 행할 경우가 있다(이하 수세는 이항과 같다).

4) 산 세

전공정이 알칼리욕이고 후공정이 산성욕을 하기 위해 산성액의 소비를 적게, 중화물이 후공정액에 잔류 않도록 하기 위하여 행한다.

욕조성	유 산	10%
조작조건	상 온	2-3분

5) 수 세

중화물의 제거를 목적으로는 산온수에 2회 이상 행한다.

6) Etching

크롬산, 유산계의 혼액에 침지하연, ABS 수지 중의 포리푸타젠 입자가 산화, 분해, 용출한다. 그 밖의 매트릭스 부분은 산화되면 친수기를 발생, 물에 젖기 쉽게 되면 공히 다음 공정에오는 화학 결합에도 기여한다.

더욱이, 크롬산은 유산에 비하여 용해도가 낮고, 일반적으로 유산의 농도의 최적치에 오는 용해도가 취소가 되기 위해 인산을 첨가하여 용해도를 높이는 것도 행할 수 있다.

	농유산	60~65%
욕조성 - 1	무수 크롬산	10~15g / ℓ
	인산첨가의 경우	20~30g / ℓ
		18-20분(도금용 ABS수지 A)
조작조건	60~65℃	19-21분(도금용 ABS수지 B)
		20-22분(도금용 ABS수지 C)
욕조성 - 2	Marbon	E-20 Type
		4-6분(도금용 ABS수지 A)
조작조건	60~65℃	5-7분(도금용 ABS수지 B)
		6-8분(도금용 ABS수지 C)

기본원리도

용출된 포리부타디엔 구멍

수 지 층

7) 회 수

성형품에 부착하여 나온 에칭액은 양산 시에는 상당량이 되므로 본래대로는 에칭액의 손실이 된다. 따라서 이 부착 에칭액을 회수할 목적으로 세조공정을 통하여 회수할 필요가 있다. 이 회수공정에의 세조액은 에칭액 보급의 경우 회수된다. 회수공정에는 세조조를 적어도 2조 설치하고, 부착 에칭액을 가능한 한 적게 할 필요가 있다.

8) 환 원

세조가 어려운 부분에 부착하고 있는 6가 크롬을 환원 처리한다.

욕 성	중아유산소다	10~20%
조작조건	상 온 약한공기	20~30초

9) 수 세

상온수	1회
온수(40~50℃)	1회
상온수	1회

10) 감광액(Sensidize)처리

정면에 친수성으로 된 성형품 표면에 흡착력이 강하고 환원력이 있는 금속을 부가한다.

욕조성-1	염화제1은	20~30g / ℓ
	농염산	20~30㎖ / ℓ
조작조건	25-30℃	3~5분
욕조성-2	Marbon	카타리스트
조작조건	25-30℃	3~5분

기본원리도

수 지 층

11) 수 세

상온수   3~4회

기본원리도

수지층

12) 활성화(Activator)처리

무전해 도금욕중의동 및 니켈금속 이온의 화학반응(환원작용)을 촉진할 목적에서는 촉매를 부가하는 공정, 촉매금속에는 은, 백금, 발라디움 등이 사용된다.

욕조성 – 1	염화발라지움	0.3~0.5g / ℓ
	농염산	3~5㎖ / ℓ
조작조건	25~30℃	1~2분
욕조성 – 2	Marbon	액셀레이타
조작조건	20~30℃	30~60초

기본원리도

수 지 층

13) 수 세

상온수   3~4회

14) 화학 도금처리

촉매에 부가된 성형품이 화학 도금액 중에 침지되면 다음과 같은 반응이 일어나고, 금속이온이 환원되어 금속이 석출된다.

① $CuSO_4 \rightarrow Cu^{+2} + SO_4^{-2}$

$2HCHO + 4OH^- \; pd(cat) \; 2HCOO^- + 2H_2O + 2e^- + H_2$

$Cu^{+2} + 2^e - \rightarrow Cu \downarrow$

$Sn^{+2} + Cu^{+2} pd(cat) \rightarrow Sn^{+4} + Cu \downarrow$

② $2Na(H_2PO_2) + 2H_2O + \propto NiCl_2^{pd}(cat) \rightarrow 2NaH(HPO_2) + Ni + 2HCl + H_2 \uparrow$

욕조성 – 1	금속염	20~30g / ℓ
	환원제	15~20g / ℓ
	착화제	20~30g / ℓ
	알칼리제	10~15g / ℓ
조작조건	안정제	0.1~0.15㎎ / ℓ
욕조성 – 2	20~25℃	10~15분
조작조건	Marbon	알칼리 니켈액
기본원리도	25~35℃	10~15분

수 지 층

15) 수 세

상온수   2－3회

3. 전기도금공정(Electrolytic Plating)

전처리 공정에 따라 부도체로 있는 ABS 표면이 $0.5-0.7\mu$의 금속막피막을 갖고 있기 위해 보통의 전기도금을 행할 수 있다.

1) 산성동 스트라이크 도금

화학 도금에 따른 막두께는 비상 시에 얇게 갑자기 대전류를 흘리면 접촉 그을음을 일으키며, 산성도를 낮게 전류밀도를 낮게 도금을 행한다.

즉 막후보강 공 정이다.

욕조성	유산동	$80-100g/\ell$
	유 산	$10-20g/\ell$
	온 도	$20-30℃$
	음극전류밀도	$0.5-1A/dm^2$
조작조건	통전시간	$4-5$분
	캐노드로카	
	항 시	

2) 광택동 도금

성형품 표면의 광택도의 공정으로 80%이상은 결정되어 버리므로, 조작조건을 잘못이 없도록 하지 않으면 안 된다. 또 일반적으로 광택제는 도금층의 경도를 높게 하기 때문에 그 선택에는 특별히 주의하지 않으면 안 된다. 최근에 따르면 도금제품에 대한 시험이 엄하다면 엄한정도로 도금 막의 두께와 막의 경도에는 주의할 필요가 있다. 또 다음의 니켈도금은 동이상에 삐뚤어짐 발생이 높으므로, 게다가 견딜 수 있도록 동도금두께가 필요하기에 일반적으로 약전부품에 $10-20\mu$, 차량부품에 $15-40\mu$을 도금한다.

산성욕조	유산동	200 – 250g / ℓ
	유 산	30 – 90g / ℓ
	광택제	각 Maker지정통보
	온 도	20 – 30℃
욕조성	음국전류밀도	2 – 8A / d㎡
	공기교반	
	항 시	
	통과시간	필요한 두께를 얻을 때까지(5A / d㎡ 30분에 33μ)

3) 광택니켈도금

니켈도금에 대해 Base의 동 방청을 행하면 공히 크롬도금이 되기 쉬운 표면을 얻는다. 니켈은 경도가 높고, 또한 광택제에 대하여는 내부응력이 강하게 되는 것이 있기 때문에 광택제의 선택에 주의하고, 또한 액 중의 금속 불순물, 유기불순물에 대하여도 비뚤어짐 발생이 달라, 도금막 성능에 악영향을 주기 때문에 액의 관리는 엄중히 행할 필요가 있다. 도금두께는 일반적으로 동도금 두께의 1 / 3이 양호하게 얻을 수 있다. 즉, 5 – 15μ의 두께로 행하고 있다. 또 최근에는 자동차 외장품에도 많이 사용되어지기 때문에 이것은 더구나 방청력이 높은 더블니켈과 실는켈 토리니켈로 행하고 있다.

욕조성	유산니켈	280 – 320g / ℓ
	염화니켈	50 – 99g / ℓ
	붕 산	45 – 60g / ℓ
	광택제	각 Maker 지정통로
	온 도	45 – 55℃
	음극전극밀도	1 – 10A / d㎡
	PH	3.8 – 4.5
조작조건	공기교반	
	항 시	
	통전시간	필요한 두께를 얻을때까지(5A / d㎡ 10분에서 10μ)

4) 크롬도금

써젠트욕, 불화욕이 있으며, 어느 쪽도 니켈 도금위에 얇게(일반 0.15 − 0.25μ) 도금하고, 장식적인 광택, 크롬특유의 아름다운 색조와 내마모성을 준다.

욕조성 −1 (사젯트욕)	무수크롬산	200 − 300g / ℓ
	유　산	2 − 3g / ℓ
	온　도	40 − 50℃
	음극전류밀도	30 − 40A / d㎡
욕조성 −2 (불화욕)	무수크롬산	200 − 300g / ℓ
	유　산	0.2 − 0.5g / ℓ
	규불화소다	5 − 10g / ℓ
	규불화수소산	3 − 8g / ℓ
	온　도	30 − 40℃
	음극전류밀도	20 − 25A / d㎡

4. 화학동 도금과 화학니켈 도금의 특징

1) 화학동 도금

　화학동 도금은 분해가 용이하기 때문에 초기는 대단한 손실을 얻고 있다. 최근에는 수명도 크게 신장하고, 사용방법에 대하여는 수주간 − 수개월 사용 가능하도록 되었다.
　그러나 전처리액에 따른 의존성이 높고 스타다스트, Burr의 발생이 일어나기 쉽게 하기 위해 브라싱 공정이 필요하게 된다. 그러나 이점에 대해서도 전처리액의 선정에 따르는 브라싱은 점점 불필요한 것도 있어서 문제가 얼마쯤인가 남아있다. 화학동이 좋은 점은 비상 시에 붙이기 쉽게 커버링이 우수하여 Skipping이 적은 것이다. 그 반면 원낙크법으로 하기 위해서는 공부가 필요하다.

2) 화학니켈

화학니켈은 분해가 어려워 전처리액에 대한 의존성도 적고, 도금이 부착하기 어려운 것이 결점이다. 그러나 최근에는 비상시에 붙기 쉽게 분해가 적은 액도 시판되고 있어서 도금의 자동화가 많아졌다. 화학니켈은 산성욕과 알카리욕, 2종류가 있고, 산성욕에는 석출피막중에 10-13%의 인을 함유하여, 금속의 경도가 높고, 부도체 피막을 발생하기 쉬운 결점이 있다. 알카리욕은 상온에서 석출되고, 인의 함유량도 2-3% 정도이고, 피막에 유연성이 있고, 부도체 피막도 생기기 어렵도록 개량되어 있다. 화학니켈 도금은 식품관계의 부품에는 없어서는 안 되기 때문에 다시 개량되어 석출속도가 빠르고 유연한 피막이 가능한 도금액의 개발을 기대하고 싶다는 것이다.

이외의 무전해 Process을 기록해 보면

(1) One Step법

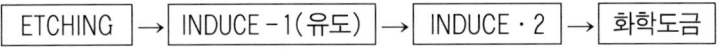

(2) TMP-NB법

(3) 엔션법

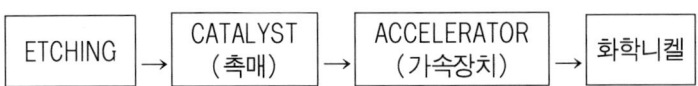

(4) MARBON법

(5) 마크다밋드법

(6) 싯프레이법

| ETCHING | → | CATALYST | → | ACCELERATOR | → | 화학니켈 |

5. 성형상의 제반문제

1) 디자인상의 주의

① 전체가 평면인 경면 마무리는 가스나 얼룩이 두드러져 R을 주는 것이 가죽무늬 가공이다.

② 날카로운 각이나 큰 돌기부는 전기도금이 두껍게 부착, 깊은 凹부나 예리한 凸부 또는 구멍 등은 전기 도금 붙기 어렵고, 또 정전기에 따른 먼지 등의 부착물이 제거하기 어려워서 주의 하지 않으면 안 된다.

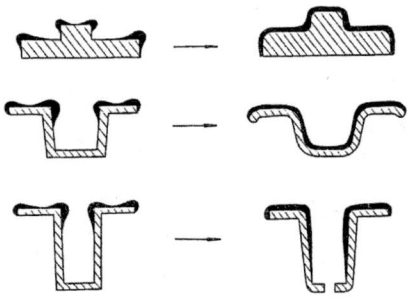

③ 전기도금을 행할 때에는 치구에 설치, 그 외에 그 부분은 치구 흔적이 남아 표면에 나타나지 않은 (상품가격을 유지하는데 필요 없음) 부분에 치구가 설치되기 쉽도록 돌기나 스테보스를 만든다.

2) 성형상의 주의

① 금형에 긁힘이 있는 경우는 말할 필요도 없고, 성형물 표면에 절대 Scratch를 내지 않는 것이 좋다. 도금되며 표면에 광택이 나서 Scratch가 확대된 형으로 두드려져 주의를 요한다.
② 이 형제는 도금의 밀착을 나쁘게 하여 특히 실리콘계의 물건은 사용 불가능하다.
③ Flow Mark, 브락슈 마크 등은 도금 전처리에서 특히 확대된 도금의 광택 얼룩을 일으켜, 또한 그 부분의 밀착은 저하하여 주의해야 한다.

3) 성형조건과 도금특성

성형조건이 도금 특성에 미치는 영향은 다시 진술할 것까지도 없지만, 도금 제품에 대한 시험이 엄격하면 대단히 중요한 조건이 된다.

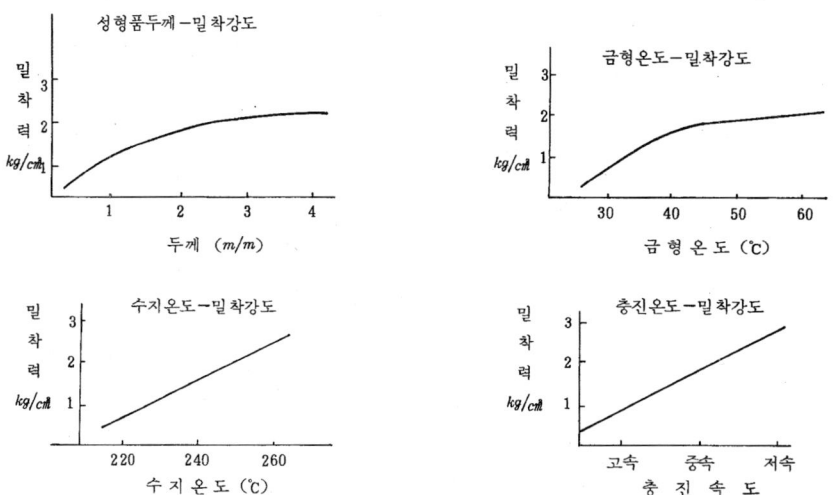

이상의 각 조건과 정밀강도의 관계이나 실제는 모순된 점이 많아 말하자면 Heat Cycle 시험에 대한 후크레 및 크랙에 대하여 말하면 후크레는 충진 속도가 느린 편이 적게 나오고, 크랙은 충진속도가 느린 편이 많이 나온다.
또한 살두께에 대해서는 두껍게 되면 밀착강도는 향상하나 크랙이 나타나기 쉽게

되고 얇으면 크랙은 적게 나지만 밀착 강도는 저하된다.

　그러나 수지온도에 관계하는 일반의 성형온도 범위내에서는 높은 편이 어쨌든 우수하고 금형온도도 같다. 따라서 가장 좋은 도금제품을 만들기에는 금형, 성형, 재료, END의 각 관계자가 충분히 검토하면서 진행하는 것이 바람직하다.

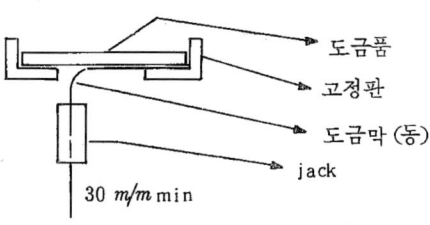

6. PLASTIC 도금품의 성능시험

　현재의 PLASTIC도금 기술에서 일반적으로 소비자의 관점에서 보면 금속에의 도금물건과 식별할 수 없도록 제품이 얻어진다. 도금막과 ABS수지의 밀착성에 대하여는 특히 시험이 엄격하다.

1) 박리 Test

　먼저 화학 도금처리를 행하고, 그 위에 전기동 도금막 두께 40~45μ을 도금한다.

　24시간 실온에서 방치하고 측정점을 1㎝폭 또는 1inch폭에 도금막만 절단한다. 일반적으로 인장 시험기를 사용하여 30m / m의 속도로 도금막과 직각에 인박하고 있으면 그 제품의 밀착력이 얻어진다.

2) Heat Cycle Test 및 Heat Shock Test

　이 시험은 외장 부품이 수지화 되고부터 나타나 얻어진 것으로서 현재에는 상당히 가혹한 시험이 행해지고 있다. 일반 약전부품에 놓이는 $+70℃-60℃$, 1Hr, RT$\frac{1}{2}$Hr,

$-20--10℃$ 1Hr, RT$\frac{1}{2}$Hr의 4Cycle이 많고, 차량외장 부품에는 $+70-80℃$ 1Hr, RT $\frac{1}{2}$Hr, $-20--30℃$ Hr, RT$\frac{1}{2}$Hr의 4-5 Cycle이 행해지고 이 결과 부끄레, 크랙이 발생하지 않게 된다. 그밖에 일부에는 가열만, 또는 온수(95℃이상), 냉수(1~2℃) Cycle 시험도 행해지고 있다.

3) Cross Set시험

도금막의 부드러운 도장막 진공 증착막 등에는 잘 사용되지만 수지도금 제품에는 별로 행해지지 않는다. 일부 화학 도금 막에 대하여 행한 경우가 있는 정도이고 일반으로는 수지 도금 제품에는 사용하지 않는다.

4) 내부식성 시험

금속 도금 부품에 대하여 행해진 염수분무시험, 크로스커팅시험, 이 유산가스 시험이 수지 도금 제품에 대하여도 행해진다.

7. 도금전과 도금후의 물성

수지도금이 가해질 수 있도록 된 이유에는 여러 가지가 있으며 주로 싸기에 금속 부품에 취급하고 교체도 충분히 성능을 유지하는 것이 가능하다. 아래의 표에서도 알 수 있듯이 상당히 물성이 향상되고 있다.

특 성	단 위	시험방법	도금전의 물성	도금후의 물성	향상률
인장강도(1)	kg / ㎠	D638 – 64T	425	520	122%
인장모듀러스(1)	〃	D638 – 64T	22,000	42,500	194
곡율탄성율(2)	〃	D790 – 66	23,000	63,000	270
곡율강도(2)	〃	D790 – 66	650	840	130
아이죠트 풍격강도	kg – cm / cm	D256 – 56	25	36	145
열변형 온도	℃	D648 – 56			
12.5㎜ × 12.5 × 125봉					
NONANNEALING 18.5	kg / ㎠		89	102	112
〃 4.6	〃		98	132	134

① 사출성형 도금막두께 40μ   ② 압축성형 재료는 도금용 ABS

8. 용 도

용도에는 다음과 같은 것이 있다.

1) 기구강치관계

① 라디오, 텔레비전 등의 전자공업부품, 스토브, 세탁기 등의 파수와 인수
② 냉장고의 핸들과 내장 및 노브류
③ 진공소제기의 부품류, 선풍기의 Guide Mark 및 Push Button, Knob류
④ AIRCON 부품
⑤ 사무용기계의 장식부품
⑥ 베젤과 장식판, 가구용품
⑦ 라디오, 스피커 그릴
⑧ 라디오의 전면 판넬
⑨ 아연 다이캐스트, 케이싱의 대용

2) 자동차분야

① 메타 판넬 및 엠프렘
② 벳드 램프림
③ 그릴
④ 호일 캠프
⑤ 루바
⑥ 도아 Knob
⑦ 에어콘의 아우트렛트
⑧ 빽 휘니셔
⑨ 스테레오 판넬 및 Knob류
⑩ 도아핸들, 도아록 등
⑪ 콘트롤 레바
⑫ 단시그날 및 게이스 후트노브

3) 금속 기구분야

① 가방 등의 손잡이
② 낚싯대의 릴의 하우징 등 부품
③ 물건집는 케이스
④ 부엌의 캐비넷의 파수와 인수
⑤ 마이크로 팬의 하우징
⑥ 전기기구의 화장판
⑦ Port와 Jar의 부품
⑧ 장난감
⑨ 접시
⑩ 라이터 하우징, 시계의 부품

이상이 현재까지 사용된, 또는 사용되고 있는 것이며, 다음 경우에는 도금을 생각하는 것을 말한다.

① 금속제품의 중량을 약 1 / 4정도로 하고 싶은 경우

② 부식성의 환경에 있는 경우

③ 자동차의 도아타치의 록크노브와 같이 기계가공을 하지 못하는 것

④ 다이캐스트 제품에 사용조건이 그다지 엄하지 않는 것

⑤ 도금안한 제품의 물리적 성능을 20%이상 향상하고 싶을 때

9. ABS수지도금 Trouble의 원인과 대책

전처리공정의 TROUBLE

문제점	원인과 대책
수지 곤란	1. 금형의 Knockount, Slide Core 등에 그리스와 광물성 오일이 사용 되고 있으면 성형물에 부착, 탈지액으로 분해불가능 • 이형제를 사용하지 않으면 이형되지 않는 경우는 근본적으로 형의 수정을 하지 않으면 안 되지만, 수정이 가능하지 않을시 사용할 때는 동물성 또는 식물성의 이형(제를 사용할 것). • 실리콘 계의 이형제는 탈지액에 유화, 분해물 가능하며 사용 불가능. 2. 성형물에 Gas, 그을음이 발생하고 있다. • 성형조건을 변화, 가스발생을 방지한다. 조건으로는 수지 온도를 맞추고 충진속도를 느리게 하고 노즐경, 스풀, 런너, 게이트의 수정을 행한다. • 실린더내의 채류시간을 단축할 것. 3. 탈지액 중의 유화제, 분산제의 부족 유화제, 분산제의 보급을 행할 것.
엣칭 얼룩	1. 성형시의 비틀림이 부분적으로 크게 남아 있다. 빙초산에 백화 정도를 체크하고, 만일 부분적으로 백화가 강하면 성형조건을 체크하고 공히 금형 디자인을 검토할 것. 2. 엣칭액은 공기교반이 행하여지고 있어서, 이때에 얼룩이 나오고 있다. 공기교반 Pipe의 위취 및 구멍의 수를 검토 진공량과 필히 교반얼룩을 체크할 것. 3. 성형품 간격부족 성형품의 간격이 적으면 공기교반 시에 영향이 가능하므로 충분한 간격과 방향을 고려할 것. 4. 엣칭액 중의 온도 분포가 불균일한 경우 가열기의 위치 및 수량 또는 교반용 공기량의 체크를 할 것. 5. 불용해 무수크롬산의 결정의 부착 과잉의 무수크롬을 제거할 것. 6. 3가 크롬의 증가 6가 크롬이 적정이 있어도 3가 크롬이 많이 나오면 밀착력 부족을 일으키므로 분석하여 표준화한다.

문제점	원인과 대책
밀착력 부족 1. 부분적 밀착력 부족 2. 평균적 밀착력 부족	부분적 밀착력 부족은 엣칭 얼룩에서 발생한 것이 많다. 따라서 엣칭 얼룩의 경향이 있는 원인과 대책을 강구한다. 1. 언더 엣칭 또는 Over 엣칭 　적정 엣칭의 마스터 사진을 작성하여 놓고, 문제발생시에 비교하여 적, 부적을 판정할 것. 　(사진은 광학 현미경의 150~200배로 관찰 가능) 2. 3가 크롬의 증가 　6가 크롬이 적당이 있어도 3가 크롬이 일정량(일반 20~25g / ℓ)을 초과하면 밀착력 　이 떨어지므로 폐기할 것. 3. 유산농도의 저하 　유산농도가 저하하면 폴리푸타젠의 용출능력이 저하되므로 분석 후 보급할 것. 4. 액온의 저하 및 시간의 과부족 　엣칭의 적, 부적은 액온과 시간에 크게 영향을 주므로 각각 Check 할 것. 5. 함유량의 과다 　ABS는 일반적으로 흡수율이 높은 수지이므로 성형 후 장기간 방치하면 밀착력 부족을 　일으키므로 이것에 대하여는 사용 전에 건조할 것. 6. 성형조건불량 　수지온도가 지나치게 낮은지, 충진속도가 너무 늦은 경우는 밀착불량을 일으키므로 성 　형 조건을 적정히 할 것. 7. 수산화석의 과잉흡착 　Sn-HCl 계의 Sensidize의 경우 은농도가 높으면 수산화은이 과잉 흡착되어 금속층과 　수지층의 앵커효과가 저하하므로, 액의 분석을 행한액을 정상화 할 것. 8. 수세부족 　엣칭에 비해 깊게 침투된 경우 심부의 엣칭액이 제거되지 않기 때문에 수세 및 탈세와 　환원공정을 고려하고 완전히 수세할 것·
비트 및 스타 다스트	1. Cover Etching 　수지의 내산화성이 낮으면 동일 엣칭 처리에도 오버엣칭이 되므로 엣칭액 관리를 충분 　히 할 것. 2. 성형시의 관리불충분 　이형에 Air를 사용하고 있을 경우 Air중의 Oilmist에 대해 발생하므로 Air Filter를 　Check하면 필히 Oil빼기를 행할 것. 　또 실리콘계의 이형제가 사용되고 있지 않은지 Check할 것. 3. 활성화 또는 촉매공정물량 　은염의 과잉흡착이 없는지 또는 수세수의 오염이 없는지 Check하고 촉매공정에 놓을 　때는 특히 발라지움 이온은 수소흡장력이 강하므로 고농도의 용액은 사용말 것. 4. 화학 도금액에 사용되고 있는 공기오염 　교반용 공기 중에 Oilmist가 있으면 비트가 되기 쉽기에 공기를 청정화할 것.
BURR	1. 수세불량 　특히 활성화, 촉매흡착 공정후의 수세물에는 충분한주의, 물이 오염되어있지 않은가 　Check할 것. 2. Sensidize, Activate화학 도금액의 관리부족 　각 용액 중에 금속이 석출되어 있으면 BURR가 되기에 각액공 효과를 충분히 행할 것. 　또 전공정에서의 퍼 넣는 것이 없도록 충분히 수세할 것.

문제점	원인과 대책
반 점	1. 공정내의 배기 불량에 따른 것 특히 크롬산계 및 유산계의 처리조에 놓이는 배기를 충분히 하지 않으면 먼지가 물건에 쌓이고 화학도금은 말할 것도 없으므로 촉매등도 분해되어 반점이 되므로 충분히 배기할 것.
Silver Strike	1. 장시간의 공기 중 방치에 따른 것 전처리 공정에 대하여 공기 중에 장시간 방치하면 부착수분의 건조와 공히 산화피막이 나오므로 방치는 단시간이 되도록 주의하고 특히 화학 도금 후는 공기 중 방치 화학 도금액의 희석한 물건 중에 방치할 것.
점상 의 비트	1. 촉매의 과잉 흡착 및 화학도금 액 중의 환원제 알키리제의 과다. 화학도금석출속도가 너무 빠르면 반응 시의 수소 발생량도 배가된 물건의 표면에 따라서 수소가스의 궤적이 나타나 비트상이 되는 것도 있어, 따라서 필요이상의 석출속도가 빠르지 않도록 액을 관리할 것.
Skip	1. 엣칭부족 엣칭이 어려운 부분은 촉매계의 흡착이 적게, 그것을 위해 화학 도금액에 Skip하고 성형조건 및 탈지액, 엣칭액의 관리를 충분히 할 것. 2. 촉매계의 흡착부족 액온이 저하하거나 침지시간이 단축되면 촉매가 붙지 않게 되는 것이 있다. 고로 관리를 충분히 할 것. 3. 교반의 과다 촉매계 공정 후의 수세 중 공기 교반과다 및 화학도금 액침지 직후의 공기량 과다가 있으면 Skip한다. 4. Scratch에 따른 것. 촉매계 공정 후에 품물을 하면 흡착촉매가 없어지므로 화학도금에 붙지 않는다.
SCRAT CH	1. 치공구거는 작업 중에 발생하는 것. 치공구의 선단은 예리하므로 작업 중은 대단히 주의할 것. 2. 도금 공정 중에 일어나는 것. 특히 바넬도금에는 바넬용량과 투입량을 고려, 작업 중은 바람이 강하게 불지 않도록 할 것. 락크 작업에는 한손에 2개드는 것은 금지, 각각의 물건이 서로 합쳐져 긁힘이 나타나므로 1개씩 작업할 것. 3. 기타 작업 중에 상에 떨어뜨리거나 기타 물건에 떨어뜨리거나 하는 것은 공정에 나오지 않도록 할 것.

제17장 LABOR SAVING 대책과 EQUIPMENT

1. TOTAL COST개념의 사출성형기의 필요조건

1) 고가동률의 기계

① 고정이 적고 보수관리가 용이한 것.
② 형 교환 수지교체, 색교체가 단시간에 할 수 있는 것.
③ 성형조건의 설정이 용이하고 설정조건이 유지되는 것.
④ 기계조작이 용이한 것.

2) Running Cost가 싼기계

① 소비전력이 적은 것.
② 유량의 사용량이 적은 것.
③ 설치면적이 적은 것.

3) 고 Cycle기계

① 성형 Cycle단축을 기할 수 있는 것.
② 저온 가소화가 가능한 것.
③ 가소화 능력이 있는 것.

4) 고품질 성형품을 연속 성형 가능한 기계

① 설정된 성형조건을 항시 유지하고 외환에 대하여 강한 것.
② 설정의 재현성이 우수한 것.
③ 기계설정이 용이한 것.

5) 자동화, 성력화가 가능한 기계

① 요소에 대처할 수 있는 System장치가 있는 것.
- 성형품의 흐름, 원료의 공급방법, 금형보관, 성형품의 검사, 포장, 출하 등 총체적 System을 검토하여 공장 System를 완성해야 한다.

2. 정밀성형

Plastic재료의 고가에 따라 고부가가치 제품에의 지향은 한층 더 높아져 이에 대응해야할 성형방법이 Hard Soft면에서 강력히 요구되고 있다.

그래서 이를 만족시키는 조건으로서는
① 정도가 좋고 신뢰성이 있는 사출성형기
② 정밀 및 생산성이 높은 금형
③ 성형품의 기능에 Matching되는 수지재료
④ 사출성형을 잘 이해하는 우수한 기술자
⑤ 최적한 부속설비
⑥ 공장 내부가 잘 정돈된 환경(온도, 소음, 먼지 등에 대한 배려)등이다.

이 모든 것이 종합적으로 Balance가 잡히어 비로소 효과를 나타내어 질이 좋고 신뢰성이 높은 성형품에 연결된다.

최근 많은 성형공장이 이 Total System의 도입에 따른 품질관리를 적극적으로 추진하고 있다. 그 위에 안정된 성형을 전제로 성형 관리요소를 억제하므로 해서 전수 검사는 물론 경우에 따라서는 준비공정도 생략해가는 것을 목표하고 있는 곳에 정밀성형의 커다란 특징이 있다고 생각한다.

이에 요구되는 기술 Point로는

일반적으로는 정도가 높은 성형품을 장기간에 안정되게 성형한다는 것이다.

그러므로 사출성형기에는 6가지 Point가 중요하다.

1) Plastic의 균일한 가소화

사출성형기의 가소화 기구는 Inline Serew가 거의 전부다. 동일한 기구를 갖춘 압출기와 비교하면 가소화에 대해서는 다음 3가지가 다르다.

① 간헐운동인 것······자동화 필요

② 유효 Screw길이가 계량 중에 변화한다······사출용량

③ Screw Design······Screw 교환의 Loss가 적어지도록 설계

2) 사출조건의 안정화와 재현성

사출조건은 금형 내에 수지를 유동시켜 부형하여 Gateseal하기까지 보압하는 공정에 관계되는 요인의 전부를 말한다.

사출성형에는 1 Shot마다의 반복정도와 금형교환 후 조건 설정의 재현성이 특히 중요하다.

① 디지털화에 의해 달성된다.

3) 금형 보호기구가 정착

정밀성형에서 금형이 귀중한 것은 말할 필요도 없다.

이 소중한 금형을 보호하는 기구로서의 금형 보호기구가 정확하지 않으면 안 된다.

금형의 Parting면 등······저압형체

4) 형체기구의 정확함과 정도유지

장기간의 정도유지……직압식
속도가 빠르다……토글식

5) 쉬운 보수 점검

보수점검할 필요가 있는 부분이 가능한 적을 것.

6) 조작의 용이성

미국의 성형업계에서는 성형조건을 변경할 권한을 가진 자
성형품 취출작업을 하는 자, 기계보수를 하는 자, 극단적으로 바닥청소를 하는 자와
명확하게 나누어져 있다.
노동력의 질의 양호함이 요구된다.

3. 사출 Process Control장치

1) 다단계로 Program 제어기능

① 사출속도
② 사출압력, 보압
③ 배압
④ Screw회전수
⑤ 보압의 절환을 제품에 따라 Screw위치, 사출 Cylinder 유압, 금형내압 등으로 절환
⑥ 사출공정, 계량공정 등의 성형조건

2) 본 질

① 조건의 세분화

② 재현성의 향상

- 사출속도

  사출속도 조건의 세분화와 재현성이다.

  성형품의 형상 등에 따라서 그 부분에서 필요한 유동속도를 줌으로 해서 Sink Mark Jetting, Mold Flash, Silver Strike, 타버림, Short Shot, 기포, Core의 넘어짐 등 외관불량에 유효한 대책을 세우는 것이 가능하게 된다.

- 사출압력(보압)

  사출압력에 Pattern화에 따라 제품의 휘어짐 등의 변형 Sink 등의 외관을 좋도록 하는 것과 동시에 제품치수의 대소변화와 정도향상, 내부외곡의 감소에 따른 강도향상, 도금 밀착강도의 향상, 투명품의 품질향상 등이 기대된다.

  가능한 한 외관은 속도로, 치수는 압력으로 나누어 하려하는 편이 좋은 결과가 빨리 얻어진다.

- 배압과 Screw회전수

  배압과 Screw 회전수의 다단계 제어

- 사출성형기는 유효 Screw길이가 계량 중에 변하는 고로 균일한 가소화를 위해서는 배압과 Screw회전수를 Screw위치의 관수로서 제어하는 방법

- 계량공정에서 가소화, 혼연된 Melt를 높은 정도로 계량하기 위해 또 사출공정에서의 변속 등의 절환을 정도가 높게 하기 위해 계량 정지 위치의 재현성을 향상시키고 져 한다.

製品名	樹脂名	機 種
캠	폴리아세탈	FS-75형

- 몰드플래쉬의 방지
- 칫수의 안정

製品名	樹脂名	機 種
평톱니바퀴	폴리아세탈	FS – 150형
		• 게이트부근의 주름방지 • 몰드플래쉬의 방지
조작보턴	아크릴	FS – 150형
		• 게이트부근에 부육부가 있어 웰드 및 제팅이 발생하기 쉽다. • 몰드플래쉬의 방지
렌 즈	폴리카보네이트	FS – 150형
		• V_1: 런너중속 • V_2: 제품충분 　　　초기조저속 • V_3: 제품충분중 　　　: 고속 • V_4: 저속 제팅을 초월 기포를 없앤다.
꼭 지	ABS	FS – 150형
		• 에어축적에 의한 타버림을 방지하도록 V_2~$V4$를 저속

製品名	樹脂名	機 種
팬	폴리카보네이트	FS - 150 / 455형
		• V_1, V_2: 고속 • V_3, V_4: 저속 몰드플래쉬 방지
케이스	PS	FS - 150 / 355형
		• V_1, V_2: 고속 • V_3, V_4: 저속 몰드플래쉬를 방지하고 과충진을 없앤다.
판 넬	ABS	FS150 / 355형
		• V_1, V_2, V_3: 고속 웰드를 엷게 한다. • V_4: 저속 몰드플래쉬를 막음. 보지압을 높게하여 싱크를 방지한다.
상	PP	FS - 200형

		• V_1: 중속
		• V_2: 저속
		  받침부에 있어서의 랄유를 방지
		• V_3: 중속
		• V_4: 몰드플래쉬의 방지를 위해 저
		  속으로 하고 싱크를 방지
		휘어짐은 $P_2 \sim P_3$ 에 있어서의 잔유응
		력을 적게 함

製品名	樹脂名	機　種
뚜 껑	PP	FS - 200형
		• V_1: 저속 • V_2, V_3: 고속 • V_4: 저속 힌지부의 웰드위치를 타위치로 바꿈. • 몰드플래쉬의 방지.
우 통	PVC	FS - 250형
		• V_1: 저속 • V_2: 중속 웰드의 위치를 바꿈. • 가스, 타버림의 방지
세탁기뚜껑	PP	FS - 350형
		• V_1: 약간저속 • V_2: 저속 제품의 휨, 싱크를 적게 함.
케이스	ABS	FS - 350형
		• V_1, V_2: 고속 웰드를 엷게 함. • V_3, V_4: 중저속 몰드플레쉬를 막고 싱크를 방지

製品名	樹脂名	機 種
케이스	ABS	FS-350형
		• V$_1$: 중속 • V$_2$, V$_3$: 저속 　몰드플래쉬를 방지 　칫수를 안정시킴
TV판넬	HI-PS	FS-700형
		• V$_1$: 저속 　런너부의 몰드플래쉬를 없앰. • V$_2$, V$_3$: 중속 　웰드를 엷게 함. • V$_4$: 저속 　몰드플래쉬를 없애고 압력을 내려 　싱크의 방지

4. Vent사출 성형기

1) 단순히 예비건조 과정을 생략할 수 있을 뿐만이 아니라 성형품 표면의 광택 투명도의 향상 기계적 강도의 향상을 기할 수 있고 고품질, 고부가가치 성형에 최적한 성형기다.

2) Vent식 사출성형기의 효과

ABS, PC, POM, PA 등 건조기, Hopper Dryer 등에 의한 예비 건조를 필요로 하는 재료를 건조시키지 않고 사용하여도 Silver Strike가 없는 고품질의 성형품을 성형 한다.

① 예비 건조 공정의 생략

ABS, MMA, AS, PC, PA, POM, PBT수지 등 대단히 흡습하기 쉬운 재료를 외기에 방치한 상태에서 성형하는 경우라도 예비건조 시킬 필요 없고 Silver Strike가 없는 고품질의 성형품도 성형할 수 있다. 또한 재료관리가 편하고 재료공급의 자유화성력화를 발휘한다.

② 품질의 향상과 안전

재료 속에 들어있는 잔유 Monomar를 적출하기 때문에 성형품 표면의 광택이 미려하고 물성의 향상에 따라 품질이 안정된다.

MMA수지로 Lens 성형을 하면 투명도가 향상된다.

③ 공정의 합리화

POM, PP 등의 성형에서 발생하는 악취가 종래에는 온수에 수시간 적셔서 악취를 제거하는 공정을 생략할 수 있다.

또한 Cost Down, 작업환경개선, 금형면에 부착한 접착물을 세척할 필요 없다.

④ 성형 Cycle의 단축

표준사출 성형기는 공기의 혼입이나 용융 시 발생하는 Gas때문에 Screw회전수가 제한되어 능력을 내려서 운전하는 경우가 있으나 Vent식 사출성형기를 사용하면 탈기가 완전히 되므로 회전수를 올릴 수 있어 가능화 능력향상을 가져온다.

⑤ 총원가의 절감

전기 소비량이 절감, 재료공급의 자유화, 성력화, 공정의 합리화, 품질의 향상을 가져온다.

벤트成形의 効果例

(含水率의 測定은 카르휘샤 水分測定器에 의함)

原 料	成形品			使用機種	効 果	
나이론 66 빼렐을 24H 大氣中에 放置한 것을 使用 含水率 1.13%		製品名	洗	1S315B-V	一般成形	벤트成形
		가비듸 數	1		• 실버 스트리-크 發生(成形品의 水分 含水率은 0.17%)	• 실버 스트리-크가 없고 光擇있는 良品을 得함(成形品의 水分 含水率 0.07%)
		總重量	634 gr			

原 料	成 形 品			使用機種	效 果	
AS樹脂		製品名	리-드	1S140B-V	• 金型에 粘液이 付着하는故로 20~30손 마다 粘液을 닦아내야 함. 粘液이 成形品에 付着하여 흐린 곳이 發生함.	• 金型에 粘液이 付着치 않으므로 닦아 내는 勞力이 必要없음. • 成形品의 各 손의 色 얼룩이 없고 安定된 良品을 얻을 수 있음.
		갸비듸數	1			
		總重量	141 gr			
포리-카보네드 原料는 放置한 데로 豫備乾燥 하지 않음.		製品名	箱	1S90B-V	• 실버 스트리-크 發生.	• 실버 스트리-크가 없는 良品을 得함. • 一般成形과 比較하여 光擇이 良好함.
		갸비듸數	1			
		總重量	115 gr			
쥬라곤		製品名	스프로켓	1S90B-V	• 成形品에 포루마린性의 臭氣가 나오므로 溫水에 數時間 넣어 脫臭 • 또한 金型에 찐득이 같은 粘液이 付着하므로 200숕마다 닦아 냄.	• 포루마린性 臭氣가 없고 그대로 使用됨. • 光擇이 良好함. • 金型에 찐득이 粘液이 付着치 않음.
		갸비듸數	10			
		總重量	75 gr			
ABS 豫備乾燥 않음.		製品名	日曜大 콘데나	1S800-V	一般成形	벤트成形
		갸비듸數	1		• 실버 스트리-크 發生. 原料는 豫備乾燥하여 흡바-드라이야-使用이 必要	• 실버 스트리-크가 없는 良品을 得함. • 光擇이 良好함.
		總重量	050 gr			
매다그리르 樹脂 豫備乾燥 않음. Hayle수지		製品名	箱		• 실버 스트리-크 發生.	• 실버 스트리-크가 없는 良品을 得함. • 逐明度가 大端히 良好함.
		갸비듸數	1			
		總重量	105 gr			
포리프로 피렌		製品名	밧데리 케스	1S315B-V	• 成形後 PP特有의 臭氣가 發生함.	• PP特有의 臭氣가 없어짐. • 光擇이 大端히 좋음.
		갸비듸數	1			
		總重量	375 gr			
硬質鹽비 (파우더)		製品名	斷手	1S51SAN-43V	• 空氣의 混入 鹽비 樹脂의 發熱 때문에 스크류 回轉數를 올릴 수 없어 成形사으글을 올리지 못하였다.	• 可化 能力의 上昇으로 成形사이글의 短縮 • 光擇이 大端히 良好 • 成形品의 特性直向上
		갸비듸數	4			
		總重量	2300 gr			

5. 향후 사출성형기에 요구되는 요소

① 무공해화(소음, 진동 등의 방지)
② 생산원가의 절감(전용기, 규격화, 표준화)
③ 고부가가치화(고품질, 고정밀화, 복합화, 특수화)
④ 성 Energy화
⑤ 안전대책

6. 부품의 자동성형

1) Single준비 공정화

① Dieplate의 −T홈 가공
② 금형 이송장치
③ 금형 자동 Clamp장치
④ 자동 Heat−up장치
⑤ 자동 퍼지 회로
⑥ 금형용 냉각수의 One Touch Joint

2) 자동화

① 유압 압출장치
② 유압 중지장치
③ Cycle Over 검출장치
④ 금형 Hopper−Runner용 온도 제어장치
⑤ 제품 인출기
⑥ Conveyor만료에 따른 기계정지와 경보
⑦ 표시 등

3) 품질향상화

① 고혼연 Screw
② Programed Injection 장치
③ 삼단 사출 압출 조정장치

4) 보수관리의 합리화

① Heat단수표시 장치
② Solenoid이상 검출 장치
③ 작동유 온도 조절장치
④ 작동유온 이상검지 장치
⑤ 작동유면 이상검지 장치
⑥ Oil Cleaner
⑦ Controller
⑧ 기계 이상 표시
⑨ 냉각수의 유수확인장치
⑩ 집중 급유장치

5) 안전관리의 향상

① 안전판
② Nozzle부 안전 Cover
③ Safetic Pluger

6) 성 Energy화

① Heat 보온 Cover
② 형체 압력 저압 전환당치

7. LABOR SAVING EQUIPMENT

1) MIXING SYSTEM-그림 1

① Fully autonatic measuring mixing system Standard capacity: 100-200kg/hr

2) CONVEYOR SYSTEM

① Suction type conveyor Conveyance capacity: 40~700kg/hr
② Blowing type Conveyor feeding Capaity: 20~280kg/hr -그림2

3) dryer system

① Hot air circulation dryer(열풍건조기) -그림3
   load capacity: 50~200kg
② High-Pressure, hot air dryer load capacity: 15~300kg
③ Dehumidifying type hopper dryer(제습건조기)
   Hopper Capacity: 25-84 L

4) Controller System

① Mold temperature controller(금형온도 조절기)
   temperature range: room temp~160℃
② Water a ain cooling(CHILLER)
   Cooling capacity: 2370~2450Kcal/hr

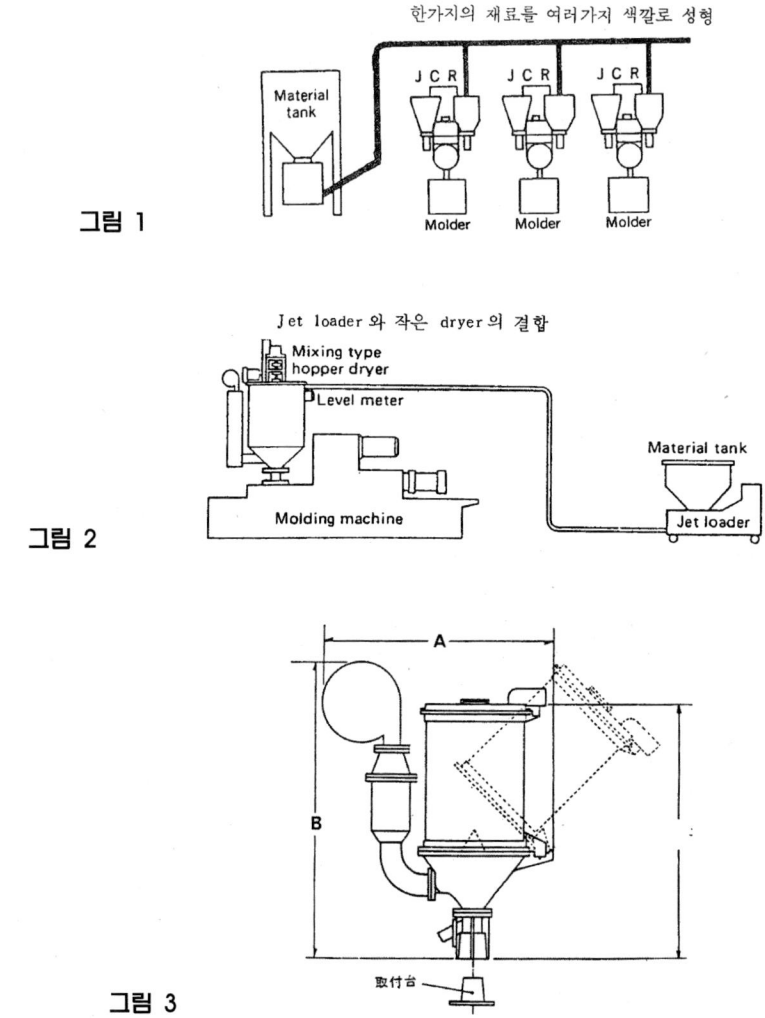

한가지의 재료를 여러가지 색깔로 성형

그림 1

Jet loader 와 작은 dryer 의 결합

그림 2

그림 3

8. 이형제 자동분무장치

1) 취출장치

① 성형품 자동

② 초고속소형 수진자동   그림5

초고속소형 수진 자동 취출장치

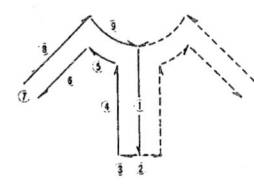

성형품수진 자동 취출장치

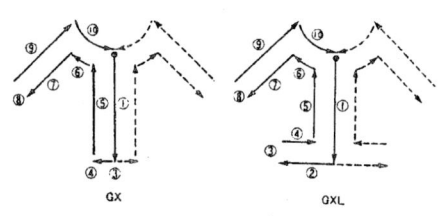

자세제어 부취출장치

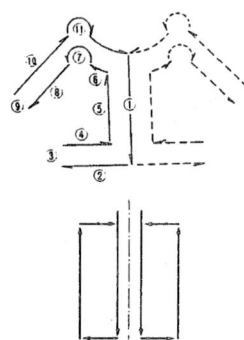

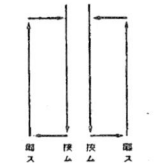

고속소형 수진 자동 취출장치

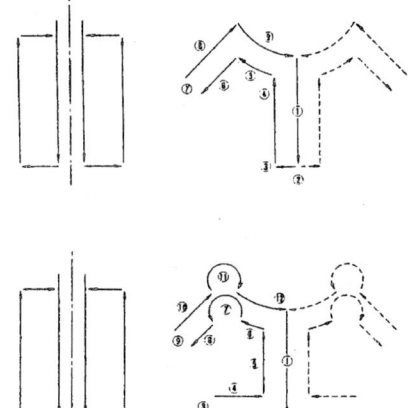

계량식 낙하확인장치

	PAC – 1000	PAC – 1500
計量範圍	2∼200g	5∼1000g
感量	2g	5g
計量皿寸法	250 × 260	350 × 350
計量時間	1秒以內	1秒以內
電　源	AC100V用 AC200V用 50 / 60Hz	AC100V用 AC200V用 50 / 60Hz
重　量	16kg	20kg

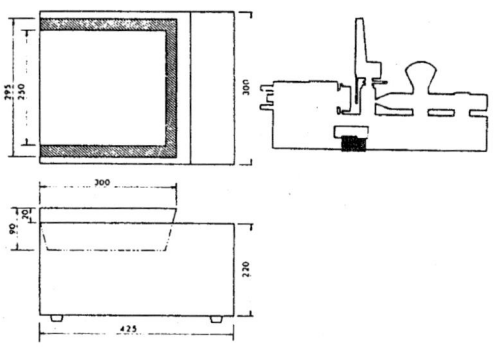

충격식 확인장치

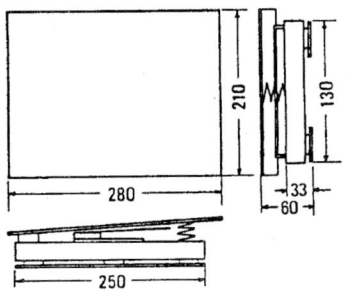

대형 자동 취출장치

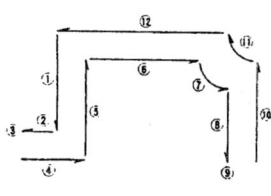

제18장 성형법

1. 壓縮成形法(Compression Molding)

　　主로 RUBBER나 熱硬化性 材料(페놀樹脂, 유리아樹脂)에 應用되기 때에 따라 熱可塑性 材料에도 利用되며 徑濟上 3㎜이하의 두께로 埋込物에 넣는 것에 適合하다.

　　成形材料를 粉末로 또는 造粒이나 錠劑狀으로 한 것을 鋼製鐵型中에 넣어 金型을 140~180℃로 加熱하여 製品의 單位面積當 200~500kg/㎠의 壓力을 가하면 材料는 軟化하고 金型空所의 細部까지 채워져 空所와 同型이 된다.

　　이것을 一定時間 그대로 加熱加壓해두면 材料는 化學變化에 의해 熱重合하여 硬化한다. 이 時間은 形狀, 치수, 材質 등에 의해 다르나 大體로 15초~15분 정도이다. 硬化時間이 지나면 프레스를 열어 製品 등을 빼낸다.

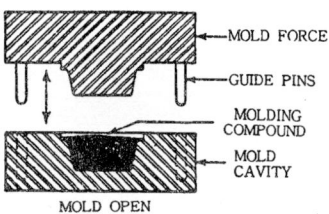

```
                    ← MOLD FORCE

                    ← GUIDE PINS

                      MOLDING
                      COMPOUND
                      MOLD
                      CAVITY
        MOLD OPEN
```

2. 移送成形法(Tranfer Molding)

　　熱硬化性材料를 使用하는 射出成形法의 一種이며 材料는 加熱하여 流動性으로 하고 壓力질 加해 細孔을 通해서 닫힌 金型속에 押込 硬化한다.

材料는 더운 상태의 예열 材料를 注入室(Filling Chamber)에 넣고 프레스에 의해 注入室 및 金型을 폐쇄하여 注入댐에 의해 Plunger(피스톤)가 室內의 材料를 壓縮하고 材料를 注入用管을 通해서 金型 속에 충진 시키며 壓力은 硬化 종료까지 加熱 狀態로 유지한 후 製品을 빼낸다.

Process	Weighing	Preheating	Mouling
Transfer moulding	Tablet machine Weighing	Infrared preheater High frequency preheater	Transfer moulding machine
injection moulding		Injection moulding machine	

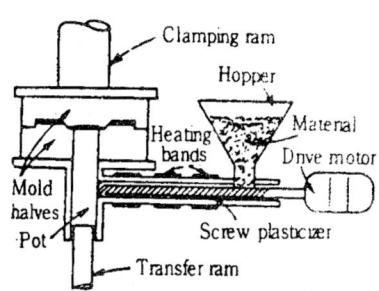

3. BLOW 성형법(BLOW MOLDING)

hot tube가 die를 통하여 토출되면서 mold가 닫히고 gas를 불어 넣어 형상을 만드는 것이다

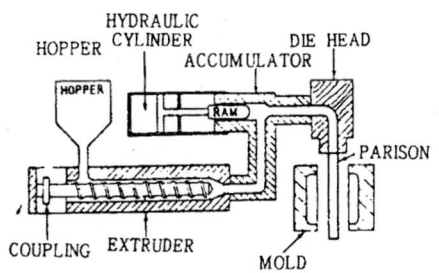

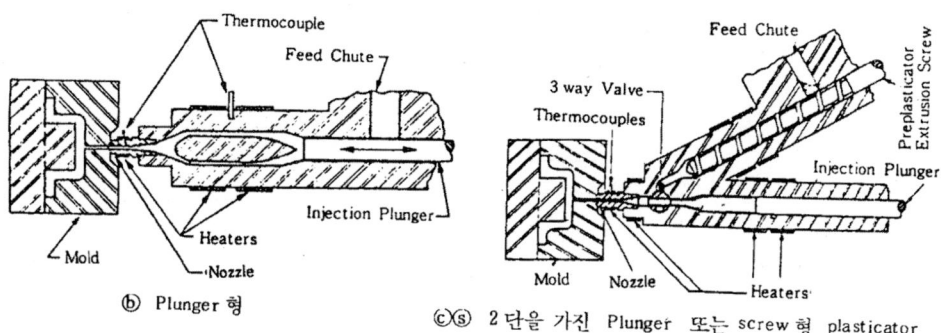

(b) Plunger 형

(c)(s) 2단을 가진 Plunger 또는 screw형 plasticator

4. 射出成形法(Injection Molding)

熱加塑性材料가 加熱되면 용융하고 冷却하면 硬化하는 性質을 利用하여 成形하는 것이다. 잘 건조된 材料를 보급기(Hopper)에 넣어 金型이 열렸을 때는 Piston이 후퇴하여 材料가 일정량만 自動秤量將置로 달아 重力으로 Piston끝의 실린더 속으로 들어간다. 폐쇄 stroke가 시작되면 金型이 닫히고 이어서 細孔(Sprue)과 틀이 밀착한다. Piston이 前進하여 材料는 실린더 내측과 트로피드의 좁은 가열부에 보내져 가열되어 용융상태가 되고 그 증가 재료분만 재료는 細孔(sprue), Runner, Gate를 通해 金型空所(Cavity)의 속에 射出되어 金型 속은 충진된다. 金型은 순환하는 물로 냉각되어 있으므로 材料는 급속히 硬化한다. 時限 장치가 정해진 時間이 경과하면 조임附램이 후퇴하여 金型이 열려 동시에 成型品은 Runner 등과 같이 틀에서 Ejector Pin이나 Stripper Plate로 밀어내어 製品을 만든다.

screw in-line type

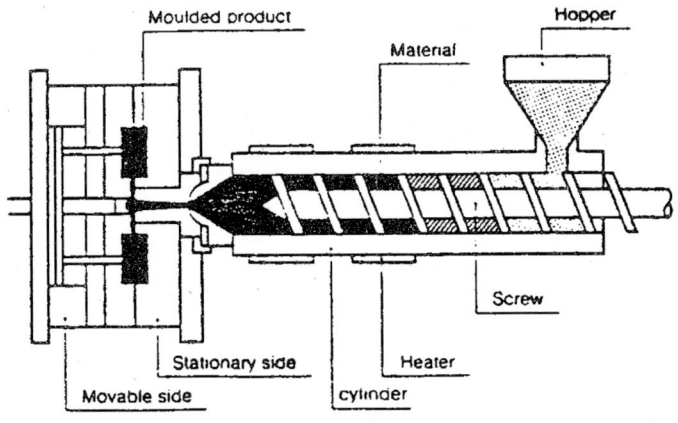

제19장 사출성형기술

1. 장비 및 절차

사출성형은 Plastic제품에서 필요로 하는 간단하고, 복잡한 형상을 만드는 데 가장 빠르고 경제적인 방법 중의 하나이다. Plastic제품에 관계된 모든 수준에는 기술적 향상은 새로운 전문 Plastic원료의 향상을 가능하게 할 뿐 아니라 기계의 생산이나, 금형과 보조금형을 생산하는 데 보다 효율적으로 하여준다.

기술적인 면에서의 설비의 영구 재설계와 발전 때문에 사출성형은 일반적인 것을 제외하고는 묘사하기 어렵다. 그러나 일반적인 기술은 Plastic 사출물에 관계되는 기초와 이해력을 넓힐 수 있다.

2. 금형온도조절

성형사출의 중요한 이론은 뜨거운 재질이 금형에 들어가는 것으로 금형은 형상을 유지할 충분한 온도까지 냉각된다. 그러므로 모든 성형주기에서 온도는 중요한 부분을 차지한다. 용융물은 뜨거운 금형에서 더 자유로이 흐르므로 고체화된 제품이 이형되기 전에 더 많은 냉각시간이 필요하다. 용융물은 찬금형 안에서 속히 고체화하는 반면 형상에 가지 못한다. 더 차가운 금형에서 응력이 걸린다. 두 상황의 절충은 최적의 성형주기로 받아 들여져야 한다.

실행온도는 다음에 영향을 받는다: 재질의 등급과 종류, 유동의 길이, 성형부의 두께와 급송부의 길이, 성형부를 채우기 위한 온도보다 조금 높은 온도의 사용은 종종 이점이 있다. 이것은 Weldline, Flow Mark와 다른 층에 의한 금형의 표면처리를 증진시키기 위함이다.

금령과 수지 사이의 다른 온도를 유지하기 위해 금형 안에 구멍이나 Channel로 물을 순환시킨다. 물의 순환단위는 상업적으로 가능하다. 이 단계는 단순히 유연한 Hose와 금형 사이의 관계이다. 이와 같은 단위로 금형의 온도는 한계 안에서 유지될 수 있다. 폐쇄온도 조정은 금형과 연결된 냉각수 공급 System을 대체 사용하기 곤란하다.

3. 금형온도조절의 중요성

온도가 너무 높으면 순환시간이 증가한다. 이것은 단지 단점은 아니다. 더 높은 온도에서는 유체가 더 길게 유지될 것이기 때문에 재질이 흘러나갈 경향이 크다. Gate는 Cavity 안에 싸인 부분으로 재질이 가능한 계속 들어가게 열려 있을 것이다. 특별히 Gate에서의 초과 Packing은 초과 응력을 받게 되고 이형이 어렵게 된다. Packed Material을 강을 변형시키거나 일반적으로 보다 더 접착되게 된다.

뜨거운 금형은 재질의 흐름을 도와주고 입력의 전단을 도와준다. 결과로 사출 Cylinder의 온도를 감소시켜 줄 수 있다. 만약 온도가 Plastic 또는 색소의 분해정도에 가깝지 않다면 그것은 중요할 수 있다. 매달려 있는 금형으로부터의 이점은 다음을 포함하고 있다. 좋은 Weldline으로 인해 강한 부분이 생기고, 면처리가 증진되고, 낮은 비율의 냉각 때문에 적은 Flow mark와 내부 응력이 생긴다.

너무 차가운 금형은 심각하게 된다. 금형이 Plastic으로 가득차면 Gate로부터 먼 거리는 가까운 거리보다 덜 차게 된다. 이것은 사출하는 동안 임의의 Packing을 받을 만큼 충분히 더워질 것이다. 이것은 심각한 Stress원인이 되는 불규칙한 밀도를 남길 것이다.

더욱 재질은 Cavity가 완전히 채워지기 전에 냉각될 것이다. 재질의 흐름이 멈추기 전 금형 내의 재질에 충분한 힘이 가해지지 않았다. 이것은 금형 내의 Plastic의 냉각 또는 Gate의 냉각 요인일 수 있다. 사출물에 재질이 충분히 채워지지 않으면 공간 수축과 기계적 특성의 감쇄를 의미하고, 충분치 않은 재질은 Sinkmark 또는 공간이 될 것이다.

금형의 잘못된 온도의 원인이 되는 큰 문제가 있다.

냉각 System에 용량 또는 일관된 온도를 유지할 기계가 부족하면 복합적으로 된다. 온도의 변화는 온도의 부정확보다 더 나쁘고, 성형을 곤란하게 한다.

금형온도 조절장치에 대해 내놓은 논쟁은 실험적 요인보다 편견에 있다.

일반적으로 내놓은 점은:

1) 가　격: 사출기의 원가에 2.5~4%가 더해진다.

2) 필요성: 비싼 온도와 순환 조정기를 기계장치에 포함하는가. 작동자의 변하는 생
각에 질이 관계되는 것을 제거.

3) 순환길이: 금형온도 조절장치의 사용은 일반적으로 높은 금형온도의 사용을 의
미하며 Plastic을 냉각시키는 데 오래 걸리므로 순환시간이 길어진다.

그래서 불필요하다.

높은 금형온도는 사출압의 효과적인 전달로 금형에 쉽게 차도록 유도할 수 있다. 이것
을 사출에 필요한 온도를 감소시킬 수 있다. 금형온도의 증가는 냉각시간을 길게 할 수
있는 반면 이것은 사출시간이 종종 감소될 수 있으므로 총순환시간에는 별 영향이 없다.

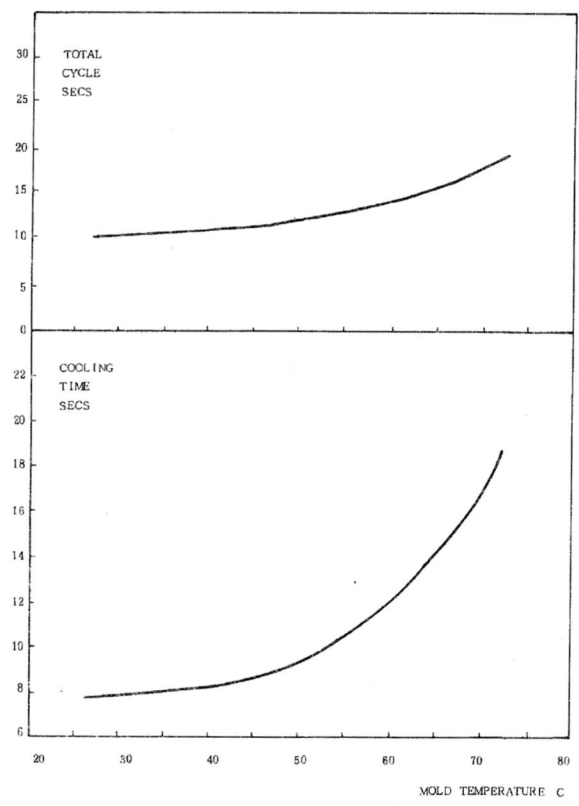

Cycle시간과 금형온도 관계

제20장 사출성형

사출성형은 적절한 경우에 적절한 재질을 가지고 특히 Polystyrene 제조방법으로 사용되고 있다. 그래서 경향이 High Soflening Point, Easy Folw와 Super High Impact Grade 같은 특별한 Grade 쪽으로 가고 있다. 이것은 진보적인 단계가 아니라도, 이것은 사출성형의 복잡성을 더하므로 금형제작자의 어려움을 더해준다.

1. 가금형성(Mouldability)

사출성형이 언급될 때는 항상 Mouldability라는 말이 나온다. 이것은 규정하기 곤란한 열가소성 수지의 볼 수 없고 측정할 수 없는 성질로 중시되었고, 게다가 모든 금형제작자가 이 의미를 알고 있다. 표준 정의는 임의의 주어진 특성에서 제조된다는 사실에 동의되어 있다. "Given Specification"표준요구, 적용과 열가소성수지의 사용에 따라 변화할 것이다. 예를 들어 넓은 범위의 치수공차는 Polystyrene 또는 Cellulose Acetate의 사용의 같은 경우보다 Polyethylene 또는 Nylon 사용의 경우에 주어져야 한다.

사출기의 새로운 금형을 평가하기 위해 금형제작자가 알지라 할지라도, 재질의 Mouldaiblty가 계산된다. 새로운 금형으로부터 얻어진 성형물의 질은 기본적으로 성형조건의 작용이다. 이 조건은 쉽게 변하지만 변화는 영향이 성형물에 직접적으로 미치지 않을지도 모르지만 자세히 취급되어야 한다. 사출기의 모든 변수는 밀접한 관계가 있고 서로 소멸되는 수도 있다.

예를 들어, Cylinder 온도를 증가시키고, 같은 작동에서 성형 Cycle을 감소시키는 것은 서로 반대로 예상되는데도 불구하고 재질의 온도를 떨어뜨리고 흐름을 감소시킨다. 불만족스러운 성형물이 얻어지고 좋은 성형물을 생산할 사출압, Cylinder온도, 금형온도와 성형 Cycle의 조화가 없다고 가정하고 금형의 설계는 신중히 생각되어야 한다. Gate

와 Runner는 늘리거나 바꾸고 냉각수 길을 넓히는 등 자연적으로 사용되는 재질이 확실히 도달될 때까지 이와 같은 변화를 하는 것은 현명하지 못하다.

산업에서 매우 중요한 부분 중의 하나인 Polystyrene의 사출성형 특성은

① 흐름의 특성(Flow Characteristics)

② 입자크기(Granulation Size)

③ 표면상태(Suface Finish)

④ 물리적 특성(Physical Properfies)

⑤ 분자량(Molecular Weigh)

이와 같은 요인의 생산공정을 지배하는 Polystyrene의 주된 기본특성이다. 사출성형자는 잘못된 성형에 대해 이런 점에 영향을 줄 것이다. 그러나 이런 요인이 Polystyrene에서 만족할 만한 수준에 이르지 못하는 성형 공업에서 사용할 수 없을 것이다.

2. 가금형성의 평가(Mouldabilify Evaluation)

Polystyrene의 최대범위를 평가하는 것은 그것을 정하기 전에 모든 기계와 금형에서 사용되는 재질이 요구된다. 자연히 절충이 필요하고, 참조되는 3가지 요인은 아래와 같다.

① 성형속도(Speed of Moulding)

② 성형의 용이성(Ease of Moulding)

③ 재질의 유동(Material Flow)

Polystyrene이 만족하게 이 세 가지 요구사항을 만족한다면 적당한 가금형성의 정의를 이행할 것이다.

① 성형속도(Speed of Moulding)

이 특성을 평가하는 데 사용되는 시험은 "최소 Cycle Test"(Minimum Cycle Test)이다. 이것은 만족스럽게 금형을 채우는 데 소요되는 시간이다. 이런 목적을 어렵게 하기 위해 Dise Mould를 설계했다. 그러나 채우는 데 불가능하지는 않다.

중간두께 2㎜가 선택됐고, 금형은 30g의 Shot Weight를 생산화하도록 정해지고, 60g

의 기계를 맞춰 사출기가 아니라 시험되는 재질을 확실하게 한다. 몇 가지 예기치 못하는 형상은 불량을 일으키는 것으로 조합된다. 예를 들어 Sprue Puller는 금형이 열릴 때 구부러짐으로 인해 Cracking의 가능성이 증가하는 Undercut을 줄이는 점으로 설피된다. 무거운 Rim과 큰 Ejectoolug는 매우 쉽게 가라앉고 동심원의 Ring은 채워지는 동안 재질의 흐름을 발해한다.

이 금형은 지속적으로 기계를 설치해 놓은 가운데 질 좋은 성형물을 생산 가능한 최소성형 Cycle에 이르도록 하는 최소 Cycle Test의 이로운 점으로 사용된다. Cylinder 온도, 사출압과 금형온도가 정해지면 1분의 Cycle Time(Cycle Time of One Munute)이 시작점으로 사용된다. 구조적으로 사출시간은 불완전한 사출물이 얻어질 때까지 감소한다. 마찬가지로 냉각시간은 찌그러지는 사출물을 얻을 때까지 감소한다. 성형 Cycle의 세 부분의 최소시간은 함께 더해지고 결과는 양질의 성형물을 확실시하게 얻도록 하는 Cycle에서 성형물에 의해 입증된다.

② 성형의 용이성

이 특성은 Moulding Area Diagram Method(성형범위 도표 방법)으로 Disc Mould에서 측정된다. 도표는 Disc Mould에서 양질의 사출물이 얻어질 때의 Cylinder 온도와 사출압의 선도로 얻어진다. 성형 Cycle, 금형온도 등은 고정하고 시험 동안 모든 Polystyrene에 대해 같은 기술로 사용된다. 기술은 고정된 Cylinder온도에서 사출압을 점점 증가시키는데 금형에 Stick 또는 Flash가 생길 때까지 연속으로 사출을 하며 좀더 증가시키는 것이다. 이 두 점을 Graph에 표시한다.

Cylinder 온도는 특별한 결과 두 번 연속하여 미성형과 Flash가 생기는 점이 나타나면 올려준다. 공정은 Polystyrene이 이를 수 있는 한계 온도까지 계속한다. 보편적인 성형범위 도표는 Fig.1과 같다.

Graph는 사출압에 대한 Cylinder온도로 그려지는데 Cylinder 온도는 25℃간격으로 나타낸다. 이성형과 Flash의 모든 점을 연결하면 두 개의 곡선이 나타나는데 이것을 각각 "Shot Shot Line과 Flash 또는 Stick Line"이라고 부른다. 실제적으로 두 곡선의 연결로 생긴 면적 안에서 Cylinder온도와 사출압의 조합이 이 금형에서 만족스런 사출물의 생산에 사용될 수 있다. 도표는 또한 시험상태하의 재질의 한계온도를 나타내주고 최고압력과 온도 또는 성형의 용이성을 함께 나타내준다.

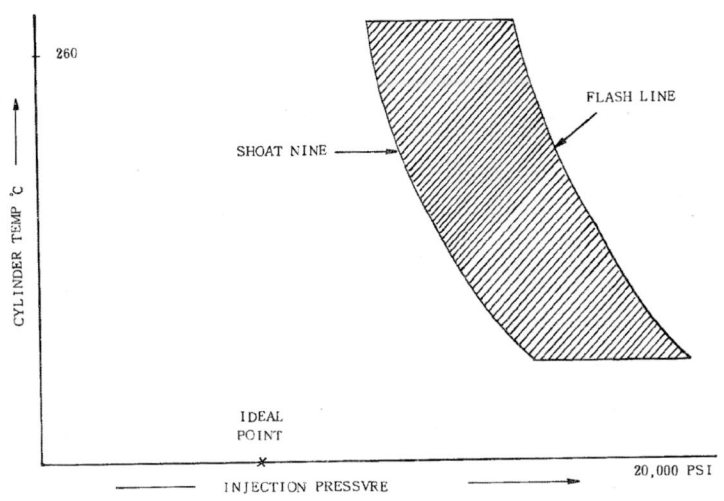

상이한 Polystyrene 또는 다른 열가소성 수지의 성형 범위 도표를 비교하기 위해 측정자로 임의의 점에 고정할 필요가 있다. 8000Psi와 175℃ 위치를 이상점으로 선택했는데 이것은 이 점이 현재 사용되는 수지의 성형범위 밖에 있기 때문이다. 성형의 거리는 이 이상점으로부터 있고, 성형범위도표의 크기는 재질에 대하여 수치적인 비율이 주어지기 위해 조합된 두 요인이다. 그러나 육안비교로 금형범위 도표와 특별한 Polystyrene의 정확한 평가를 얻을 수도 있다.

③ 재질유동(Material Flow)

금형에서의 Polystyrene 유동의 길이는 나선모양의 유동금형사용으로 얻는다. 이 금형은 현체 체질로는 채우기 불가능한 200㎝의 Channel로 이루어져 있다. Channel은 단위 회전에 1 / 2 inch 증가되는 반지름으로 Archimedan Spiral모양이다. 공구는 나선형으로 금형온도를 조정하기 위해 중심에 위치하고 1 OZ 안에서 적은 공급의 문제점을 극복하고 빠른 결과를 얻기 위해 Fast Cycling Machine을 설치한다. 이것은 또한 표준생산기계의 사용으로 Cylinder온도와, 사출압, 공급부피의 변동은 실제 생산조건과 비유된다. 실질적으로 고정조건하에서 8시간 동안 계속적으로 운전되는 나선형 유동금형으로 된 기계의 사용으로 +1 / 2%의 공차를 얻는다.

시험순서는 Polystyrene이 고정성형 Cycle, 금형 온도와 공급의 측정을 위해 적용한다. Cylinder온도는 200℃로 선정하고 사용 가능한 가장 낮은 사출압을 사용한다. 이

조건에서 12번의 연속적인 비슷한 결과를 얻게 되면 유동길이를 Graph에 그린다. 사출압을 250Psi까지 올리고 반복 시행한다. 이 공정을 계속하므로 Graph는 200℃에서 유동길이와 사출압으로 얻어진다. Cylinder온도를 225℃까지 증가시키고 사출압 범위를 다소 조사한다. 이 순서는 최종적인 Graph가 3개 또는 그 이상의 유동 곡선대 3개 또는 그 이상의 Cvlinder 온도에서 압력의 관계를 보여주기 위해 재질의 임계온도까지 계속한다.

이 방법에 의해 실험적인 재질과 그들의 공업적으로 가능성과 유동의 특성을 비교할 수 있다. 이것은 또한 균일한 생산을 위해 다양한 종류의 Polystyrene의 생산 공정을 검사하는 데 유용하다.

제21장 사출성형의 문제점해결의 접근방법

사출성형의 문제점의 다양한 요인으로 증가될 수 있다. 새로운 금형, 새로운 재질, 새로운 설계 모두 빈번히 새로운 문제를 야기한다. 성형의 문제점에 관계되는 재질, 방법, 금형과 사출기를 개선한다 해도 근본적인 것은 남아 있다. 이런 근본적인 것은 논리적이고 조직적으로 대처한다면, 곧 해결될 것이다.

성형문제점을 야기하는 5가지 주요범위

① 제품설계(Part Design)

② 금형설계(Mould Design)

③ Moulding Powder Type의 선택

④ 사출 Press크기, 용적 등(Injection Press Size, Style, Capacity, etc.)

⑤ 사출 Press 성형조건(Injection Press Moulding Conditions)

다음에서 사출 Press성형 조건에 대해 논의한다. 최적의 Press, 부품 및 금형설계와 Moulding Powder Type의 선택이 되었다고 한다면 문제점은 금형기술에 있다.

사출 성형은 최적상태에서 Press조건 요인의 균형잡힌 불완전한 평형이다. 기계의 한 끝 연속적으로 반대가 된다. …… 가열(Heating)대 냉각(Cooling)과 사출(Injection) 대 체결(Clamping)모든 빠른 시간 비율. 이것은 다시 자체적으로 왜 성형의 문제점은 설계, 설비와 사용하는 재질에 기본적인 담이 있다는 것을 나타낸다.

1. 사출성형조건(Injection Moulding Conditions)

성형에서의 기본적인 중요한 변수는 3가지 있다.─온도(Temperature), 압력(Pressure)과 시간(Time). 이것은 서로 의전적이고 어느 것 하나의 변화는 다른 두 가지에 반드시 영향을 미친다. 세 가지 기본요인은 정삼각형일 때 조화상태이다.

기본적인 세 요인은 모두 몇 개로 나누어지고, 성형문제점을 풀어나가는 것은 이 세 가지 요인의 체계적인 고찰에 의한다.

한번에 한 가지 변화를 취해야 하는데, 이는 삼각관계 때문이고, 새로운 평형상태의 도달을 위해 충분한 시간을 요한다. 금속 사출 Cylinder 또는 Die는 수백 Pound의 무게가 될 수 있다. 증기가 Cast Iron Radiator 안으로 들어가고 끊어질 때, 이 영향이 나타난다면 시간은 새로운 조전에서 검토되어야 한다.

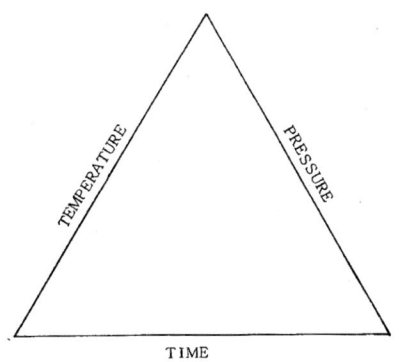

Changing any one has interrelated effects upon the other two.

온도(Temperature)	압력(Pressure)	시간(Time)

A. 구역(Zones)
  1. 후면(Rear)
  2. 중간(Center)
  3. 전면(Front)
  4. Nozzle
  5. Hot Runner
B. Stock
  (구역영향의 누적으로
  영향받음)
C. 금형(Mold)
  1. Cavity
  2. Core Side
D. 수력 Oil(Hydraulic Oil)
	A. 사출(Injection)
	  1. Normal Ram
	  2. Booster
	  3. Stock Cushion의
	    효과
	  4. 최대효용
	    (Maximum Avail)
	B. 체결(Clamping)
		A. 가영을 위한 Stock's
		  Exposure Time
		B. 채워지는 행정의
		  균형과 속도
		C. 포장(Pocking)
		D. Curing
		E. 금형열림과 Knockout
		  Engagement의 속도
		F. Gate 열림시간의 균일

2. 주요한 성형의 어려움
(Major Moulding Difficulties)

수지의 사출 성형에서 결함은 재질과 성형기술에서 고려될 수 있다. 후자(성형기술)는 세 가지로 분류된다.
① 기계의 상태
② 금형 상태
③ 가압 시 성형 재질의 상태
많은 가능한 요인들이 자연적으로 서로 작용하고 중복되고 단지 널리 알려진 원인들의 윤곽만 만들 수 있다는 사실을 명심해야 한다.

가장 빈번하게 접하게 되는 몇 가지 문제점:
① 미성형(Short Shots)
② 금형의 Flashing
③ Poor Welds
④ Burn Spots, Trapped gas와 Bubbles
⑤ 수축과 휨(Excessive Shrinkage and Warpage)
⑥ Silver Streaking, Black Streaking and Colour Degradation
다음에 가능한 곳, Cylinder와 금형 안에서 재질의 흐름에 관한 이들의 결점을 고려할 것을 제안한다.

대체로, 유동은 질량 중심을 통해 흐른다. 이것은 몇 가지 요인에 의해 한쪽 또는 다른 쪽으로 향하는 경향이 있지만, 앞쪽으로의 운동은 바깥쪽으로 퍼질 것이다.

이와 같이 앞쪽으로 퍼져나가는 것이 장애물을 만나지 않는다면 속도와 방향은 변화하지 않을 것이다. 유동은 균일할 것이고, 단지 한 방향으로 나타난다. 이것이 항상 이상적인 조건이다. Fig.A.

그러나 유동은 그렇게 이상적이지 않고 재질은 계속해서 진로를 방해하는 장애물을 만나게 된다.

예를 들어 금형온도가 너무 낮으면 얇은 부분은 너무 빨리 냉각된다. 재질이 급속히 굳어 버리고 Ram에 의한 압력이 재질을 금형 안의 가장 먼 곳까지 보낼 만큼 충분하지 못할 수도 있다. 이 결과가 미성형(Short Shot)이다. 그러므로 가능한 해결점은 기계의 온도와 사출압을 증가시키는 것이다. 기계는 이미 최고 압력하에 운전될 것이다. 그러므로 유동의 저항을 감소시키기 위해, Cylinder의 온도를 증가시켜야 할 것이다. 이것은 삼각관계 때문에 사출압의 감소를 필요로 할 것이다.

Cylinder온도의 증가는 용융물의 점성이 감소할 것이고 더 높은 압력이 Cylinder를 통하여 전달될 것이다. 즉 금형 Cavity안으로 재질을 밀어 넣기 위한 더 높은 압력이 필요할 것이다.

이 가능한 압력은 재질을 Cavity의 Edge보다 더 앞으로 보내기에 충분할지도 모르는데 이때 Flash가 발생할 것이다.

재질이 금형 Cavity 안에서 장애물을 만날 때 두 가지의 전면을 형성한다. 이 두 가지 Front가 만날 때 서로 합치려는 경향이 있고 특히 유동의 중심에서 재질이 가장 뜨겁다. 나중의 경우는 Rule이라기보다 제외이다.

왜냐하면 두 가지 Front의 만남으로 인해 증가될 임의의 조건에서 한 개 또는 모든 흐름이 때로 거의 일정하지 않거나 오래가지 않기 때문이다. 이것은 유동이 두 개의 유사한 Gate를 통해 이루어지는 것보다 장애물에 의해 늦어지는 경우가 많을 것이다.

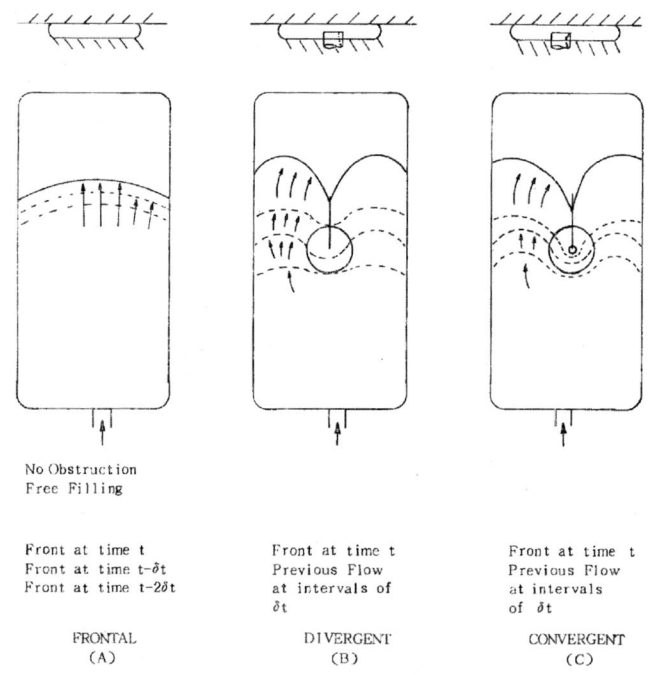

No Obstruction
Free Filling

Front at time t
Front at time t-δt
Front at time t-2δt

FRONTAL
(A)

Front at time t
Previous Flow
at intervals of
δt

DIVERGENT
(B)

Front at time t
Previous Flow
at intervals
of δt

CONVERGENT
(C)

늦어지고 일정하지 않은 흐름은 Front의 냉각 원인인데, 특히 금형 면과 접촉부인 Edge에 생기고 Front의 만남은 서로 밀착이 잘 안된다. 이 결과가 Weld Line이다.

Figure B는 방해물이 Pin형태로 진행방향에 있다는 직선 유동의 영향을 보여준다.

결점은 "Injection Molding Technology: Trouble Shooting"에 나열된 제안으로 수정할 수 있다.

Weld Line은 Divergent Front의 만남으로 형성되는데, 완전히 공간을 둘러싸지는 못한다. 다른 조건은 Front Converging에 의해 완전히 공간을 둘러싸는 것이다.

Figure C는 재질이 유동하고, 너무 깊숙한 구역을 제외하고 거의 모든 부분을 채우는 것을 보여준다. 깊숙한 부분의 유동은 필요로 하는 더 큰 힘에 의해 저지되고, Front는 늦어지고 식는다. 금형에서 금형에 재질을 채우는 더 많은 힘은 채워져 있지 않는 부분을 감소시키나, 이미 공간을 채우고 있는 Gas 또는 배압의 증가에 반대로 행해진다. Gas는 뜨겁고, 압축은 더욱 뜨겁게 유지한다. 온도가 충분히 높다면 Gas는 재질의 표면을 태운다. 이 결과가 Burn Spot이거나 적어도 Happed Gas가 Bubble를 야기한다.

이제 채워진 금형에서 어떤 일이 일어나는가 생각하자. 가장 쉬운 방법이 아래의 간단한 사출 성형 Cycle에서 생성되는 사건의 연속을 생각하는 것이다.

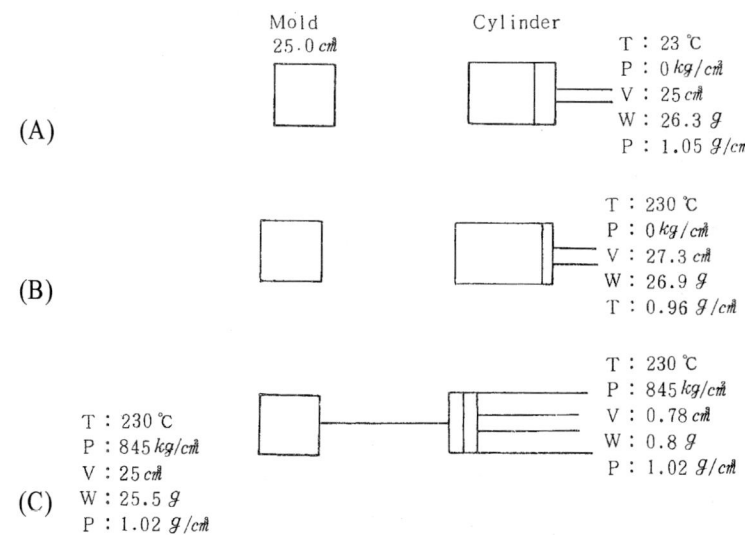

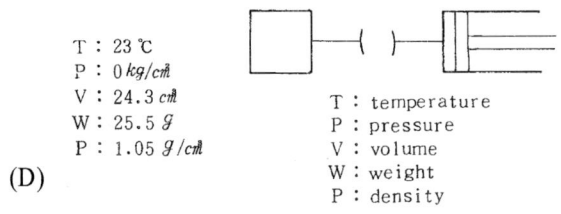

T : 23 ℃
P : 0 kg/cm^2
V : 24.3 cm^3
W : 25.5 g
P : 1.05 g/cm^3

(D)

T : temperature
P : pressure
V : volume
W : weight
P : density

이 그림에서 단지 기본법칙, 압력, 온도와 부피를 포함한 것에 대해 고려한다. A에서 25.0cm^3 부피의 빈 금형과 상온에서 Polystyrene 25.0cm^3을 가지고 있는 Cylinder를 보여준다. B는 O압력에서 230℃까지 가열된 수지이다. 여기서 Cylinder의 부피는 27.3cm^3까지 증가했다. C에서는 Cylinder로부터 금형까지 Polystyrene을 옮기기 위해 845kg / cm^2의 압을 가한다. 이 압력은 부피를 25.78cm^3까지 감소시키는데 25cm^3은 금형으로 들어가고 Cylinder에는 0.78cm^3만 남는다. 물론 이것은 Runner와 Sprue에 부피가 없다는 것을 가정한다.

D에서는 금형과 Cylinder가 Gate의 냉각으로 인해 분리된다.

그러면 금형 안의 Polystyrene은 상온까지 냉각된다. 230℃와 845kg / cm^2으로 금형에 채워진 25cm^3의 Polystyrene은 상온과 O압력까지 내려가 단지 24.3cm^3의 부피로 된다. 상온과 사출상태에서의 부피차가 Mould Shrinkage(수축)이다.

금형 C와 D에서의 재질 무게는 같다. 단지 온도가 감소하므로 부피가 변했다. 이 온도의 감소는 압력 감소와 상응하는 원인이다. 성형물이 완전하게 균일한 방법으로 냉각되었다면 육면체(Cube)는 완전히 Cavity의 모습일 것이다. 단자 약 0.25cm와 각선형 치수보다 작은 이 균일한 냉각 Type은 얻기 쉽지 않고, 그러므로 각 선형사수는 다르다. 부피에서 서로 다른 좀더 큰 부분은 무거운 부분에 Sink Mark로 나타난다.

이것은 매우 논쟁의 여지가 있는 문제이고 자세히 그 원인을 공부하지는 않겠지만 문제점 제거의 접근에 대해 생각한다.

Silver Streaking은 Polymer의 공간과 수분에 관계된다. 늦은 Cycle, Ram속도, 금형온도의 변화, 특히 후면구역(Rearzone)의 증가와 사전 건조가 문제점 해결일 수 있다.

가장 심한 형태로의 Streaking은 "Wisps of Black Smoke"로서 나타난다. 이것은 매우 높은 Cylinder 온도에 기인하는데 이것은 탄 Polymer의 부착물, 불안전한 외부윤활, 기계의 오염, 금형 Cavity 안의 Grease 또는 Oil 등의 결과이다.

Black Streaking에 대한 금형의 접착문제의 일반적인 이론을 적용하는 데 먼저 결점이 어떠한 임의의 형태로 발생하는가, 시간 또는 위치에 대해 생각해야 한다.

만약 임의의 시간에 기초를 두고 그러나 Cavity 안의 같은 장소에서 일어난다면 문제는 아마도 Cylinder에 있을 것이다. Cylinder 온도가 너무 높지 않은가, Heater는 올바르게 작동하고 있는지 검사한다. 너무 높은 온도는 연소(Burning)의 원인일 수 있고 특히 그렇다면 Cylinder 내의 그 점을 막아야 한다.

Ram속도를 고려한다. 경직된 유동재질과 결합한 Plunger의 속도가 너무 빠르면 마찰로 인한 탄화(Carbonization)에 의해 Polymer가 부서지는 결과가 날수도 있다. 외부 윤활의 증가는 유동이 좀더 미끄러워지는 것을 도와줄 것이다. 외부 윤활은 규칙적인 Pellet모양보다 좀더 불규칙적인 값을 갖는데, 불규칙한 것은 서로 좀더 고착시키려는 경향이 있다. 좀더 많은 공기는 수지를 압축하는 데 압력을 가해야 하고 사출 Ram이 앞으로 움직일 때 이것을 제거하지 않으면 용융물을 따라 금형 안으로 들어간다. 여기서 이것은 Silver Steaking Bubble 또는 Black Streak로 나타난다. 후자는 주위의 재질을 태우게 되는 부가열에 의해 나타난다. 그러므로 사용하는 재질을 점검한다.

만약 기계조건의 변화가 Black Streaking을 제거하지 못하면 다시 Purging하거나 다른 압으로 기계를 움직이는 것을 고려한다. 이것도 실패하면 문제점은 재질에 있다.

사출 성형의 문제점을 극복하는 가장 좋은 방법 중의 하나는 문제점에 영향을 미치는 요인을 모두 아는 것이다. 결점의 인식과 논리적이고 체계적인 접근은 많은 경우에 문제점 해결을 만들어낼 것이다.

제22장 PLURGER 사출성 형기의 성형 CYCLE추정

PLUNGER MACHINE에서 안전실행 일치하는 최상의 성형 CYCLE에 이르는 올바른 방법에 대해 논한다.

이미하는 단일 CYCLE에 의하면,

금형을 닫음

금형에 재료 사출

금형 안의 재료 냉각

금형을 열고 이형

성형하기 전에 성형될 재질의 올바른 TYPE, GRADE와 COLOR에 대한 검사는 좋은 것이나 재질의 올바른 TYPE을 안다면 어느 온도에서 재질이 부드럽게 되고, 또 분해되는지 알 수 있을 것이다. 이 같은 정보는 안전한 시작온도의 가열범위를 정할 수 있게 해준다.

가동하기 전에 HOPPER가 비었는지, 깨끗한지 확인하기 위해 HOPPER를 조사, 더러운 HOPPER는 진공청소기로 청소, HOPPER를 가동하고, 수지의 오염을 막기 위해 뚜껑을 덮어야 된다.

가열 CYLINDER는 3부분의 가열구역으로 나누어진다. 이 각각의 구역에서 열을 정하면서 사용하는 재질의 부드러운 가열(SOFTENING HEAT)을 생각하고 시작하기 위한 낮은 열을 정해야 한다. 사용되고 있는 온도보다 더 낮은 열을 정하지 말아야 한다.

PLUNGER MACHINE에서 후면 가열구역(REAR HEATING ZONE)을 가장 낮게 정한다. 그러면 중간구역(MIDDLE ZONE)이 조금 후면보다 높고 전면구역(FRONT ZONE)이 조금 중간구역보다 높게 된다. CYLINDER는 작동 온도까지 약 1시간이 소요될 것이다. 온도는 수지가 NOZZLE 밖으로 흘러내리기 때문에 올라간다는 것을 안다. 실제로 수지는 이 점에서 과열되므로 제거되어야 한다. 과열된 재질은 PURGING으로 기계에서 제거해야 한다. 이것은 재질이 금형이 아니라 공기 중으로 사출되므로 공기 사출 시 알아야 한다. PURGING이 매우 위험할 수 있으므로 다음 RULE을 따라야 한다.

① 관찰하려는 사람들을 주위에 있게 하지 말 것.

② 낮은 사출압을 사용

③ 장갑, 얼굴가리개와 긴 소매로 자신을 보호

④ 쉬운 상태에서 PURGE할 것.

PURGE할 때, 용융조건을 확실히 관찰해야 된다. 거품이 일어나지 않고 SMOOTH하면 상당히 잘 녹는다. 조이거나 덩어리져 나오면 중간과 후면구역이 너무 찬 것이다. 딸깍, 뻥 등의 소리가 나면 매우 과열됐거나, 수분이 함유되어 있어 건조가 필요하다. 결국 한 번 공기 중으로 사출하는 데 걸리는 시간을 조사해야 한다. CYCLE을 정할 때 사출시간을 측정하므로 이 형태로 사용이 가능할 것이다. 한 번 PURGE가 완결되면 용융온도를 정해야 한다. 기계의 CYCLE에 대하여 처음 사출시간을 정한다. 열과 같이 계산에 의한다. 지나간 기록이 배가될 수 없다면, 한 번 공기 중으로 사출하는 데 걸리는 시간이 좋은 시작점이 될 수 있다. 냉각시간을 정하는 데 이것 또한 계산에 의하고 처음은 오래 걸린다. 제품의 두께를 확실히 생각하고 얇은 제품은 두꺼운 제품보다 빨라야 한다는 것을 기억한다.

LASTER TIMER 즉, BOOSTER TIMER를 정하는 데 대한 설명을 하기 전에 어떻게 사출압력을 사용할 것인가에 대한 사출압력은 이해하기에 가장 중요한 조절이다. 사출압력은 사출행정 동안 두 단계 또는 부분으로 나뉜다. CYLINDER로 PLUNGER가 시동할 때 CYLINDER 안으로 더 많은 비용융 PELLET을 보내기 위해 더 높은 압이 필요하다. 용융물이 움직이면서, 높은 압력은 사출이 정지하는 동안 낮은 압력으로 떨어진다. 높은 압력은 첫 부분(FIRST STAGE)라고 불리고, FIRST STAGE VALVE로 조절된다. 사출압을 감소하기 위해 SECOND STAGE VALVE를 연다. 높은 압 때문에 금형에 FLASH 같은 문제점을 피하기 위해 가능하면 짧게 BOOSTER TIME을 정한다. BOOSTER TIME과 총 사출시간과의 다른 것은 때때로 DWELL TIME 또는 HOLD TIME이라 불린다는 것이다. 이 부분에서 금형 안의 재질이 냉각될 때까지 임의의 압력을 유지한다. BOOSTER TIME은 총사출 시간을 절대 넘지 않고, 수지의 사출에 소요되는 시간보다 더 많이 걸리면 안 된다.

다음은 첫 부분 사출압을 기계의 최대압의 반이 조금 더 되게 정한다. 두 번째 부분에는 약 3kg 낮게 정한다. 낮은 압력과 짧은 BOOSTER TIME에서 발생되는 것은 단지 금형에 수지를 완전히 채우지 못하는 것이다. 이것을 SHORT SHOT라 부른다. 성형준비가 되면 작동위치로 바꾸고 NOZZLE을 SPRUE BUSHING으로 가져간다.

금형에 이형제를 뿌린다. SINGLE Cycle로 바꾸고, CYCLE을 시작하기 위해 SAFETY GATE를 닫는다. 이 사출과 모든 사출에서 PLUNGER의 움직임을 관찰하면, 가능하면 공급을 조절할 수 있다. 금형이 열리면 SAFETY GATE를 열고 제품을 제거한다. 다른 것으로 교환하기 전에 10 SHOT 이상 수행한다. 8번째 안에 완전 행정으로 PLUNGER가 움직이도록 공급을 조절한다.

것은 사출하는 것보다 CYLINDER 안에 더 많은 재질을 갖게 하기 위함이다. 10 SHOT보다 많이 수행한다. 이제 첫 부분 사출압을 3kgf까지 증가시킨다. 성형 CYCLE을 유지한다. 다음에 두 번째 부분의 압을 3kgf까지 증가시킨다. 이제 변화시키기 위한 PATTERN의 개선을 시작하고 있다. 먼저 BOOSTER TIME과 압력 각 시간에 10 SHOTS를 사출한다. 거꾸로 압력의 GAUGE로 최고 3kg 안에서 조절함으로써, 이외의 압력을 유지한다. 만약 제품이 완성되지 않으면, 천천히 후면 부분을 증가시키고 계속 수행함으로써 용융온도를 증가시킨다. 언제나 금형은 적어도 열의 안정성을 확실히 하기 위해 각 온도에서 10 SHOTS를 행해야 한다.

제품이 만족할 만큼 성형되면 CYCLE TIME을 감소시키기 시작한다. 각 조절 때 1초씩 사출시간을 감소시키기 시작한다. 성형을 유지하고 완전 사출행정이 이루어지는 최소시간을 잡는다. 결국에는 다시 제품이 SHORT SHOT가 될 것이다. 천천히 후면 부분에서 용융온도를 증가시키고 수행한다. 성형 CYCLE을 유지하고 가장 빠른 사출시간을 잡았을 때 냉각시간은 한 번에 1초씩 줄기 시작한다. 각각의 변화 후 용융온도를 검사한다. 금형의 온도를 유지하기 위해 금형 사이로 냉각수를 순환시키거나 CHILLER라 불리는 냉각제를 사용한다. 더 빠른 CYCLE 때문에 다시 용융온도의 증가가 필요할 수도 있다. 이런 순서에 따르면 최적 CYCLE에 도달하는 최단의 방법이 된다. 일을 마친 후 기계를 마무리할 수 있어야 한다.

아래 10가지 단계를 추천하면,

① HEATER SWITCH를 OFF위치로 옮기면 성형은 계속된다.

② FIRST SHORT SHOT가 진행될 때 금형냉각제를 잠근다.

③ 수분의 응축을 방지할 때까지 금형이 데워지도록 몇 번의 사출을 계속한다.

④ 기계를 수동 CYCLE로 놓는다.

⑤ NOZZLE을 제거한다.

⑥ THROTTLE VALVE를 잠근다.

⑦ 기계, 열교환기, PLUNGER, FEEDAREA에 물을 끊는다.

⑧ 금형에 방청제를 뿌린다.

⑨ 수동으로 금형을 닫는다.

⑩ 끝으로 PUMP와 MAIN CONTROL을 잠근다.

아래에 최고품질의 제품을 생산하기 위한 최소 CYCLE을 얻기에 필요한 단계를 요약한다.

1) 성형 전(BEFORE MOLDING)

① 제조특성에 대한 재질의 TYPE와 GRADE의 검사

② HOPPER의 조사－비어 있고 깨끗해야 한다.

③ HOPPER의 가동

④ 열조절(계산에 의함)
- 후면구역(REAR ZONE) 가장 낮게
- 중간구역(MIDDLE ZONE) 조금 높게
- 전면구역(FORWARD ZONE)은 MIDDLE보다 조금 높게

⑤ 안전하게 CYLINDER의 PURGE
- 사람들을 가까이하지 않는다.
- 사출압의 감소
- 안전장치를 입힘
- PLUNGER를 앞뒤로 완전한 사출 위해 움직이면서 쉬운 상태에서 PURGE한다.

2) CYCLE의 설정

① 사출시간을 낮게 설정(시작점이 한 PURGING SHOT의 두 배가 될 수 있다)

② 냉각시간을 높게 설정(금형 CLOSED TIMER)

③ 처음과 두 번째 상태의 사출압을 낮게 설정(처음 상태 압이 두 번째 상태의 압력보다 항상 높게 설정)

④ CYLINDER안으로 PLUNGER가 모든 행로를 움직이기 전에 BOOSTER TIMER를 세운다.

3) CYCLE의 조절

① BOOSTER TIME의 조절

② 사출압의 조절

③ 용융온도의 증가(후면구역으로부터 진행되면서)

④ CYCLE TIME의 증가

- 사출시간의 감소
- 용융온도의 증가
- 냉각시간의 감소

⑤ 용융온도는 CYCLE이 점점 빨라지므로 다시 증가시킬 필요가 있다.

⑥ 온도안정을 위하여 금형을 통해 냉각제의 순환

4) 기계의 마무리

① HEATER SWITCH를 OFF로 움직임

② FIRST SHORT SHOT가 진행될 때 금형의 냉각제를 끊는다.

③ 금형이 데워질 때까지 몇 번의 사출

④ 기계를 수동 CYCLE로 놓는다.

⑤ NOZZLE을 제거

⑥ THROTTLE VALVE를 닦음

⑦ 기계에 물을 끊음

⑧ 금형에 방청제를 뿌림

⑨ 수동으로 금형을 닫음

⑩ PUMP와 주 조절부를 끊다.

저자약력

林茂生, Moo-Seang Lim,

약 력

과학기술 진흥과 산업발전 유공자 석탑산업훈장 수상
수출진흥 발전과 수출시장 개척유공자 대통령표창장 수상
공기방울제어장치기술 과학기술처장관상장 수상
Low noise and less vibration vacuum cleaner. U.S.A. patent 5,293,664
가열초음파 가습기기술 과학기술처장관상장 수상
한양대학교 공과대학 기계공학과 공학사
서울대학교 공과대학 최고산업 전략과정 수료
HYU Rarc Failure analysis and reliability course completion
HYU Rarc Research associate professor
상공자원부 산학연 기술교류회. 위원
산업자원부 기술개발 기획평가단. 위원
대우전자주식회사. 가전연구소장, 생활가전사업부장
테크라프주식회사. 대표이사
Youngjin electric co.,ltd. Quality control director
Daehannakagawa ind co.,ltd. Engineering consultants

저 서

Design of plastic parts
Plastic molding & mold
Knowhow about engineering plastic high quality
Cad & Cam & Cae
Design of press parts
Marketing knowhow of successful enterprise
The Korean wisdom wins the world
Optimum design of plastics
Robust Design Technology For Plastic Parts' Reliability
Venture business & Management of technology
Redundancy Design Technology For Precision Press Parts' Reliability

논 문

- 유도전동기를 적용한 인버트 세탁기 개발, 대한전기학회, Vol.48B No.10(1999.07),pp: 2556~2558.
- 충격에 의한 tv pcb의 동적거동 해석, 대한기계학회, Vol.5, No.19(1990.06), pp: 320~324.
- 공기방울이 세탁에 미치는 효과에 대하여, 대한기계학회, Vol.32, No.1(1992.01), pp: 57~65.
- 흡음방이 취부된 경우의 진공청소기의 소음분석 방법, 대한기계학회, Vol.33, No.1(1993.01), pp: 14~21.
- 세탁기용 강제현가시스템의 동특성 해석을 위한 전산시뮬레이션, 한국소음진동공학회, Vol.3, No.1(1993.03), pp: 65~75.
- 가전기기의 저소음 기술, 대한전자공학회, Vol.22, No.1(1995.01), pp: 124~130.
- 절연재료의 표면개질을 위한 코로나 발생기의 특성에 관한 연구, 한국전기전자재료공학회, Vol.8, No.4 (1995.07), pp: 504~508.
- 가전기기의 저진동, 저소음 기술, 대한전기학회, Vol.44 No.44(1995.10), pp: 137~141.
- 유도전동기의 동력전달 매체로 사용되는 벨트장력보상 알고리즘에 관한 연구, 대한전기학회, Vol.48A No.9 1999.09), pp: 1125~1130.
- 회전체를 갖는 강제 현가시스템의 동특성해석을 위한전산시뮬레이션, 한국소음진동공학회, Vol.1No.1 (1992.02.13.), pp: 63~69.
- Nonlinear behavior on an electrochemical system, JSME-KSME,(1992.10), pp: 2-205~2-208
- 스핀업시 내부유체의 공명현상에 관한 연구, 대한기계학회,(1994.09), pp: 11~14.
- High efficiency valve design by robust design of experiments, The 1998 international compressor engineering conference at perdure, C-3: Valve mechanics and design, page:23 High efficiency valve design by robust design of experiments,1998.09.14.

사출가공과 금형

- 초판 인쇄   2008년 5월 15일
- 초판 발행   2008년 5월 15일

- 지 은 이   임무생
- 펴 낸 이   채종준
- 펴 낸 곳   한국학술정보㈜
             경기도 파주시 교하읍 문발리 513-5
             파주출판문화정보산업단지
             전화   031) 908−3181(대표)·팩스   031) 908−3189
             홈페이지   http://www.kstudy.com
             e−mail(출판사업부)   publish@kstudy.com
- 등   록   제일산−115호.(2000. 6. 19)
- 가   격   48,000원

ISBN   978-89-534-9104-5 93550 (Paper Book)
         978-89-534-9105-2 98550 (e−Book)